高职高专机电类专业“十三五”规划教材

UG8.5 实战项目化教程

主 编　陈佰江　赵鹏展

副主编　魏良庆　彭秋霖　王新　张光明

主 审　徐梦廓

西安电子科技大学出版社

内 容 简 介

本书以 UG NX8.5 中文版软件为蓝本，介绍了软件的基础应用知识和使用技巧。全书根据知识点结构共划分为 6 个项目，内容涵盖 UG 的三维建模、曲面建模、装配建模、工程图绘制、模具设计和 UG CAM 综合实例等。书中介绍了机械和模具行业中的大量典型项目案例，以帮助用户快速地掌握 UG 的操作方法与技巧，同时也对功能模块的各命令和选项进行了详细介绍。

本书内容丰富、通俗易懂，叙述简洁清晰，实践性强，知识点安排由浅入深、从易到难，各项目既相对独立又前后关联。该书既可以作为初学者的入门教材，也适合用作机械、模具及数控加工技术培训教程，还可作为大、中专院校和职业院校的实践配套用书。

图书在版编目（CIP）数据

UG8.5 实战项目化教程 / 陈佰江，赵鹏展主编. — 西安：西安电子科技大学出版社，2017.9
(高等高专机电类专业“十三五”规划教材)
ISBN 978-7-5606-4615-2

Ⅰ. ① U… Ⅱ. ① 陈… ① 赵… Ⅲ. ① 计算机辅助设计—应用软件—教材 Ⅳ. ① TP391. 72

中国版本图书馆 CIP 数据核字（2017）第 189064 号

策划编辑 刘小莉
责任编辑 黄菡 阎彬
出版发行 西安电子科技大学出版社（西安市太白南路 2 号）
电　　话 （029）88242885 88201467 邮　　编 710071
网　　址 www.xduph.com 电子邮箱 xdupfxb001@163.com
经　　销 新华书店
印刷单位 陕西天意印务有限责任公司
版　　次 2017 年 10 月第 1 版 2017 年 10 月第 1 次印刷
开　　本 787 毫米×1092 毫米 1/16 印 张 17
字　　数 405 千字
印　　数 1～2000 册
定　　价 31.00 元
ISBN 978-7-5606-4615-2/TP

XDUP 4907001-1

前 言

Unigraphics（简称 UG）是西门子公司出品的一套集 CAD/CAM/CAE 于一体的软件系统，提供了集产品设计、工程与制造于一体的解决方案。它的功能覆盖了从概念设计到产品生产的整个过程，并且广泛运用在汽车、航天、模具加工及设计、医疗器械行业和家用电器等方面。它提供强大的实体建模技术及高效能的曲面建构能力，能够完成复杂的造型设计。除此之外，由于装配功能、2D 出图功能、模具加工功能与 PDM 之间的紧密结合，使得 UG 在工业界成为一套无可匹敌的高级 CAD/CAM 系统。

本书由 6 个项目组成：项目一介绍了轴类零件、盘盖类零件、阀体类零件、壳体类零件及标准件、常用件的建模；项目二通过设计鼠标、水嘴手柄及汽车车身等零件介绍了曲面建模的操作要领；项目三通过虎钳、卡丁车的装配实例学习 UG 装配建模的工具命令；项目四介绍了工程图的建立和标注的相关知识；项目五介绍了风扇叶片模具、电器面壳模具的设计；项目六介绍了支座零件加工、机壳凹模加工、车削加工编程的相关知识。本书的编写与课程教学紧密结合，书中内容突出课程实训的具体过程和方法，引入大量的真实工程和项目实例以及一线生产的典型案例，具有突出实用和实训的特点。

本书由重庆科创职业学院陈佰江、赵鹏展担任主编，重庆科创职业学院魏良庆、王新、彭秋霖和中铁十一局集团张光明担任副主编。项目一、项目六由陈佰江编写，项目二由彭秋霖编写，项目三由王新、张光明编写，项目四由赵鹏展编写，项目五由魏良庆编写。全书由陈佰江负责统稿和定稿，常州工学院徐梦廓承担审稿工作。本书在编写过程中得到了重庆科创职业学院牟清举、万军和重庆文理学院郭鹏远的大力支持和帮助，在此对本书编写和出版过程中给予关怀和帮助的领导和同仁表示衷心的感谢。

在本书的编写过程中，我们参考、借鉴了部分专家和学者的有关著作，具体书目列于参考文献中，在此，谨向作者表示感谢。

由于编者水平有限，书中存在一些不足之处，敬请专家和广大读者批评指正。

编者

2017 年 4 月

目　录

项目一　零件三维建模

学习目标：

1. 熟悉 UG 软件建模环境，掌握建模相关命令的位置和功能；
2. 掌握典型机械零件三维建模的基本方法和步骤；
3. 能够根据零件的二维工程图完成产品的三维建模。

工作任务：

在 UG 建模模块中完成轴套类、盘盖类及常用通用件等零件的三维建模。其余项目同。

模块一　轴零件建模

一、学习目标

1. 掌握圆柱的创建方法；
2. 掌握基准面的创建方法；
3. 掌握键槽的创建方法。

二、工作任务

完成如图 1-1-1 及图 1-1-2 所示轴类零件的建模过程。

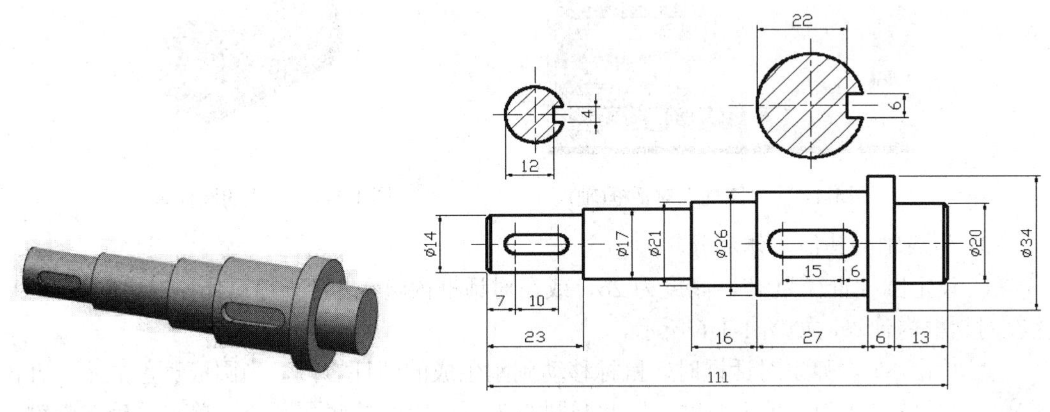

图 1-1-1　轴

图 1-1-2　轴零件图

三、相关实践知识

(一) 轴零件主体

创建轴零件主体(圆柱)的步骤如下：

(1) 启动 UG NX 8.5，选择“文件”→“新建”选项，或者单击 ，选择“模型”类型，创建新部件，文件名为 axisi，进入建立模型模块。

(2) 单击菜单栏“插入”→“设计特征”选项，单击 ，系统弹出“圆柱”对话框，如图 1-1-3 所示。在该对话框中设置建立圆柱体的参数，方法如下：

① 在“类型”下拉列表中选择“轴、直径和高度”选项。

② 在“指定矢量”下拉列表中选择 方向作为圆柱的轴向。

③ 设定圆柱直径为 14，高度为 23。

④ 单击 ，在弹出的对话框中设置坐标原点作为圆柱体的中心。

⑤ 单击“应用”按钮，生成的圆柱体如图 1-1-4 所示。(此处单击“应用”不退出“圆柱”对话框，如单击“确定”或鼠标中键，接着生成圆柱时还要重新调出命令。)在部件导航器中，右键单击“基准坐标系”，弹出菜单，选择“显示”。

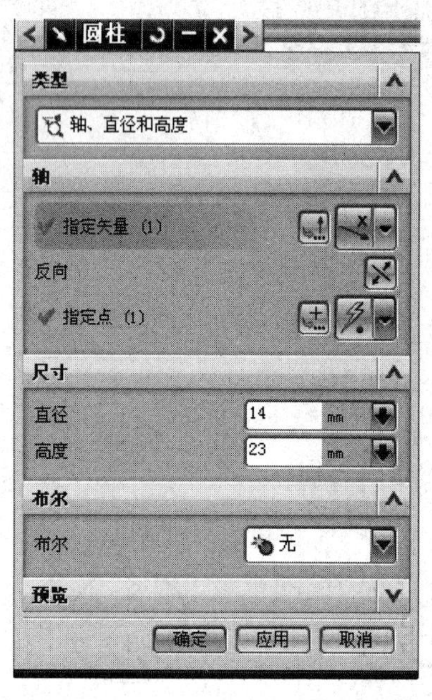

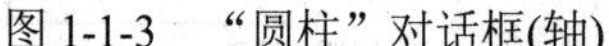

图 1-1-3 “圆柱”对话框(轴)

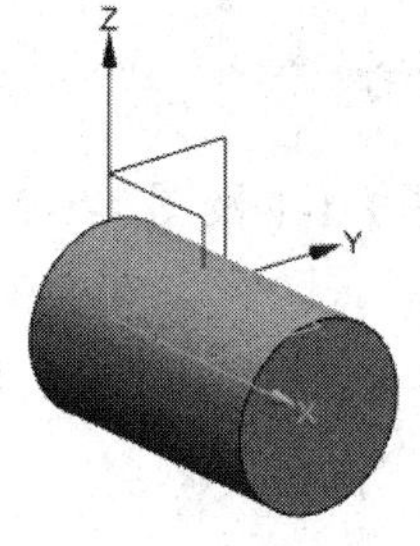

图 1-1-4 生成的圆柱体

(3) 生成轴的其他主体部分。

① 设定圆柱直径为 17，高度为 26，或在对话框内输入 111－13－16－27－6－13，直接在对话框内计算，如图 1-1-6 所示。

② 单击 ，弹出对话框时，鼠标移动到刚生成的圆柱右侧，当圆成黄色显示，并出现 时(见图 1-1-5)，单击左键，以此圆圆心为下一段圆柱底面圆心，单击“确定”键，回到“圆柱”对话框界面。

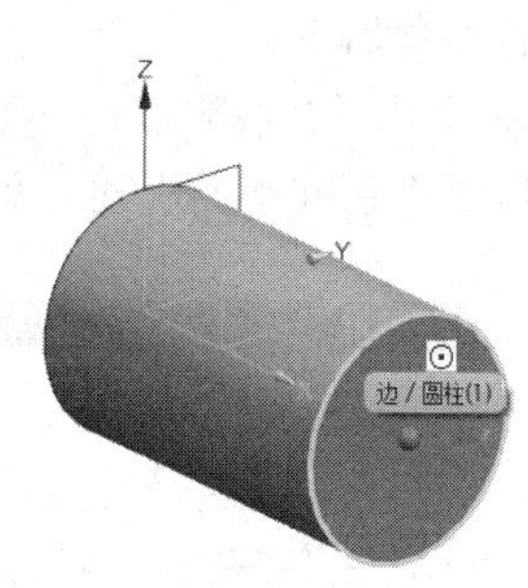

图 1-1-5　选择点位置

③ 布尔运算选择求和，如图 1-1-6 所示。新生成的轴和第一段轴将是一个整体，否则是单独的两段，后面还要再做求和。

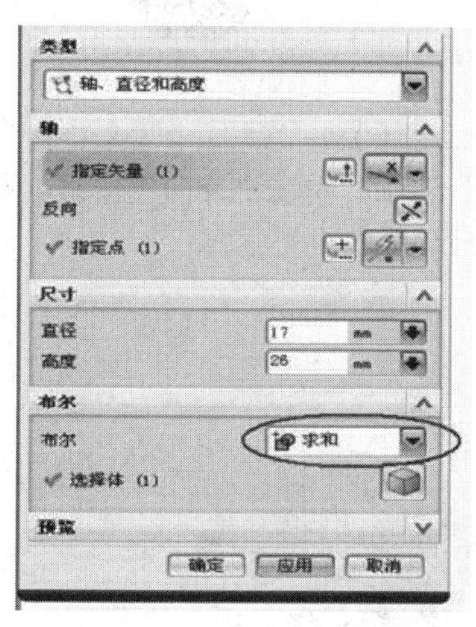

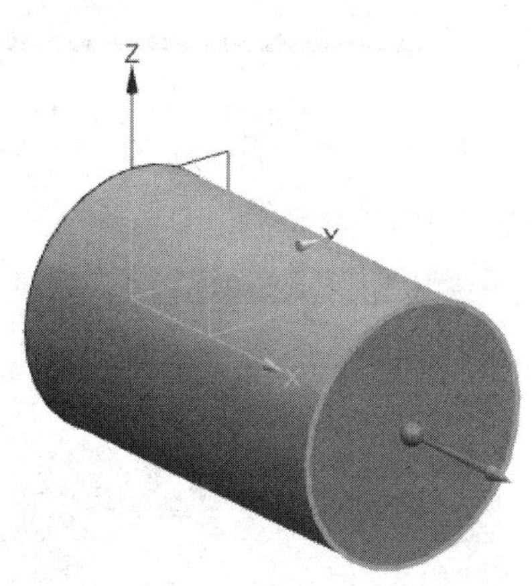

图 1-1-6　“圆柱”对话框设置(轴)

④ 单击“应用”按钮，生成圆柱体。

⑤ 重复上述建立圆柱的步骤，生成轴的其他部分。最后得到的图形如图 1-1-7 所示。

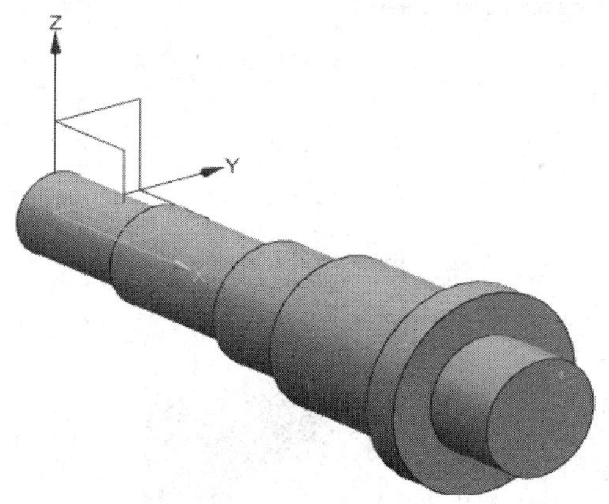

图 1-1-7　生成的轴

(二) 键槽的建立

创建键槽的步骤如下：

(1) 选择“插入”→“基准点”→“基准平面”选项，或者单击 ，系统弹出如图 1-1-8 所示的界面，利用“基准平面”对话框建立基准平面的方法如下：

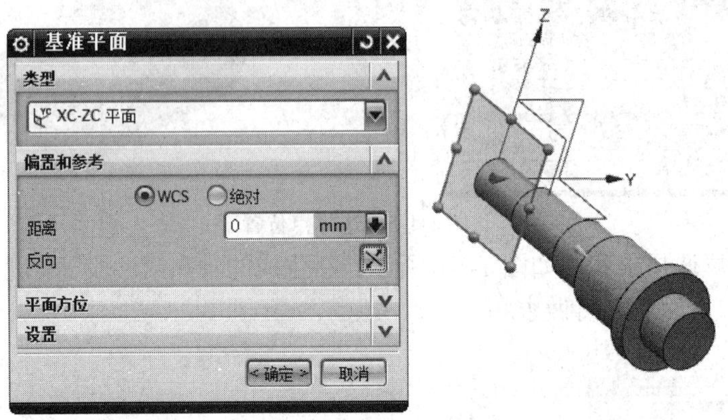

图 1-1-8 建立“基准平面”(轴)

① 在“类型”下拉列表中选择“XC-ZC 平面”选项，单击“反向”按钮，设置距离值为 7，如图 1-1-9 所示。生成的基准面如图 1-1-10 所示。

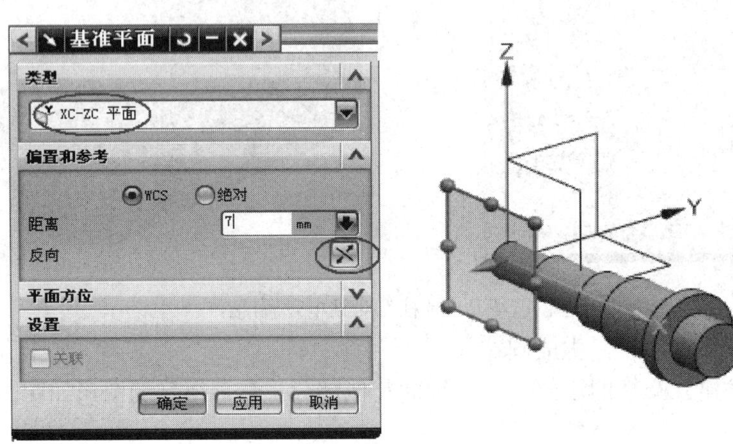

图 1-1-9 “基准平面”设置(轴)

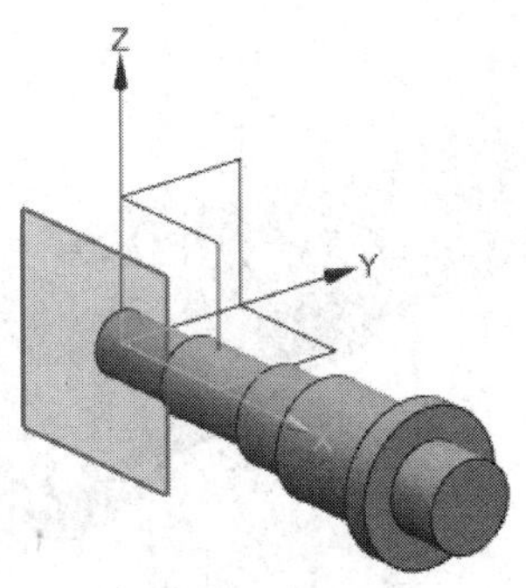

图 1-1-10 基准平面 1

② 用相切的方式创建另一基准平面，在“类型”下拉列表中选择“相切”选项，如图 1-1-11 所示。选择要生成基准平面的圆柱面，再单击，弹出点对话框时，先在上面特征点里选择象限点。鼠标移动到要生成的基准面圆柱左前方，当圆成黄色显示，并出现时，单击左键，通过此圆前方象限点生成基准面，如图 1-1-12 所示，单击“确定”按钮回到“基准平面”对话框界面。单击“确定”按钮，建立的两个基准平面如图 1-1-13 所示。

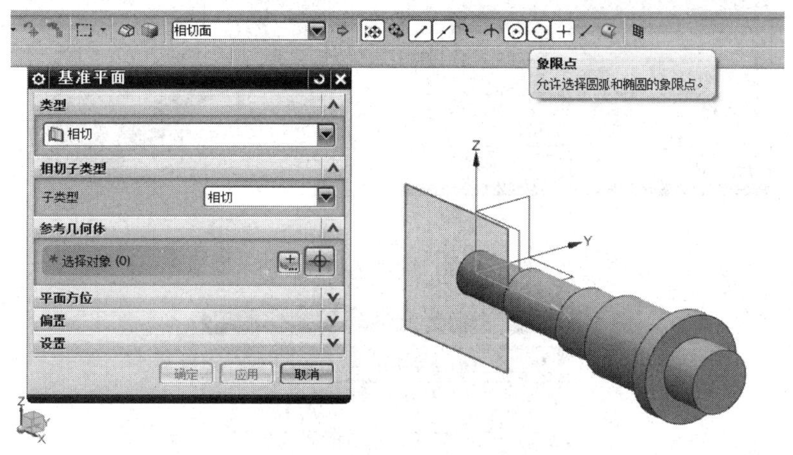

图 1-1-11　相关设置(轴)

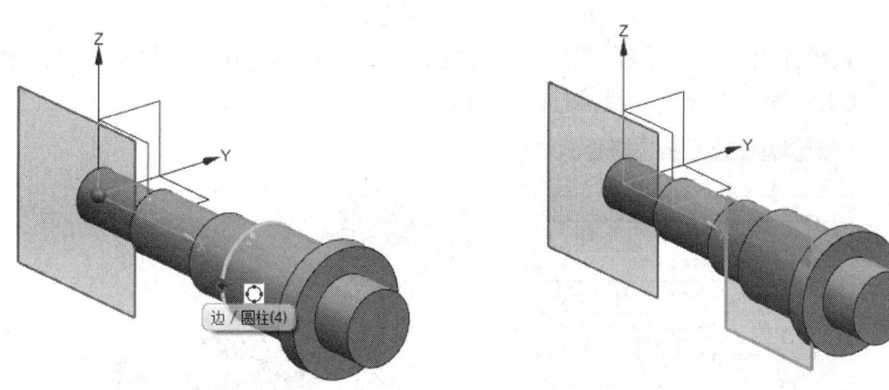

图 1-1-12　选择象限点(轴)　　　　图 1-1-13　生成的两个基准平面(轴)

(2) 单击，系统弹出“键槽”对话框，如图 1-1-14 所示。利用该对话框建立键槽。

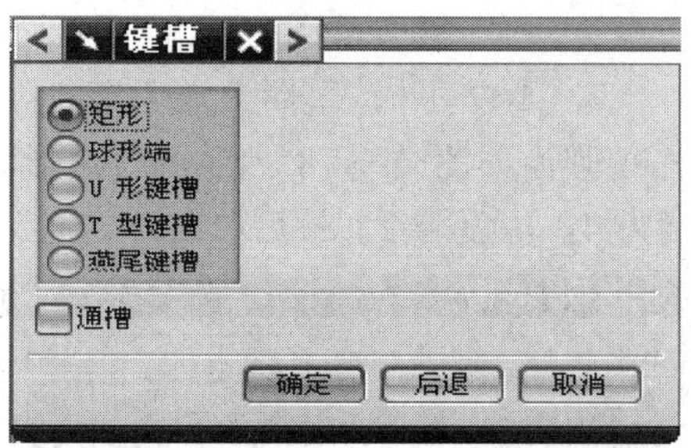

图 1-1-14　“键槽”对话框(轴)

① 在图 1-1-14 所示的对话框中选择“矩形”单选按钮并单击“确定”按钮。

② 系统弹出如图 1-1-15(a)所示的“矩形键槽”对话框，选择图 1-1-15(b)所示左侧基准

平面为放置面，并在随后系统弹出的对话框中选择“接受默认边”选项，如图 1-1-16 所示。

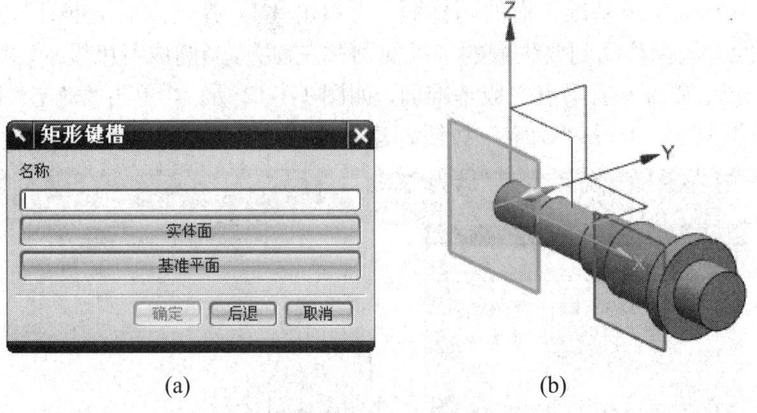

(a) (b)

图 1-1-15 键槽选择放置面

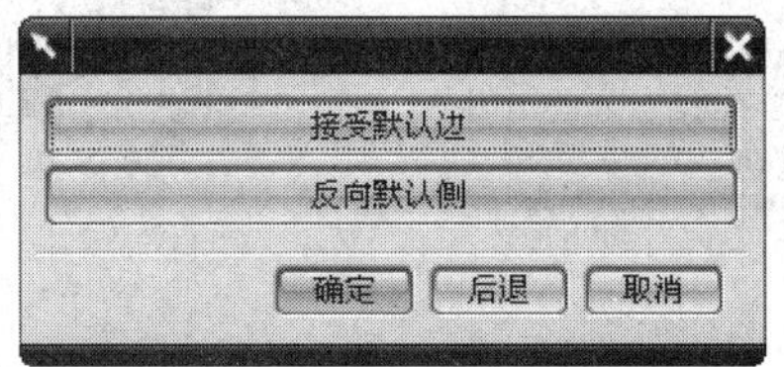

图 1-1-16 选择“接受默认边”

③ 随后系统弹出“水平参考”对话框，如图 1-1-17 所示，该对话框用于设定键槽的水平方向，此处选择轴上任意一段圆柱面即可。

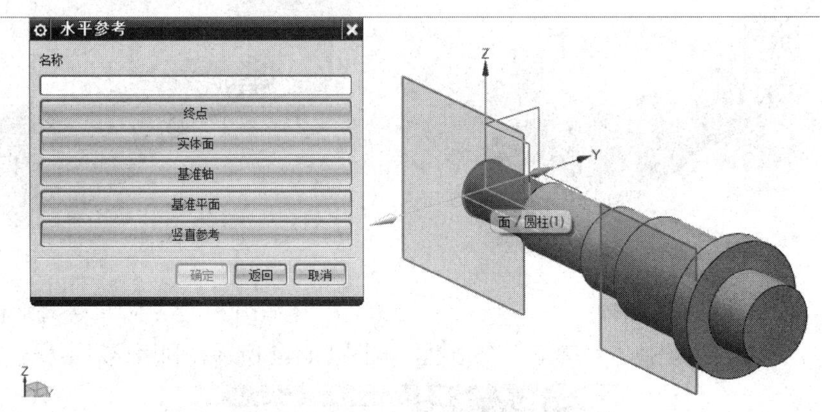

图 1-1-17 “水平参考”选择(轴)

④ 选择水平参考后，系统弹出如图 1-1-18 所示的“矩形键槽”对话框，在该对话框中设置键槽长度为 14，宽度为 4，深度为 2，最后单击“确定”按钮。

图 1-1-18 “矩形键槽”对话框(轴)

⑤ 系统弹出如图 1-1-19 所示的“定位”对话框，并且在图形界面中生成键槽的预览图，采用线框模式即可以观察到。

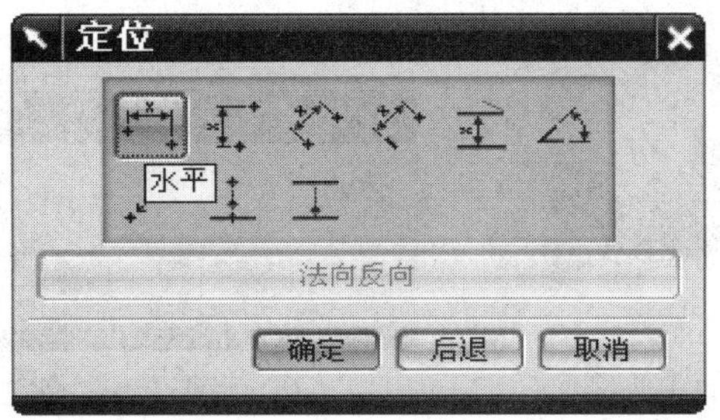

图 1-1-19　“定位”对话框(轴)

⑥ 在“定位”对话框中单击 (水平)，系统弹出如图 1-1-20 所示的“水平”对话框。

图 1-1-20　“水平”对话框(轴)

⑦ 选择图 1-1-21 中所示的轴端边缘圆弧为水平定位参照物，单击“确定”按钮。

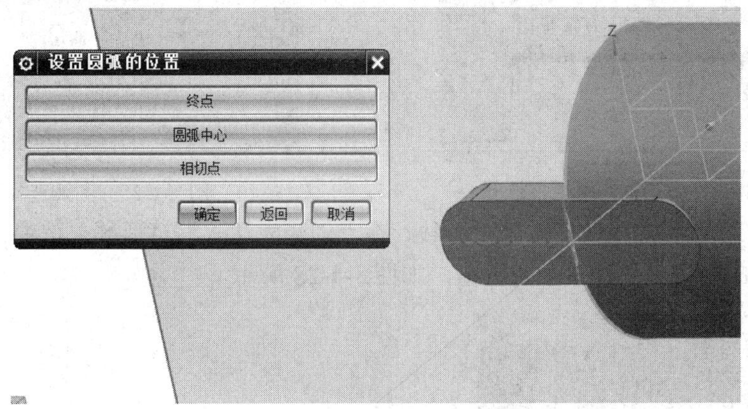

图 1-1-21　选择轴端边缘圆弧

⑧ 系统弹出如图 1-1-22 所示的对话框，在该对话框中单击“圆弧中心”按钮。

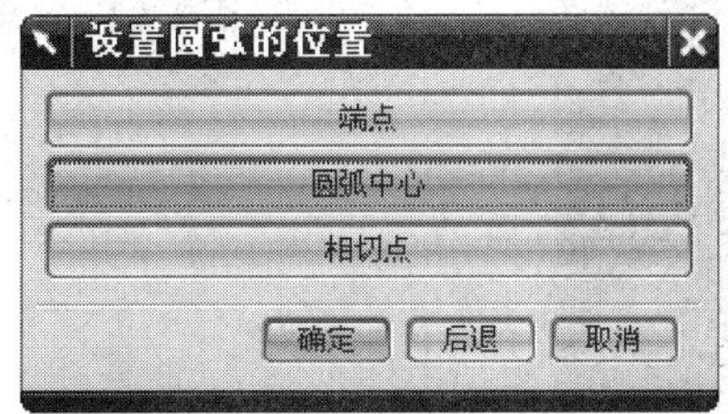

图 1-1-22　“设置圆弧位置”对话框(轴)

⑨ 选择如图 1-1-23(a)所示键的竖直中心线。在如图 1-1-23(b)所示“创建表达式”对话框中输入值为 12，单击“确定”按钮，返回“定位”对话框。

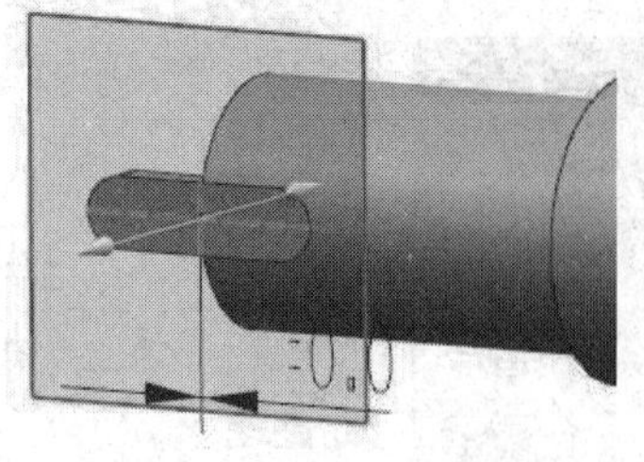

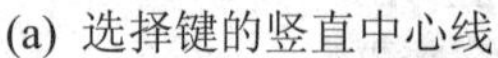
(a) 选择键的竖直中心线

(b) 水平方向“创建表达式”对话框

图 1-1-23 竖直中心线选择及水平方向“创建表达式”对话框

⑩ 在“定位”对话框中单击 (竖直)，如图 1-1-24 所示，系统弹出“竖直”对话框。选择图 1-1-25 所示的圆弧，弹出“设置圆弧位置”对话框，单击“圆弧中心”按钮，返回“竖直”对话框。

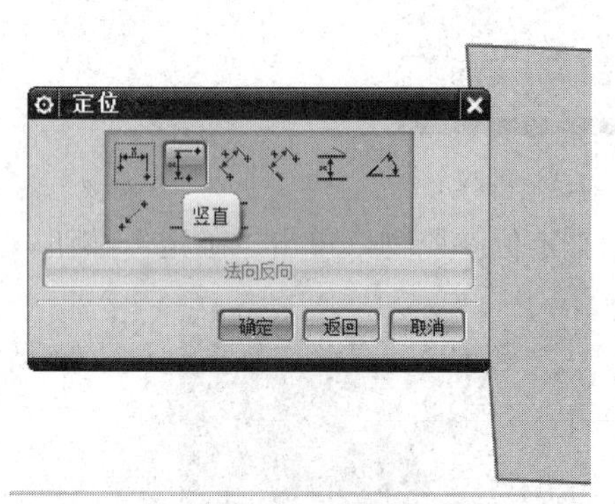

图 1-1-24 “定位”对话框选择

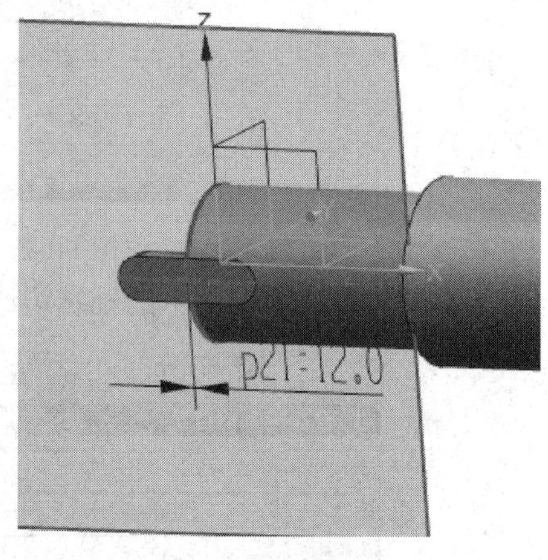

图 1-1-25 圆弧选择

按图 1-1-26 所示选择键的水平中心线，在“创建表达式”对话框中按图 1-1-27 所示输入值为 0，单击“确定”按钮生成键槽，如图 1-1-28 所示。

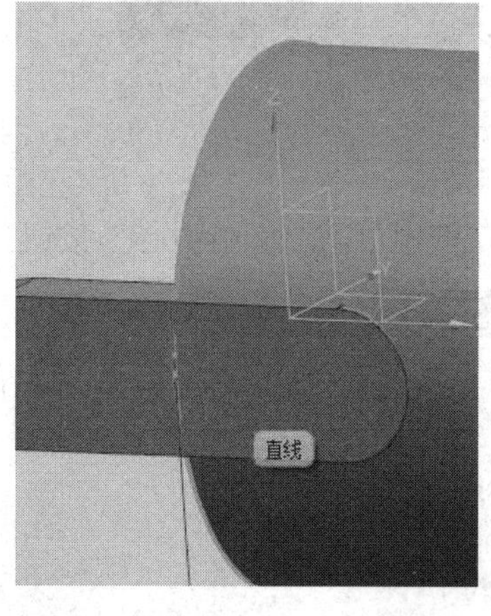

图 1-1-26 选择键的水平中心线

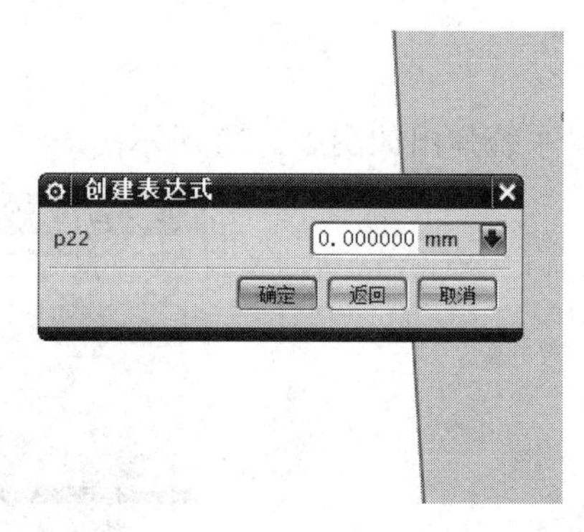

图 1-1-27 竖直方向“创建表达式”对话框

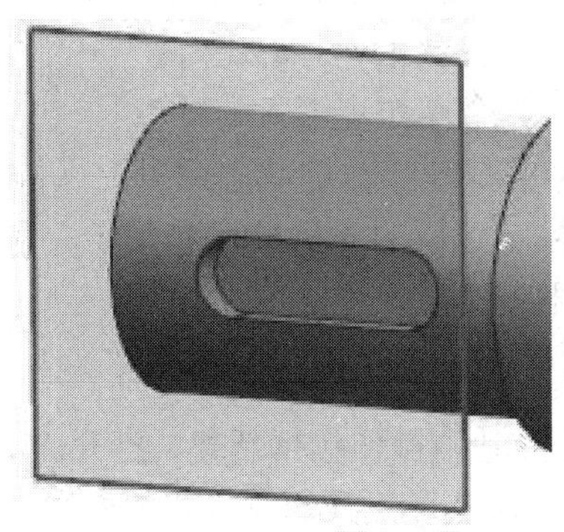

图 1-1-28　键槽创建结果

四、相关理论知识

(一) UG NX 8.5 中文版界面

UG NX 8.5 的界面上类似于 Windows 风格，功能强大，设计友好。UG NX 8.5 的主界面如图 1-1-29 所示，主界面中主要包括以下几个部分。

(1) 标题栏：用于显示 UG NX 8.5 版本、当前模块、当前工作部件文件名、当前工作部件文件的修改状态等信息。

(2) 菜单栏：用于显示 UG NX 8.5 中的各功能菜单，主菜单是经过分类并固定显示的，通过主菜单可激发各层级联菜单，UG NX 8.5 的所有功能几乎都能在菜单上找到。

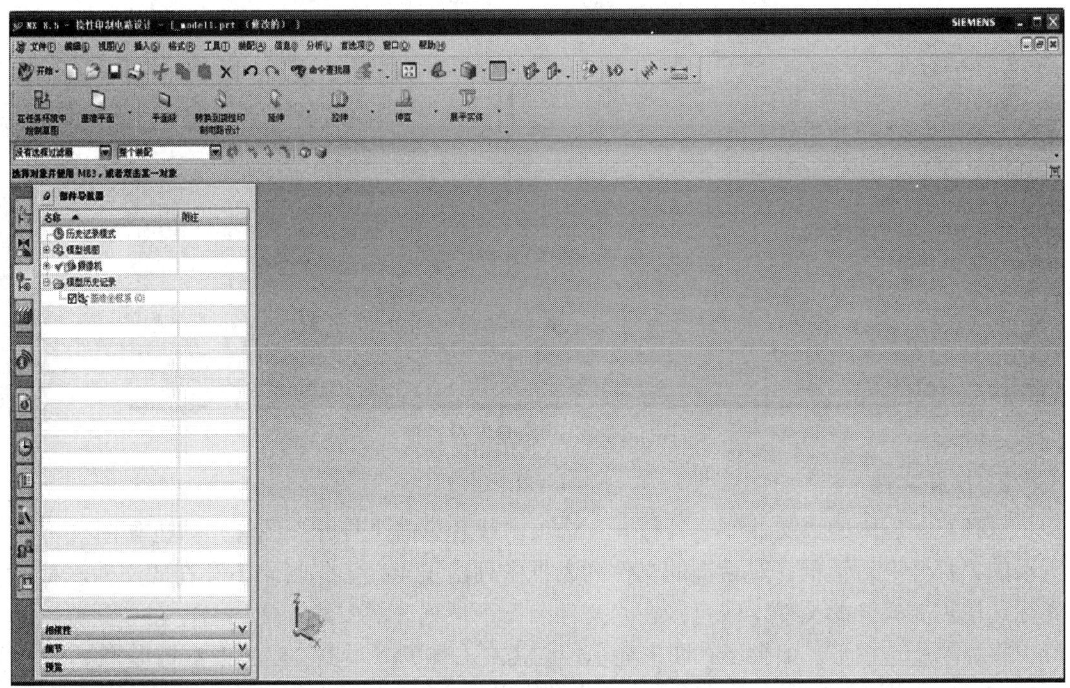

图 1-1-29　UG NX 8.5 的主界面

(3) 工具栏：用于显示 UG NX 8.5 的常用功能。

(4) 绘图窗口：用于显示模型及相关对象。

(5) 提示栏：用于显示下一个操作步骤。

(6) 状态栏：用于显示当前操作步骤的状态或当前操作的结果。

(7) 部件导航器：用于显示建模的先后顺序和父子关系，可以直接在相应的条目上单击鼠标右键，快速地进行各种操作。

(二) UG NX 8.5 基本操作

在 UG NX 8.5 中对文件的基本操作包括新建、打开、保存和关闭等，这些基本操作可以通过“全局”工具栏中的“标准”工具条或者菜单栏中的“文件”下拉菜单完成。

1. 创建新文件

选择菜单栏中的“文件”→“新建”选项，或者单击“新建”图标，打开如图 1-1-30 所示的“新建”对话框。在该对话框中首先选择文件创建路径，在“名称”文本框中输入新建文件名，然后在“单位”下拉列表中选择度量单位，UG NX 8.5 提供了毫米和英寸两种单位，一般选择毫米。完成设置后单击“确定”按钮就完成了新文件的创建。

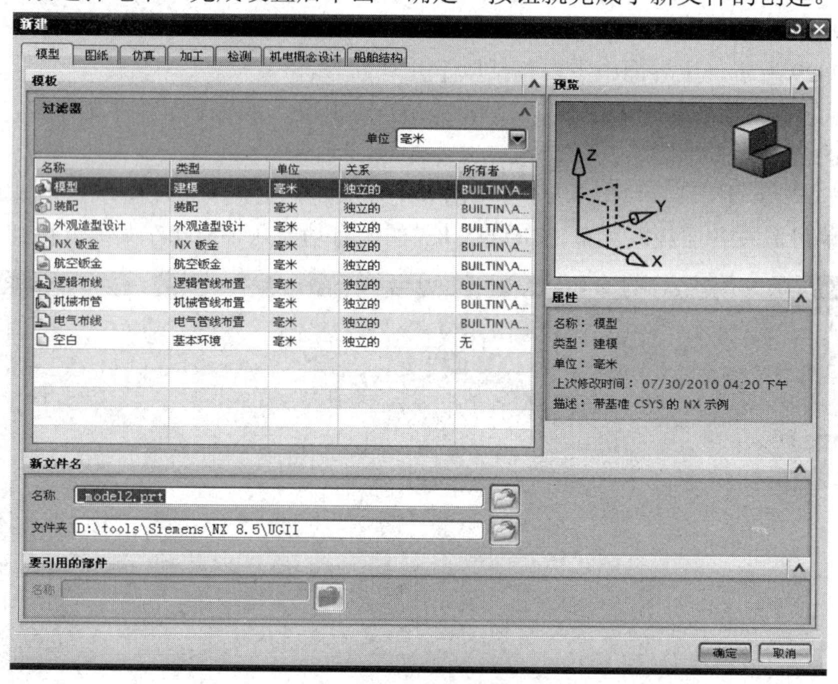

图 1-1-30 “新建”对话框

2. 打开文件

选择菜单栏中的“文件”→“打开”选项，或者单击“打开”图标，弹出如图 1-1-31 所示的“打开”对话框。对话框的文件列表框中列出了当前工作目录下存在的文件。移动光标选取需要打开的文件，或直接在“文件名”下拉列表框中输入文件名，在“预览”窗口中将显示所选图形。如果没有图形显示，则需在右侧的“预览”复选框中打上“√”。对于不在当前目录下的文件，可以通过改变路径找到文件所在目录。如果是多页面的图形，UG NX 8.5 会自动显示“图纸页面”下拉列表框，可通过改变显示页面打开用户指定的图形。

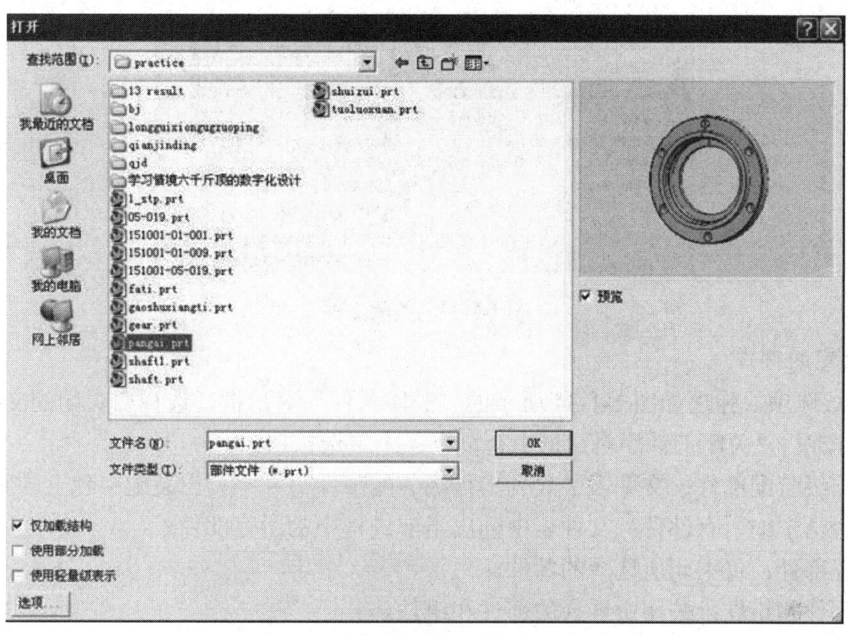

图 1-1-31　“打开”对话框

对话框左下侧的“仅加载结构”复选框用于控制在打开一个装配部件时是否调用其中的组件。选中后不调用组件也可以快速打开一个大型部件。

3. 保存文件

在菜单栏中选择“文件”→“保存”选项，或单击“保存”图标，直接对文件进行保存。如果选择“文件”→“另存为”下拉菜单，UG NX 8.5 打开“另存为”对话框，如图 1-1-32 所示。在该对话框中选择保存路径，输入新的文件名再单击“OK”按钮，就完成了文件的更名保存。

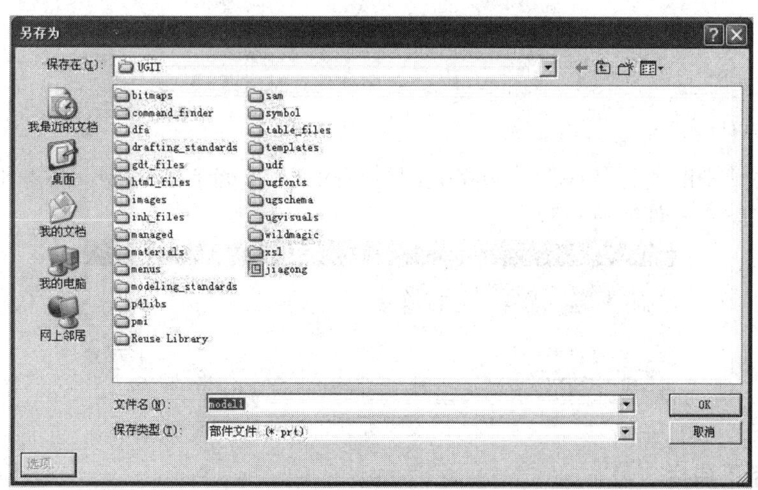

图 1-1-32　“另存为”对话框

4. 关闭文件

在菜单栏中选择“文件”→“关闭”选项，关闭文件，如图 1-1-33 所示。

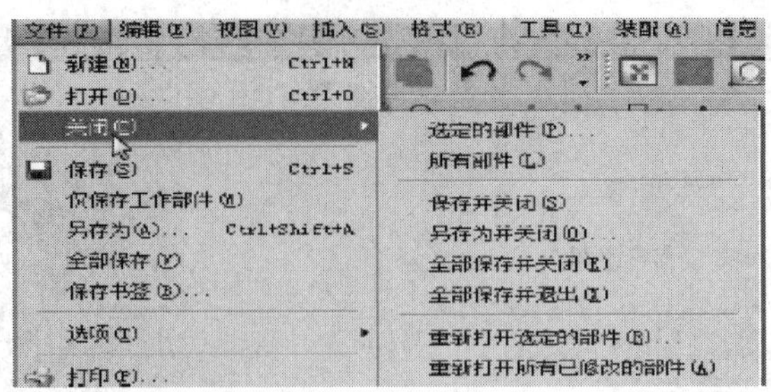

图 1-1-33　关闭文件

1) 选定的部件

选择该选项，弹出如图 1-1-34 所示的“关闭部件”对话框，选择要关闭的文件，单击“确定”按钮。“关闭部件”对话框中有以下 4 个单选按钮。

(1) 顶级装配部件：文件表中只列出顶级装配部件，并不列出装配中包含的组件。

(2) 会话中的所有部件：文件表中列出当前进程中的所有部件。

(3) 仅部件：仅关闭所选择的部件。

(4) 部件和组件：关闭所选择的部件和组件。

图 1-1-34　“关闭部件”对话框

2) 所有部件

选择“会话中的所有部件”选项将关闭所有的文件。选择该命令，将弹出如图 1-1-35 所示的“关闭所有文件”对话框。

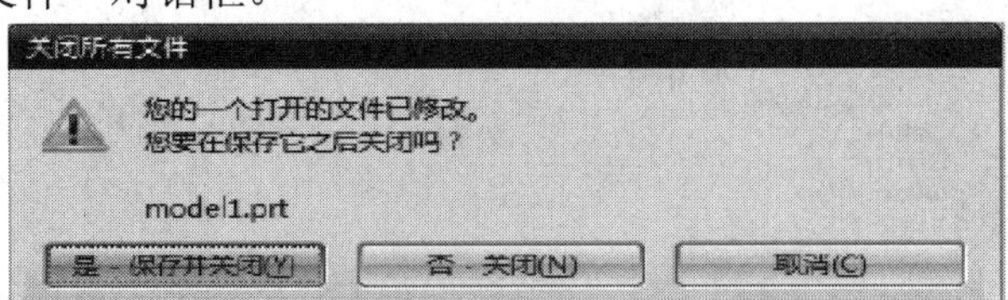

图 1-1-35　“关闭所有文件”对话框

(三) 定制工具栏

软件默认的工具栏使用非常方便，但有时用户需要较大的工作区，不希望有工具栏，或只需要较少的工具栏，这时可在默认情况下根据个人需要定制工具栏。选择“工具”→“定制”选项，或在已有的工具栏上单击鼠标右键，弹出如图 1-1-36 所示的“定制”对话框，选中某选项，将弹出如图 1-1-37 所示的相应的工具栏图标。

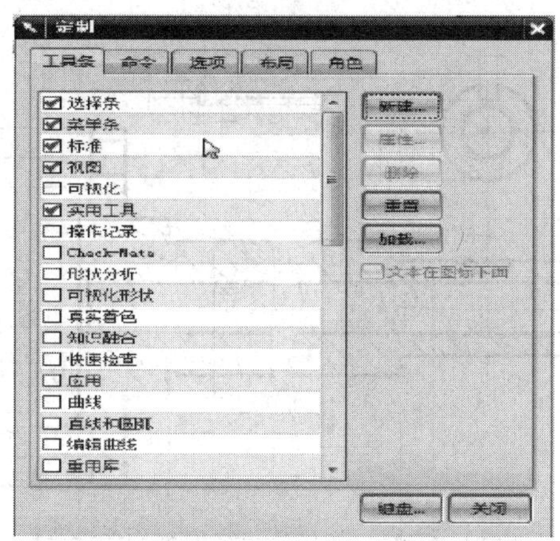

图 1-1-36　“定制”对话框

图 1-1-37　弹出的工具栏

五、相关练习

1. 根据图 1-1-38 所示零件图，用基本体素特征建模。

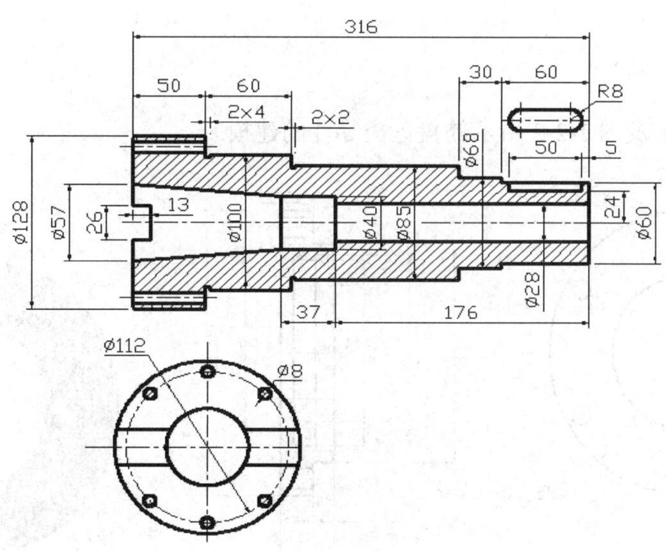

图 1-1-38　练习 1

2. 根据图 1-1-39 所示零件图，用基本体素特征建模。

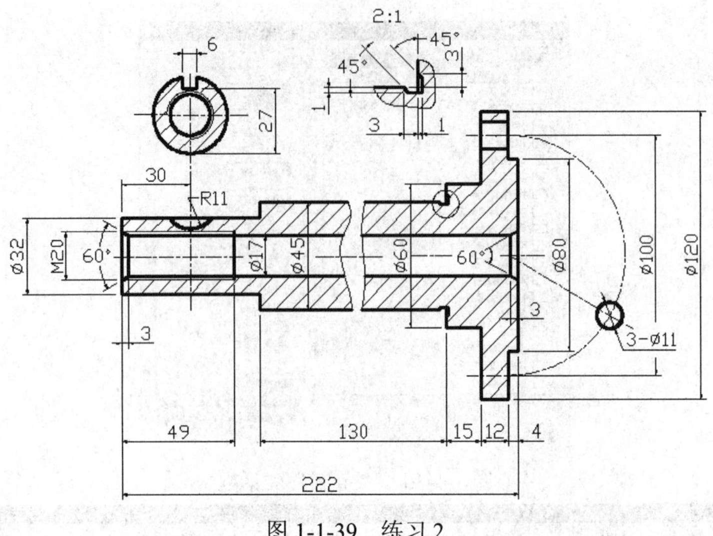

图 1-1-39 练习 2

模块二 盘盖零件建模

一、学习目标

1. 掌握基本曲线的创建方法；
2. 掌握回转生成实体的方法；
3. 掌握简单孔的创建方法；
4. 掌握圆形阵列特征的方法。

二、工作任务

完成如图 1-2-1 及图 1-2-2 所示的盘盖类零件的建模。

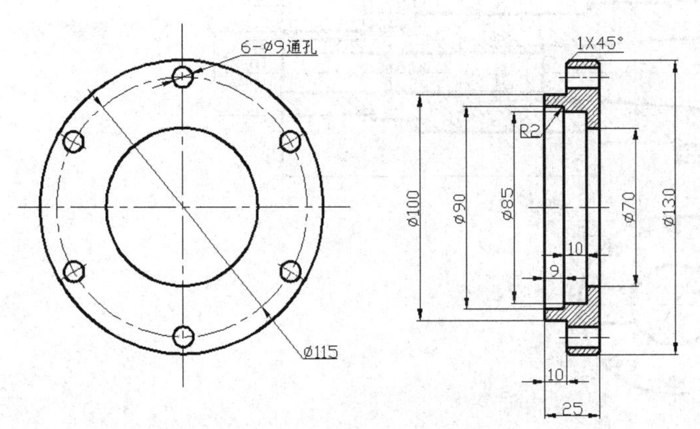

图 1-2-1 盘盖工程图

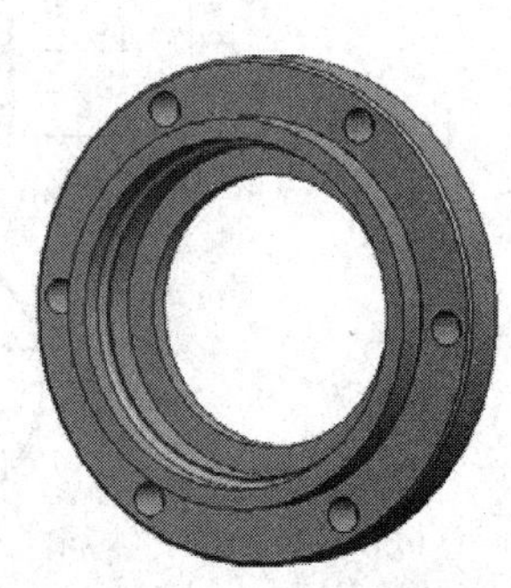

图 1-2-2 盘盖实体图

三、相关实践知识

(一) 利用基本曲线绘制线框

绘制线框的步骤如下：

(1) 启动 UG NX 8.5，选择“文件”→“新建”选项，或者单击，选择“模型”类型，创建新部件，文件名为 pan，进入建立模型模块。

(2) 单击右侧的下拉箭头，选择(顶部)，如图 1-2-3 所示，坐标系调整为如图 1-2-4 所示。

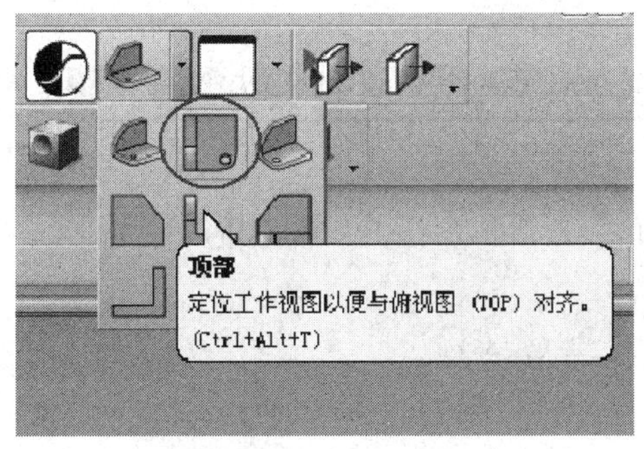

图 1-2-3　视图下拉列表

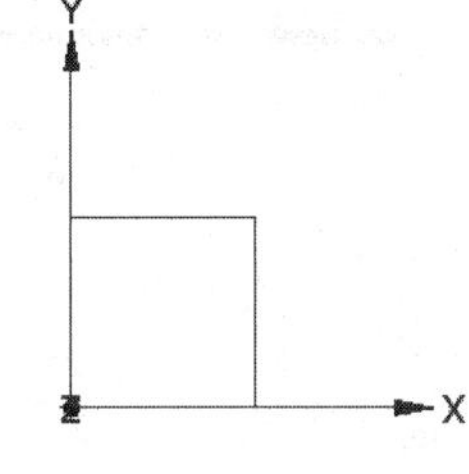

图 1-2-4　坐标系状态图

(3) 单击菜单栏上的“工具”→“定制”选项，在如图 1-2-5(a)所示“定制”对话框中，选择“命令”选项，依次单击“插入”、“曲线”选项，右侧图框找到(基本曲线)，鼠标点击该图标并拖曳到工具条合适位置，则基本曲线图标添加到了曲线工具条上，如图 1-2-5(b)所示。

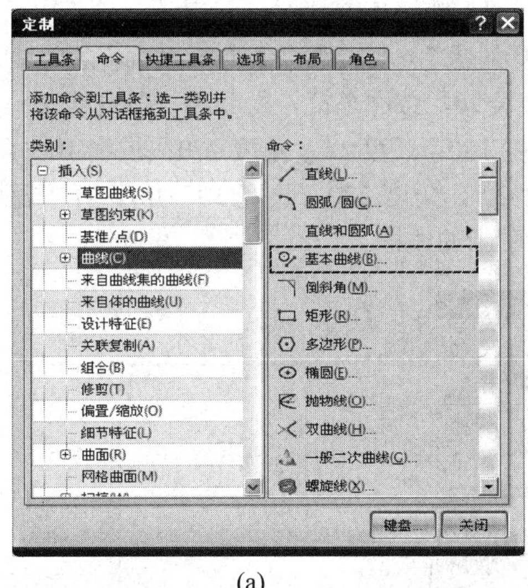

(a)

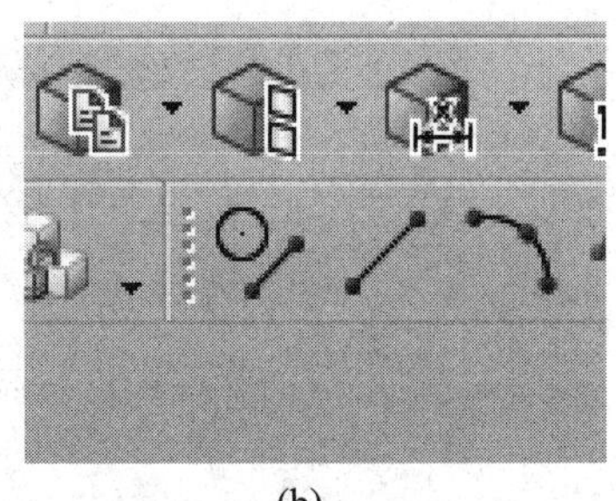

(b)

图 1-2-5　调出基本曲线图标

(4) 利用基本曲线绘制线框。

① 单击(基本曲线)，弹出如图 1-2-6 所示界面，状态栏提示“输入直线起点或选择对象”，在跟踪条内输入直线起点坐标(0，35)，XC 默认是 0，YC 输入 35，按回车键确认，

得到直线的起点，如图 1-2-7 所示。

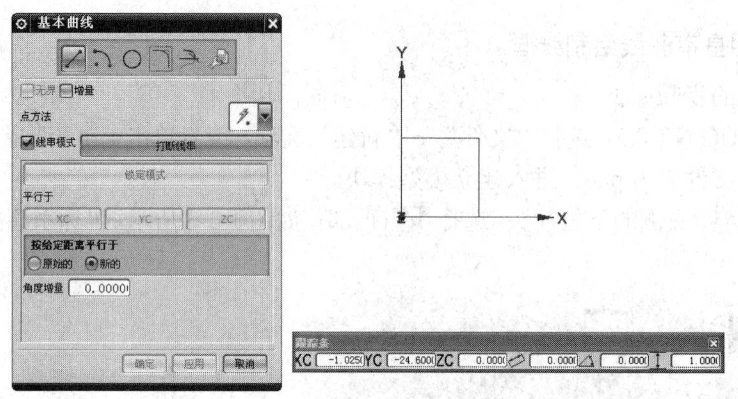

图 1-2-6　“基本曲线”对话框及坐标跟踪条(盘盖)

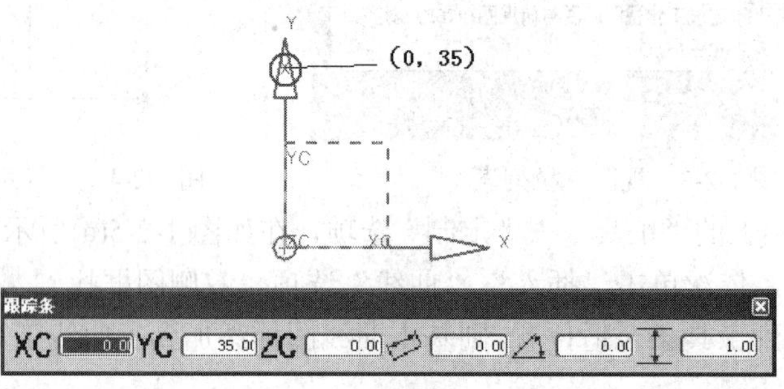

图 1-2-7　坐标输入(盘盖)

② 状态栏提示“指出直线终点或选择对象”，双击跟踪条内长度 后的输入框，输入 30，按 Tab 键，在角度 后的框内输入 90，按回车键，得到第一段直线。

③ 按上述步骤依次输入长度 15，角度 180；长度 15，角度 270；长度 10，角度 180；长度 5，角度 270；长度 9，角度 0；长度 2.5，角度 270；长度 10，角度 0；长度 7.5，角度 270；长度 6，角度 0。得到如图 1-2-8 所示的线框。

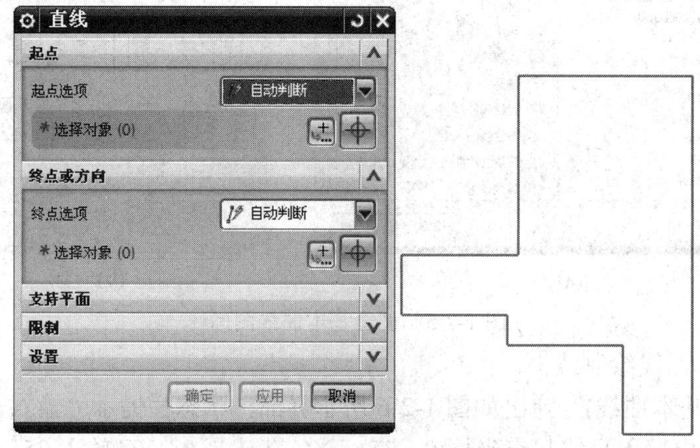

图 1-2-8　设置直线线框图(盘盖)

④ 单击 ，进入“曲线倒圆”对话框，在半径处输入 2，选择要倒圆角的两条直线交点处(如图 1-2-9 所示)，点击“取消”按钮，完成线框绘制如图 1-2-10 所示。

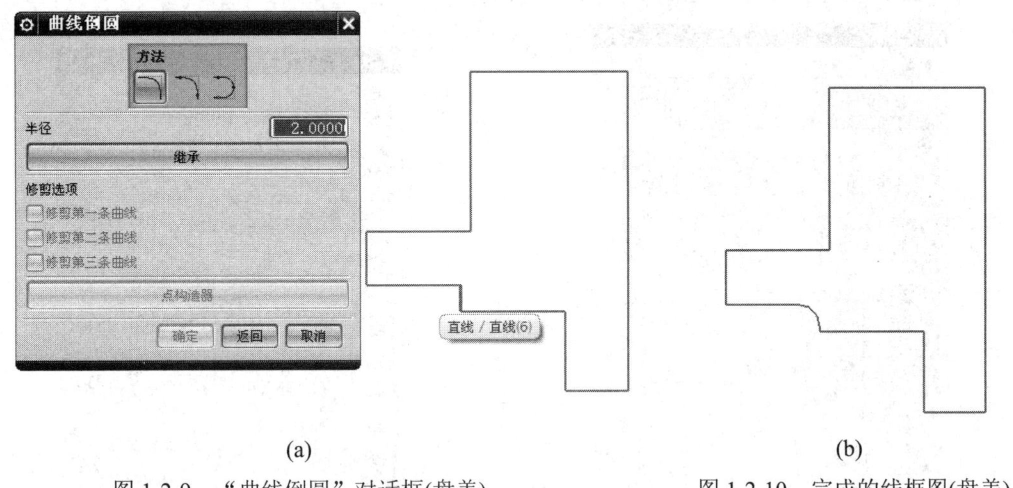

(a)　　(b)

图 1-2-9　“曲线倒圆”对话框(盘盖)　　图 1-2-10　完成的线框图(盘盖)

(二) 生成盘盖主体

创建盘盖主体的步骤如下：

(1) 选择“插入”→“设计特征”→“回转”选项，或者单击 ，系统弹出如图 1-2-11 所示的“回转”对话框，利用该对话框建立盘盖的方法如下。

① 状态栏提示选择要草绘的平面，或选择截面几何图形，在曲线规则框内选择“相连曲线”，单击线框上任意一条线，单击鼠标中键，选中线框，如图 1-2-12 所示。

图 1-2-11　“回转”对话框(盘盖)

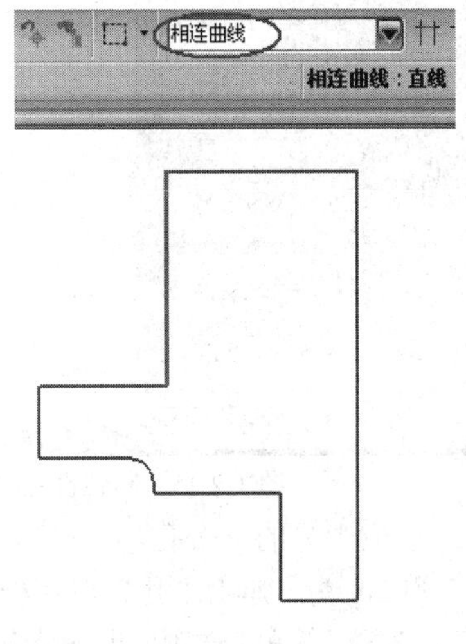

图 1-2-12　选择线框图(盘盖)

② 在“回转”对话框中单击“指定矢量”右侧的下拉箭头，选择 XC 轴，如图 1-2-13 所示。单击指定点后的[图标]，弹出“点”对话框，确保坐标 X、Y、Z 都为 0，如图 1-2-14 所示，单击“确定”按钮，返回“回转”对话框。

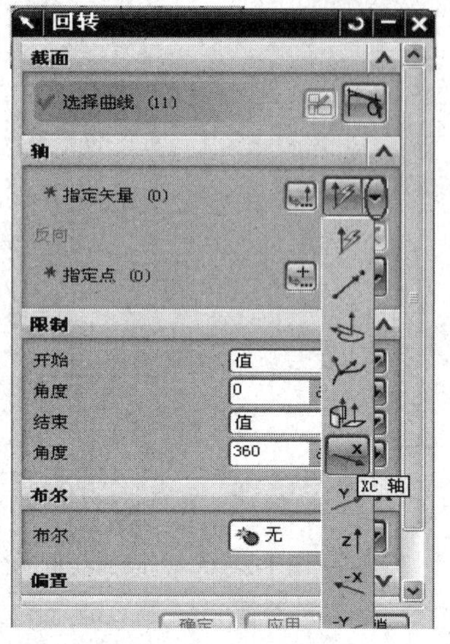

图 1-2-13　指定矢量图

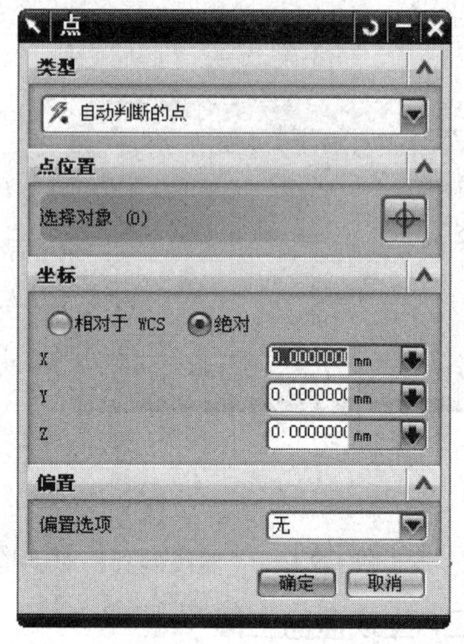

图 1-2-14　“点”对话框(盘盖)

③ 其余采用默认值，如图 1-2-15 所示，点击“确定”按钮，生成回转实体。按住鼠标中键，旋转一定角度，建立盘盖，如图 1-2-16 所示。

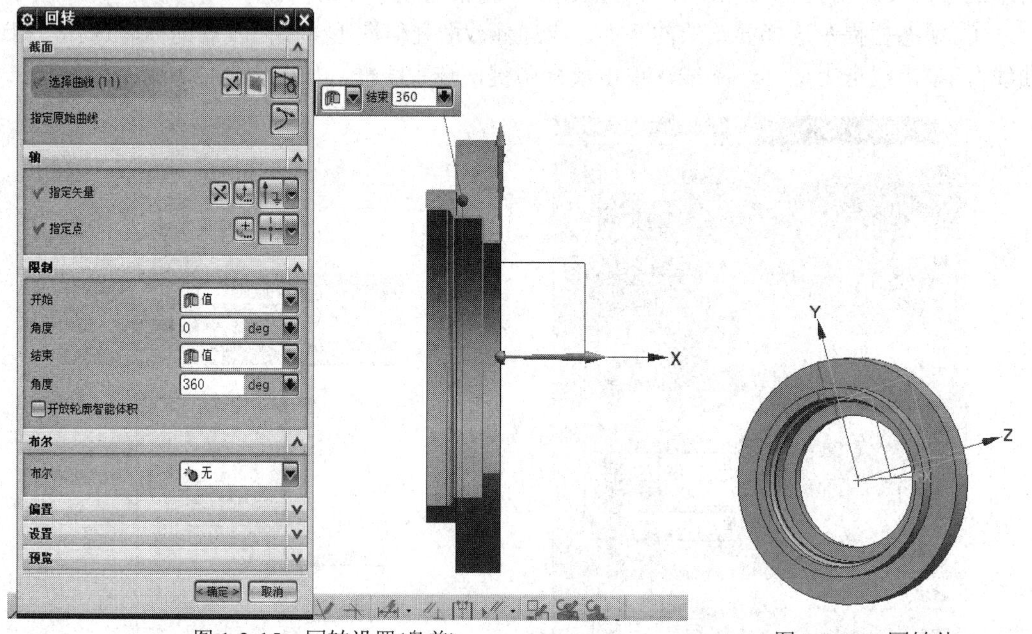

图 1-2-15　回转设置(盘盖)

图 1-2-16　回转体

(2) 生成上方的一个孔。

① 单击[图标]，弹出“孔”对话框，在“类型”下拉列表中选择“常规孔”，“成形”下拉列表中选择“简单”选项，孔直径设置为 9，深度默认 50，其余都采用默认值，如图 1-2-17 所示。

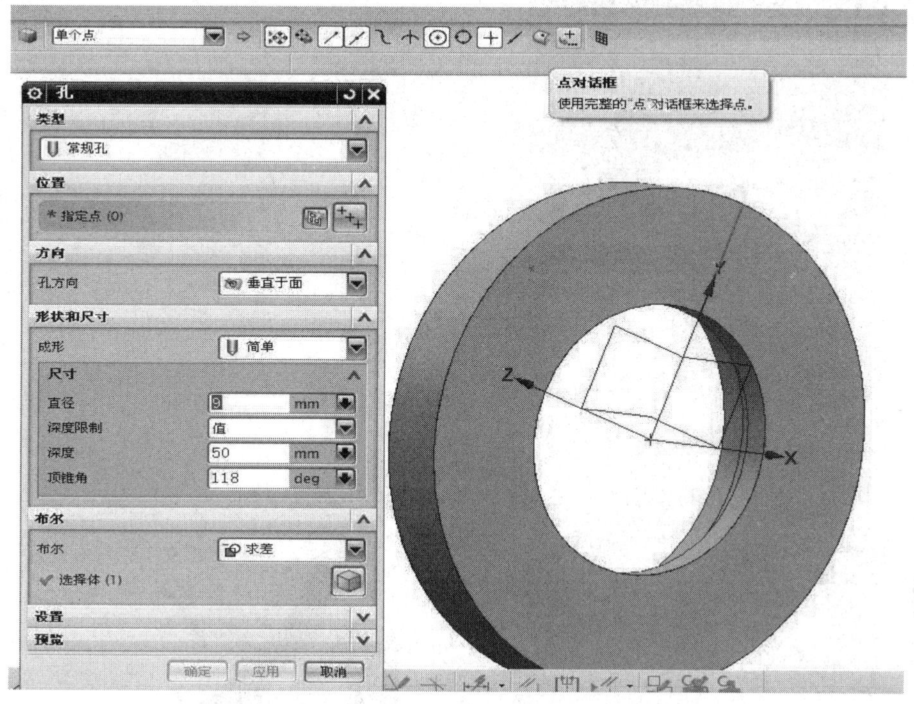

图 1-2-17　点构造器位置(盘盖)

② 点击特征点右侧的“点构造器”图标，位置如图 1-2-17 所示，弹出“点”对话框，输入坐标，Y 坐标是 57.5，X、Z 坐标都是零，如图 1-2-18 所示，点击“确定”按钮回到“孔”对话框。点击“确定”按钮完成孔的创建。

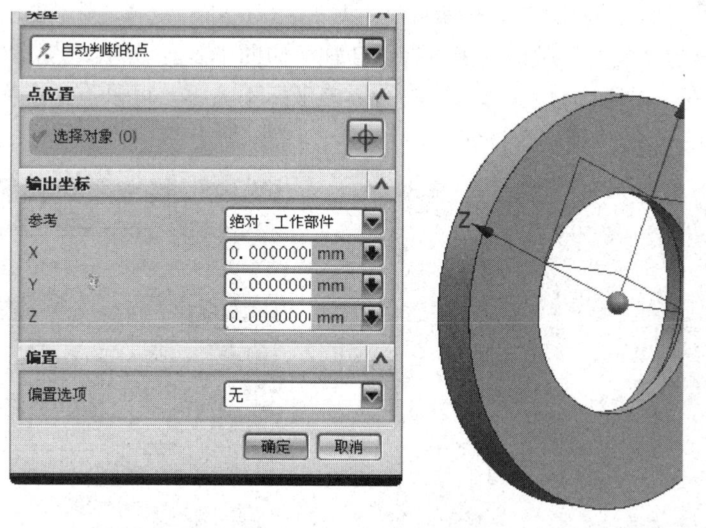

图 1-2-18　坐标值(盘盖)

(3) 阵列孔特征。

① 单击，弹出“阵列特征”对话框，如图 1-2-19 所示，在“布局”下拉列表中选择“圆形”选项，在图 1-2-20 中选择之前创建的孔，在“阵列特征”对话框中点击“确定”按钮。

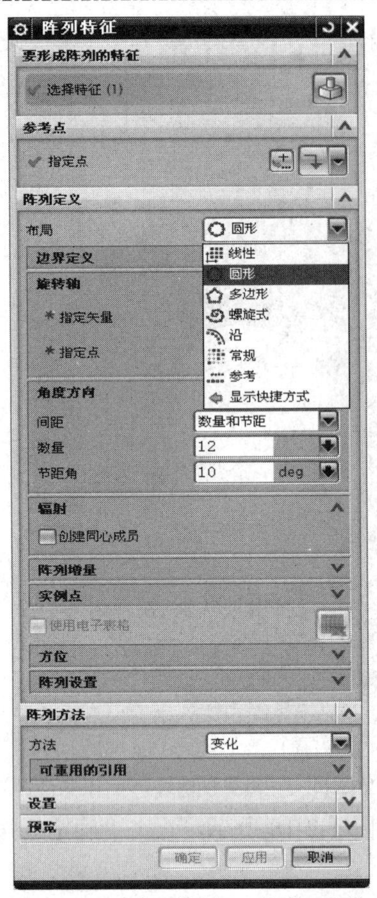

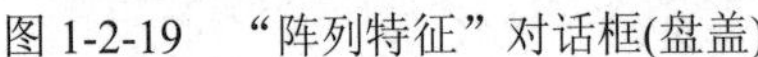
图 1-2-19 “阵列特征”对话框(盘盖)

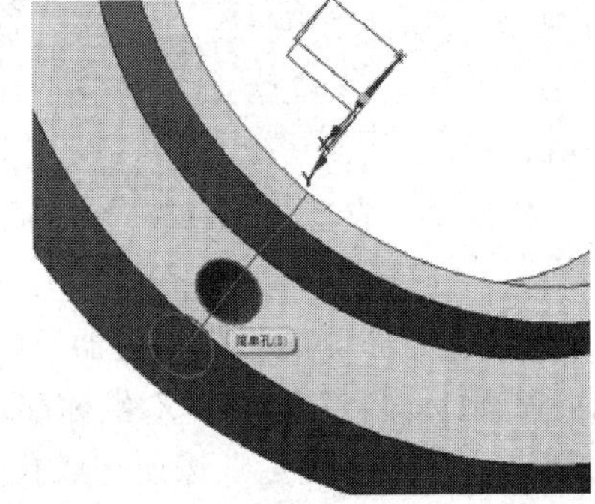
图 1-2-20 选择之前创建的孔(盘盖)

② 在弹出的“矢量”对话框中选择 XC 轴，如图 1-2-21 所示，点击“确定”按钮。弹出“点”对话框，要通过原点，如果 X、Y、Z 坐标不为零，可以点击上面的重置按钮，如图 1-2-22 所示，点击“确定”按钮。

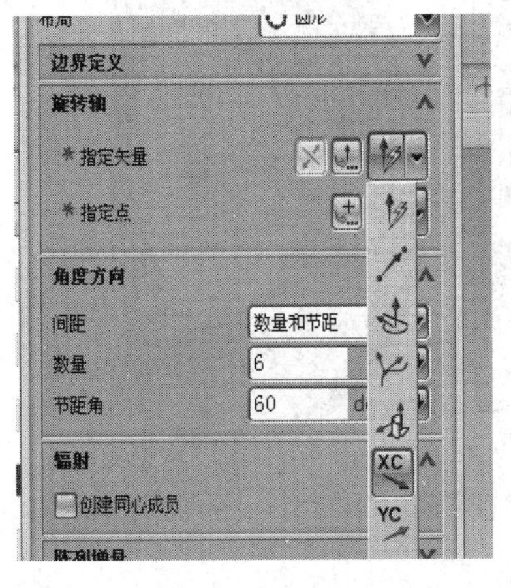

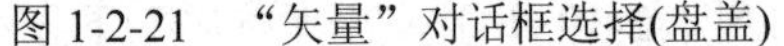
图 1-2-21 “矢量”对话框选择(盘盖)

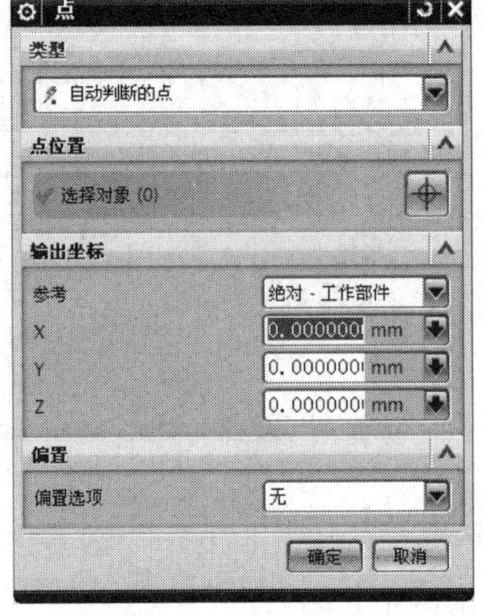

图 1-2-22 “点”对话框设置(盘盖)

③ 在“角度方向”中，“数量”输入 6，“节距角”输入 60，如图 1-2-23 所示，右侧图形产生预览效果，如图 1-2-24 所示。

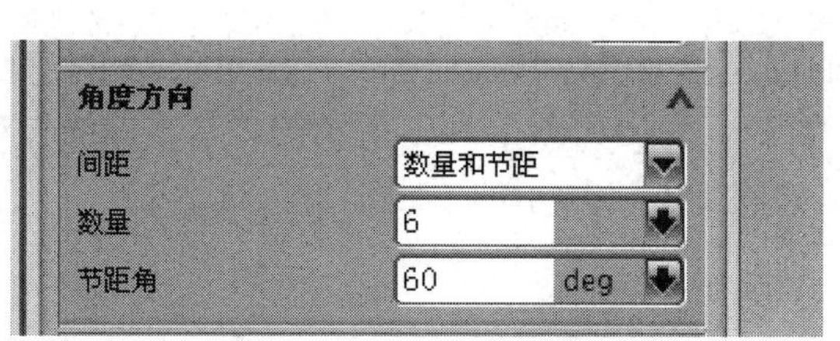

图 1-2-23　阵列参数设置(盘盖)

图 1-2-24　阵列效果预览(盘盖)

④ 在“阵列特征”对话框中点“确定”按钮，得到如图 1-2-25 所示的阵列孔征，完成孔的阵列。

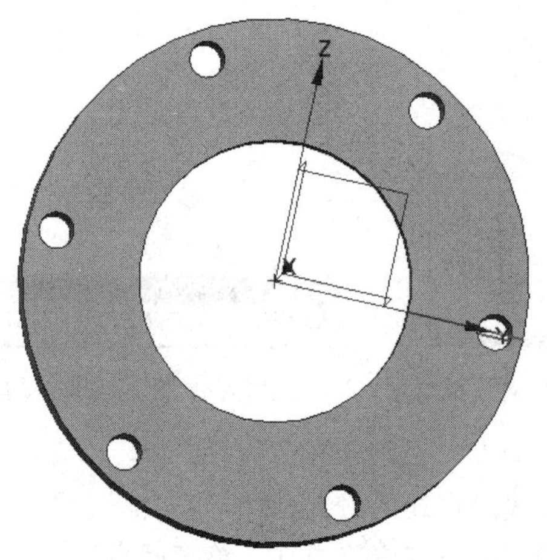

图 1-2-25　阵列孔特征(盘盖)

(4) 单击，弹出“倒斜角”对话框，在“距离”栏内输入 1，如图 1-2-26(a)所示。选择要倒斜角的两个圆边，如图 1-2-26(b)所示，点击“确定”按钮，完成倒斜角。

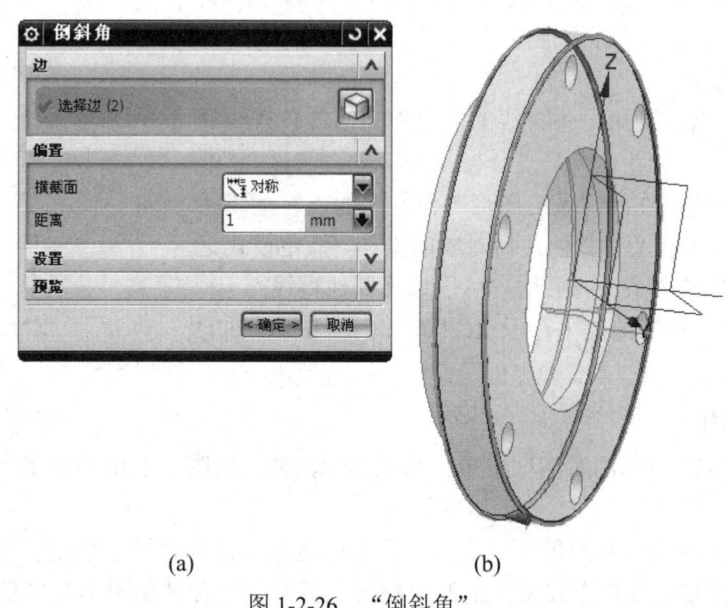

(a)　(b)

图 1-2-26　“倒斜角”

四、相关理论知识

基本曲线功能可用于非关联曲线的创建和编辑，其功能强大，这里仅简单作介绍。选择“插入”→“曲线”→“基本曲线”命令，弹出如图 1-2-27 所示的“基本曲线”对话框，或单击“曲线”工具条中的 ，弹出如图 1-2-28 所示的“跟踪条”对话框。

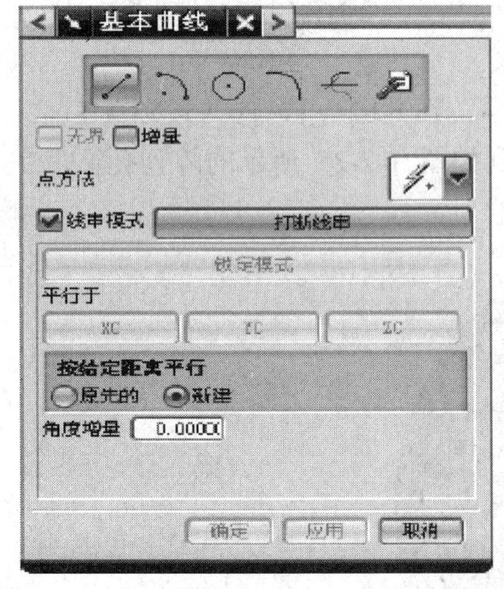

图 1-2-27　“基本曲线”对话框 1

图 1-2-28　“跟踪条”对话框 1

1. 创建直线

(1) 无界：指建立的直线沿直线的方向延伸，不会有边界。

(2) 增量：系统通过增量的方式建立直线。给定起点后可以直接在图形工作区指定结束点，也可以在“跟踪条”对话框中输入结束点相对于起点的增量。

(3) 点方法：通过下拉列表设置点的选择方式。共有“自动判断点”、“光标定位”等 8 种方式，如图 1-2-29 所示为“点方式”下拉列表。

(4) 线串模式：把第一条直线的终点作为第二条直线的起点。

(5) 锁定模式：在画一条与图形工作区中的已有直线相关的直线时，由于涉及对其他几何对象的操作，锁定模式记住开始选择对象的关系，随后用户可以选择其他直线。

(6) 平行于：用来绘制平行于 XC 轴、YC 轴和 ZC 轴的平行线。

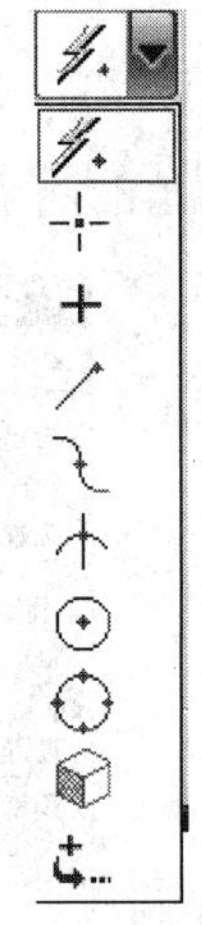

图 1-2-29　“点方式”下拉列表

2. 创建圆弧

在如图 1-2-27 所示的对话框中单击圆弧图标，弹出如图 1-2-30 所示的“基本曲线”圆弧对话框。

圆弧在基本曲线中有两种生成方式，可以用点、半径和直径来绘制，也可以用中心、起点和终点来绘制，选择方式见图 1-2-30 所示。其他参数含义和图 1-2-27 所示对话框中的含义相同。

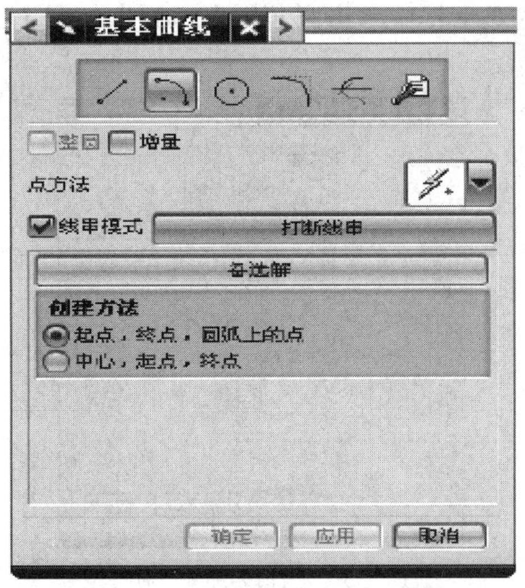

图 1-2-30　“基本曲线”圆弧对话框

3. 创建圆

在如图 1-2-27 所示的对话框中单击圆图标，弹出如图 1-2-31 所示的“跟踪条”对话框和图 1-2-32 所示的“基本曲线”圆对话框。

图 1-2-31　“跟踪条”对话框 2

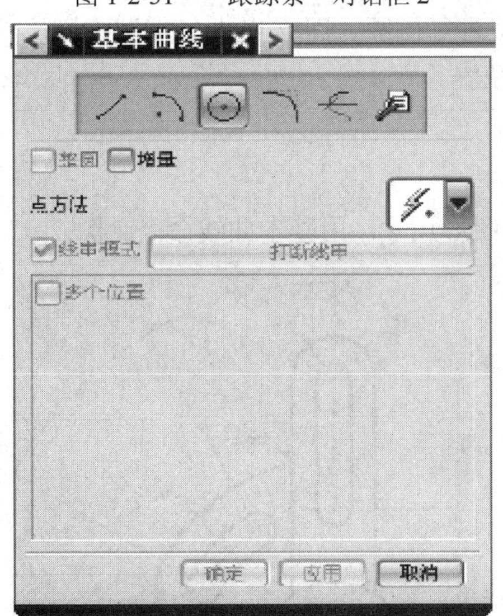

图 1-2-32　“基本曲线”圆对话框

通过先指定圆心位置，然后指定半径或直径来绘制圆。

当在图形工作区绘制了一个圆后，选择“多个位置”复选框，在图形工作区输入圆心后生成与已绘制圆同样大小的圆。

4. 创建圆角

在如图 1-2-27 所示的对话框中单击圆角图标，弹出如图 1-2-33 所示的“曲线倒圆”对话框。

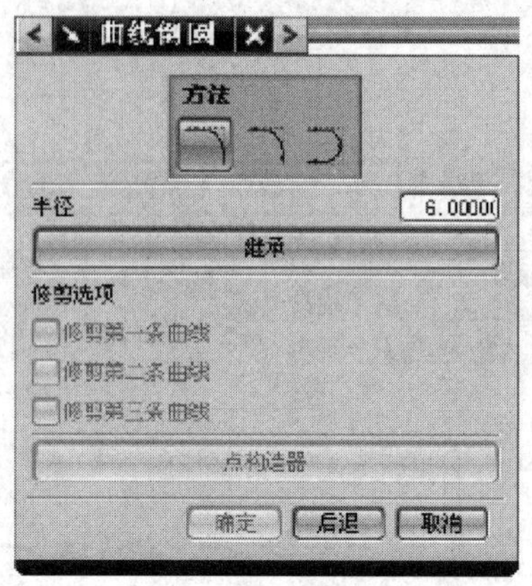

图 1-2-33 “曲线倒圆”对话框

(1) 简单倒圆。只能用于对直线进行倒圆，其创建步骤如下：

① 在半径中输入用户所需的数值，或单击“继承”按钮，在图形工作区中选择已存在圆弧，则倒圆的半径和所选圆弧的半径相同。

② 用鼠标左键单击两条直线的倒角处，生成倒角并同时修剪直线。

(2) 曲线倒圆。不仅可以对直线倒角，而且还可以对曲线倒圆，操作与“简单倒圆”相似。圆弧按照选择曲线的顺序逆时针产生，在生成圆弧时，用户也可以选择“修剪选项”来决定在倒圆角时是否裁剪曲线。

(3) 对 3 条曲线或直线进行倒圆。同 2 条曲线倒圆一样，不同的是不需要用户输入倒圆半径，系统自动计算半径值。

五、相关练习

1. 根据图 1-2-34 所示图形尺寸，用基本曲线命令画图。

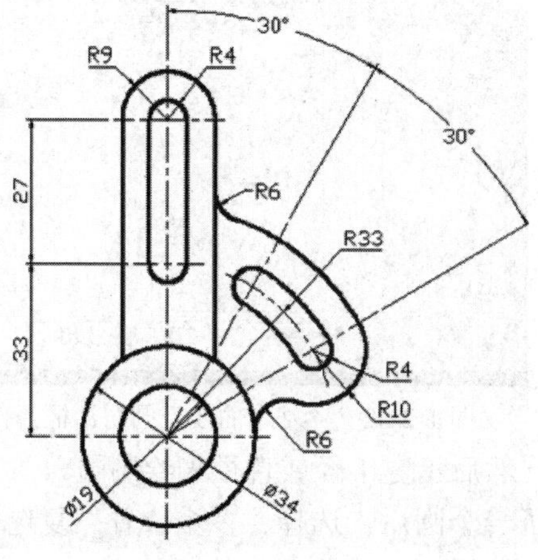

图 1-2-34 练习 1

2. 根据图 1-2-35 所示图形尺寸，用基本曲线命令画图。

3. 根据图 1-2-36 所示图形尺寸，用基本曲线和回转命令进行三维建模。

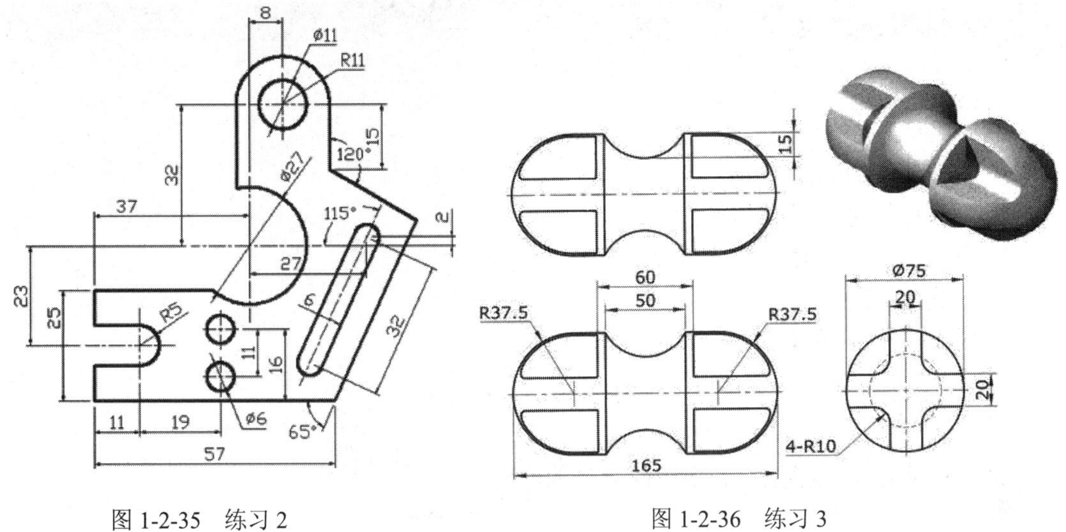

图 1-2-35　练习 2　　　　图 1-2-36　练习 3

4. 根据图 1-2-37 所示图形尺寸，用基本曲线和回转命令进行三维建模。

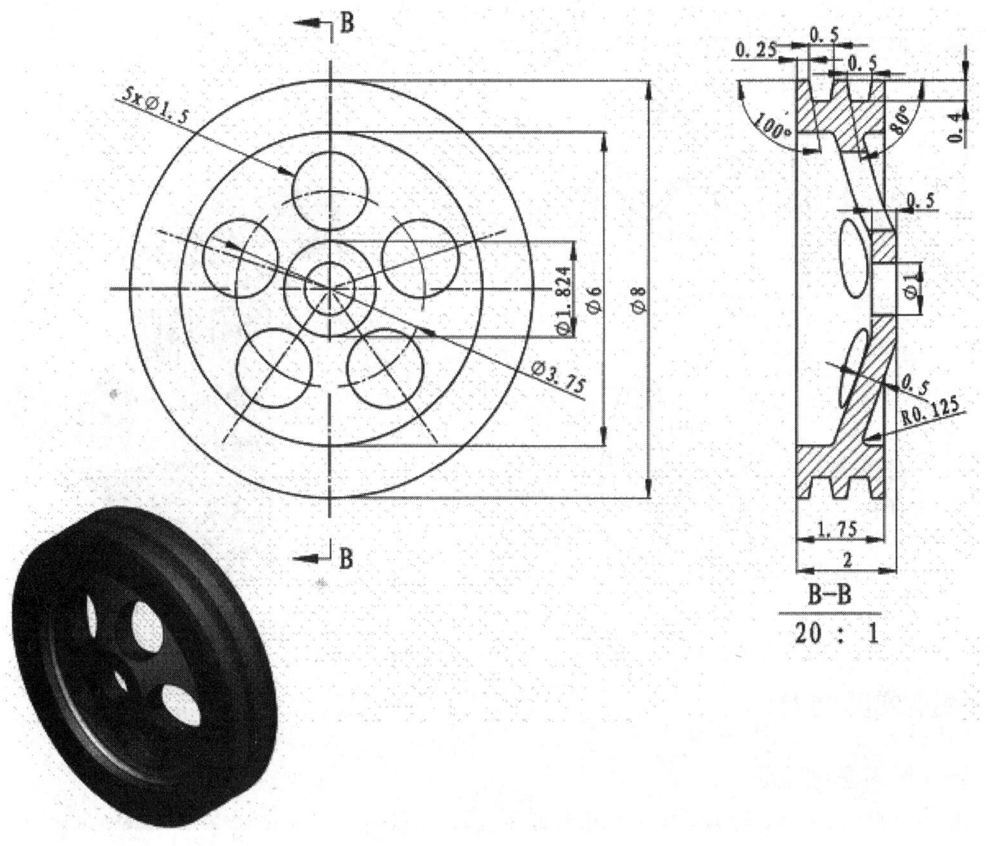

图 1-2-37　练习 5

模块三　阀体零件建模

一、学习目标

1. 掌握草图的创建方法；
2. 掌握拉伸生成实体的方法；
3. 掌握变换坐标的方法；
4. 掌握建模的一般步骤；
5. 掌握布尔运算的运用。

二、工作任务

完成如图 1-3-1 及图 1-3-2 所示的阀体的建模。

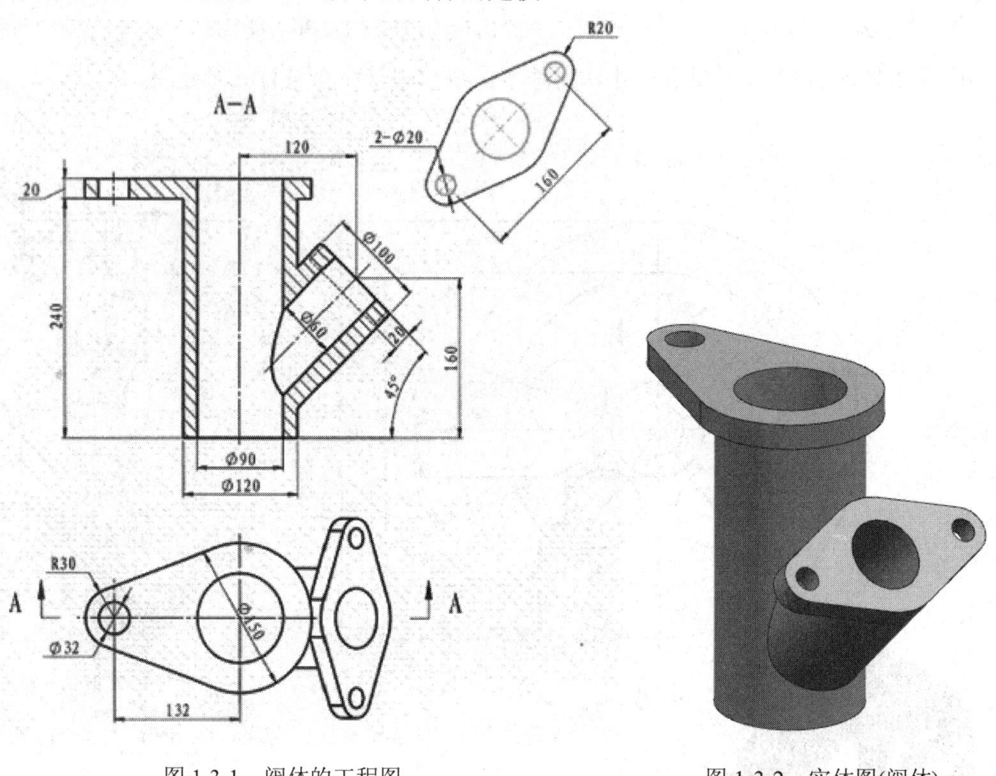

图 1-3-1　阀体的工程图

图 1-3-2　实体图(阀体)

三、相关实践知识

(一) 绘制基础特征

(1) 启动 UG NX 8.5，选择“文件”→“新建”选项，或者单击 ，选择“模型”类型，创建新部件，文件名为 fati，进入建立模型模块。

(2) 单击 ，系统弹出“圆柱”对话框，设定圆柱“直径”为 120，“高度”为 260，其余采用默认设置，如图 1-3-3 所示，单击“确定”按钮，完成圆柱建模，如图 1-3-4 所示。

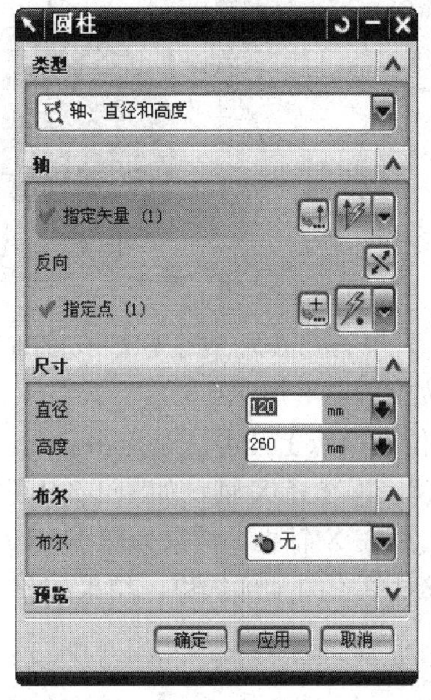

图 1-3-3　“圆柱”对话框(阀体)

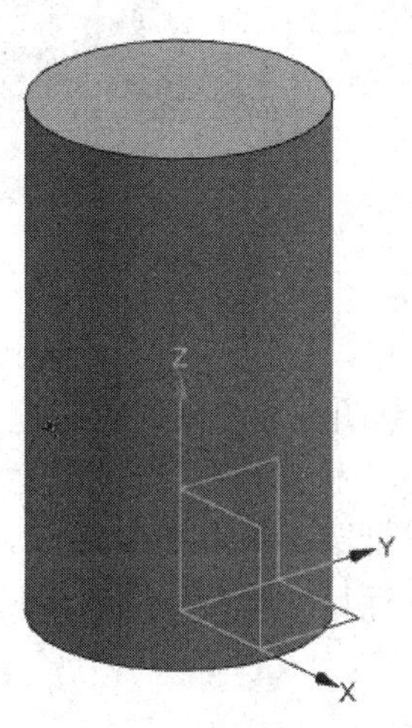

图 1-3-4　生成的圆柱(阀体)

(3) 绘制阀体上部的拉伸特征。

① 单击 ，或者点击“插入”下拉菜单，选择“在任务环境中创建草图”，进入绘制草图界面，点选 XY 平面作为草绘平面，单击鼠标中键进入绘制草图界面。

② 单击 ，弹出画圆对话框，指定原点附近为圆心，输入直径 120(不输入也可以，后面尺寸约束再定)，按回车键确认，画好一个圆；把鼠标移到左侧，确定另一个圆心位置，左键单击，画出第二个圆，如图 1-3-5 所示。按 Esc 键退出画圆命令，鼠标左键在第二个圆的圆周上按下，向内拖动，把圆缩小一些。

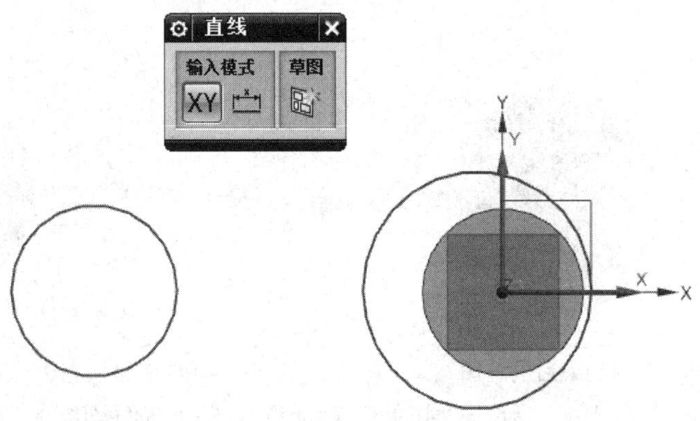

图 1-3-5　草绘两个圆

③ 单击 ，弹出“直线”对话框，在左侧圆周上点一下，作为直线的起点，把鼠标移到右侧圆周上，当出现相切符号时，如图 1-3-6 所示，按下左键，画出一条与两圆相切

的直线；同样的办法，画出另一条直线，如图 1-3-7 所示。

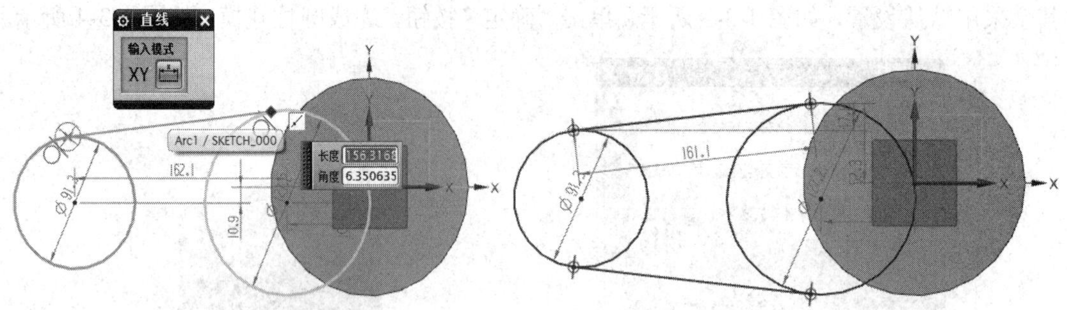

图 1-3-6　与两圆相切的直线　　　　图 1-3-7　两条与圆相切的直线

④ 单击 ，选择多余的圆弧，完成修剪，如图 1-3-8 所示。

⑤ 对草图进行约束。首先把右侧圆的圆心定位到原点上，方法是点击 ，在对话框中点击 ，先选择圆心，点选“要约束到的对象”，再选择 X 轴，如图 1-3-9 所示；用同样的方法，把圆心约束在 Y 轴上，左侧圆的圆心约束在 X 轴上，结果如图 1-3-10 所示；点击 ，进行尺寸约束，输入圆弧真实尺寸，完成对草图的全部约束，结果如图 1-3-11 所示。

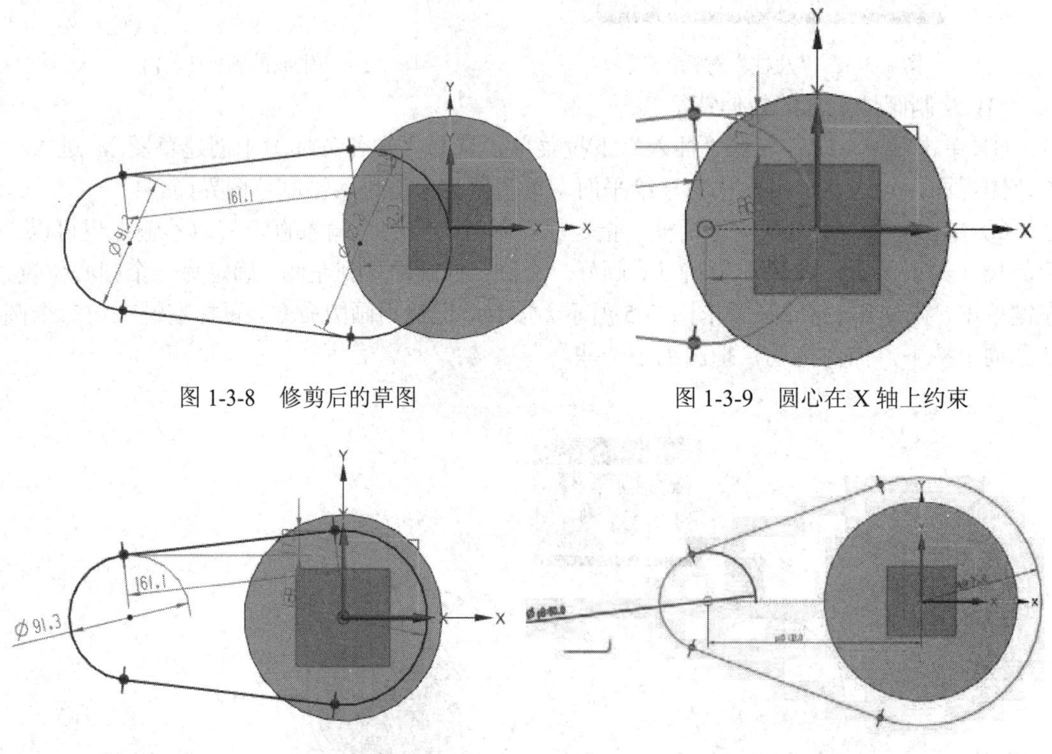

图 1-3-8　修剪后的草图　　　　图 1-3-9　圆心在 X 轴上约束

图 1-3-10　几何约束后的草图　　　　图 1-3-11　完成约束的草图

⑥ 退出草图，点击 ，弹出“拉伸”对话框，选择前面绘制的草图，“起始距离”输入 240，“结束距离”输入 260，“布尔”运算选择求和，单击“确定”按钮，完成拉伸。

(4) 绘制阀体右侧的拉伸特征。

① 变换坐标系。单击 ，然后单击“格式”下拉菜单，光标移动到“WCS”选项，

点击 ，弹出“点”对话框，输入 XC 为 120、YC 为 0、ZC 为 160，如图 1-3-12 所示，点击“确定”按钮，坐标系移到新的位置；单击 ，设置如图 1-3-13 所示，点击“确定”按钮。

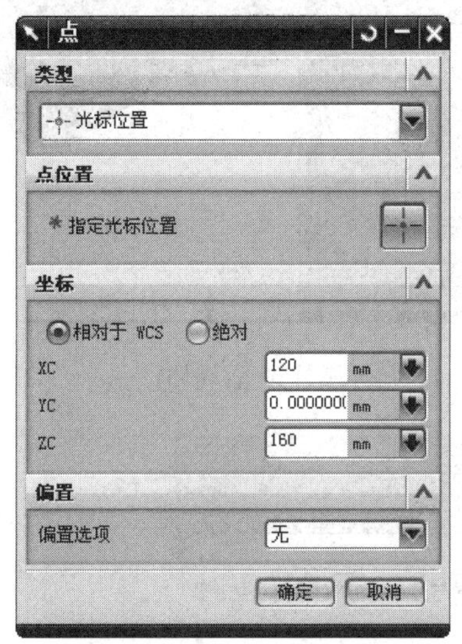

图 1-3-12　“点”对话框(阀体)

图 1-3-13　设置旋转 WCS 对话框(阀体)

② 单击 ，或者按下键盘上的 L 键，进入绘制草图界面，已默认的 XY 平面作为草绘平面，单击鼠标中键进入绘制草图界面。

③ 绘制两个圆两条线，并进行约束，如图 1-3-14 所示。对图形进行镜像，点击 ，先选要镜像的图素，再选 X 轴作为镜像线，如图 1-3-15 所示，点击“确定”按钮。

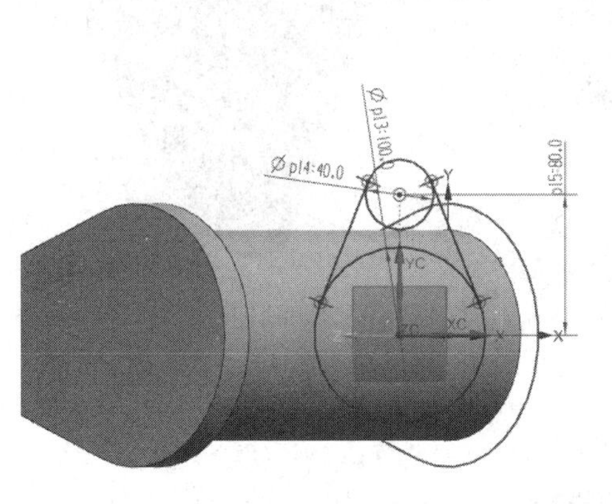

图 1-3-14　线框图(阀体)

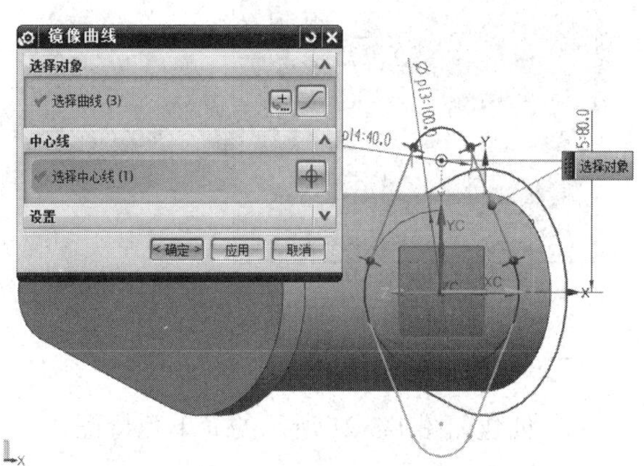

图 1-3-15　镜像图框及需要镜像的图素

④ 按 Ctrl + Q 退出草图，得到的草图如图 1-3-16 所示。按 X 键，弹出“拉伸”对话框，选择曲线为相连曲线，选择草图中间的圆，单击 ，“开始”值设置为 0，“结束”选择直至下一个，“布尔”运算选择求和，如图 1-3-17 所示，点击“应用”按钮，完成一个拉伸。选择曲线为“单条曲线”，单击后面的 ，如图 1-3-18 所示，选择草图的外面一圈，单击 ，在“开始”距离框内输入 0，“结束”距离框内输入 20，如图 1-3-19 所示，单击“确定”按钮，完成的图形如图 1-3-20 所示。

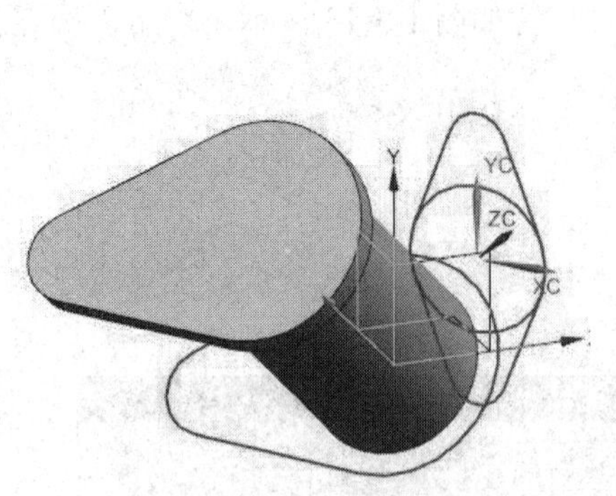

图 1-3-16　完成的草图(阀体)

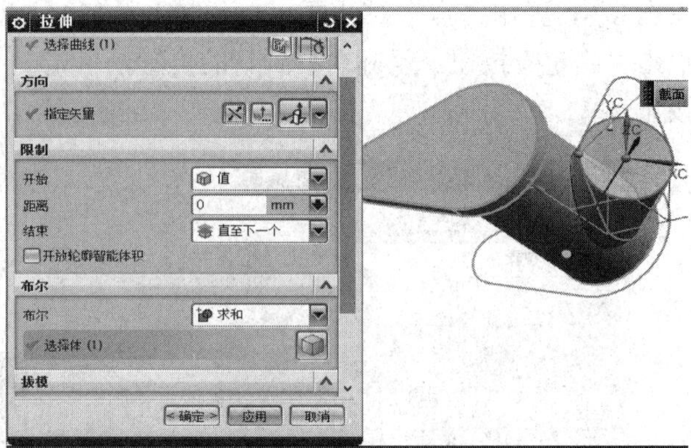

图 1-3-17　拉伸圆柱设置(阀体)

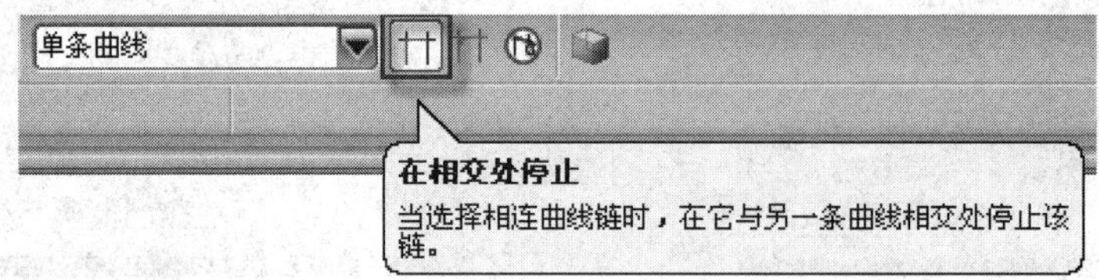

图 1-3-18　曲线规则设置

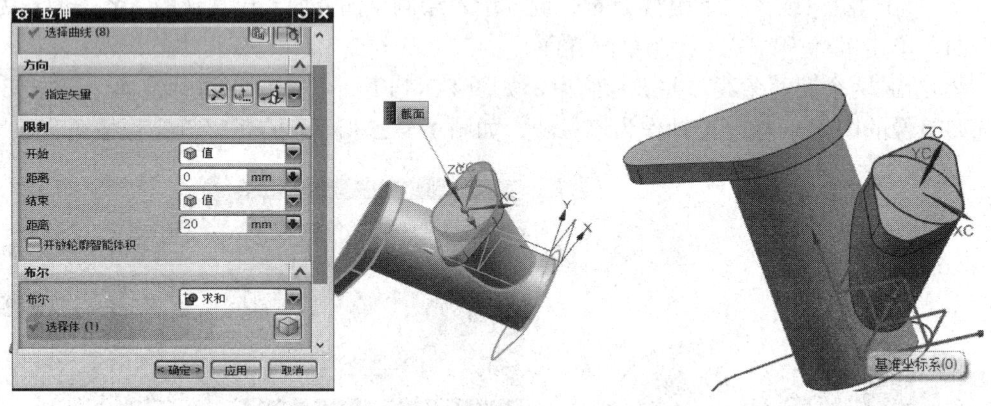

图 1-3-19　拉伸外圈设置(阀体)　　　　图 1-3-20　拉伸后的实体(阀体)

(二) 孔特征的创建

(1) 创建如图 1-3-21 所示的简单孔特征 1。

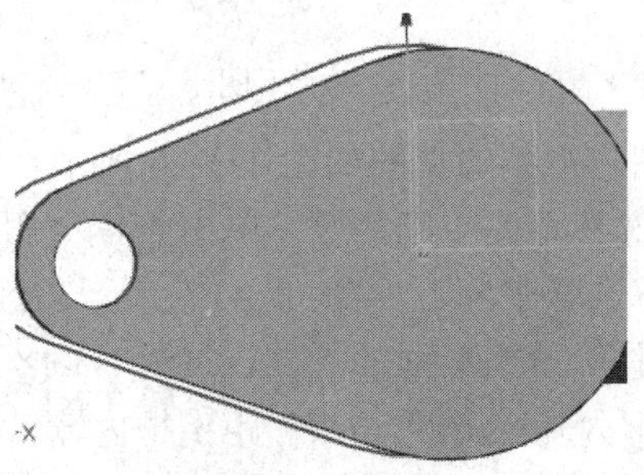

图 1-3-21　孔特征 1

① 选择“插入”→“设计特征”→“孔”选项，或单击工具栏中的，弹出“孔”对话框，选择“简单”选项。

② 定义孔的位置，选择圆心，如图1-3-22所示。

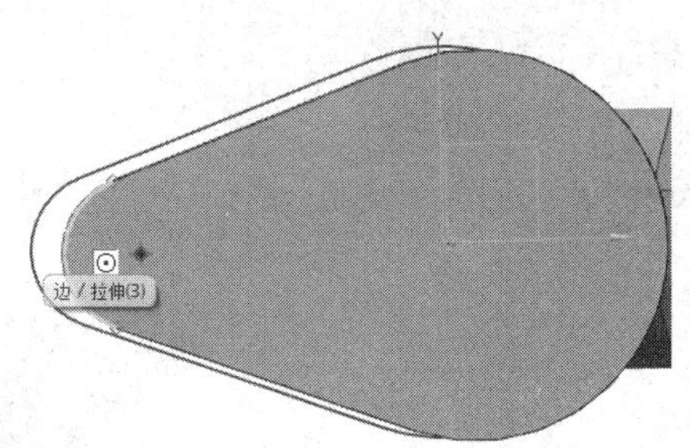

图1-3-22　选取发亮圆弧的圆心1

③ 定义孔的属性。在“尺寸”选项组中输入“直径”为32，在“深度限制”下拉列表中选择“贯通体”选项，最后单击“求差”按钮，单击“确定”按钮，完成简单孔特征1的绘制。

(2) 创建如图1-3-23所示的简单孔特征2。

① 选择“插入”→“设计特征”→“孔”选项，或单击工具栏中的，弹出“孔”对话框，选择“简单”选项。

② 定义孔的位置，选择圆心，如图1-3-24所示。

③ 定义孔的属性。在“尺寸”选项组中输入“直径”为90，在“深度限制”下拉列表中选择“贯通体”选项，最后单击“求差”按钮，单击“确定”按钮，完成简单孔特征2的绘制。

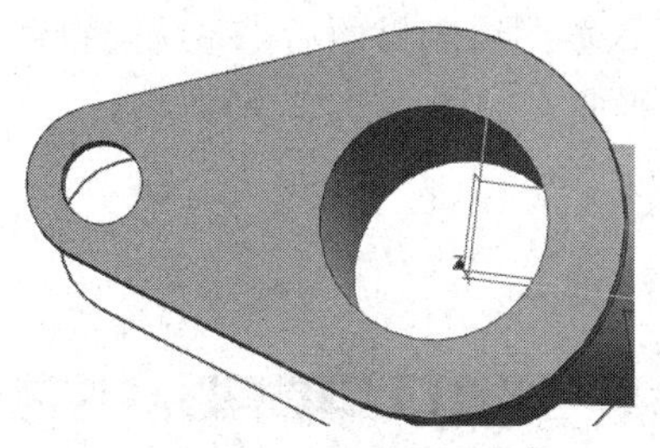

图1-3-23　孔特征2

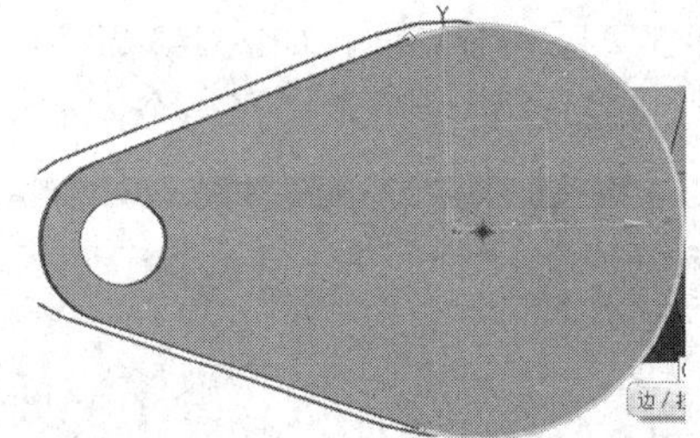

图1-3-24　选取发亮圆弧的圆心2

(3) 创建如图剩余孔特征。中间孔“深度限制”孔深度为160，两边孔依然是“贯通体”。结果如图1-3-25所示。

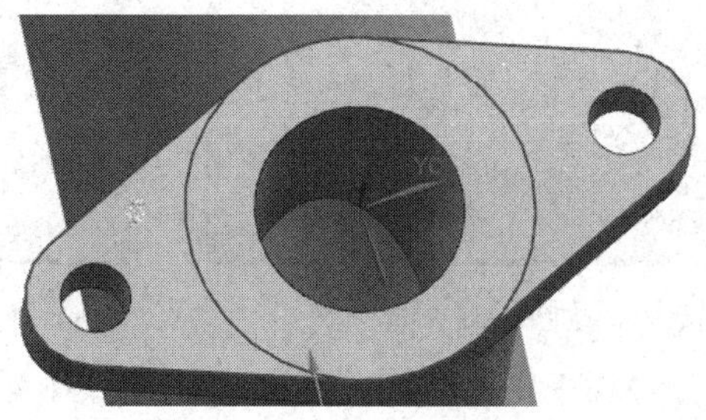

图1-3-25　其余孔特征

(三) 隐藏草图和坐标系

在实体主体上单击右键，如图 1-3-26 所示，选择“隐藏”，再按 Ctrl + Shift + B 键，反向隐藏。选择“格式”→“WCS”→“显示”选项，隐藏坐标系，如图 1-3-27 所示。

图 1-3-26 右键菜单

图 1-3-27 隐藏草图后的实体(阀体)

四、相关理论知识

(一) 草图

选择“插入”→“在任务环境中创建草图”选项，或者单击“特征”工具栏中的 ，进入 UG NX 8.5 草图绘制界面，如图 1-3-28 所示。进入草图绘制界面后，系统会自动弹出“创建草图”对话框，提示用户选择一个安放草图的平面，如图 1-3-29 所示。

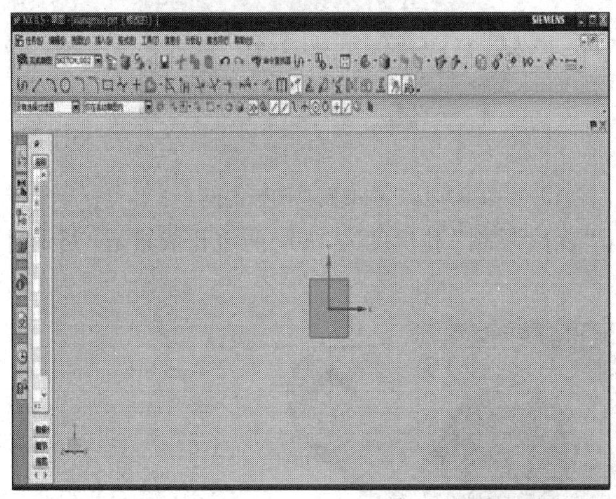

图 1-3-28 UG NX 8.5 草图绘制界面

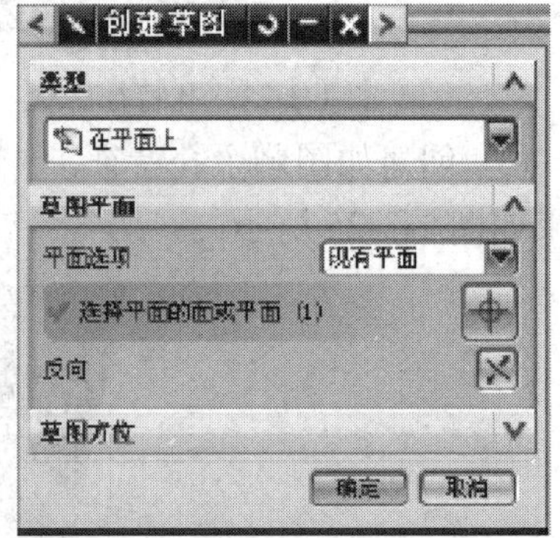

图 1-3-29 “创建草图”对话框

需要指出的是，在 UG NX 8.5 中，草图功能有“在任务环境中创建草图”和“草图”两个选项。点击“插入”菜单中的“草图”命令进入直接草图，然后任意选取一个平面进行绘制以后，工作环境是不会发生变化的，还是原来的建模环境，这时就可以直接用“插入”下面的“草图曲线”里面的命令来进行草图绘制；也可在工具栏的空白处点击右键调出工具栏，然后进行绘制，最后点击完成草图就可以退出了(在部件导航器中也可以找到作图步骤)。“在任务环境中创建草图” 选项相对来说操作会更简便一些，当选择了“在任务环境中创建草图”以后，工作环境将会进入草图环境工作模式。草图的命令很多，在直接草图中要想找到一些命令是很不方便的，而且快捷键也会有冲突的。综合以上两点，直接草图和任务草图的根本区别就是点击任务草图以后会在草图环境中工作，其他命令还是一样的。

1. 简单草图曲线

(1) 轮廓。

该功能是以线串模式创建一系列连接的直线或圆弧；在“草图曲线”工具栏中单击图标，弹出如图 1-3-30 所示的“轮廓”绘图工具条。

① 直线：单击图 1-3-30 所示工具条中的，在视图区选择两点绘制直线。

② 弧：单击图 1-3-30 所示工具条中的，在视图区选择一点，输入半径，然后再在视图区选择另一点，绘制圆弧。

③ 坐标模式：单击图 1-3-30 所示工具条中的 XY，在视图区显示如图 1-3-31 所示 XC 和 YC 数值文本框，在文本框中输入所需数值，便可开始绘制草图。

④ 参数模式：单击图 1-3-30 所示工具条中的，在视图区显示如图 1-3-32 所示“长度”和“角度”文本框，在文本框中输入所需数值即可绘制草图。

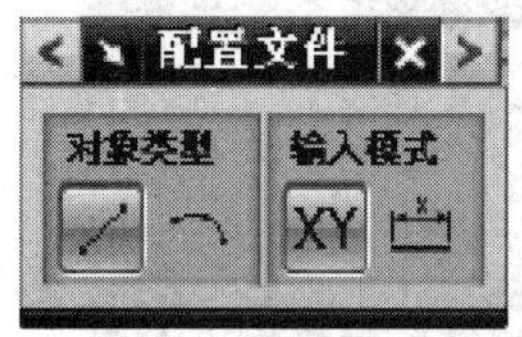

图 1-3-30　“轮廓”绘图工具条

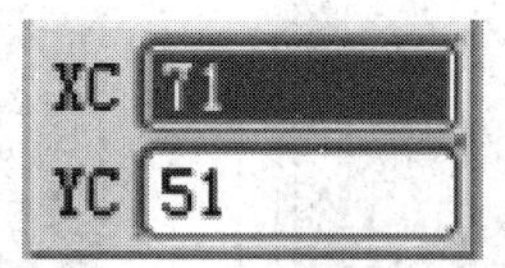

图 1-3-31　坐标模式数值输入文本框

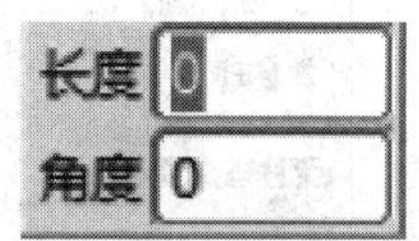

图 1-3-32　“长度”和“角度”文本框

(2) 创建直线。

该功能是用约束自动判断创建直线，选择“插入”→“曲线”→“直线”选项，或者在“草图曲线”工具栏中单击，弹出“直线”绘图工具条。

(3) 创建圆。

该功能是通过三点或通过指定其中心和直线创建圆。选择“插入”→“圆”选项，或者在“草图曲线”工具栏中单击，弹出如图 1-3-33 所示的“圆”绘图工具条。

① 中心和端点决定的圆：在工具条中单击，选择“中心和端点决定的圆”方式绘制圆。

② 通过三点的圆：工具条中单击，选择“通过三点的圆”方式绘制圆。

图 1-3-33　“圆”绘图工具条

(4) 创建圆弧。

该功能是通过三点或通过指定其中心和端点创建圆弧。选择“插入”→“弧”选项，或者在“草图曲线”工具栏中单击，弹出如图 1-3-34 所示的“圆弧”绘图工具条。

图 1-3-34 “圆弧”绘图工具条

① 通过三点的圆弧：单击，选择“通过三点的圆弧”方式绘制圆弧。

② 中心和端点决定的圆弧：单击，选择“中心和端点决定的圆弧”方式绘制圆弧。

2. 编辑草图曲线

(1) 快速修剪。

该功能是从任意方向将曲线修剪至最近的交点或选定的边界。在“草图曲线”工具栏中单击，弹出如图 1-3-35 所示的“快速修剪”对话框。按对话框提示操作即可。

(2) 快速延伸。

选择“编辑”→“曲线”→“快速延伸”选项，或在“草图曲线”工具栏中单击，弹出如图 1-3-36 所示的“快速延伸”对话框。按对话框提示操作即可。

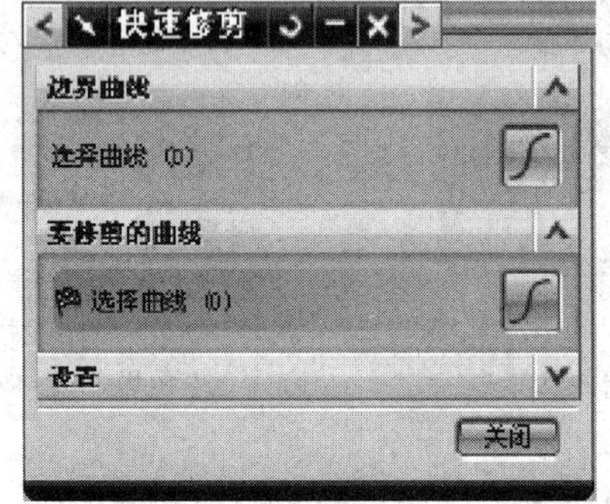

图 1-3-35 “快速修剪”对话框

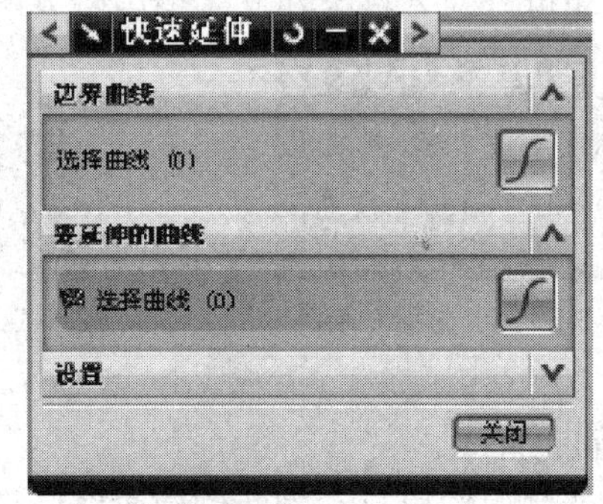

图 1-3-36 “快速延伸”对话框

(3) 制作拐角。

该功能是延伸和修剪两条曲线以制作拐点。在“草图曲线”工具栏中单击，弹出如图 1-3-37 所示的“制作拐角”对话框，按照对话框的提示选择两条曲线制作拐角。

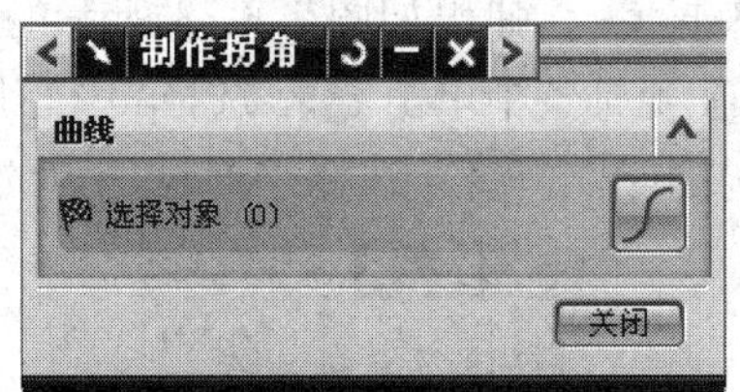

图 1-3-37 “制作拐角”对话框

(4) 创建圆角。

该功能是在两条或 3 条曲线之间进行倒角，选择“插入”→“曲线”→Fillet 选项，或者在“草图曲线”工具栏中单击，弹出如图 1-3-38 所示的“创建圆角”工具条。工具条中各图标介绍如下。

① 修剪：单击，选择“修剪”功能，表示对曲线进行裁剪或延伸。

② 取消修剪：单击，选择“取消修剪”功能，表示对曲线不裁剪也不延伸。

③ 删除第三条曲线：单击，删除和该圆角相切的第三条曲线。

④ 创建备选圆角：单击，圆角与两曲线形成环形。

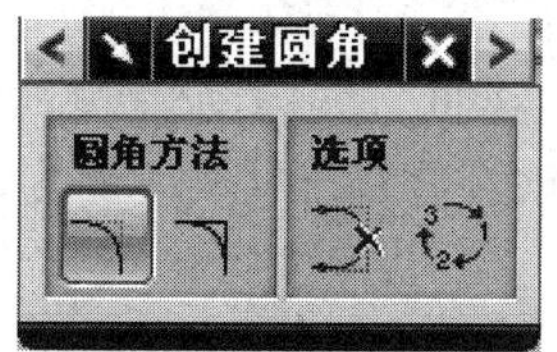

图 1-3-38 “创建圆角”工具条

(二) 坐标系

坐标系是用来确定对象的方位的。UG NX 8.5 建模时，一般使用两种坐标系：绝对坐标系(ACS)和工作坐标系(WCS)。

1. 坐标系的变化

选择“格式”→“WCS”选项，即弹出如图 1-3-39 所示的子菜单。

(1) 原点：输入或选择坐标原点，根据坐标原点拖动坐标系。

(2) 动态：通过步进的方式移动或旋转当前的 WCS，用户可以在绘图工作区中移动坐标系。

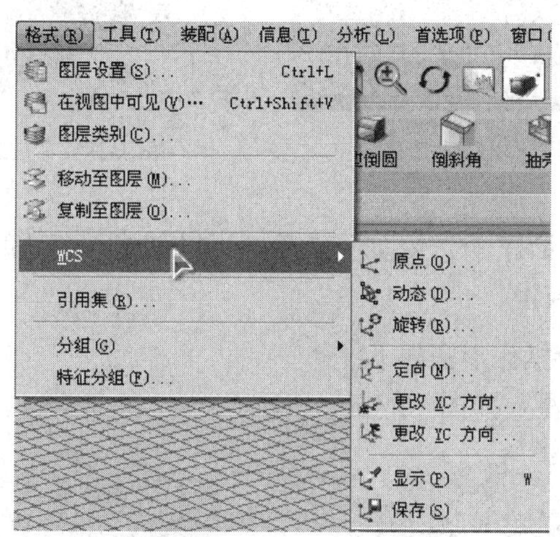

图 1-3-39 坐标系操作子菜单

“动态”命令操作步骤如下：

① 创建如图 1-3-40(a)所示的正方体模型。

② 选择“格式”→“WCS”选项，弹出如图 1-3-39 所示的子菜单。

③ 选择“动态”命令，坐标系变色，移动坐标系到正方体的角点，效果如图 1-3-40(b)所示。

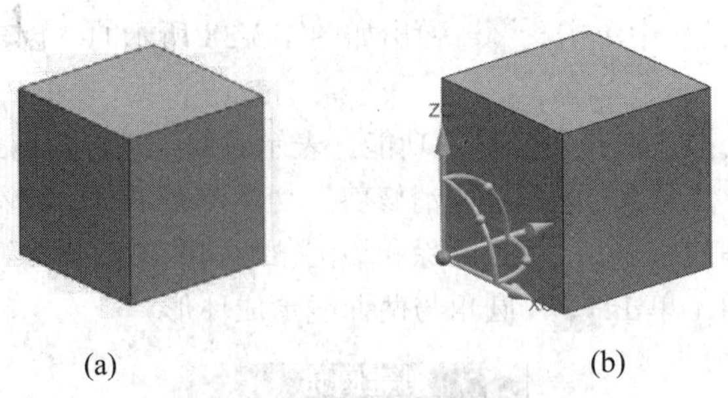

(a) (b)

图 1-3-40 动态移动坐标系实例

(3) 旋转 ：通过当前的 WCS 绕轴旋转一定角度，从而定义一个新的 WCS。

“旋转”命令操作步骤如下：

① 打开图 1-3-40(b)。

② 选择“格式”→“WCS”选项，即弹出如图 1-3-39 所示的子菜单。

③ 选择“旋转”命令，弹出如图 1-3-41 所示的对话框。绕 +ZC 轴逆时针旋转 90°，结果如图 1-3-42 所示，单击“确定”按钮，完成坐标系的旋转。

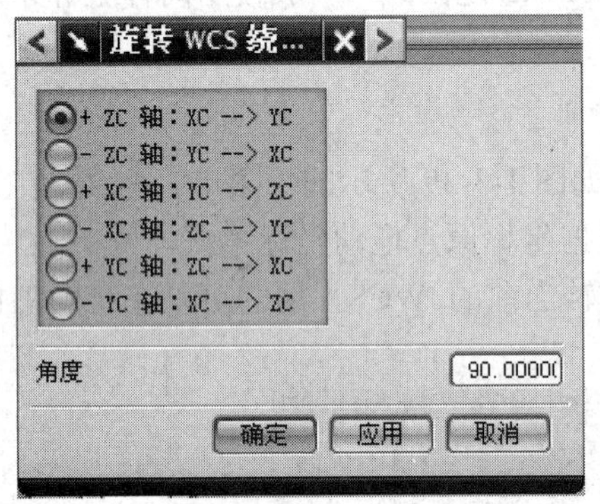

图 1-3-41 设置坐标系旋转

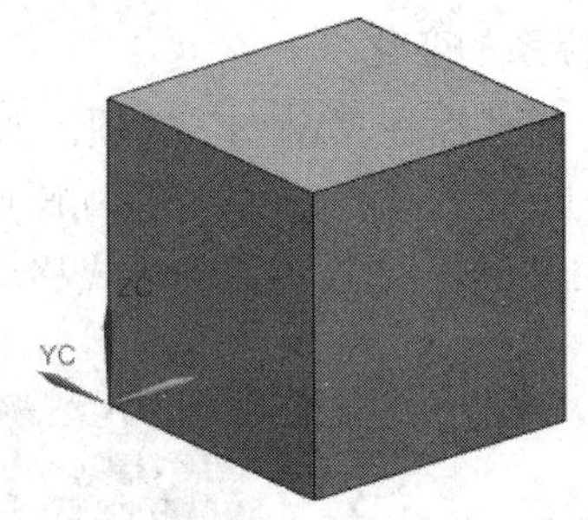

图 1-3-42 旋转坐标系实例

创建工作坐标系：

选择“格式”→“WCS”→“定向”选项，可以创建一个新的坐标系。

2. 坐标系的显示和保存

坐标系的显示和保存操作步骤如下：

(1) 打开正方体的模型，如图 1-3-43(a)所示。

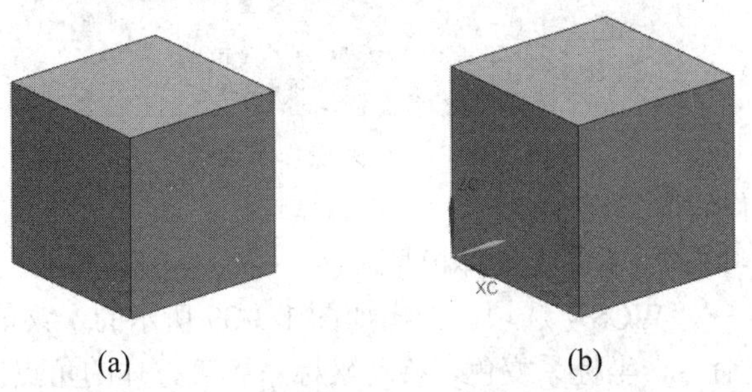

(a) (b)

图 1-3-43 正方体模型及工作坐标系的显示

(2) 选择“格式”→“WCS”→“显示”选项，实现工作坐标系的显示，如图 1-3-43(b)

所示。

(3) 选择“格式”→“WCS”→“保存”选项，将当前的工作坐标系保存。

五、相关练习

1. 根据图 1-3-44 所示图形尺寸，用草图画图。

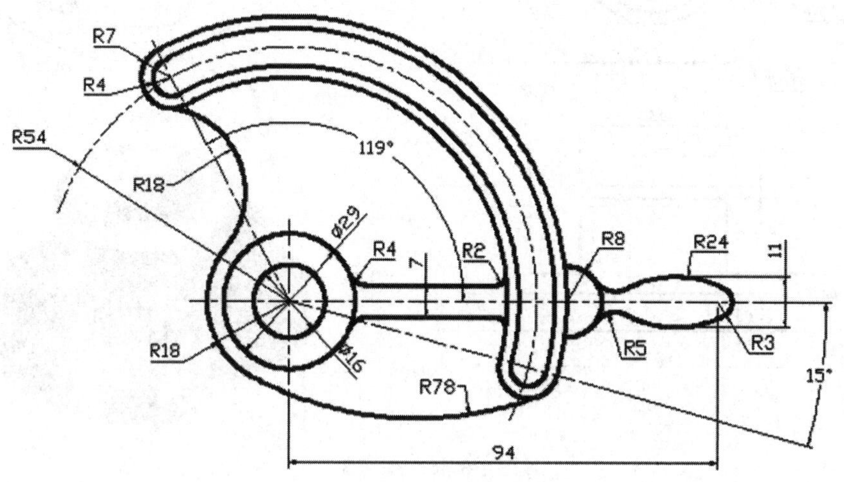

图 1-3-44 练习 1

2. 根据图 1-3-45 所示图形尺寸，用草图画图。

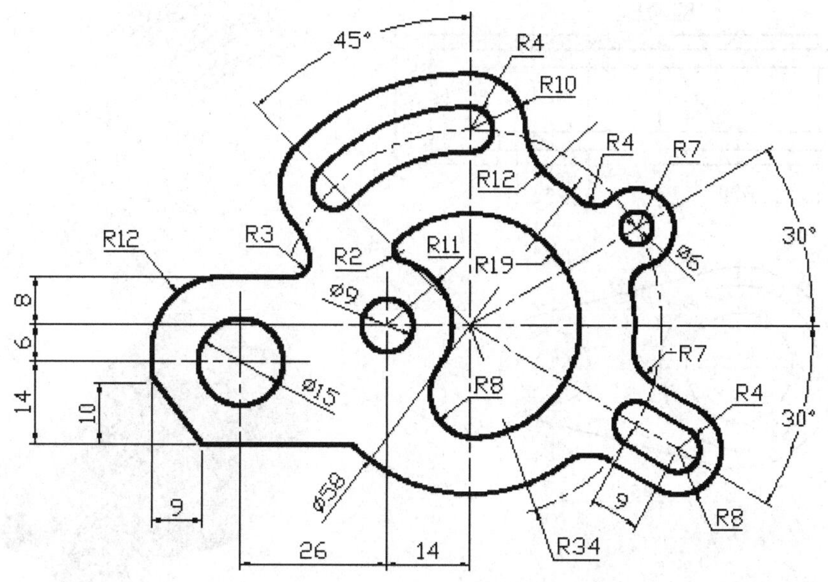

图 1-3-45 练习 2

3. 根据图 1-3-46 所示图形尺寸，用草图和拉伸命令进行三维建模。

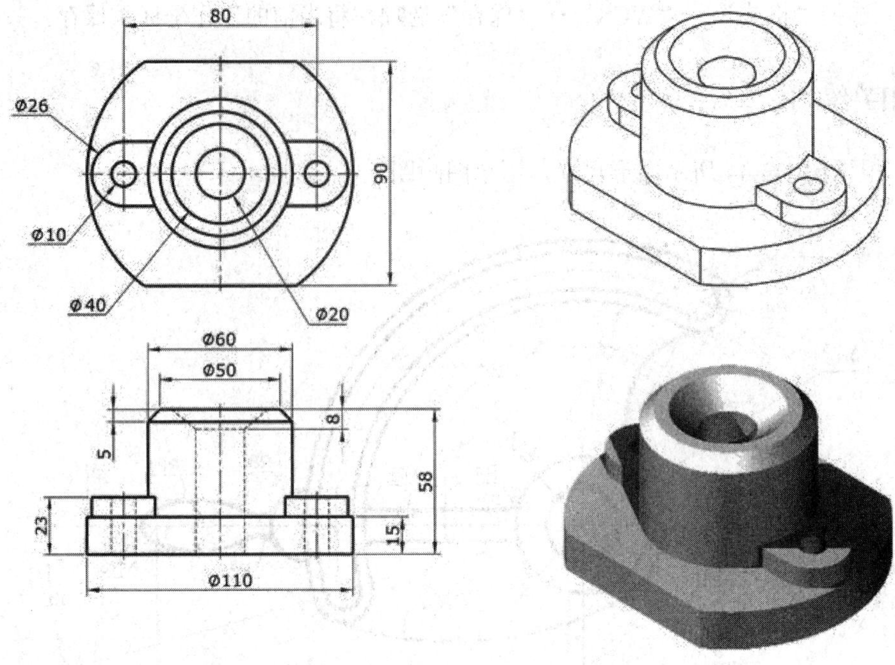

图 1-3-46　练习 3

4. 根据图 1-3-47 所示图形尺寸，用草图和拉伸命令进行三维建模。

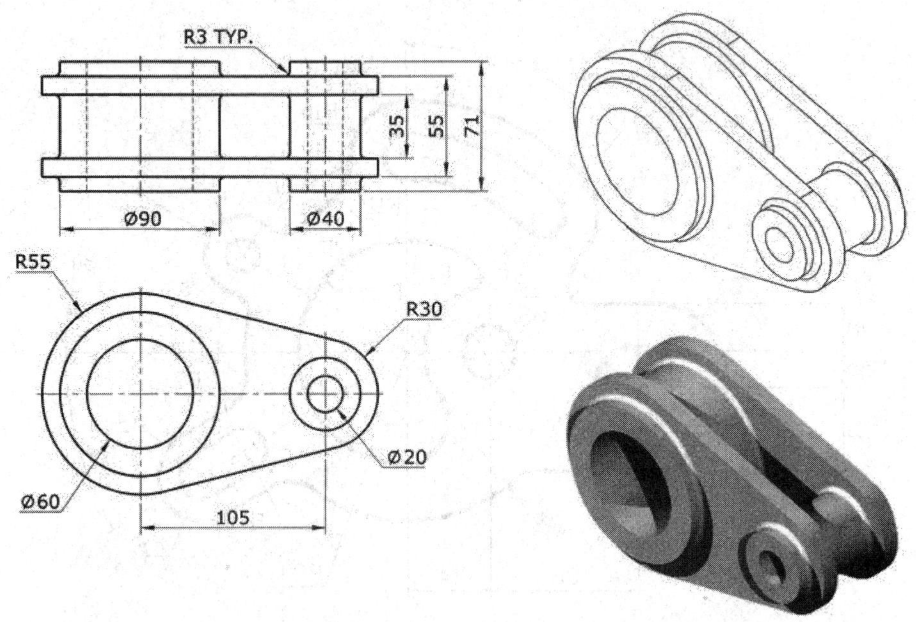

图 1-3-47　练习 4

5. 根据图 1-3-48 所示图形尺寸，用草图和拉伸命令进行三维建模。

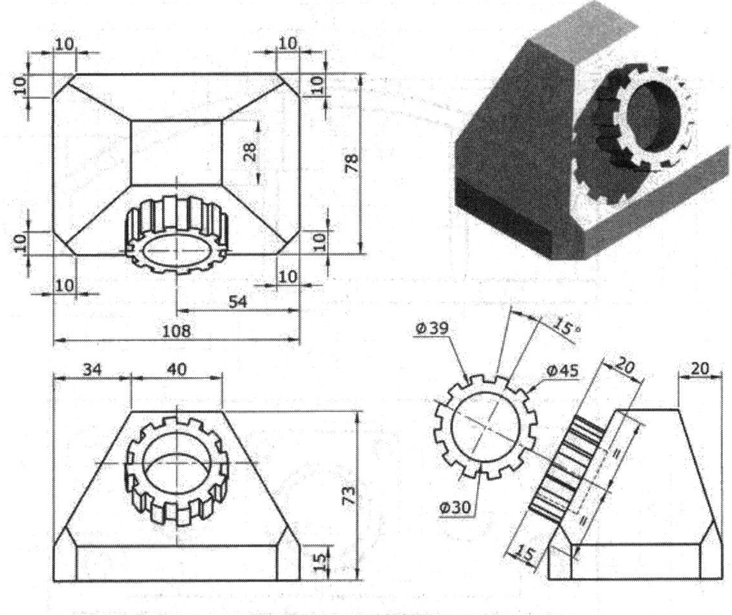

图 1-3-48　练习 5

模块四　壳 体 的 建 模

一、学习目标

1. 掌握抽壳的应用；
2. 掌握镜像特征的操作；
3. 掌握建模的一般步骤。

二、工作任务

完成如图 1-4-1 及图 1-4-2 所示的壳体的建模。

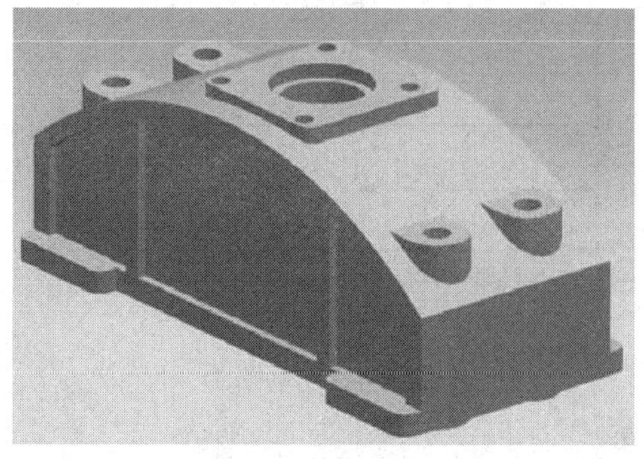

图 1-4-1　实体图

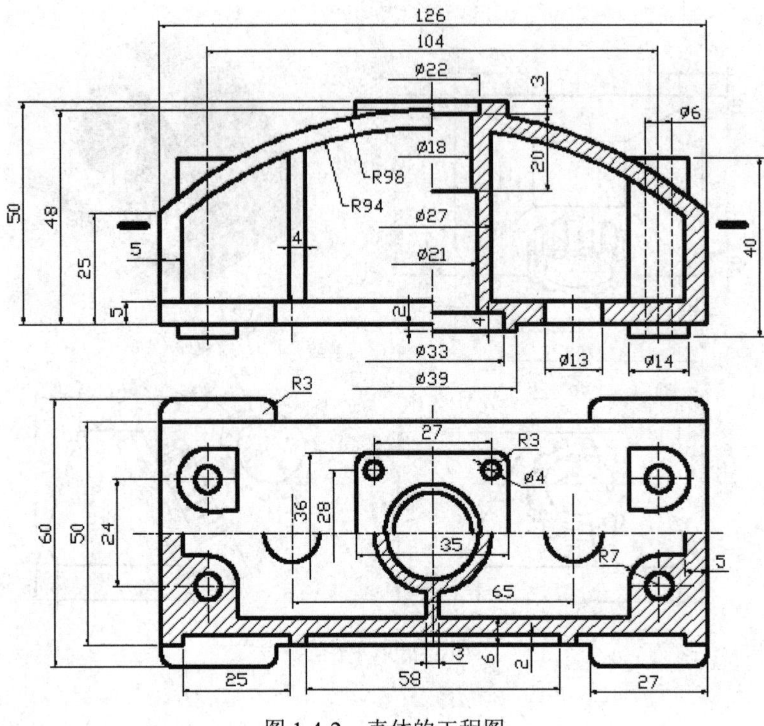

图 1-4-2　壳体的工程图

三、相关实践知识

1. 绘制基础特征

(1) 启动 UG NX 8.5，选择“文件”→“新建”选项，或者单击 ，选择“模型”类型，创建新部件，文件名为 keti，进入建立模型模块。

(2) 单击 ，选择 XZ 面为绘图平面。绘制如图 1-4-3 所示的草图，进行几何约束，尺寸约束。

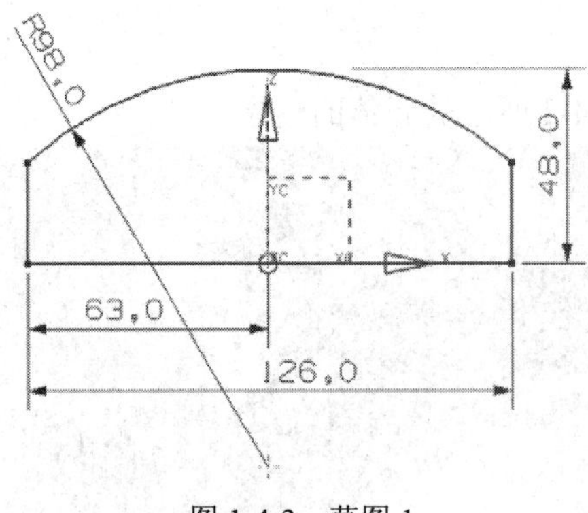

图 1-4-3　草图 1

(3) 拉伸成实体并抽壳。

① 按 X 键，弹出“拉伸”对话框，设置如图 1-4-4 所示，拉伸出实体效果如图 1-4-5 所示。

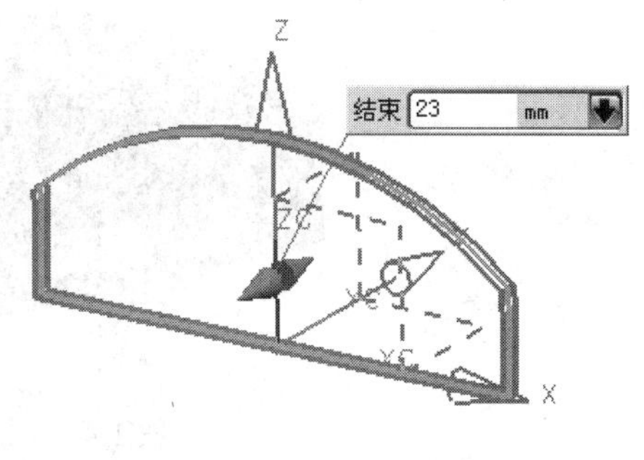

图 1-4-4　拉伸设置(壳体)

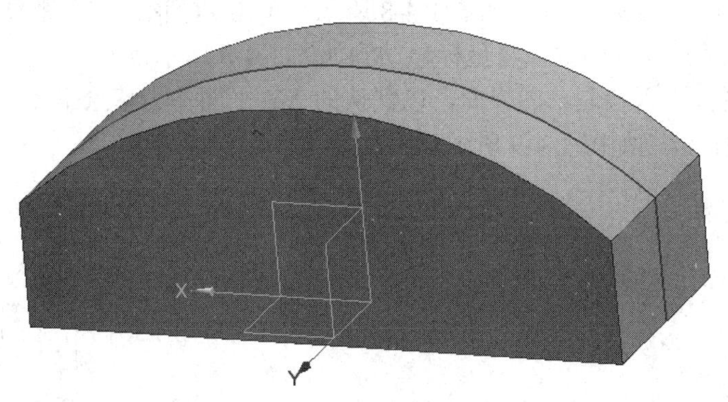

图 1-4-5　拉伸效果图(壳体)

② 单击图标，弹出“抽壳”对话框，类型选择“对所有面抽壳”，厚度值为 5，单击“备选厚度”下面的“选择面”，选择实体的圆弧面(上表面)及前、后表面，在“备选厚度”下厚度 1 里输入 4，选择表面时一定是在“着色实体”效果状态下进行操作，如图 1-4-6 所示。完成抽壳后效果如图 1-4-7 所示。

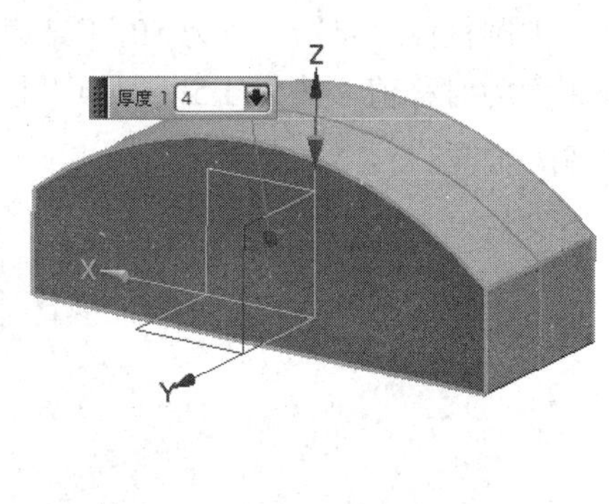

图 1-4-6　抽壳参数设置

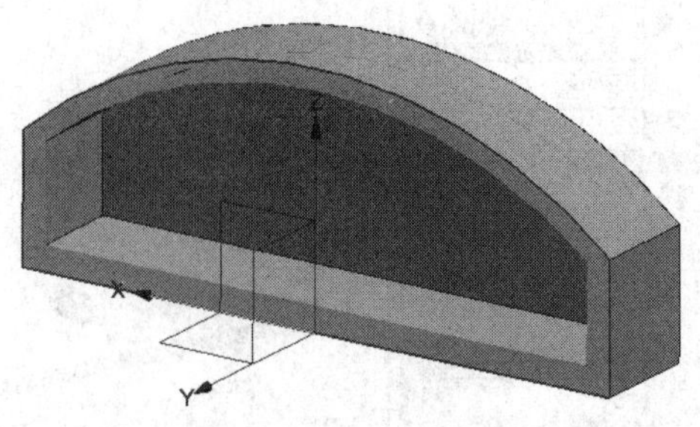

图 1-4-7　抽壳效果图

(4) 绘制壳体中部的特征。

① 变换坐标系。双击坐标，如图 1-4-8 所示，单击 ZC 轴，在“距离”框里输入 50，按回车键确认，单击鼠标中键，将坐标移动到如图 1-4-8 所示位置。

② 单击 ，进入绘制草图界面，以默认的 XY 平面作为草绘平面，单击鼠标中键进入绘制草图界面，绘制如图 1-4-9 所示草图。

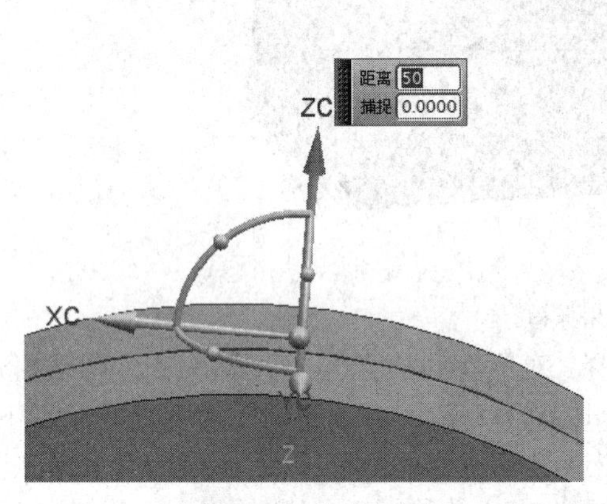

图 1-4-8　移动坐标图

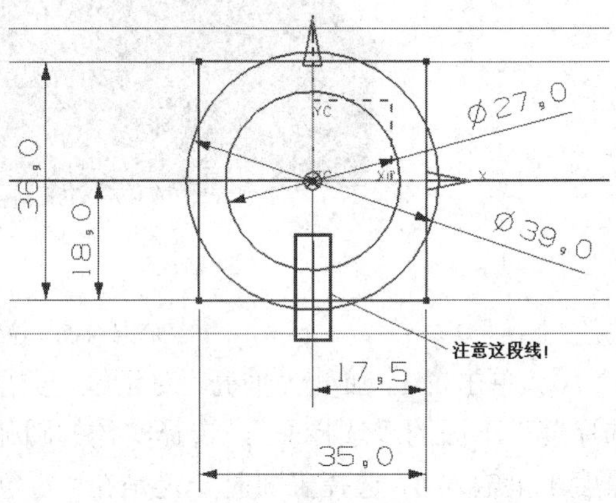

图 1-4-9　草图 2

③ 分别拉伸草图里的四个封闭图形。点击“拉伸”命令，在工具栏中选择 相连曲线，然后选择要拉伸的图形，矢量方向点击 选择反向，方形拉伸“起始”值为 0，“结束”值为直至下一个，“布尔”运算为求和；小圆拉伸“起始”值为 0，“结束”值为 50，“布尔”运算为求和；大圆拉伸“起始”值为 50，“结束”值为 52，“布尔”运算为求和；直线拉伸先设置“偏置”为对称值，值为 1.5，拉伸“起始”值为 4，“结束”值为 50。拉伸结果如图 1-4-10 所示。

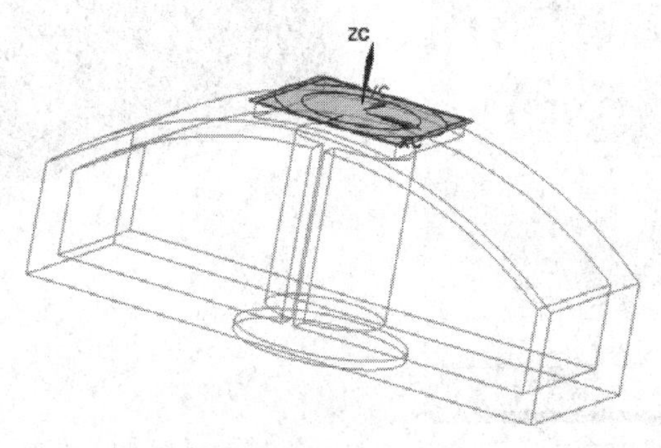

图 1-4-10　拉伸结果(壳体)

④ 镜像直线拉伸特征。点击“插入”下拉菜单→“关联复制”→“镜像特征”，在左侧部件导航器中点选直线拉伸的特征，以 XZ 面为镜像面，偏置为零。倒四个半径为 3 的圆角，在左前方作一个直径为 4、深度为 3 的圆孔，对圆孔作矩形阵列，参数设置如图 1-4-11 所示。

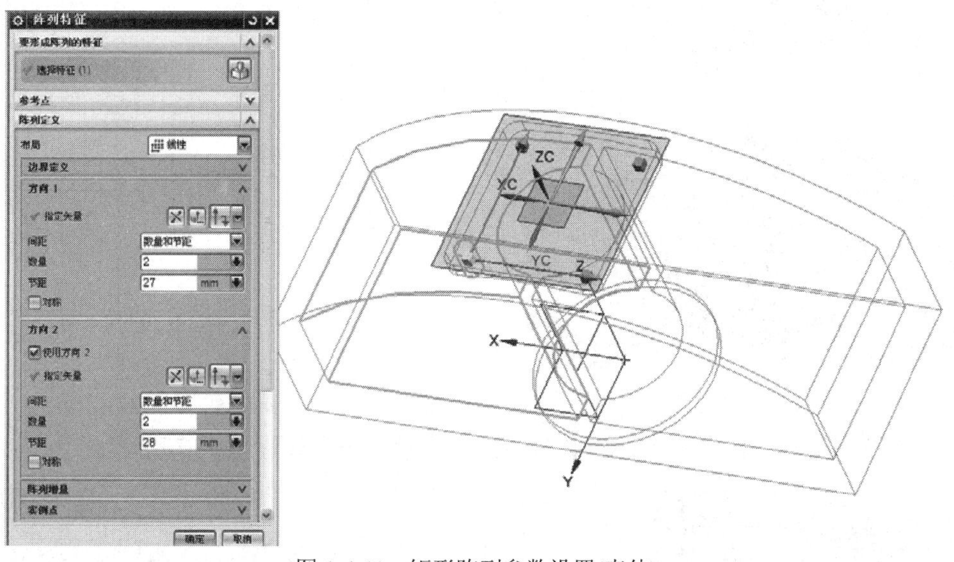

图 1-4-11　矩形阵列参数设置(壳体)

⑤ 作两个沉头孔，参数设置如图 1-4-12 所示，最后效果如图 1-4-13 所示。

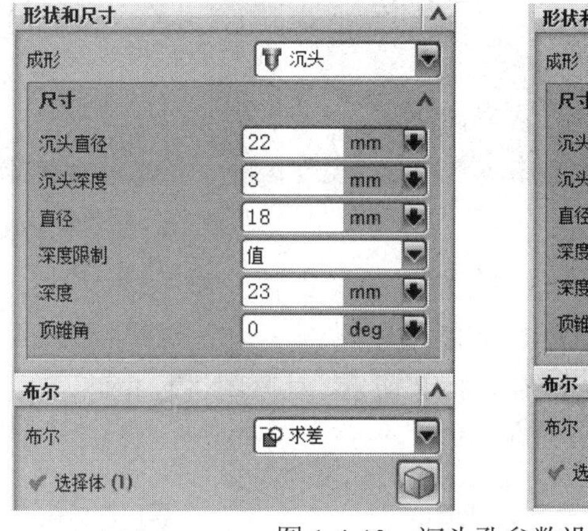

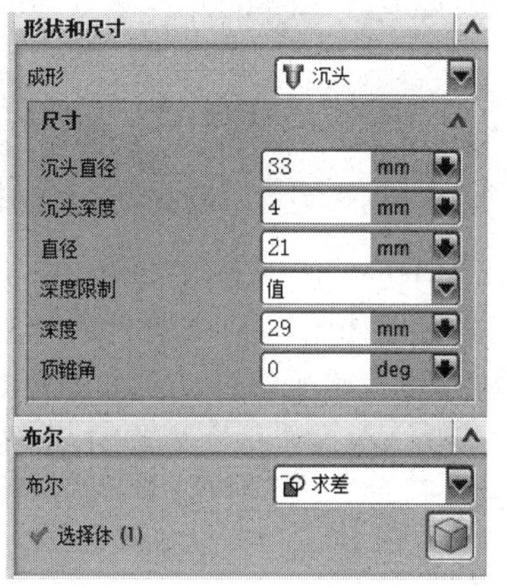

图 1-4-12　沉头孔参数设置(壳体)

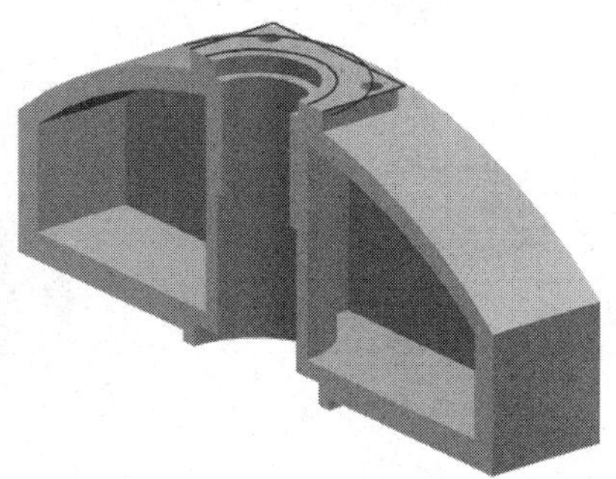

图 1-4-13　完成沉头孔的效果图(壳体)

(5) 绘制壳体四角特征。

① 将 Z 轴移到绝对坐标 Z40 的位置，如图 1-4-14 所示。

② 绘制如图 1-4-15 所示草图。

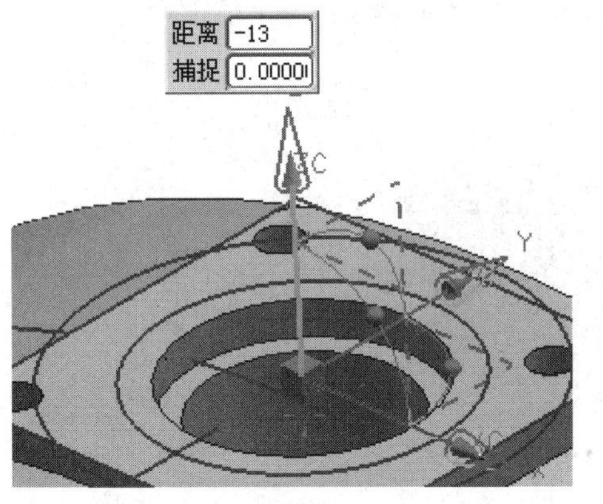

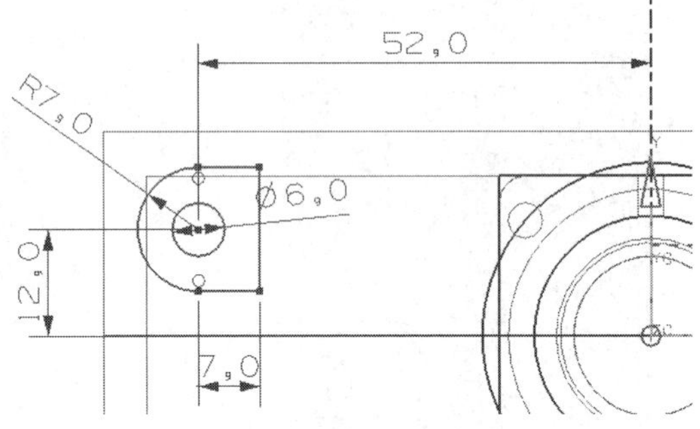

图 1-4-14 移动坐标距离(壳体) 图 1-4-15 草图 3

③ 对草图进行拉伸，参数设置如图 1-4-16 所示，效果如图 1-4-17 所示。

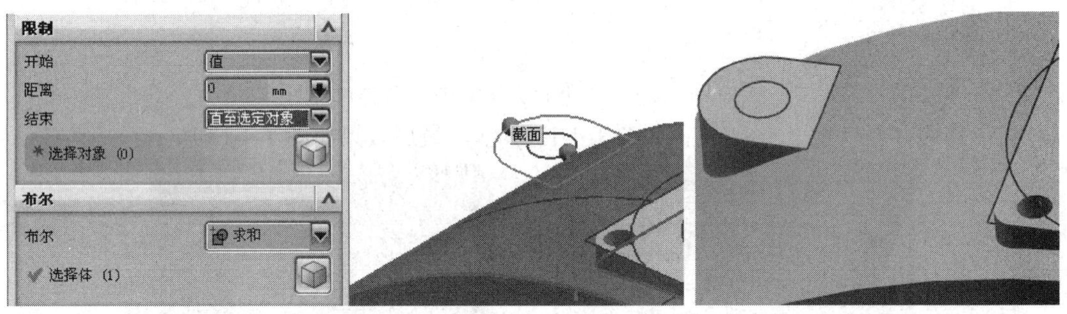

图 1-4-16 拉伸参数设置(壳体) 图 1-4-17 拉伸后效果 1

④ 双击坐标，如图 1-4-14 所示，单击 ZC 轴，在“距离”框里输入 -13，按回车键确认，单击鼠标中键，将坐标移动到如图 1-4-14 所示位置。

⑤ 单击 ，在 XY 面上画草图，如图 1-4-18 所示，对草图进行拉伸，效果如图 1-4-19 所示。

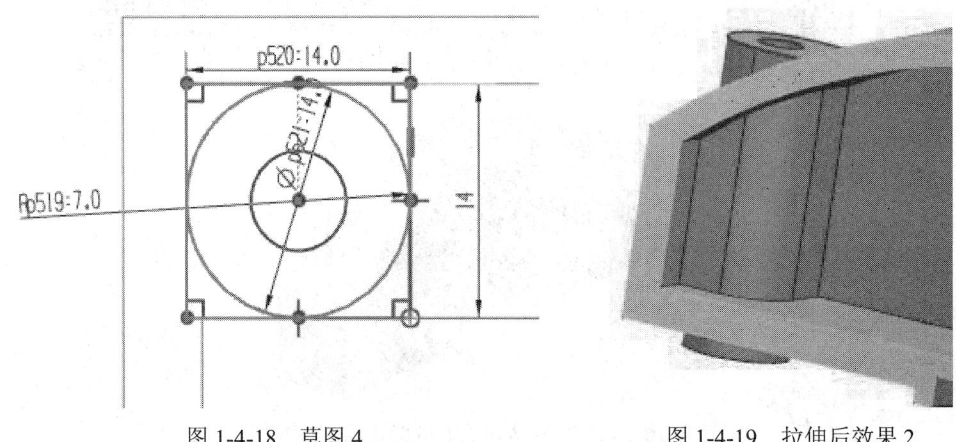

图 1-4-18 草图 4 图 1-4-19 拉伸后效果 2

⑥ 拉伸“直径”为 6 的小圆，“结束”值为贯通，“布尔”运算为差集，作出通孔。将前述相关特征进行两次镜像，两次镜像的设置与操作见图 1-4-20、图 1-4-21 所示。

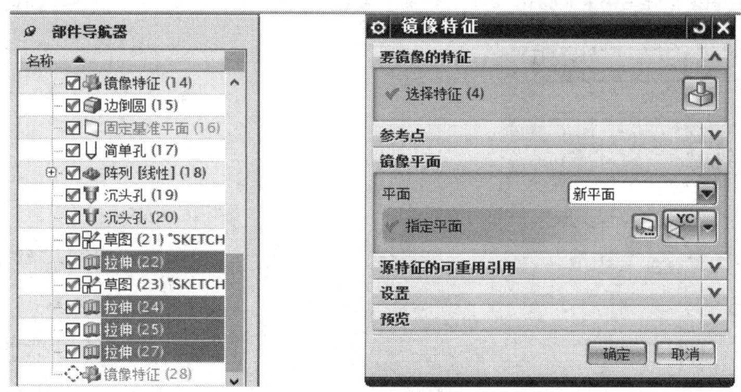

图 1-4-20　第一次镜像设置

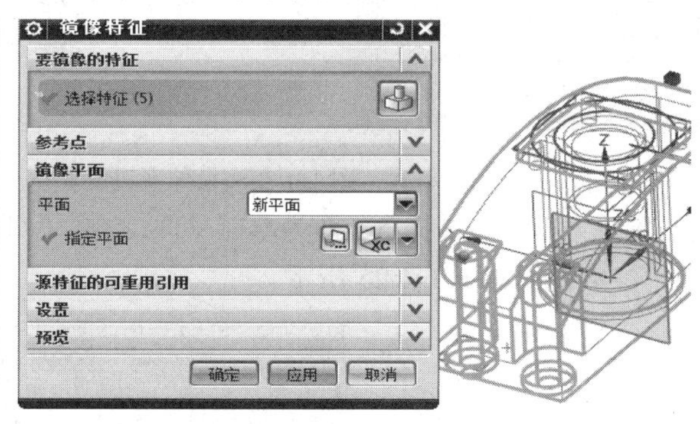

图 1-4-21　第二次镜像设置

2. 其余特征的创建

(1) 创建壳体前后两侧凸起部分。

① 按 X 键，弹出“拉伸”对话框，选择“圆弧”，设置“开始距离”为 0，“结束距离”为 2，“偏置”选择两侧，根据箭头所指方向，设置“开始”为 0，“结束”为 4，如图 1-4-22 所示。

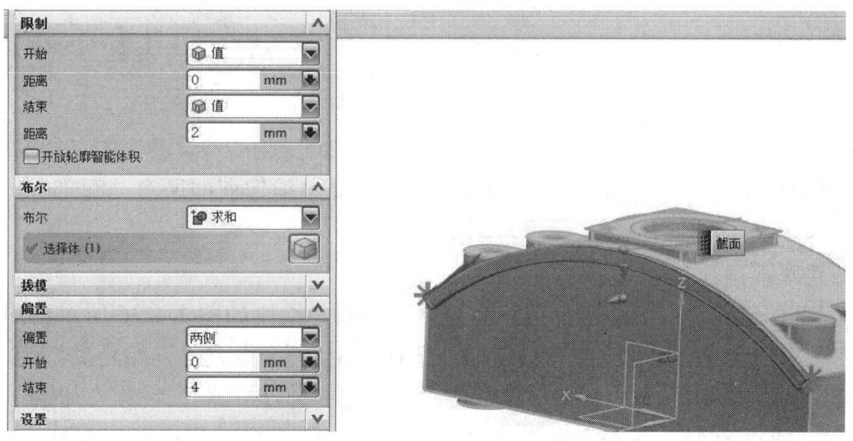

图 1-4-22　拉伸圆弧设置(壳体)

② 同样的方法，拉伸其余三条边，同时选择其余三条边，设置如图 1-4-23 所示。

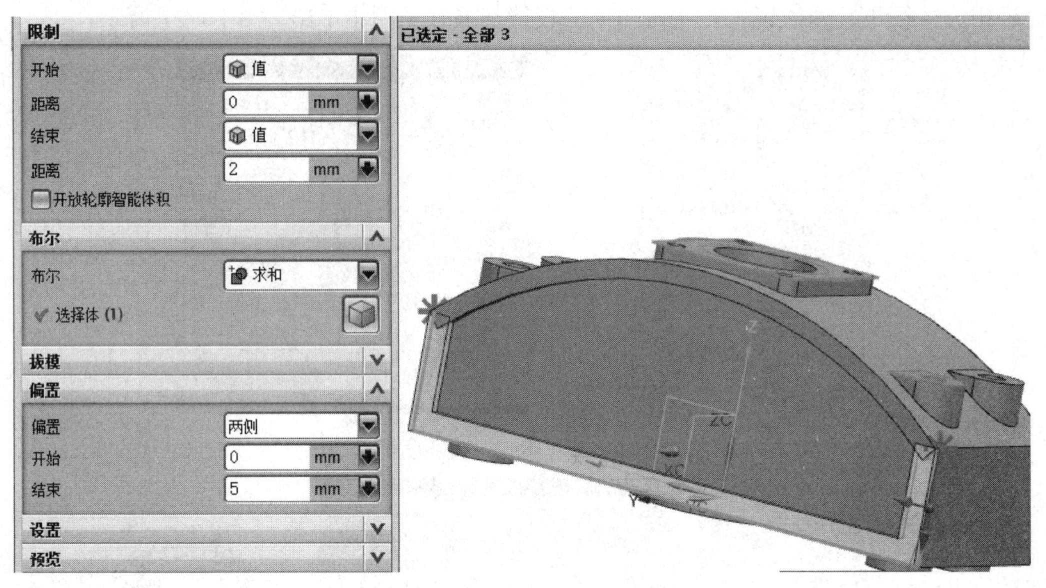

图 1-4-23 拉伸直边设置

③ 按 L 键进入草图，选择 XZ 面为草图平面，绘制一根直线，如图 1-4-24 所示。对直线进行拉伸，参数设置如图 1-4-25 所示。

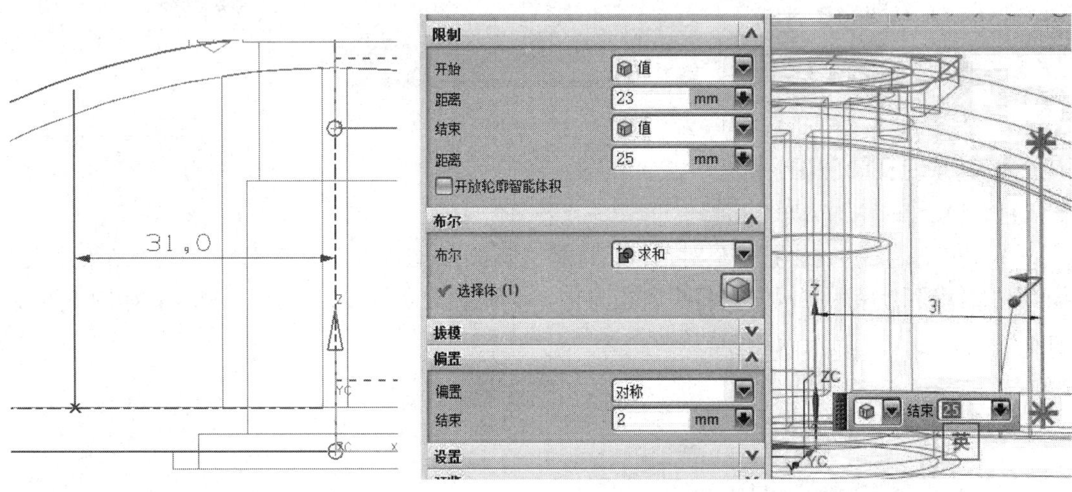

图 1-4-24 草图 5　　图 1-4-25 拉伸直线设置(壳体)

④ 镜像刚刚拉伸的直线特征，以 YZ 面为镜像面。镜像前面所有凸起部分，以 XZ 面为镜像面。

(2) 创建底部特征。

① 按“S”键进入草图，选择 XY 面为草图平面，绘制如图 1-4-26 所示草图。

② 按“X”键，弹出“拉伸”对话框，选择“矩形”，设置“开始距离”为 0，“结束距离”为 5，“布尔”运算为求和，单击“应用”按钮；选择“圆”，设置“开始”为 0，“结束”为 5，“布尔”运算为求差，单击“确定”按钮。

③ 倒半径为 3 的圆角，对刚拉伸的两个特征做镜像，以 YZ 面为镜像面。

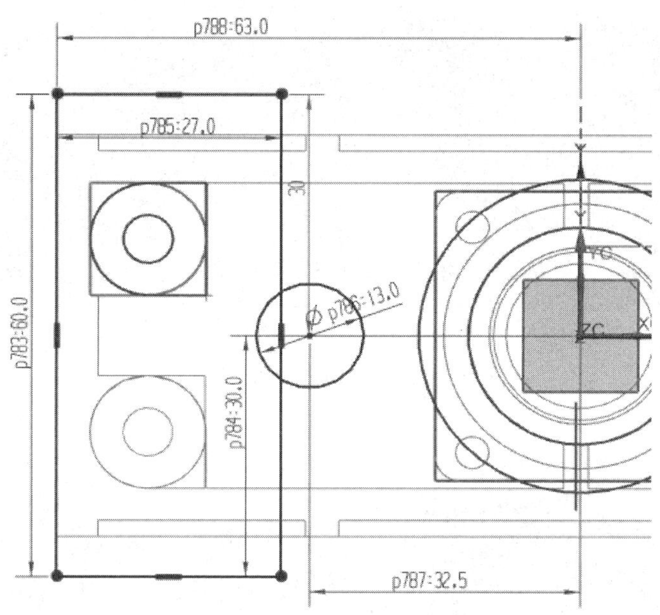

图 1-4-26　底部特征草图(壳体)

3. 隐藏草图和基准

(1) 按 Ctrl + B 键，弹出“类选择”对话框，单击“类型过滤器”后面的图标，在弹出的对话框中选择“草图”和“基准”，如图 1-4-27 所示，单击“确定”按钮，用鼠标拉一个矩形框，把所有图形都选中，如图 1-4-28 所示，单击“确定”按钮，完成隐藏。

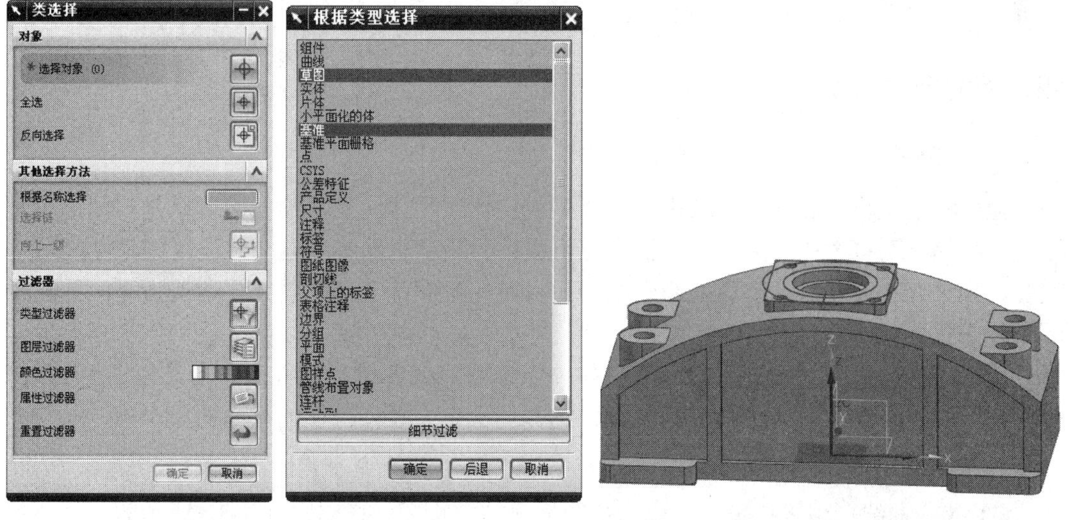

图 1-4-27　隐藏设置(壳体)　　　图 1-4-28　选择草图和基准(壳体)

(2) 壳体模型内部结构查看，可以点击 [图标]，进行剖切面设置。再点击 [图标]，显示剖切结果。最终壳体零件“纵向”及“横向”剖切效果分别如图 1-4-29 和图 1-4-30 所示。

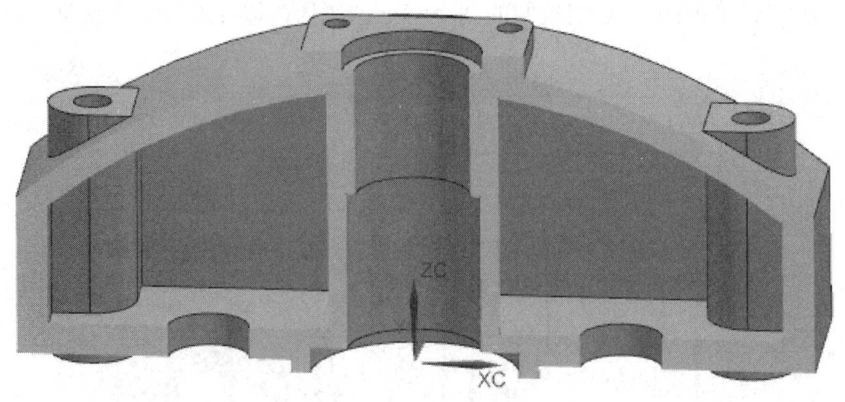

图 1-4-29 纵向剖切视图(壳体)

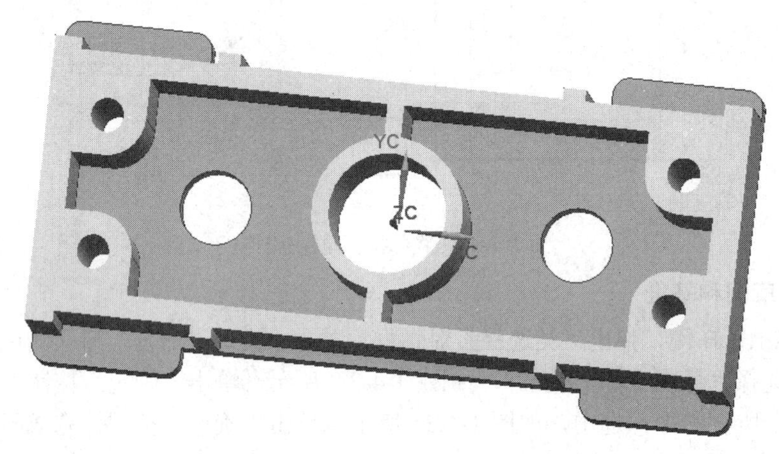

图 1-4-30 横向剖切视图(壳体)

四、相关理论知识

(一) 拉伸

拉伸特征是将截面轮廓草图进行拉伸生成实体或片体。其草绘截面可以是封闭的也可以是开口的，可以由一个或者多个封闭环组成，封闭环之间不能自交，但封闭环之间可以嵌套，如果存在嵌套的封闭环，在生成添加材料的拉伸特征时，系统自动认为里面的封闭环类似于孔特征。

选择“插入”→“设计特征”→“拉伸”选项，或者单击“特征”工具栏中的 ，弹出如图 1-4-31 所示的“拉伸”对话框，选择用于定义拉伸特征的截面曲线。

1. 截面

(1) 选择曲线：用来指定使用已有草图创建拉伸特征，在如图 1-4-31 所示的对话框中默认选择 。

(2) 绘制草图：在如图 1-4-31 所示的对话框中单击 ，可以在工作平面上绘制草图来创建拉伸特征。

2. 方向

(1) 指定矢量：用于设置所选对象的拉伸方向。在该选项组中选择所需的拉伸方向或者单击对话框中的 ，弹出如图 1-4-32 所示的“矢量”对话框，在该对话框中选择所需拉伸方向。

(2) 反向：在如图 1-4-31 所示的对话框中单击 ，使拉伸方向反向。

图 1-4-31　“拉伸”对话框

图 1-4-32　“矢量”对话框

3. 限制

(1) 开始：用于限制拉伸的起始位置。

(2) 结束：用于限制拉伸的终止位置。

4. 布尔

在如图 1-4-31 所示对话框的“布尔”下拉列表中选择布尔操作类型。

5. 偏置

(1) 单侧：指在截面曲线一侧生成拉伸特征，以结束值和起始值之差为实体的厚度。

(2) 两侧：指在截面曲线两侧生成拉伸特征，以结束值和起始值之差为实体的厚度。

(3) 对称：指在截面曲线的两侧生成拉伸特征，其中每一侧的拉伸长度为总长度的一半。

6. 预览

选中“启用预览”复选框后，用户可预览绘图工作区的临时实体的生成状态，以便及时修改和调整。

(二) 抽壳

选择“插入”→“偏置/缩放”→“抽壳”选项，或者单击“特征”工具栏中的 ，弹出如图 1-4-33 所示的“抽壳”对话框。利用该命令能够以一定的厚度值抽空一实体。抽壳有两种类型，即“抽壳所有面”和“移除面，然后抽壳”，如图 1-4-34 所示。

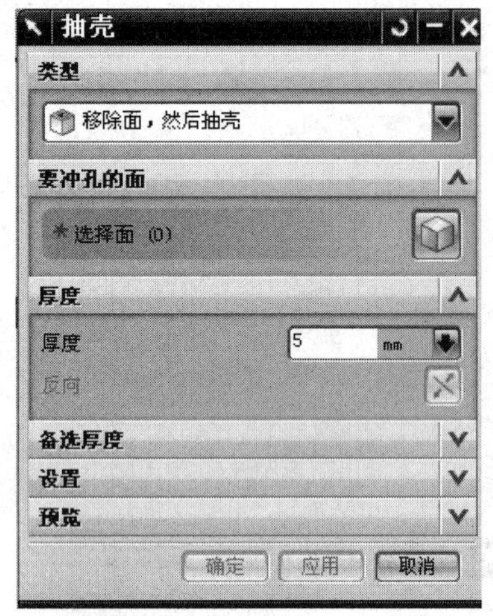

图 1-4-33 “抽壳”对话框

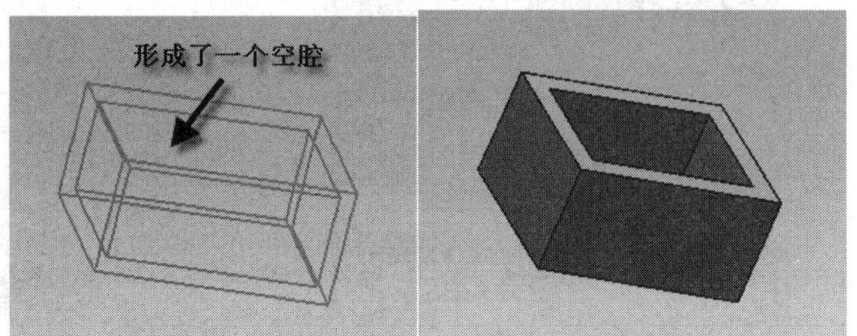

图 1-4-34 “抽壳所有面”和“移除面，然后抽壳”类型

(1) 抽壳所有面：可在“抽壳”对话框的“类型”下拉列表中选择此类型，在视图区选择要进行抽壳操作的实体。

(2) 移除面，然后抽壳：可在“抽壳”对话框的“类型”下拉列表中选择此类型，用于选择要抽壳的实体表面，所选的表面在抽壳后会形成一个缺口。在大多数情况下用此类型，它主要用于创建薄壁零件或箱体。“抽壳所有面”和“移除面，然后抽壳”的不同之处在于：前者对所有面进行抽空，形成一个空腔；后者在对实体抽空后，移除所选择的面。

(三) 镜像特征

选择“插入”→“关联复制”→“镜像特征”选项，或者单击“特征”工具栏中的 ，弹出“镜像特征”对话框，通过一基准面或平面镜像选择的特征去建立对称的模型。

1. 选择特征

选择特征用于在部件中选择要镜像的特征。

2. 相关特征

(1) 添加相关特征：选择该复选框，则将选定要镜像特征的相关特征也包括在“候选特征”列表框中。

(2) 添加体中的全部特征：选择该复选框，则将选定要镜像的特征所在实体中的所有特征都包含在“候选特征”列表框中。

3. 镜像平面

用于选择镜像平面，可在“平面”下拉列表中选择镜像平面，也可以通过选择平面按钮直接在视图中选取镜像平面。

例：镜像特征。

操作步骤如下。

(1) 通过拉伸创建带孔的长方体，作一平面，如图 1-4-35(a)所示。

(2) 单击“特征”工具栏中的，弹出“镜像特征”对话框，如图 1-4-35(b)所示，选择特征，在“平面”下拉列表中选择“现有平面”为镜像平面，如图 1-4-35(b)所示。

(3) 单击“确定”按钮，系统自动生成镜像图形，如图 1-4-35(c)。

(a)

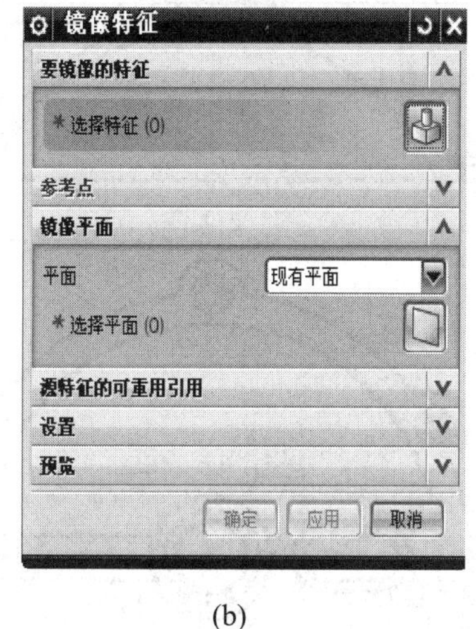

(b)

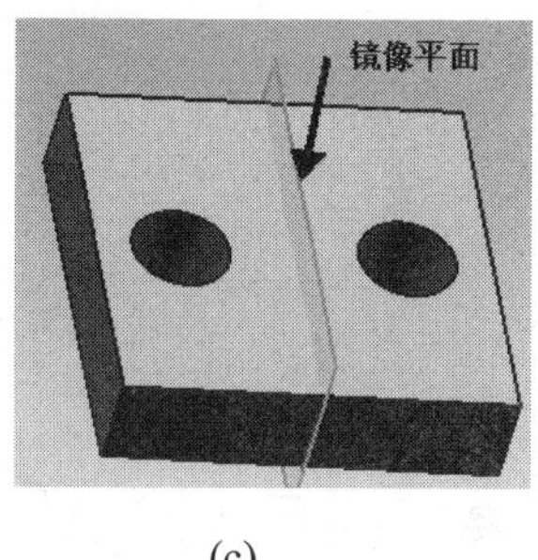

(c)

图 1-4-35　镜像特征形成过程

五、相关练习

1. 根据图 1-4-36 所示图形尺寸，用草图和拉伸命令进行三维建模。

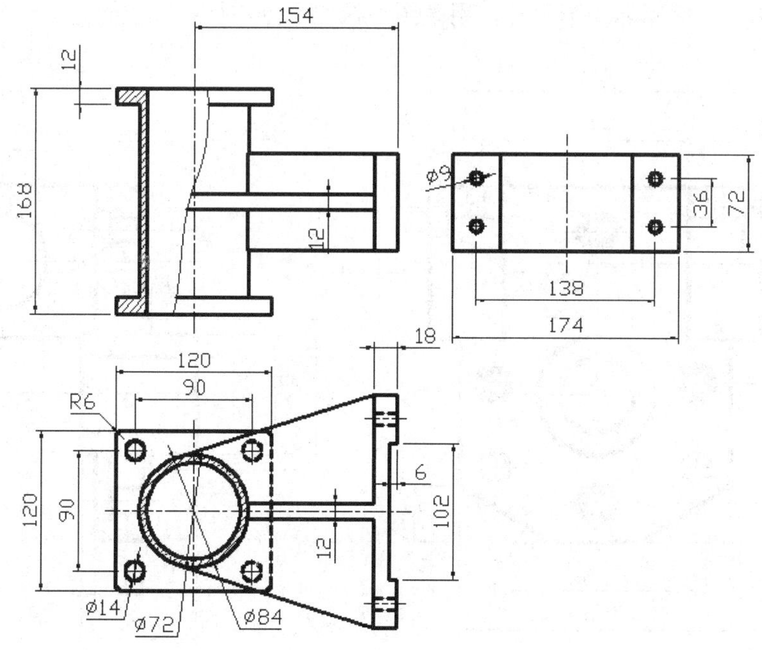

图 1-4-36　练习 1

2. 根据图 1-4-37 所示图形尺寸，用草图和拉伸命令进行三维建模。

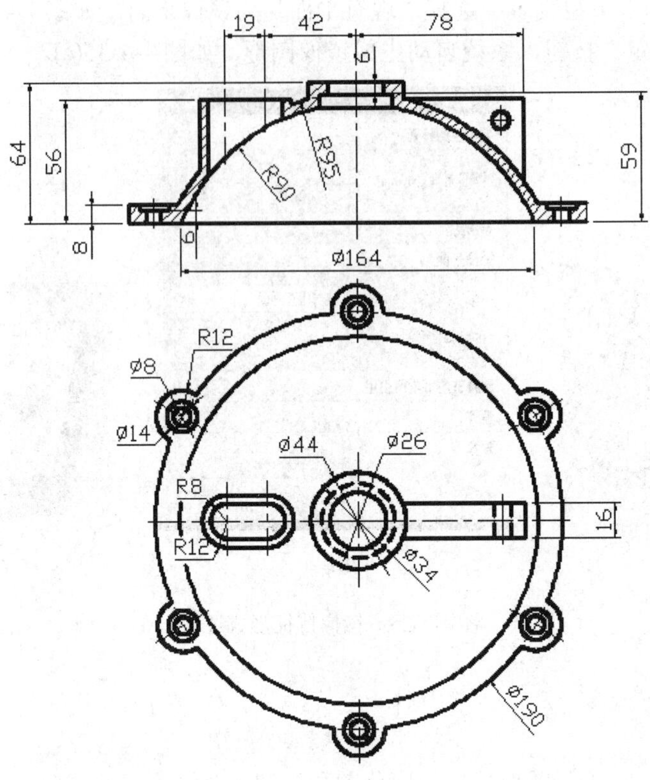

图 1-4-37　练习 2

3. 根据图 1-4-38 所示图形尺寸，用草图和拉伸命令进行三维建模。

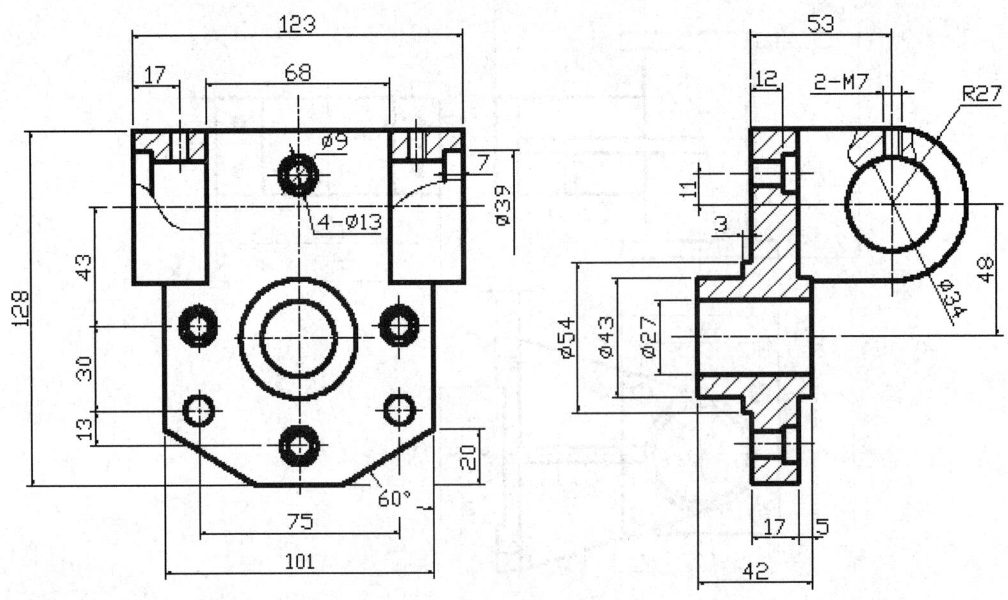

图 1-4-38　练习 3

4. 根据图 1-4-39 所示图形尺寸，用草图和拉伸命令进行三维建模。

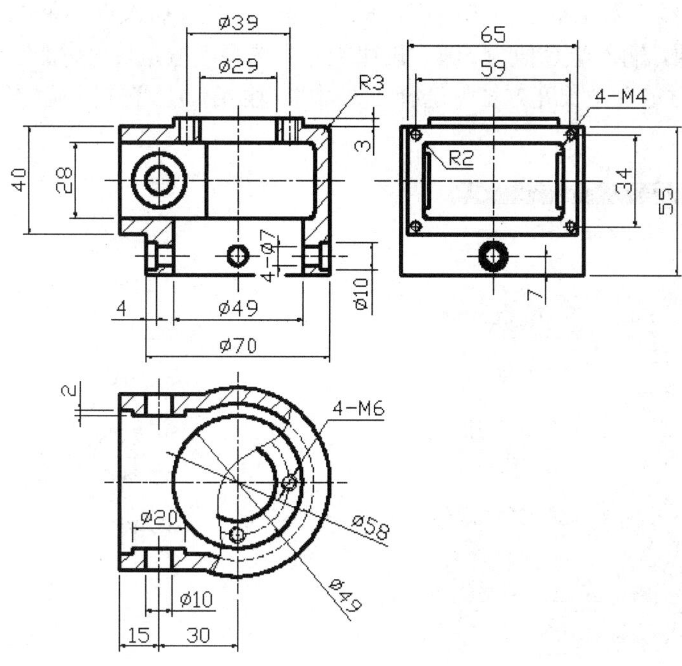

图 1-4-39　练习 4

模块五　标准件、常用件建模

一、学习目标

1. 掌握弹簧、带轮、齿轮、凸轮等的建模步骤；
2. 掌握三维造型的基本技巧；
3. 掌握凸轮造型的基本技巧。

二、工作任务

本模块介绍常用通用件的三维实体设计，包括弹簧、带轮、齿轮、凸轮等，通过这些常用件的设计练习，掌握三维造型的基本技巧。

三、相关实践知识

(一) 弹簧设计

本节通过 3 个实例讲解 3 种不同弹簧的三维建模方法。

1. 一般弹簧

设计圈数为 10、螺距为 30、半径为 50、材料截面为圆形、直径为 12 的右旋弹簧。

(1) 新建一个 sping.prt 文件，进入建模状态，单击“曲线”工具栏的，弹出如图 1-5-1 所示“螺旋线”对话框，点击“CSYS 对话框”，指定插入点，单击“确定”按钮；点击“半径”选项，输入半径值为 50，“规律类型”选择“恒定”；“螺距”值输入 30，“规律类型”选择“恒定”；“长度方法”选择“圈数”，输入 10，单击“确定”按钮，结果如图 1-5-2 所示。

图 1-5-1 “螺旋线”对话框 1

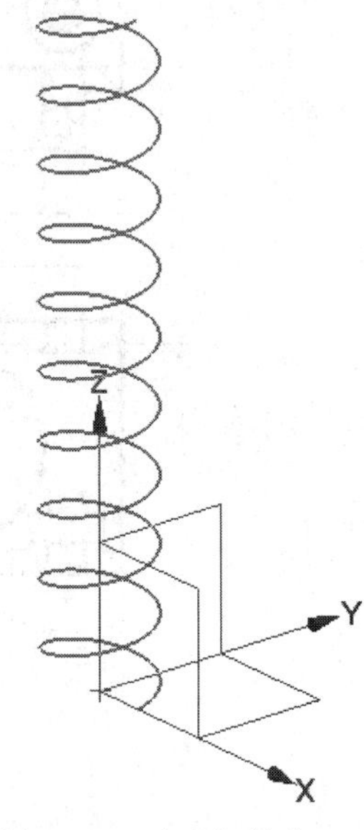

图 1-5-2 生成螺旋线

(2) 坐标系以 X 轴旋转 90°，单击“实用工具”工具栏的，弹出图 1-5-3 所示对话框，选择和输入如图中所示内容，单击“确定”按钮。

(3) 绘制弹簧截面的圆。单击“曲线”工具栏的，弹出图 1-5-4 所示对话框，单击，绘制以螺旋线的端点为圆心、半径为 12 的圆。

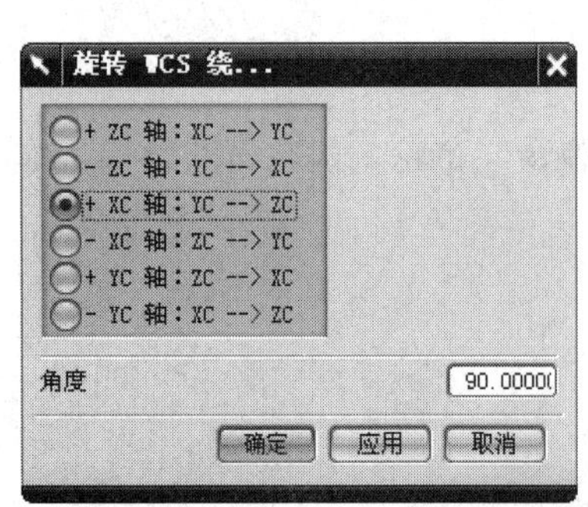

图 1-5-3 “旋转 WCS 绕”对话框(弹簧)

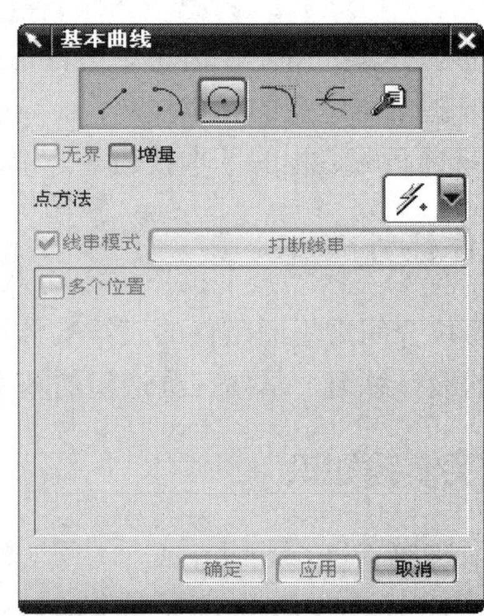

图 1-5-4 “基本曲线”对话框(弹簧)

(4) 沿导线扫掠。单击“插入”下拉菜单，“扫掠”选择，弹出图 1-5-5 所示“沿引导线扫掠”对话框，截面选择刚绘制的圆，引导线选择螺旋线，其他默认，单击“确定”

按钮，结果如图 1-5-6 所示。

图 1-5-5　“沿引导线扫掠”对话框(弹簧)

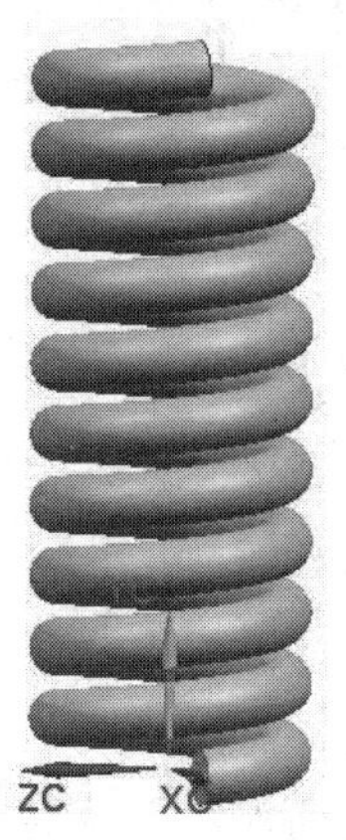

图 1-5-6　生成螺旋弹簧

2. 圆锥螺旋弹簧

设计一圆锥螺旋弹簧，计圈数为 7，螺距为 30，半径由 50 线性变化到 100，材料截面为 10 × 16 的矩形，右旋弹簧。

(1) 新建一个 screw_sping.prt 文件，进入建模状态，单击“曲线”工具栏的 ，弹出如图 1-5-7 所示“螺旋线”对话框，点击“CSYS”，指定插入点，单击“确定”按钮；点击“半径”选项，输入半径，“规律类型”点击 ，输入如图 1-5-8 所示参数；“螺距”输入 30，“规律类型”为“恒定”；“长度方法”选项选择“圈数”，输入 7，单击“确定”按钮，生成如图 1-5-9 所示的结果。

图 1-5-7　“螺旋线”对话框(圆锥弹簧)

图 1-5-8　半径的起始值

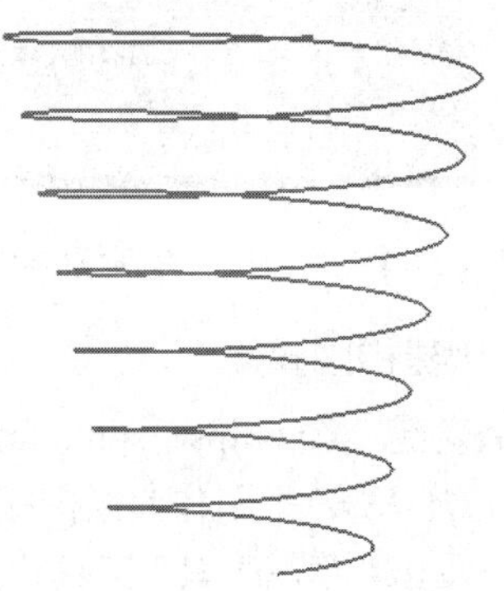

图 1-5-9　生成圆锥螺旋线

(2) 单击“特征”工具栏的，在绘图区选择 XOZ 平面作为绘图平面，进入草图状态，绘制如图 1-5-10 所示的矩形截面，单击“草图生成器”工具栏上的完成草图，回到建模状态。

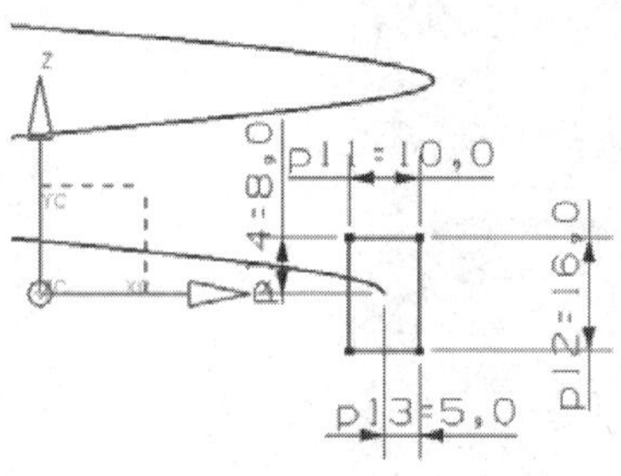

图 1-5-10 弹簧截面草图

(3) 单击“插入”下拉菜单，点击，弹出如图 1-5-11 所示“扫掠”对话框，单击截面的“选择曲线”，在绘图区选择刚绘制的矩形截面草图，单击“引导线”的“选择曲线”，选择螺旋线，单击“定位方法”的“指定矢量”按钮旁的下拉箭头，选择 ZC，单击“确定”按钮，生成如图 1-5-12 所示的圆锥螺旋弹簧。

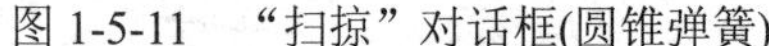

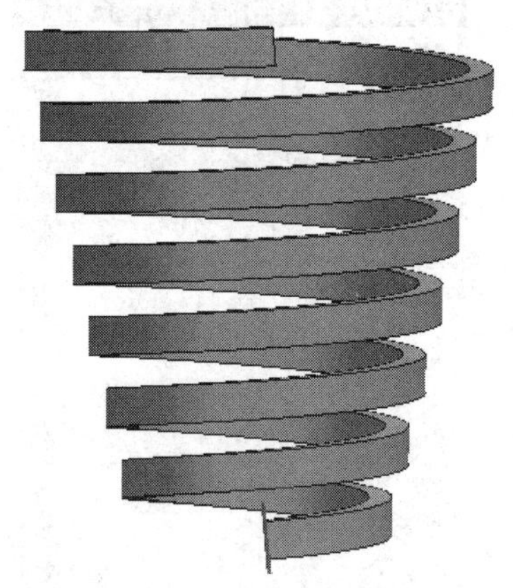

图 1-5-11 “扫掠”对话框(圆锥弹簧)

图 1-5-12 生成圆锥螺旋弹簧

3. 创建椭圆弹簧

(1) 新建一个 ellipse_sping.prt 的文件，进入建模状态，单击“特征”工具栏的，在绘图区选择 XOZ 平面作为绘图平面，进入草图状态。

(2) 单击“草图工具”工具栏上的，弹出图 1-5-13 所示“椭圆”对话框，不选择“封闭的”，设置“大半径”为 100，“小半径”为 180，“起始角”为 –90，“终止角”为 90，中心点为(0，0，0)，单击“确定”按钮，绘制一半椭圆弧，单击“草图工具”工具栏上的 ，将椭圆弧首尾绘制一条直线，结果如图 1-5-14 所示。单击“草图生成器”工具栏上的 完成草图，返回到建模状态。

图 1-5-13　“椭圆”对话框

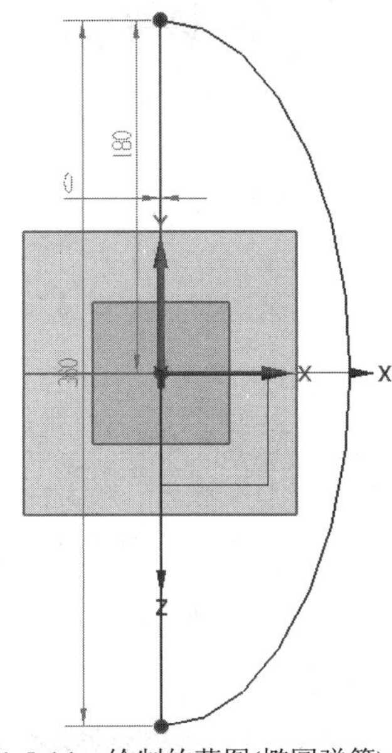

图 1-5-14　绘制的草图(椭圆弹簧)

(注：若工具栏上没有 ，右击任何一个工具栏，选择“定制”，在弹出的“定制”对话框中选择“命令”制表页，在“类别”列中选择“插入”目录下的“曲线”，在“命令”列中找到 ，并将其移到“草图工具”工具栏。)

(3) 单击“特征”工具栏上的 ，弹出如图 1-5-15 所示“回转”对话框，单击“选择曲线”，在绘图区选择刚绘制的草图，单击“指定矢量”，选择草图中的直线，设置开始角度为 0，结束角度为 360，其他参数默认。单击“确定”按钮，结果如图 1-5-16 所示。

图 1-5-15　“回转”对话框(椭圆弹簧)

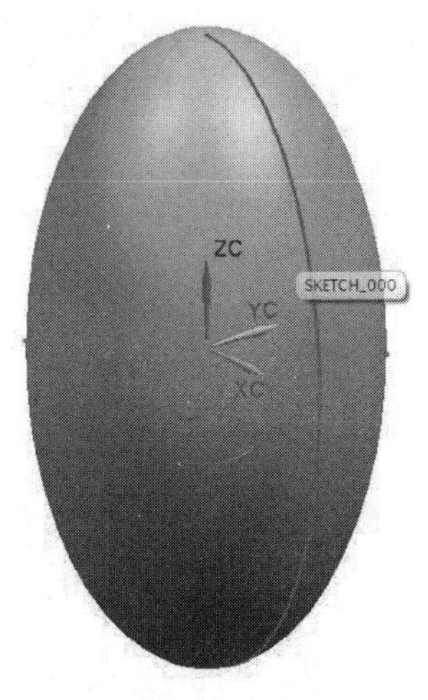

图 1-5-16　回转结果(椭圆弹簧)

(4) 在部件导航器中，双击进入之前创建的椭圆草图，在绘图区选择 XOZ 平面作为绘图平面，进入草图状态。单击“草图工具”工具栏上的，绘制一条与 Z 轴重合的竖直直线，标注新绘的直线两端分别与椭圆弧的两端点距离为 1，如图 1-5-17 所示。单击“草图生成器”工具栏上的完成草图，返回到建模状态。

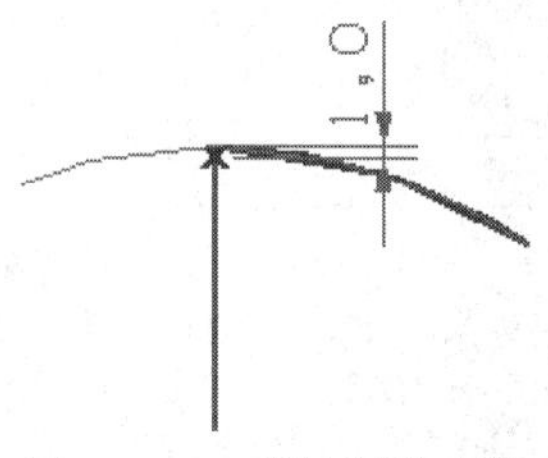

图 1-5-17 新绘制的直线

(5) 单击“草图生成器”工具栏上的，弹出如图 1-5-18 所示“基准平面”对话框，在“类型”选项中选择“点和方向”，在绘图区选择新绘制直线下端点作为通过点，选择新绘制直线作为法向矢量，单击“确定”按钮，结果如图 1-5-19 所示。

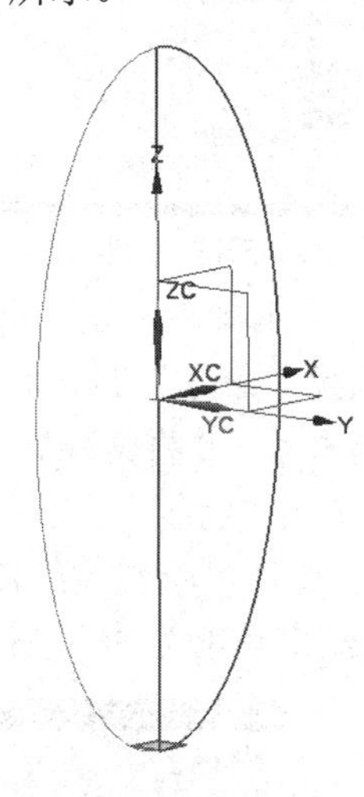

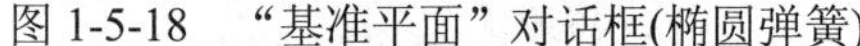

图 1-5-18 “基准平面”对话框(椭圆弹簧)

图 1-5-19 创建基准平面(椭圆弹簧)

(6) 单击“特征”工具栏的，选择刚创建的基准平面，调整坐标系使 Z 轴向上，单击“确定”按钮进入草图状态。单击“草图工具”工具栏上的，从坐标原点过 X 轴绘制长度为 120 的直线，结果如图 1-5-20 所示。单击“草图生成器”工具栏上的完成草图，返回到建模状态。

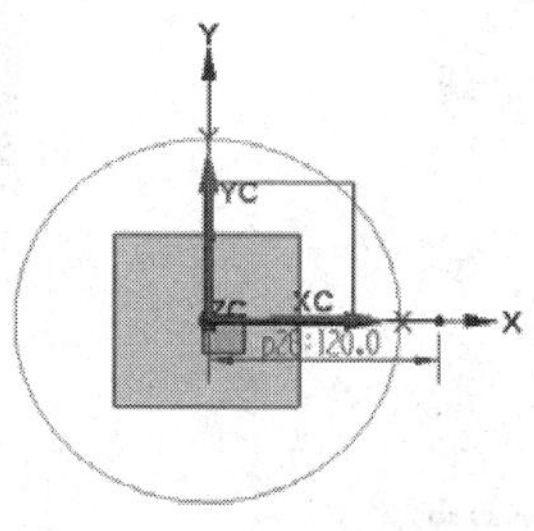

图 1-5-20 绘制直线

(7) 单击“特征”工具栏上的，弹出“扫掠”对话框，在绘图区选择刚绘制的直线作为截面，选择通过Z轴的直线作为引导线，在“截面选项”的“定位方法”的“方位”中选择“角度规律”，在“规律类型”中选择“线性”，设置“开始”为0，“结束”为2880，其他默认，如图1-5-21所示。单击“确定”按钮，结果如图1-5-22所示。

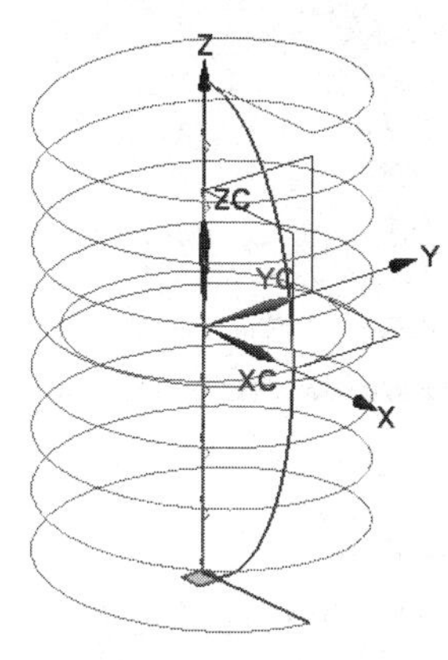

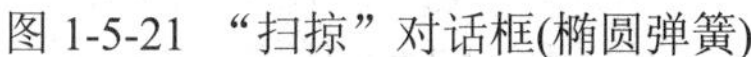

图1-5-21　“扫掠”对话框(椭圆弹簧)　　　　图1-5-22　扫掠结果(椭圆弹簧)

(8) 单击“曲线”工具栏上的，弹出如图1-5-23所示“相交曲线”对话框，在绘图区选择椭圆体为“第一组”，选择刚生成的螺旋片体为“第二组”，其他默认设置，单击“确定”按钮。单击“实用工具”上的，将椭圆体和螺旋片体隐藏，生成相交曲线如图1-5-24所示。

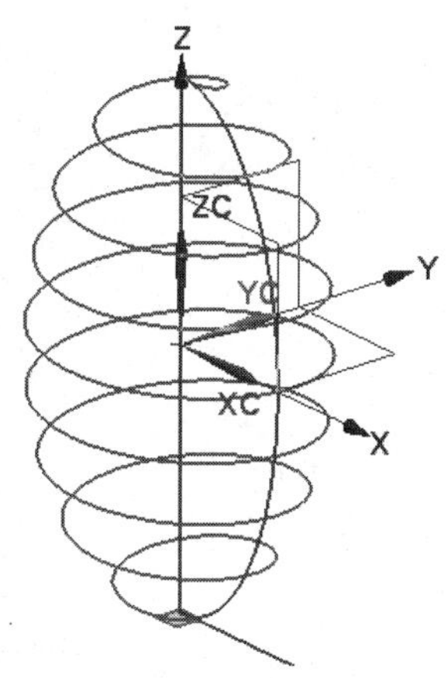

图1-5-23　“相交曲线”对话框(椭圆弹簧)　　　　图1-5-24　生成相交曲线

(9) 单击特征工具栏上的，系统弹出“创建草图”对话框，“类型”选择“在路径上”，在绘图区选择螺旋线，在“平面位置”的“位置”选择“%弧度长”，输入为0，其他默认。单击“确定”按钮进入草绘状态，以螺旋线的上端点为圆心绘制直径为16的圆，单击“草图生成器”工具栏上的完成草图，返回到建模状态。

(10) 单击“特征”工具栏上的，弹出图1-5-25“沿引导线扫掠”对话框，在绘图区选择刚绘制的圆作为截面，选择螺旋线作为引导线，其他默认。单击“确定”按钮，隐藏多余的线，结果如图1-5-26所示。

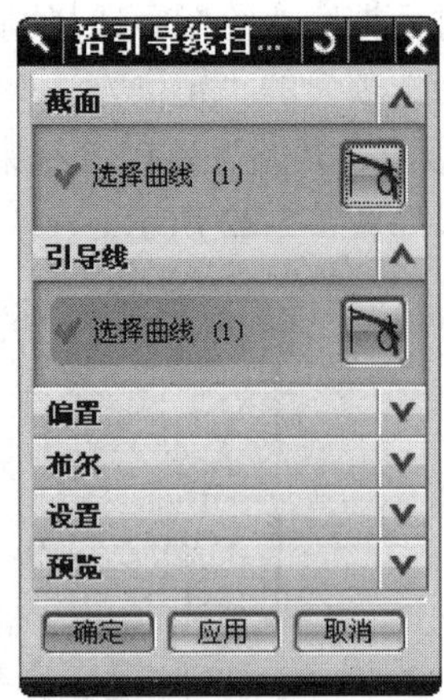

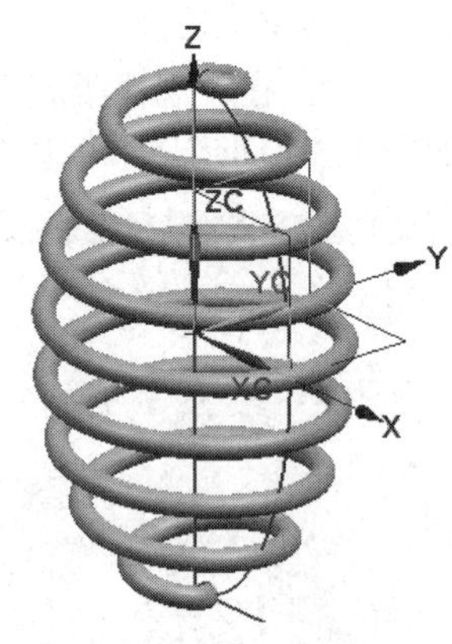

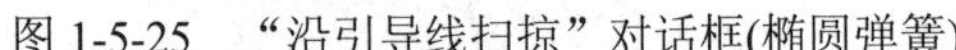

图 1-5-25 “沿引导线扫掠”对话框(椭圆弹簧)

图 1-5-26 生成椭圆弹簧

(二) 带轮设计

本节以典型的 V 带带轮为例介绍带轮的造型设计。

(1) 新建一个 pulley.prt 的文件，进入建模状态，单击“特征”工具栏上的 ，弹出如图 1-5-27 所示“圆柱”对话框，“尺寸”设置“直径”为 167，“高度”为 61，轴线与 Z 轴重合，单击“确定”按钮，生成带轮毛坯。

图 1-5-27 “圆柱”对话框(带轮)

(2) 单击“特征”工具栏上的 按钮，系统弹出“创建草图”对话框，在绘图区选择 ZC-XC 平面作为草图平面，绘制如图 1-5-28 所示草图，单击“草图生成器”工具栏上的 完成草图，返回到建模状态。

(3) 单击“特征”工具栏上的 ，弹出“回转”对话框，单击“选择曲线”，在绘图区选择刚绘制的封闭草图，单击“指定矢量”，在绘图区选择 Z 轴，设置“开始角度”为 0，“结束角度”为 360，“布尔”选择求差，其他参数默认。单击“确定”按钮，结果如图 1-5-29 所示。

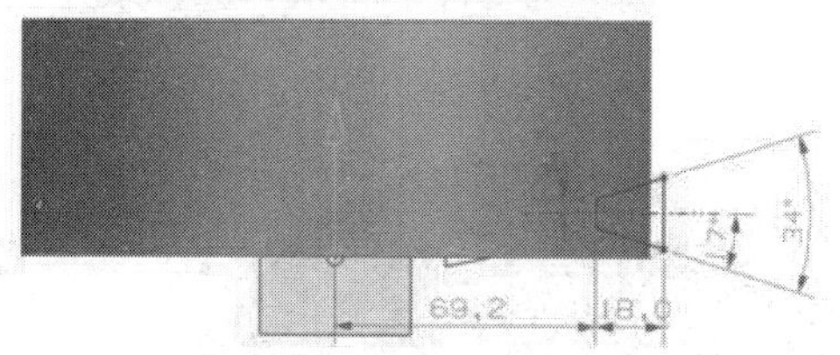

图 1-5-28　绘制草图(带轮)

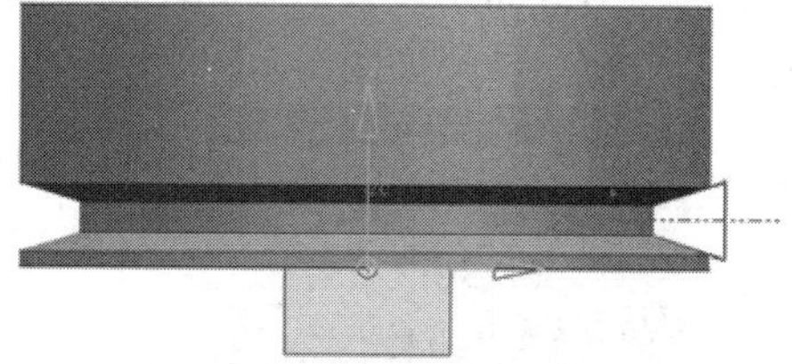

图 1-5-29　回转结果(带轮)

(4) 旋转坐标系，单击“实用工具”工具栏上的 ，绕 XC 轴旋转 90°。单击“特征操作”工具栏上的 ，弹出“实例”对话框，单击“矩形阵列”按钮，选择“带轮的沟槽”，单击“确定”按钮，输入如图 1-5-30 所示“输入参数”对话框的参数值，单击“确定”按钮，结果如图 1-5-31 所示。

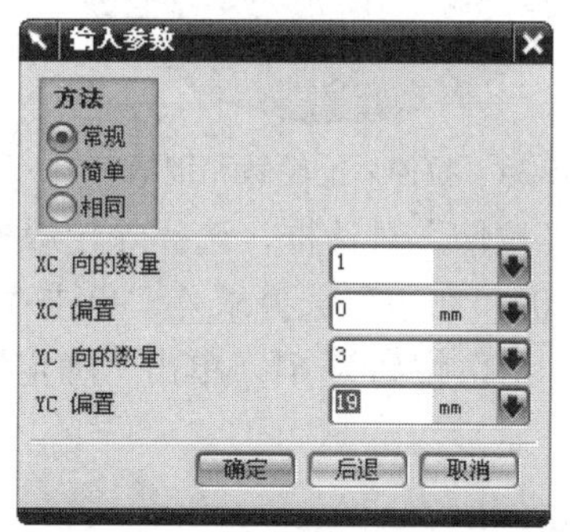

图 1-5-30　“输入参数”对话框(带轮)

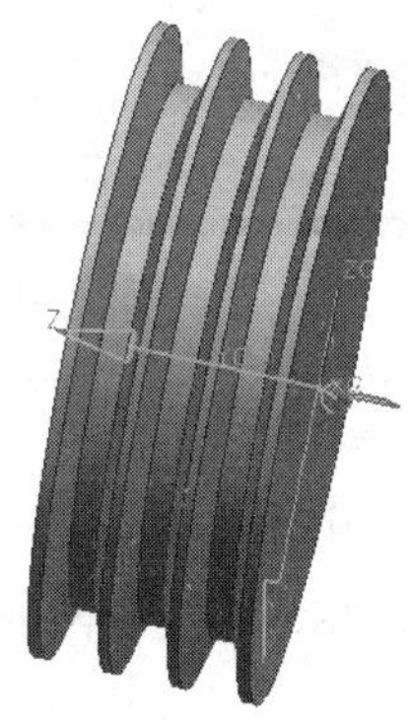

图 1-5-31　矩形阵列特征结果(带轮)

(5) 单击“特征”工具栏上的 ，系统弹出“创建草图”对话框，在绘图区选择带轮端面为草图绘制面，单击“确定”按钮，绘制如图 1-5-32 所示草图，单击“草图生成器”工具栏上的 完成草图，返回到建模状态。

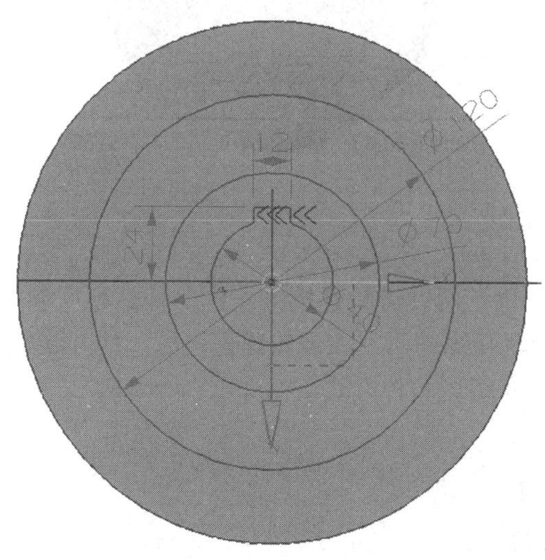

图 1-5-32　绘制草图(带轮)

(6) 单击“特征”工具栏上的 ，弹出如图 1-5-33 所示“拉伸”对话框，选择带轮箍圆和键槽作为截面，设置“开始距离”为 0，“结束距离”为 61，“布尔”选择求差，单击“确定”按钮，结果如图 1-5-34 所示。

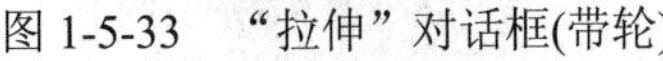
图 1-5-33 “拉伸”对话框(带轮)

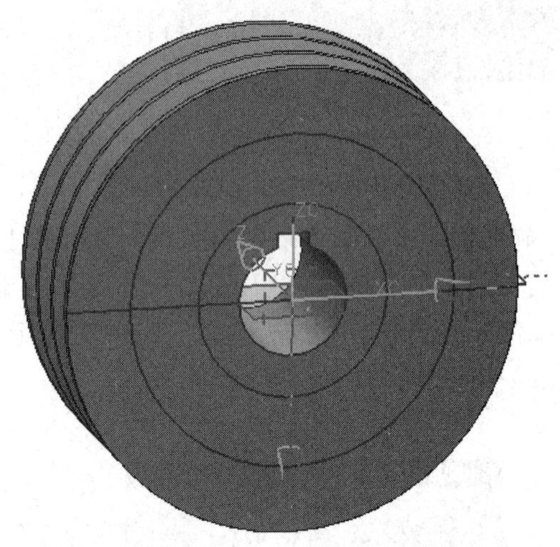
图 1-5-34 拉伸后的轮毂和键槽

(7) 再次单击“特征”工具栏上的，弹出“拉伸”对话框，选择除轮毂外 2 个圆作为截面，设置“开始距离”为 0，“结束距离”为 10，“布尔”选择求差，单击“确定”，再次选择上述 2 个圆作为截面，设置开始距离为 51，结束距离为 61，单击“确定”按钮，隐藏辅助线，结果如图 1-5-35 所示。

图 1-5-35 带轮三维模型

(三) 齿轮设计

在 UG NX 8.5 中，提供了两种齿轮建模方法：一种是利用参数方程建立“表达式”之后通过“规律曲线”绘制渐开线进而完成齿轮建模；另一种方法则是通过“齿轮建模工具”生成齿轮模型。下面分别介绍这两种方式。

1. 直齿轮造型设计

1) 利用参数方程建模

(1) 直齿轮的参数计算公式。

分度圆直径：$D = mz$；

齿顶圆直径：$d_a = m(z+2)$；

齿根圆直径：$d_f = m(z-2.5)$；

基圆直径：$d = mz\cos\theta$；

分度圆齿槽角：$\phi = 360 \div z \div 2$；

式中，m 为齿轮模数，z 为尺轮的齿数，θ 轮的压力角，标准压力角为 20°。

(2) 渐开线数学模型。

K 点坐标为(x，y)，其值为：

$$\begin{cases} x = r\cos u + ru\sin u \\ y = r\sin u - ru\cos u \end{cases}$$

式中，r 为基圆半径，u 为渐开线展角，$u \in 0° \sim 60°$ ，如图 1-5-36 所示。

在建模状态下，曲线工具栏的 (规律曲线)的 (根据方程)，是用于设置曲线的关于 t 的参数方程。参数 t 是一个特殊变量，运行时，t 自动由 0 变化到 1($t \in [0,1]$)。利用 t 的值自动变化的特性，构造一个函数 $u = (1-t)a + tb$，可以设定 u 的值由 a 线性变化到 b，如图 1-5-37 所示。

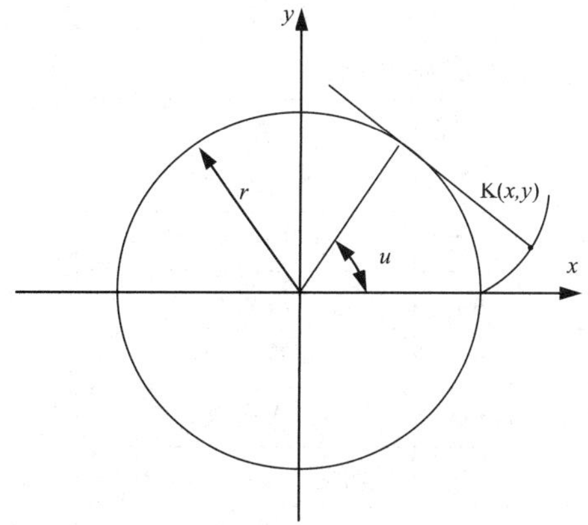

图 1-5-36　渐开线展开示意图

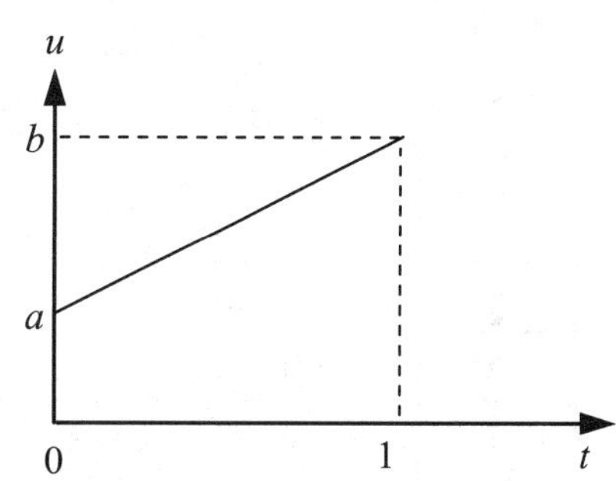

图 1-5-37　由 t 表示的渐开角 u

将 x、y 为 u 的函数转化为 x、y、z 为 t 的函数。

$$\begin{cases} x(t) = r\cos u + r\mathrm{rad}u\sin u \\ y(t) = r\sin u - r\mathrm{rad}u\cos u \\ z(t) = 0 \end{cases}$$

(3) 设计实例。

以模数为 4，齿数为 24，齿厚为 25 的齿轮为例，说明直齿轮建模的操作过程。

$a = 0$，$b = 60$o，$m = 4$，$z = 24$，$H = 25$

① 在 UG 下，建立名称为 gear 的文件，并进入建模状态。

② 单击菜单“工具”→“表达式”出现如图 1-5-38 所示“表达式”对话框，输入表 1-5-1 所示的表达式，或者点击 ，从光盘导入 gear.exp 文件，把表 1-5-1 中所有内容导入表达式中。输入或导入完毕，单击“确定”按钮关闭对话框。

(注：表达式复杂，可以将表达式保存在扩展名为 exp 文件中，在 Windows 状态下使用记事本将其打开并修改其内容。)

③ 单击“曲线”工具栏上的按钮弹出如图 1-5-39 基本曲线对话框，单击按钮，绘制圆心为(0，0，0)齿顶圆(da)、齿根圆(df)和分度圆(D)三个圆。

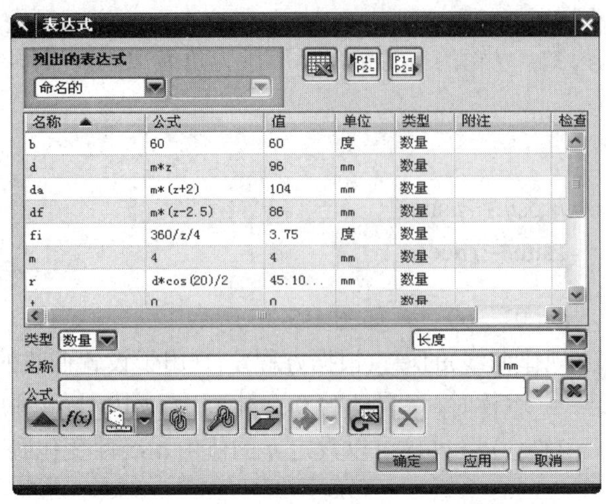

图 1-5-38 “表达式”对话框(直齿轮)

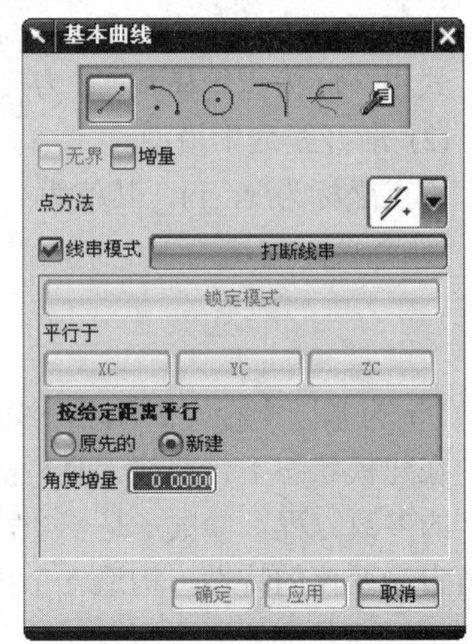

图 1-5-39 “基本曲线”对话框(直齿轮)2

表 1-5-1 直齿轮参数化设计参数表

Name	Formula	Value	单位	含义
a		0	度	渐开角初始值
b		60	度	渐开角终止值
d	= m*z	96	mm	分度圆直径
da	= m*(z+2)	104	mm	齿顶圆直径
df	= m*(z-2.5)	86	mm	齿根圆直径
fi	= 360/z/4	3.75	度	四分之一两齿之间夹角
H		25	mm	齿厚
m		4	无	模数
r	= d*cos(20)/2	45.10525	mm	基圆半径
t		0	无	自动变化参数
u	= a*(1-t) + b*t	0	度	渐开角
xt	= r*cos(u) + r*rad(u)*sin(u)	45.10525	mm	渐开线 x 分量
yt	= r*sin(u) - r*rad(u)*cos(u)	0	mm	渐开线 y 分量
z		24	无	齿数
zt	0	0	mm	渐开线 z 分量

④ 单击曲线工具栏的，弹出如图 1-5-40 所示“规律函数”对话框，3 次单击分别给 xt、yt、zt 三个分量设置参数方程，然后弹出如图 1-5-41 所示“规律曲线”对话框，单击“确定”按钮，结果如图 1-5-42 所示。

注：在 UG 的(规律曲线中)，第一次给 x 分量(用 xt 表示)设定变化规律，第二次给 y 分量(用 yt 表示)设置变化规律，第三次给 z 分量(用 zt 表示)设置变化规律。

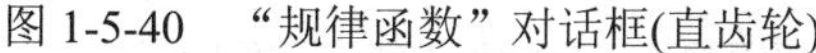

图 1-5-40　“规律函数”对话框(直齿轮)

图 1-5-41　“规律曲线”对话框(直齿轮)

⑤ 单击曲线工具栏上的 ，弹出如图 1-5-39 所示“基本曲线”对话框，单击 ，绘制渐开线与分度圆交点和圆心的直线 1，绘制由渐开线开始点(端点捕获)到圆心的直线 2，如图 1-5-43 所示。

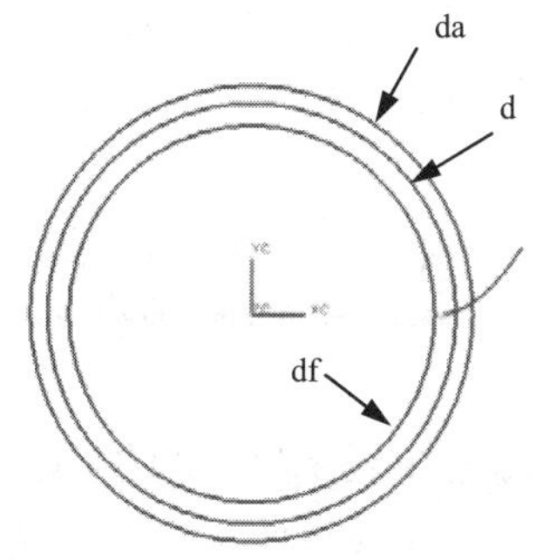

图 1-5-42　绘图三个圆

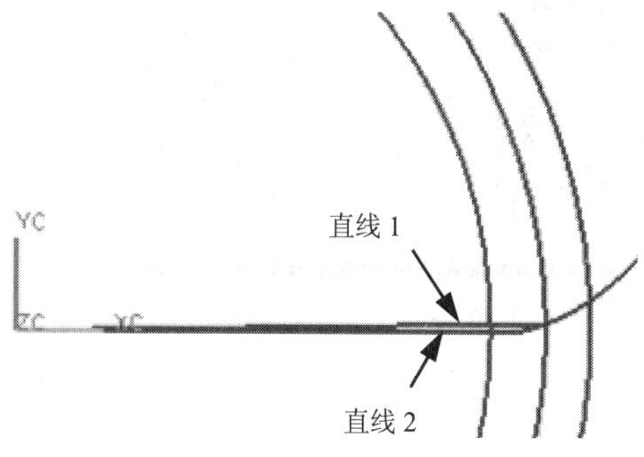

图 1-5-43　绘图两条直线

(注：在捕获渐开线与分度圆交点时使用 (交点)捕获方式，选择对象时先后选择分度圆和渐开线。)

⑥ 单击“特征”工具栏上的 ，弹出“实例几何体”对话框，如图 1-5-44 所示。或者点击菜单“编辑(E)”→“移动对象(O)…”，弹出“移动对象”对话框。

类型选择“旋转”，选择对象绘图区的直线 1，“指定矢量”选择 ZC 轴，指定点(0，0，0)，角度 –3.75，单击“确定”按钮，生成直线 3，结果如图 1-5-45 所示。

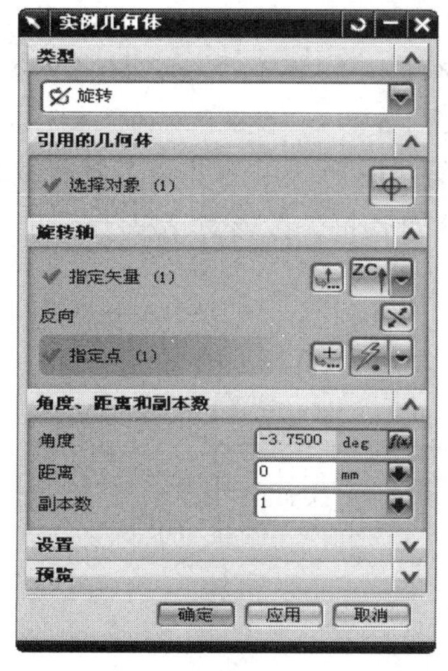

图 1-5-44　“实例几何体”对话框(直齿轮)

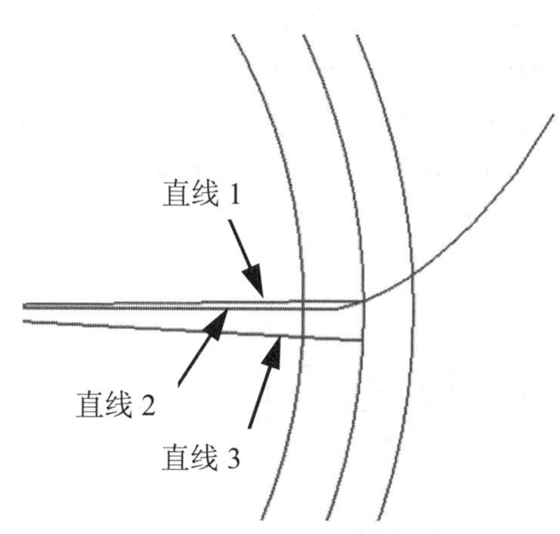

图 1-5-45　旋转直线 1 生成直线 3

⑦ 以直线 3 为镜面，对直线 2 和渐开线镜像操作。单击标准工具栏上的 ，弹出如图 1-5-46 所示“变换”对话框，选择对象为直线 2 和渐开线，单击“确定”按钮，弹出图 1-5-47 所示对话框，单击 通过一直线镜像 ，弹出如图 1-5-48 所示对话框，单击 现有的直线 ，选择直线 3 作为镜面，弹出如图 1-5-49 所示对话框，单击 复制 ，再单击“取消”按钮，结果如图 1-5-50 所示。

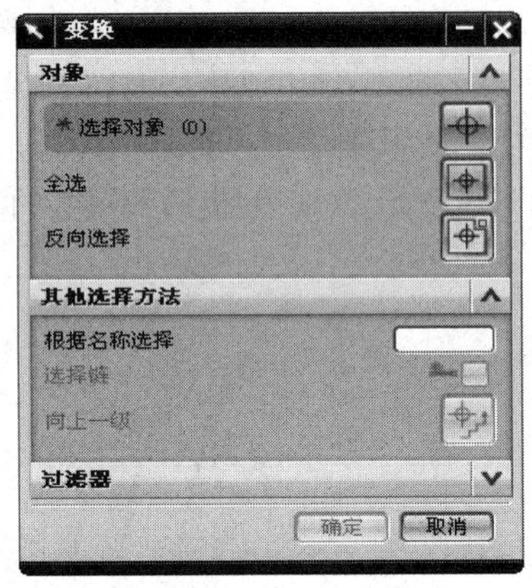

图 1-5-46 “变换”对话框 1

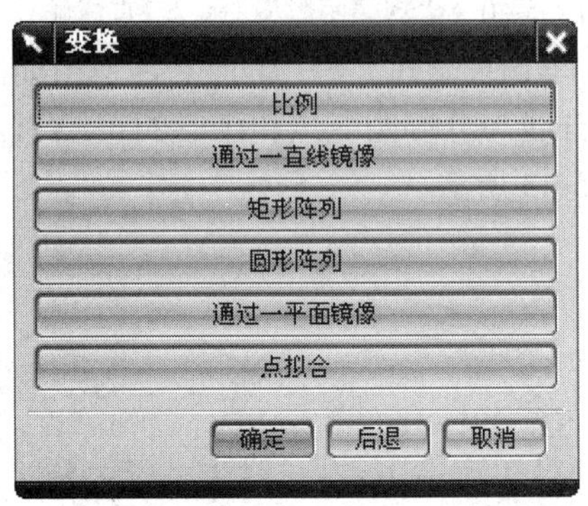

图 1-5-47 “变换”对话框 2

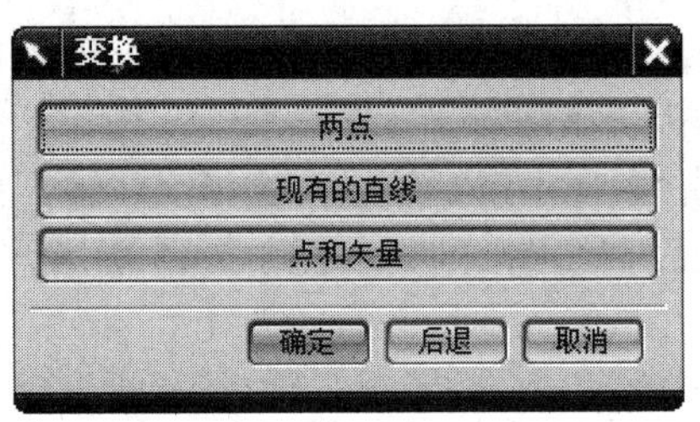

图 1-5-48 “变换”对话框 3

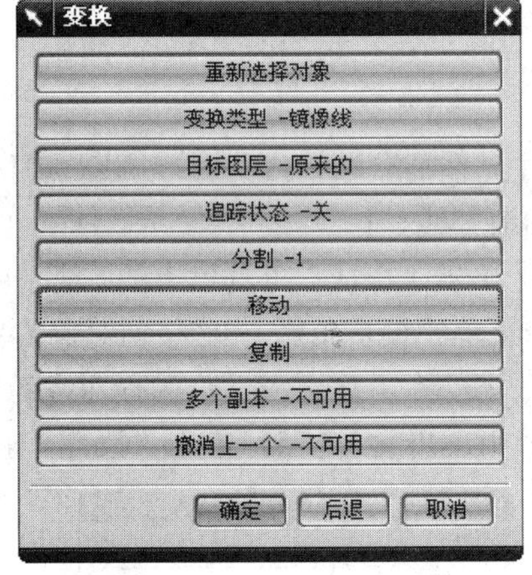

图 1-5-49 “变换”对话框 4

⑧ 裁剪。将图 1-5-50 所示图形裁剪为图 1-5-51 所示图形。单击曲线工具栏 ，在弹出“基本曲线”对话框中单击 ，弹出“修剪曲线”对话框，在该对话框中不选“关联”复选框，裁剪后获得齿槽形状如图 1-5-51 所示。

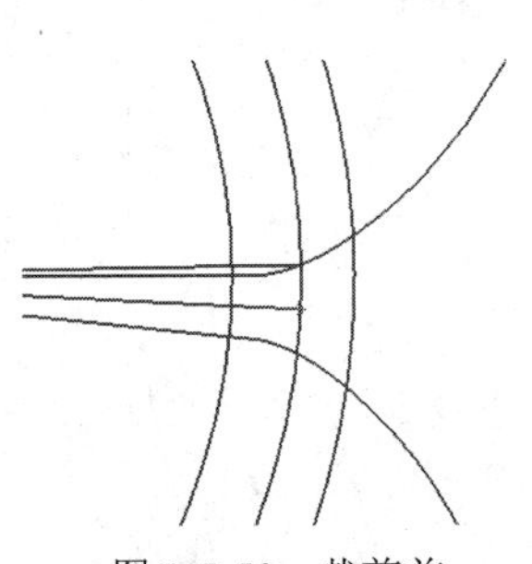

图 1-5-50 裁剪前

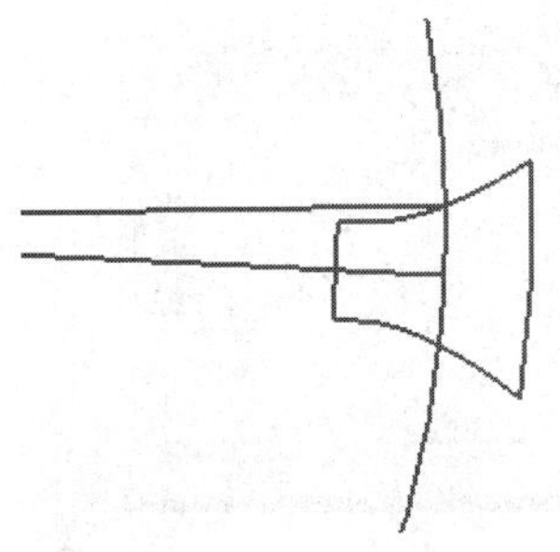

图 1-5-51 裁剪形成的齿槽形状

⑨ 单击“曲线”工具栏上的 ，弹出如图 1-5-39“基本曲线”对话框，单击 ，绘制齿顶圆(da)。

⑩ 单击“特征”工具栏上的 ，弹出图 1-5-52 所示“拉伸”对话框，选择刚绘制的齿顶圆，拉伸距离为 H，其他选项默认，单击“确定”按钮，绘制齿轮毛坯圆柱体。

⑪ 单击“特征”工具栏上的 ，弹出“拉伸”对话框，选择齿槽为拉伸对象，拉伸距离为 H，与毛坯齿轮求差运算，其他选项默认，单击“确定”按钮，结果如图 1-5-53 所示。

图 1-5-52　“拉伸”对话框(直齿轮)

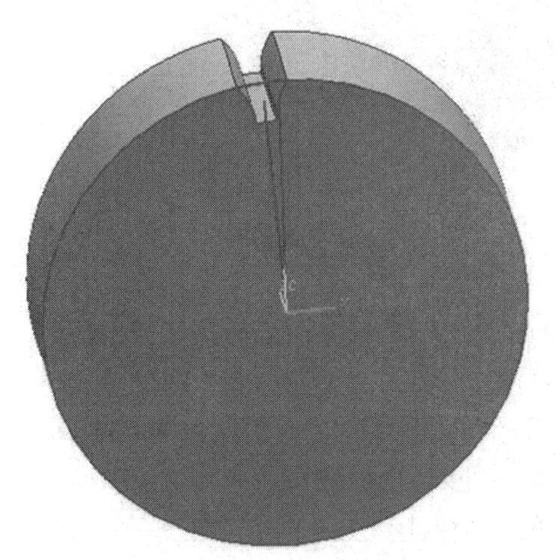

图 1-5-53　毛坯上加工一个齿槽

⑫ 单击特征操作工具栏上的 ，弹出如图 1-5-54 所示“实例”对话框，单击 圆形阵列 ，选择刚拉伸的齿槽，单击“确定”按钮，弹出如图 1-5-55 所示对话框，输入数量为 z，角度为 360/z，单击“确定”，弹出如图 1-5-56 所示“实例”方位对话框，单击 点和方向 ，弹出如图 1-5-57 所示“矢量”对话框，选择 ZC 轴，单击“确定”，弹出“点”对话框，输入点坐标值(0，0，0)，单击 2 次“确定”按钮，结果如图 1-5-58 所示。

图 1-5-54　“实例”对话框(直齿轮)

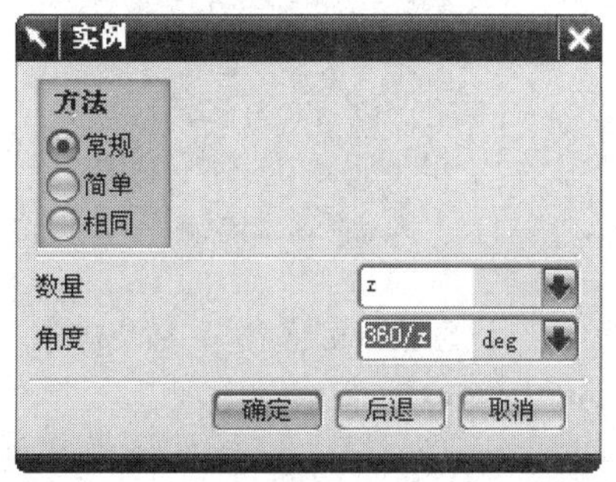

图 1-5-55　“实例”数量和角度对话框

图 1-5-56 实例方位对话框

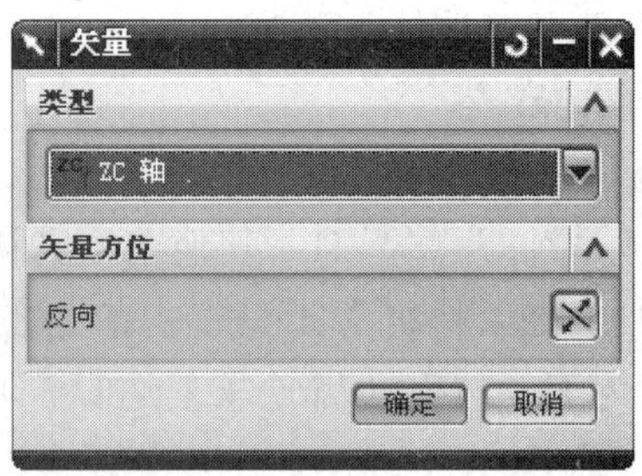

图 1-5-57 “矢量”对话框(直齿轮)

图 1-5-58 齿槽阵列结果

图 1-5-59 “创建草图”对话框(直齿轮)

⑬ 单击“特征”工具栏 ，弹出图 1-5-59 所示“创建草图”对话框，选择齿轮端面为草图平面，单击“确定”，绘制如图 1-5-60 所示的草图，单击“草图生成器”工具栏上的 完成草图，回到建模状态。

⑭ 单击“特征”工具栏上的 ，弹出图 1-5-52 所示“拉伸”对话框，选择刚绘制的草图为拉伸对象，拉伸距离为 H，与齿轮求差运算，其他选项默认，单击“确定”按钮，隐藏相关曲线结果如图 1-5-61 所示。

图 1-5-60 创建草图(直齿轮)

图 1-5-61 直齿轮设计结果

2) 利用齿轮工具箱建模

新建一个 gear1.prt 的文件，进入建模状态，单击“特征”工具栏上的 (圆柱齿轮建模)，弹出图 1-5-62 所示对话框，选择“创建齿轮”选项，点击“确定”按钮；弹出如图 1-5-63 所示对话框，依次选择“直齿轮”、“外啮合齿轮”及“滚齿”选项，点击“确定”按钮；弹出如图 1-5-64 所示对话框，点击“标准齿轮”选项，设置渐开线圆柱齿轮参数如图所示，点击“确定”按钮；弹出如图 1-5-65 所示“矢量”对话框，点击 X 轴坐标，单击“确定”按钮；弹出“点”对话框，如图 1-5-66 所示，默认原点输出即可，点击“确定”按钮，完成齿轮建模。如图 1-5-67 所示。

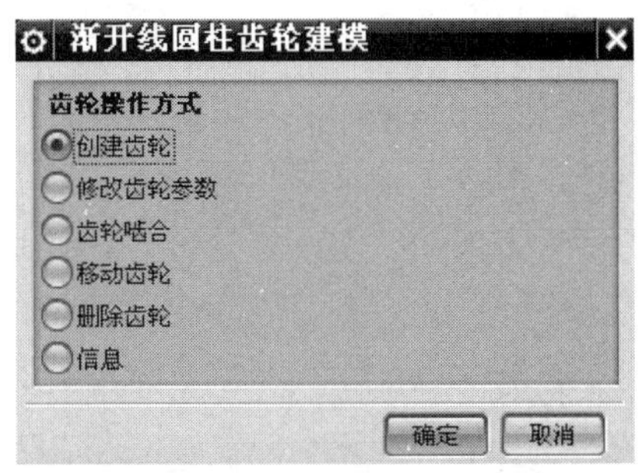

图 1-5-62 “渐开线圆柱齿轮建模”对话框(直齿轮)

图 1-5-63 “渐开线圆柱齿轮类型”对话框(直齿轮)

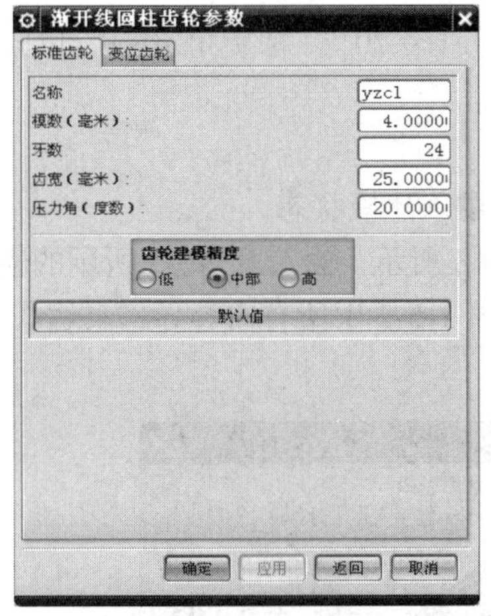

图 1-5-64 “渐开线圆柱齿轮参数”对话框(直齿轮)

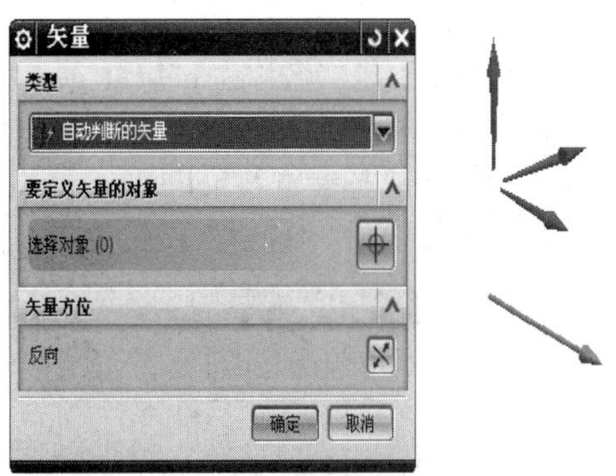

图 1-5-65 “矢量”对话框选择(直齿轮)

图 1-5-66 “点”对话框(齿轮)

图 1-5-67 渐开线圆柱齿轮(直齿轮)

2. 斜齿轮造型设计

1) 利用参数方程建模

(1) 斜齿轮参数计算公式。

基本参数：法面模数 m_n，齿数 z，法面压力角 $\alpha=20°$，螺旋角 $\beta=9.21417°$，齿轮厚度 H。

根据基本参数可以计算出斜齿轮其他参数：

端面模数：$m_d=m_n\div\cos\beta$；

分度圆直径：$d=m_n\cdot z\div\cos\beta$；

端面压力角：$\alpha_d=\arctan(\tan\alpha\div\cos\beta)$；

基圆半径：$r=d\cdot\cos\alpha_d\div 2$；

齿顶圆直径：$d_a=d+2m_n$；

齿根圆直径：$d_f=d-2.5m_n$；

分度圆齿槽半角：$\phi=360\div z\div 4$；

斜齿轮螺旋线螺距：$\text{dis}=\pi\cdot d\div\cos\beta$。

(2) 设计实例。

参数：法面模数 $m_n=4$，齿数 $z=36$，法面压力角 $\alpha=20°$，螺旋角 $\beta=9.21417°$，齿轮厚度 $H=32$。

操作步骤：

① 在 UG 下建立名称为 helical_gear 的文件，并进入建模状态。

② 单击菜单“工具”→“表达式”出现如图 1-5-68 所示，输入表 1-5-2 所示的表达式，或者点击 ，从光盘导入 helical_gear.exp 文件，把表 1-5-2 中所有内容导入表达式中。输入或导入完毕，单击“确定”按钮关闭对话框。

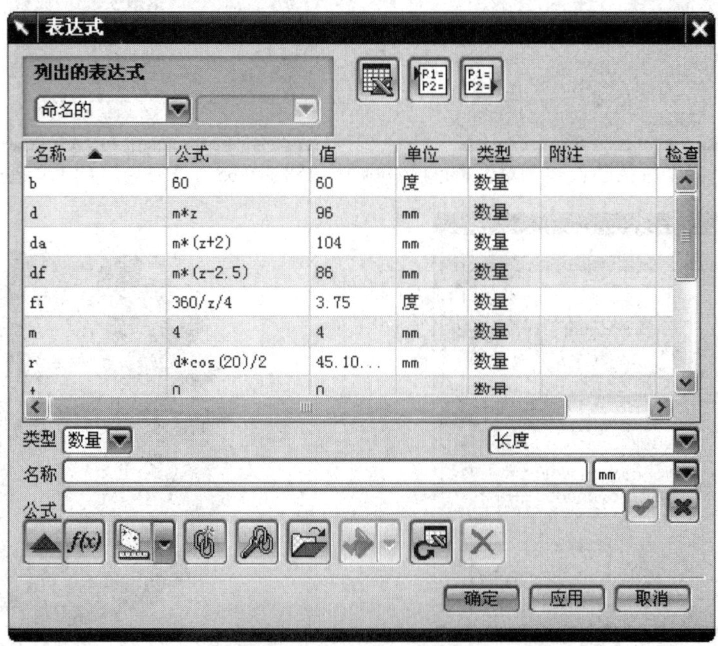

图 1-5-68 “表达式”对话框(斜齿轮)

表 1-5-2　斜齿轮参数化设计参数表

Name	Formula	Value	单位	含义
a		0	度	渐开角初始值
arf	arctan(tan(20)/cos(bta))	20.24035	度	端面压力角
b		60	度	渐开角终止值
bta		9.21417	度	斜齿轮螺旋角
d	mn*z/cos(bta)	145.8824	mm	分度圆直径
dis	pi()*d/tan(bta)	2825.221	mm	斜齿轮齿槽螺旋线螺距
da	d+2*m	153.9869	mm	齿顶圆直径
df	d-2.5*m	135.7516	mm	齿根圆直径
fi	360/z/4	2.5	度	四分之一两齿之间夹角
H		32	mm	齿轮厚度
m	mn/cos(bta)	4.052288	无	端面模数
mn			无	法向模数
r	d*cos(arf)/2	136.8741	mm	基圆半径
t		0	无	自动变化参数
u	(1-t)*a+b*t	0	度	渐开角
xt	r*cos(u)+r*rad(u)*sin(u)	136.8741	mm	渐开线 x 分量
yt	r*sin(u)-r*rad(u)*cos(u)	0	mm	渐开线 y 分量
z		36	无	齿数
zt		0	mm	渐开线 z 分量

③ 单击“曲线”工具栏上的，弹出如图 1-5-69“基本曲线”对话框，单击，以点(0，0，0)为圆心，绘制齿顶圆(da+1，比齿顶圆稍大一点)、齿根圆(df)和分度圆(d)。

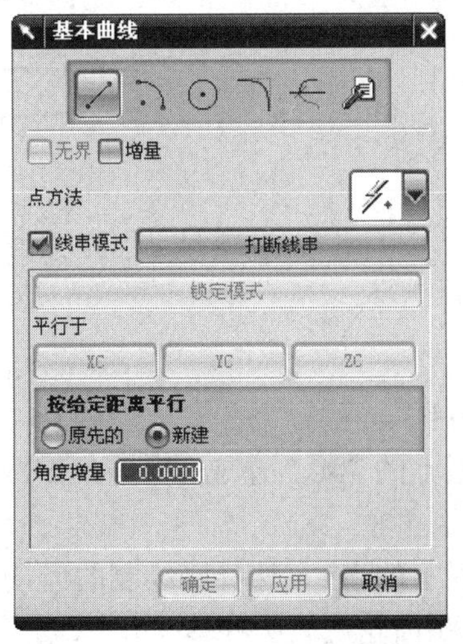

图 1-5-69　“基本曲线”对话框(斜齿轮)

④ 单击“曲线”工具栏的按钮，3 次单击按钮分别给 xt、yt、zt 三个分量设置参数方程，单击“确定”按钮，绘制渐开线。

⑤ 单击“曲线”工具栏上的，单击，绘制渐开线与分度圆交点和圆心的直线 1，绘制由渐开线开始点(端点捕获)到圆心的直线 2，如图 1-5-70 所示。

⑥ 单击“特征”工具栏上的，弹出“实例几何体”对话框。

类型选择旋转，选择绘图区的直线 1，指定“矢量选择”ZC 轴，指定点(0，0，0)，角度-fi，单击“确定”按钮，生成直线 3，结果如图 1-5-71 所示。

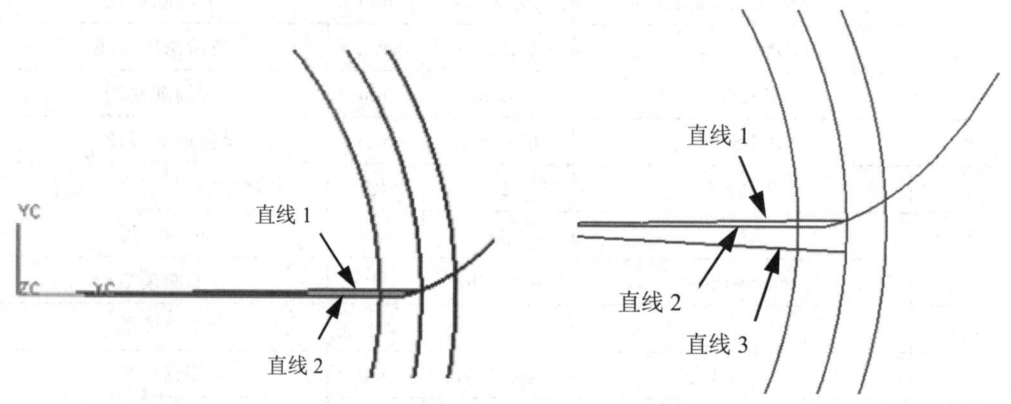

图 1-5-70　绘图两条直线　　图 1-5-71　旋转直线 1 生成直线 3

⑦ 单击标准工具栏上的，以直线 3 为镜面，对直线 2 和渐开线镜像操作。结果如图 1-5-72 所示。

⑧ 裁剪。将图 1-5-72 所示图形裁剪为图 1-5-73 所示图形。单击曲线工具栏，在弹出的“基本曲线”对话框中单击，弹出“修剪曲线”对话框，在该对话框中不选“关联”复选框。

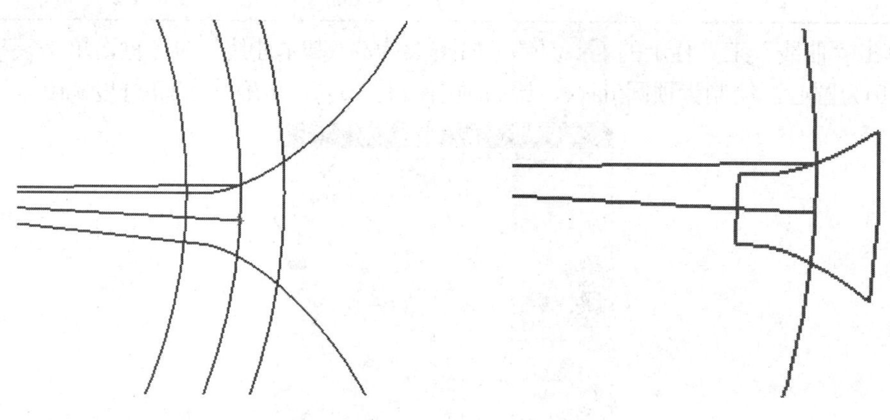

图 1-5-72　裁剪前　　图 1-5-73　裁剪形成的齿槽形状

⑨ 单击“曲线”工具栏上的，单击，绘制圆心为(0，0，0)、直径为 da 的齿顶圆。

⑩ 单击“特征”工具栏上的，选择刚绘制的齿顶圆，拉伸距离为 H，其他选项默认，单击“确定”按钮，绘制齿轮毛坯圆柱体。

⑪ 单击“曲线”工具栏上的，弹出图 1-5-74 所示“螺旋线”对话框，输入参数如

图，单击“确定”按钮，结果如图 1-5-75 所示。

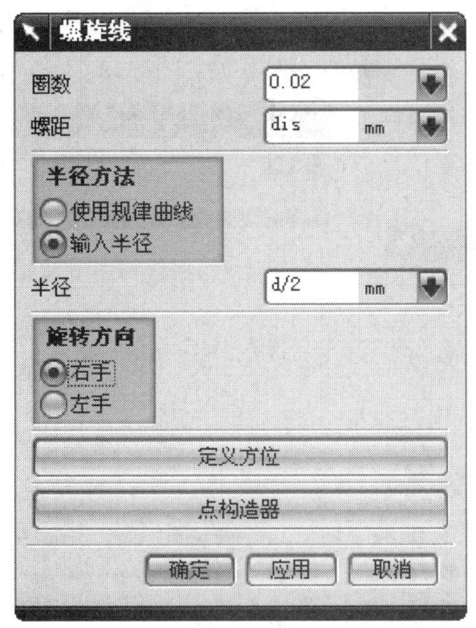

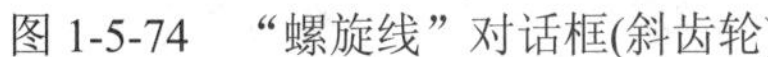

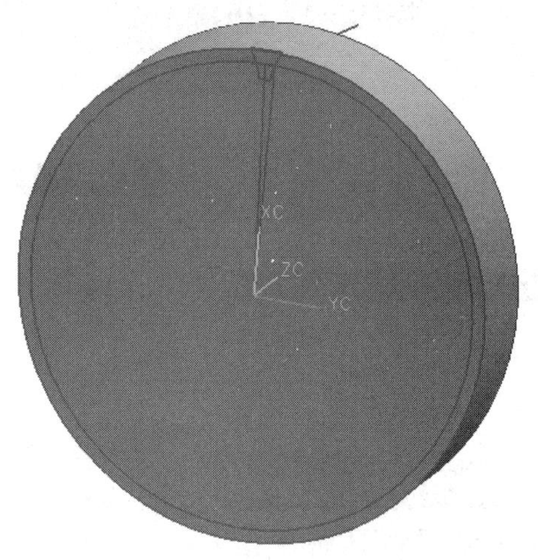

图 1-5-74 “螺旋线”对话框(斜齿轮)　　图 1-5-75 齿轮毛坯(斜齿轮)

⑫ 单击“特征”工具栏上的 ，弹出图 1-5-76 所示的“沿引导线扫掠”对话框，选择齿槽为拉伸对象，选择刚绘制的螺旋线为引导线，并进行布尔求差运算，单击“确定”按钮，结果如图 1-5-77 所示。

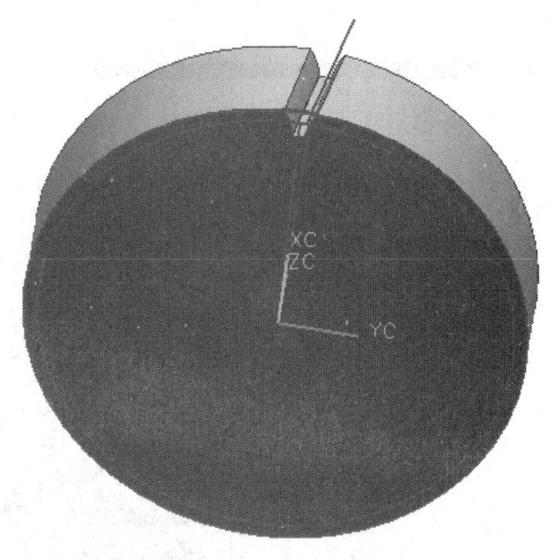

图 1-5-76 “沿引导线扫掠”对话框(斜齿轮)　　图 1-5-77 生成的齿槽(斜齿轮)

⑬ 单击“特征操作”工具栏上的 ，弹出如图 1-5-78 所示的“实例”对话框，单击 圆形阵列 ，弹出如图 1-5-79 所示“实例”参数对话框，设置“数量”为 z，“角度”为 360/z，单击“确定”按钮，弹出如图 1-5-80 所示“实例”选择特征对话框，选择“扫掠”，单击

“确定”按钮，在弹出的对话框中单击 点和方向 ，弹出如图 1-5-81 所示“矢量”环形阵列的旋转轴对话框，选择 ZC 轴，单击“确定”按钮，弹出 1-5-82 环形阵列的旋转轴经过的“点”对话框，输入坐标(0，0，0)，单击“确定”按钮，单击 是 ，结果如图 1-5-83 所示。

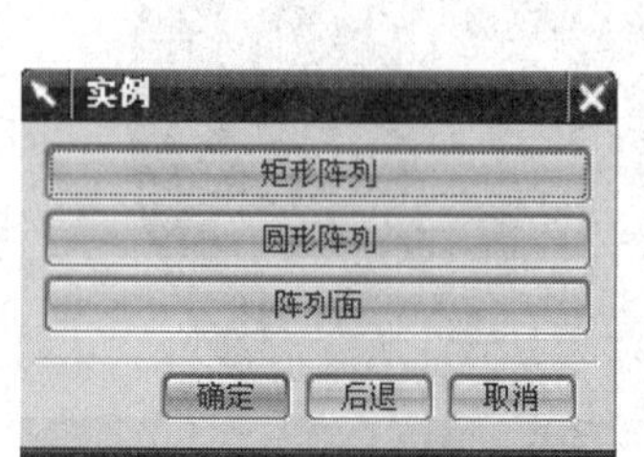

图 1-5-78 “实例”对话框(斜齿轮)

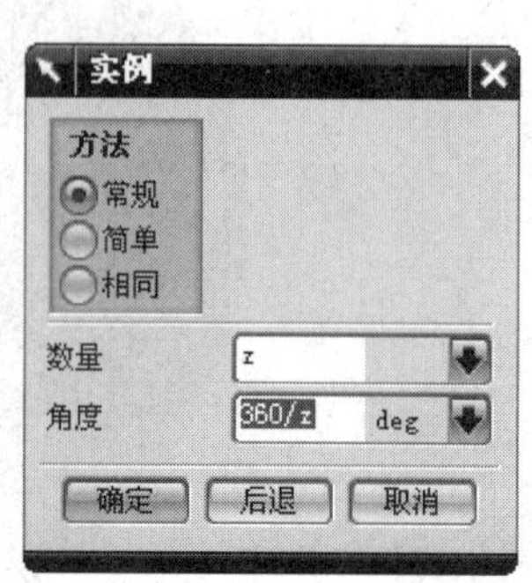

图 1-5-79 “实例”参数对话框

图 1-5-80 “实例”选择特征对话框

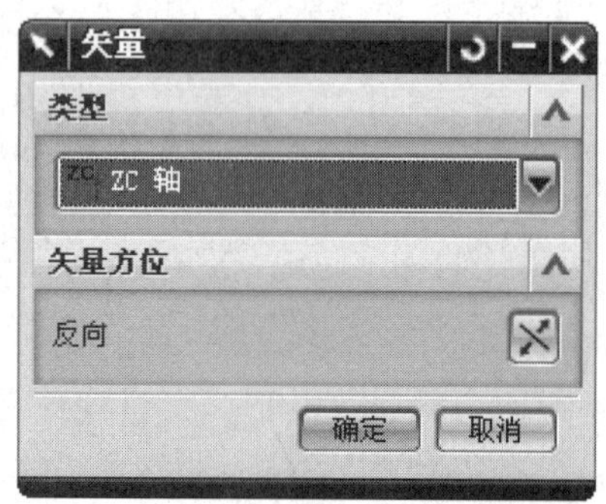

图 1-5-81 “矢量”环形阵列的旋转轴方向对话框

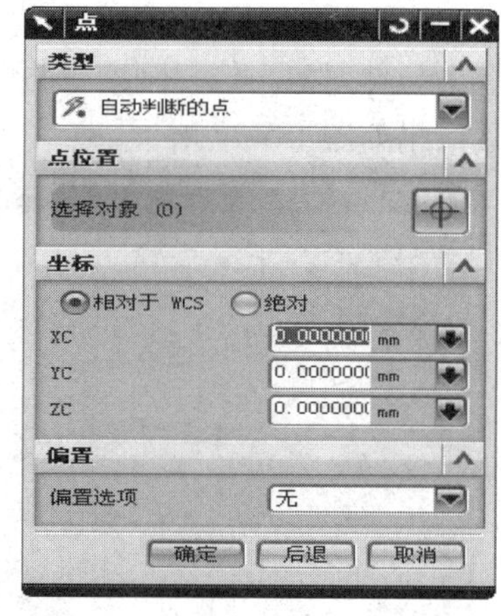

图 1-5-82 环形阵列的旋转轴经过的“点”对话框

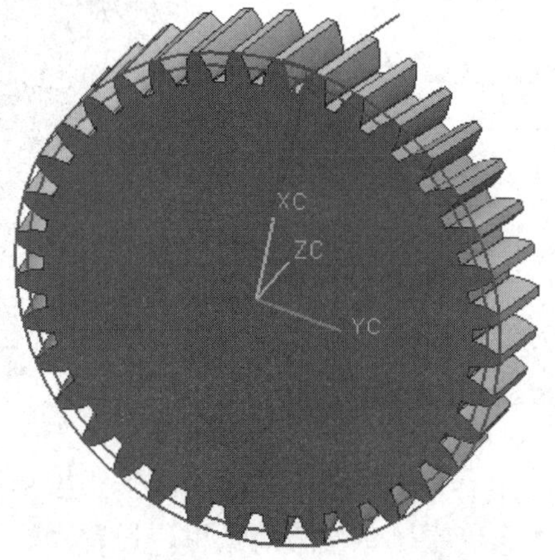

图 1-5-83 生成的斜齿轮

⑭ 单击“特征”工具栏上的，弹出“创建草图”对话框，在绘图区选择斜齿轮的端面，单击“确定”按钮，进入草图状态，绘制如图 1-5-84 所示草图，单击“草图生成器”工具栏上的返回到建模状态。

⑮ 单击“特征”工具栏上的，弹出 “拉伸”对话框，选择刚绘制的草图为拉伸对象，拉伸距离为 H，与齿轮求差运算，其他选项默认，单击“确定”按钮，隐藏相关曲线结果如图 1-5-85 所示。

图 1-5-84　绘制的孔及键槽草图

图 1-5-85　斜齿轮设计结果

2) 利用齿轮工具箱建模

新建一个 helical_gear1.prt 的文件，进入建模状态，单击“特征”工具栏上的(圆柱齿轮建模)，弹出图 1-5-86 所示对话框，选择“创建齿轮”选项，点击“确定”按钮；弹出如图 1-5-87 所示对话框，依次选择“斜齿轮”、“外啮合齿轮”及“滚齿”选项，点击“确定”按钮；弹出如图 1-5-88 所示对话框，点击“标准齿轮”选项，如图设置渐开线圆柱齿轮参数，单击“确定”按钮；弹出如图 1-5-89 所示“矢量”选择对话框，点击 X 轴坐标，单击“确定”；弹出“点”对话框，如图 1-5-90 所示，默认原点输出即可，单击“确定”按钮，完成斜齿轮建模。如图 1-5-91 所示。

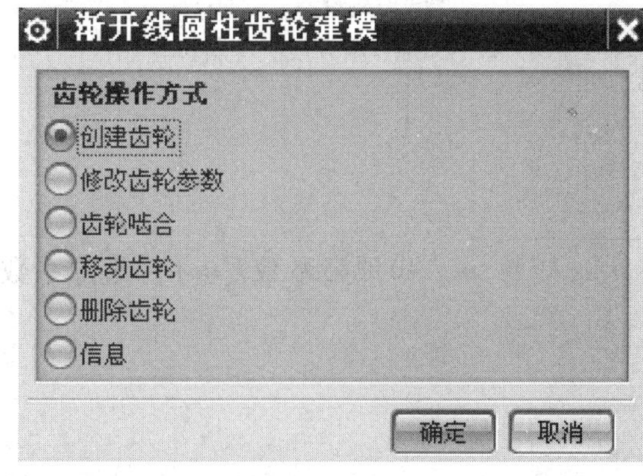

图 1-5-86　渐开线圆柱齿轮建模(斜齿轮)

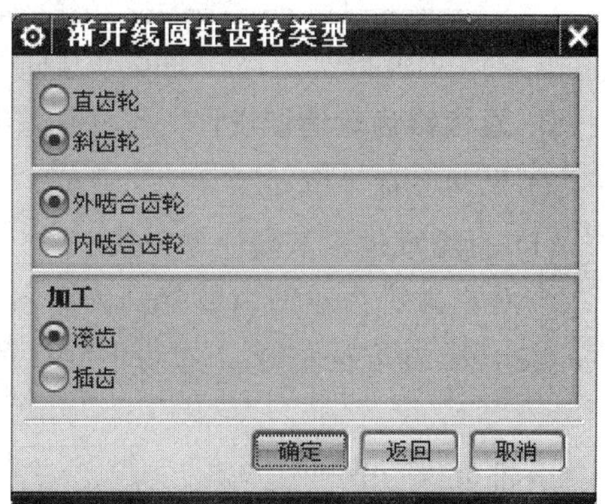

图 1-5-87　渐开线圆柱齿轮类型(斜齿轮)

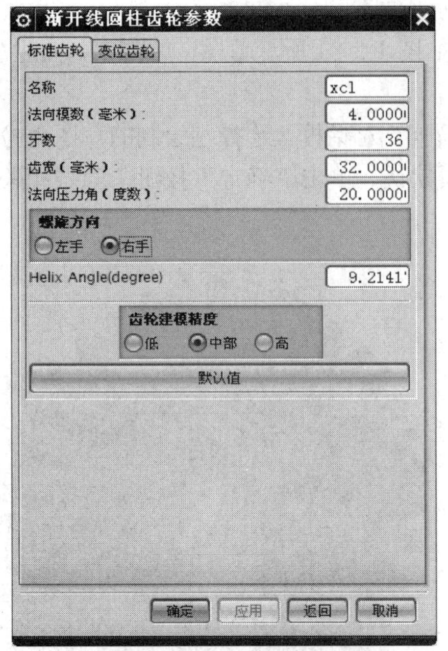

图 1-5-88 渐开线圆柱斜齿轮参数

图 1-5-89 矢量选择(斜齿轮)

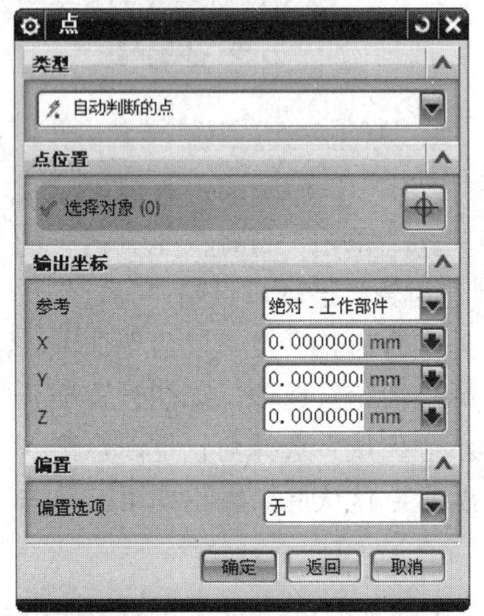

图 1-5-90 “点”对话框(斜齿轮)

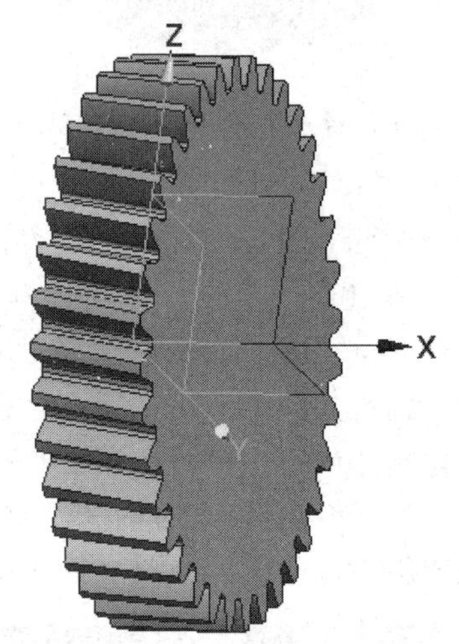

图 1-5-91 渐开线圆柱斜齿轮

3. 直齿锥齿轮造型设计

1) 利用参数方程建模

(1) 直齿锥齿轮参数计算公式。

一对直齿锥齿轮的齿数分别为 z_1 和 z_2，大端模数 m，齿顶高系数 $h_a^* = 1$，齿隙系数 $c^* = 0.2$，压力角 $\alpha = 20^\circ$。如图 1-5-92 所示。

分锥角 $\delta = \arctan\left(\dfrac{z_1}{z_2}\right)$；

大端锥距：$R = 0.5mz / \sin\delta$；

齿宽：$b = \min\{0.3R, 10m\}$；

大端分度圆直径：$d = mz_1$；

大端法向分度圆直径：$d_n = d / \cos\delta$；

大端齿顶高：$h_a = mh_a^*$；

大端齿根高：$h_f = m(h_a^* + c^*)$；

大端全齿高：$h = h_a + h_f$；

齿根角：$\theta_f = \arctan(h_f / R)$；

齿顶角(等顶隙收缩)：$\theta_a = \theta_f$；

顶锥角 $\delta_a = \delta + \theta_a$；

根锥角 $\delta_f = \delta - \theta_f$；

大端法向齿顶圆直径：$d_{na} = d_n + 2h_a$；

大端法向齿根圆直径：$d_{nf} = d_n - 2h_f$；

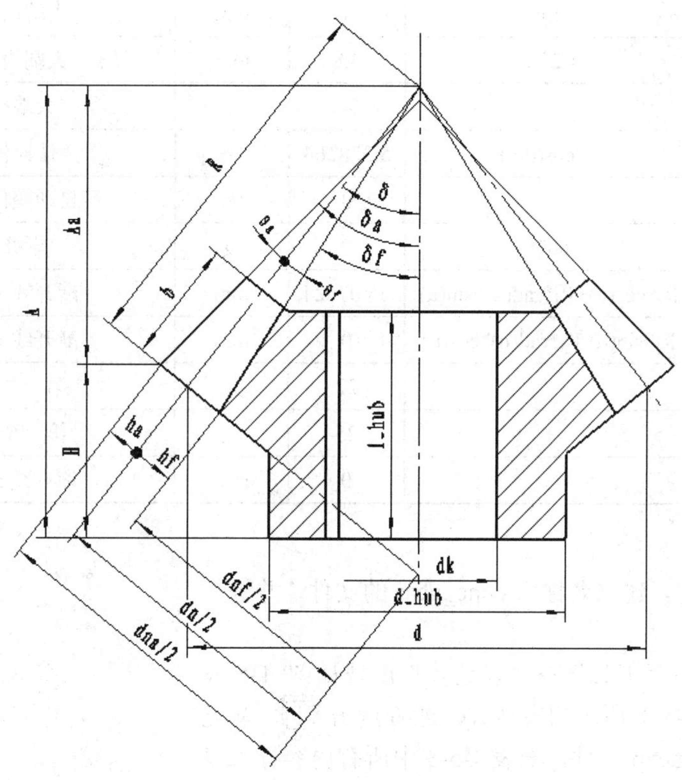

图 1-5-92　锥齿轮示意图

(2) 设计实例。

已知一对直齿锥齿轮的齿数分别为 $z_1 = 22$ 和 $z_2 = 25$，大端模数 m=4，齿顶高系数 $h_a^* = 1$，齿隙系数 $c^* = 0.2$，压力角 $\alpha = 20^\circ$，建立 $z_1 = 22$ 直齿锥齿轮的三维模型。

表 1-5-3　直齿锥齿轮参数化设计参数表

Name	Formula	Value	单位	含　义
R	0.5*m*z/sin(dta)	66.6033	mm	大端锥距 R
Rj	dn*cos(20)/2	55.07624	mm	大端法向基圆半径
b		28	mm	齿宽
d	m*z1	88	mm	大端分度圆直径
dn	mn*z1	117.2218	mm	大端法向分度圆直径
dna	dn+2*ha	125.2218	mm	大端法向齿顶圆直径
dnf	dn-2*hf	107.6218	mm	大端法向齿根圆直径
dta	rtan(z1/z2)*180/pi()	41.34778	度	分锥角 δ
dtaa	dta+rtan(hf/R)*180/pi()	45.46987	度	顶锥角 δ_a
dtaf	dta-rtan(hf/R)*180/pi()	37.22568	度	根锥角 δ_f
fi	360*cos(dta)/z1/4	3.071101	度	四分之一两齿之间夹角 φ
ha	m	4	mm	大端齿顶高
hf	1.2*m	4.8	mm	大端齿根高
m		4	无	大端模数
mn	m/cos(dta)	5.328264	无	法向模数
t		0	无	自动变化参数
u	60*t	0	度	渐开角
xt	Rj*cos(u)+Rj*rad(u)*sin(u)	55.07624	mm	渐开线 x 分量
yt	Rj*sin(u)-Rj*rad(u)*cos(u)	0	mm	渐开线 y 分量
z1		22	无	第一个齿数
z2		25	无	第一个齿数
zt		0	mm	渐开线 z 分量

操作步骤：

① 在 UG 下，建立名称为 cone_gear 的文件，并进入建模状态。

② 单击菜单“工具”→“表达式”出现如图 1-5-68 所示，输入表 1-5-3 所示的表达式，或者点击 ，从光盘导入 cone_gear.exp 文件，把表 1-5-3 中所有内容导入表达式中。输入或导入完毕，单击“确定”按钮关闭对话框。

③ 单击“特征”工具栏上的 ，弹出“创建草图”对话框，在绘图区选择 XOZ 平面为草图平面，绘制如图 1-5-93 所示剖面，单击 完成草图 返回建模状态。

④ 单击“特征”工具栏上的 ，弹出如图 1-5-94 所

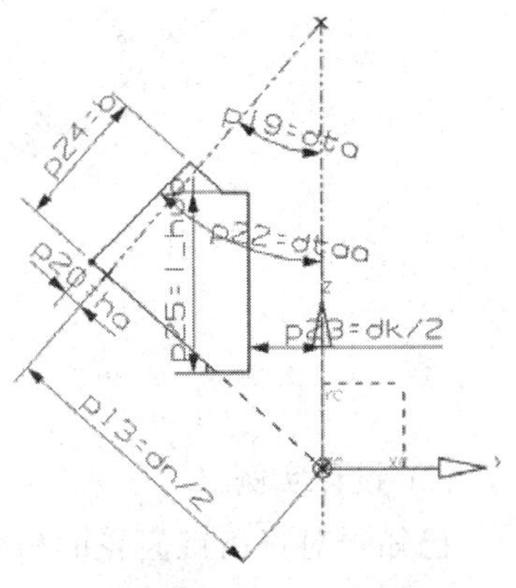

图 1-5-93　锥齿轮剖面尺寸

示对话框，单击“选择曲线”，在绘图区选择刚绘制的草图截面，单击“指定矢量”，在绘图区选择 Z 轴，其他参数默认，单击“确定”按钮关闭对话框，隐藏草图截面线，结果如图 1-5-95 所示。

图 1-5-94　“回转”对话框(锥齿轮)

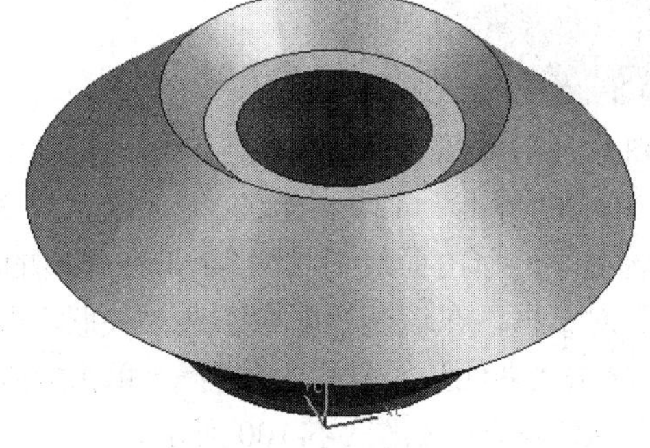

图 1-5-95　锥齿轮毛坯

⑤ 单击“实用工具”工具栏上的，弹出如图 1-5-96 所示“旋转 WCS 绕”对话框，使坐标系绕 +Y 旋转 180 + dta 度，单击“确定”按钮关闭对话框。

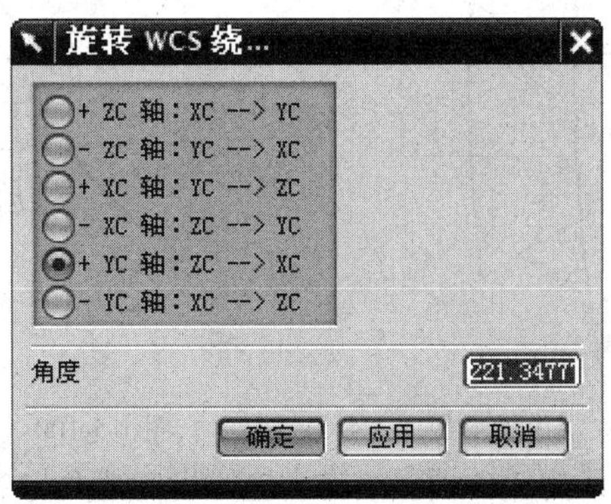

图 1-5-96　“旋转 WCS 绕”对话框(锥齿轮)

⑥ 单击“曲线”工具栏上的，弹出 “基本曲线”对话框，单击，以(0，0，0)为圆心，绘制大端法向齿顶圆(dna+0.1)、大端法向齿根圆(dnf)和大端法向分度圆(dn)三个圆。

⑦ 单击“曲线”工具栏的，3 次单击分别给 xt、yt、zt 三个分量设置参数方程，单击“确定”按钮，绘制渐开线。

⑧ 单击“曲线”工具栏上的，单击，绘制渐开线与分度圆交点和圆心的直线 1，

绘制由渐开线开始点(端点捕获)到圆心的直线 2，如图 1-5-97 所示。

⑨ 单击“特征”工具栏上的，弹出“实例几何体”对话框，类型选择旋转，选择绘图区的直线 1，“指定矢量”选择 ZC 轴，指定点(0，0，0)，角度-fi，单击“确定”按钮，生成直线 3，结果如图 1-5-98 所示。

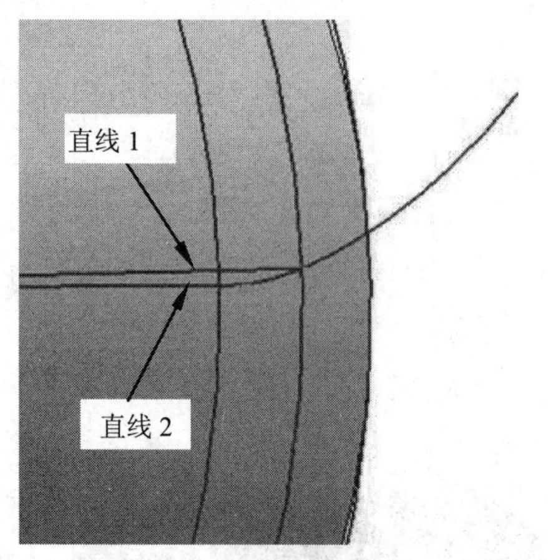

图 1-5-97 绘图两条直线

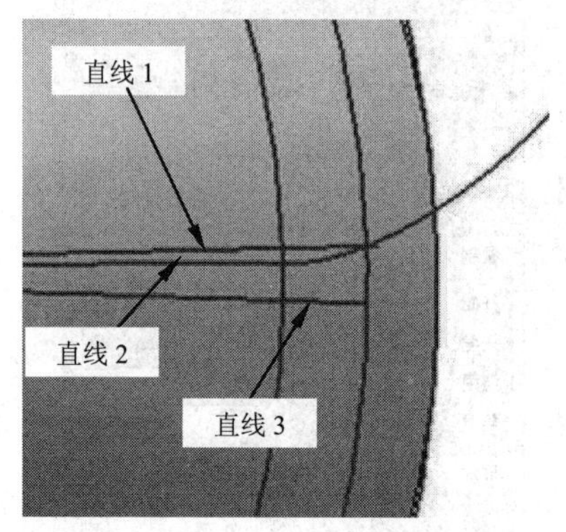

图 1-5-98 旋转直线 1 生成直线 3

⑩ 单击“标准”工具栏上的，以直线 3 为镜面，对直线 2 和渐开线镜像操作。隐藏锥齿轮毛坯。单击曲线工具栏，在弹出的“基本曲线”对话框中单击，弹出“修剪曲线”对话框，在该对话框中不选“关联”复选框。结果如图 1-5-99 所示。

⑪ 单击“曲线”工具栏上的，单击，绘制齿槽端点 P 与分度圆圆心的直线 2，直线 2 与 XC 重合，如图 1-5-100 所示。

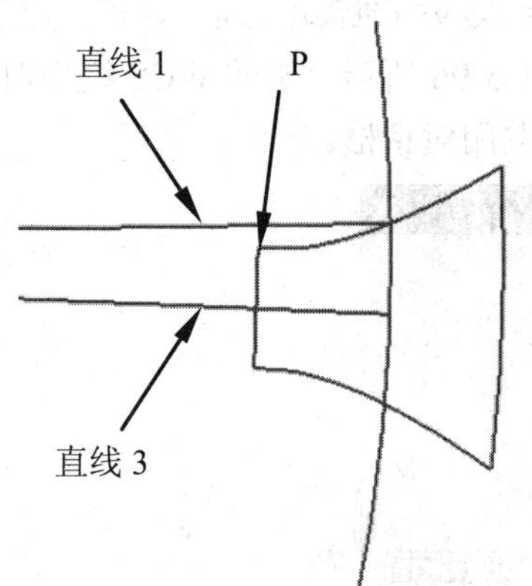

图 1-5-99 裁剪形成的大端齿槽形状

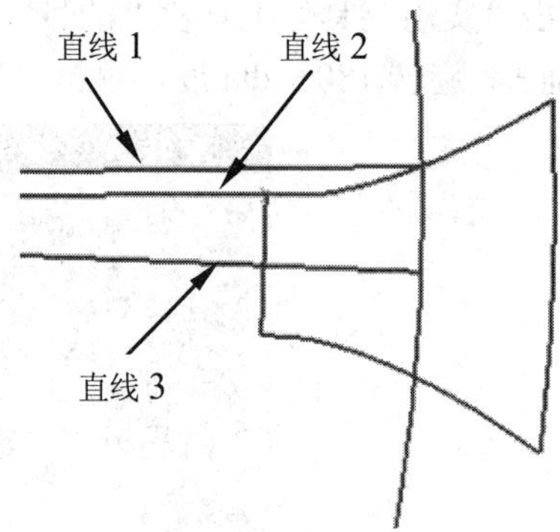

图 1-5-100 绘制直线 2

⑫ 由于 ZC 平面的切线为 XC 轴，但锥齿轮的齿槽截面与 XC 不对称，旋转齿槽截面使直线 3 与直线 2 重合，即逆时针旋转直线 3 与直线 2 的夹角。单击“特征”工具栏上的，弹出“实例几何体”对话框如图 1-5-101 所示，类型选择旋转，选择绘图区的齿槽截面，“指定矢量”选择 ZC 轴，指定点(0，0，0)，“角度”选择测量，系统弹出图 1-5-102“测量角度”对话框，在绘图区选择直线 3 和直线 1，单击“确定”按钮返回到“实例几何体”对话框，再单击“确定”按钮，隐藏源齿槽截面，结果如图 1-5-103 所示。

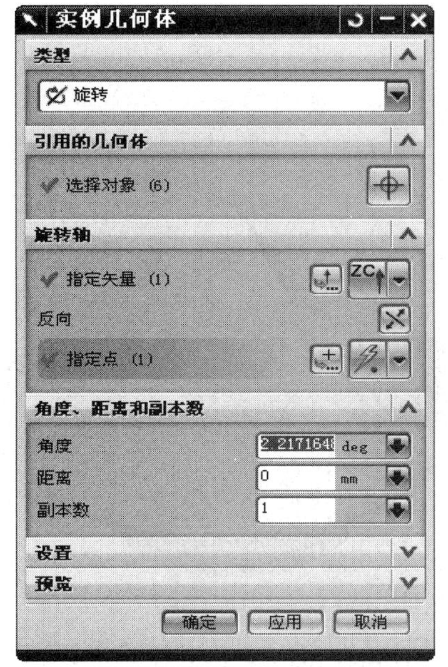

图 1-5-101　“实例几何体”对话框(锥齿轮)

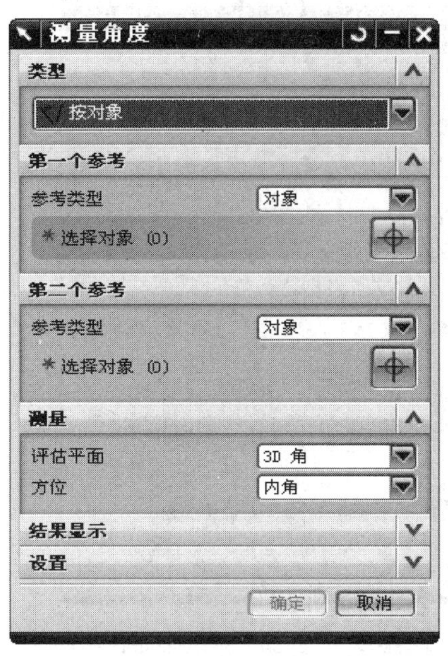

图 1-5-102　“测量角度”对话框(锥齿轮)

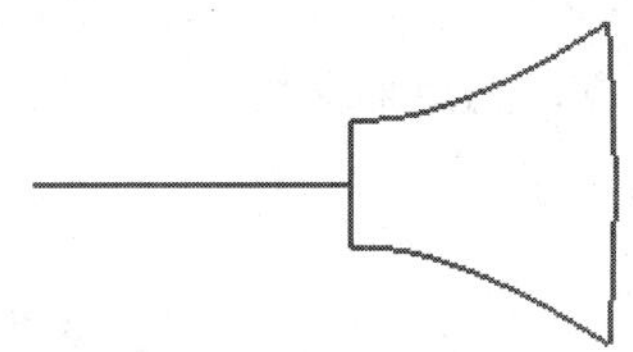

图 1-5-103　旋转后的齿槽

⑬ 绘制 3 条引导线。将隐藏的旋转体截面草图和旋转实体显示，单击“曲线”工具栏上的，单击，绘制 P1P4、P2P4、P3P5 三直线，如图 1-5-104 所示。

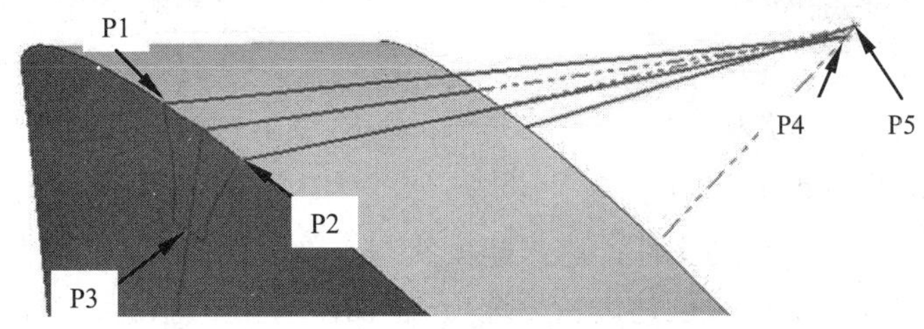

图 1-5-104　绘制的 3 个引导线

⑭ 单击“曲线”工具栏上的，弹出如图 1-5-105 所示的“扫掠”对话框。单击截面下的选择曲线，在绘图区选择齿槽截面，单击对话框的引导线下的选择曲线，在绘图区分别选择 P1P4、P2P4、P3P5 三个引导线，每选择一个按鼠标中键确定，其他参数默认，单击“确定”按钮，并将 WCS 坐标与绝对坐标重合，结果如图 1-5-106 所示。

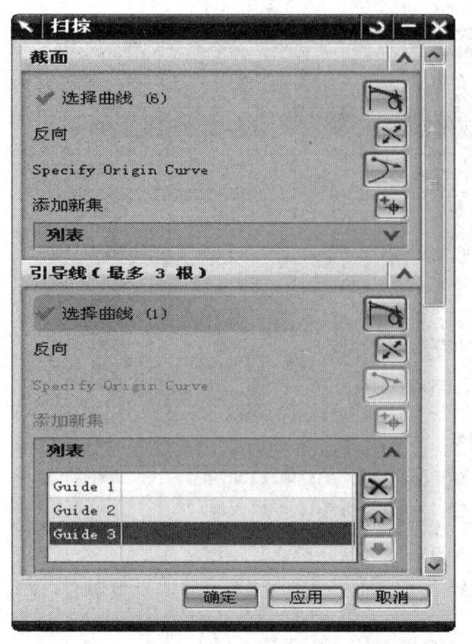

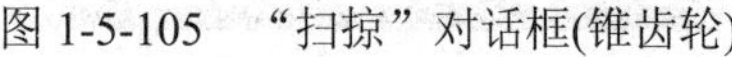

图 1-5-105　“扫掠”对话框(锥齿轮)

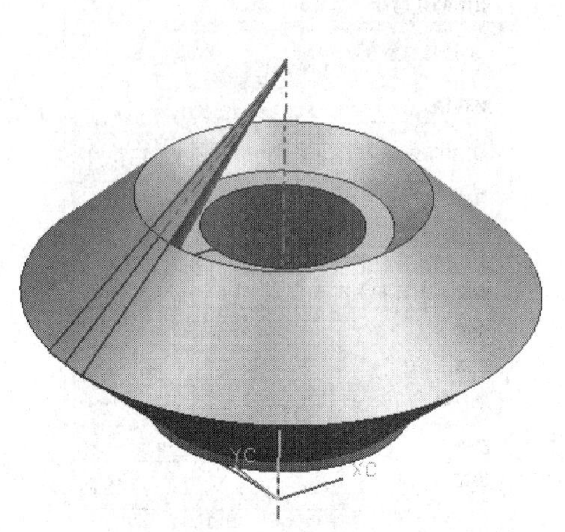

图 1-5-106　单个齿槽扫掠结果

⑮ 单击“特征”工具栏上的，弹出“实例几何体”对话框，类型选择 旋转，在绘图区选择齿槽扫掠体，“指定矢量”选择 ZC 轴，指定点(0，0，0)，“角度”为 360/z1，副本数为 z1-1，其他默认，单击“确定”按钮，结果图 1-5-107 所示。

⑯ 锥齿轮毛坯与齿槽体求差运算，隐藏辅助线，结果如图 1-5-108 所示。

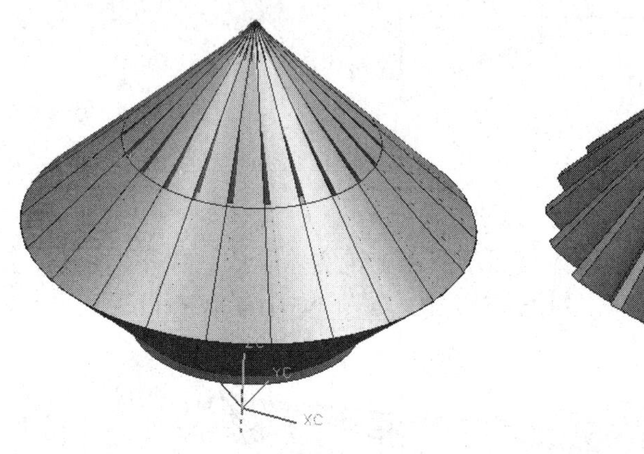

图 1-5-107　实例齿槽体结果

图 1-5-108　锥齿轮建模

2) 利用齿轮工具箱建模

新建一个 cone_gear1.prt 的文件，进入建模状态，单击“特征”工具栏上的，弹出图 1-5-109 所示对话框，选择“创建齿轮”选项，点击“确定”按钮；弹出如图 1-5-110 所示对话框，依次选择“直齿轮”、“等顶隙收缩齿”选项，点击“确定”按钮；弹出如图 1-5-111 所示对话框，如图填写圆锥齿轮参数，点击“确定”按钮；弹出如图 1-5-112 所示“矢量”选择对话框，点击 X 轴坐标，单击“确定”按钮；弹出“点”对话框，如图 1-5-113 所示，默认原点输出即可，点击“确定”按钮，完成圆锥齿轮建模。如图 1-5-114 所示。

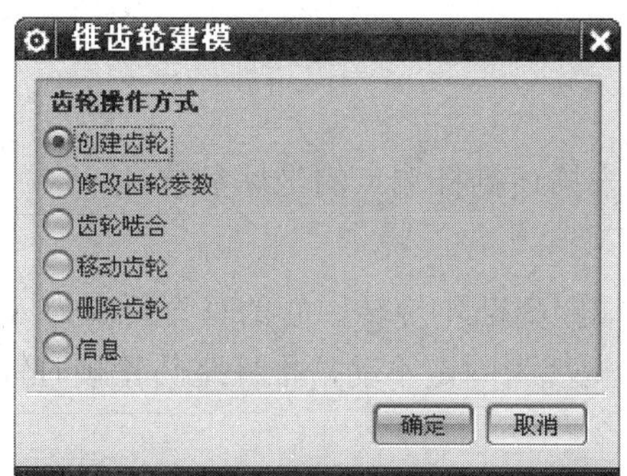

图 1-5-109　“锥齿轮建模”对话框

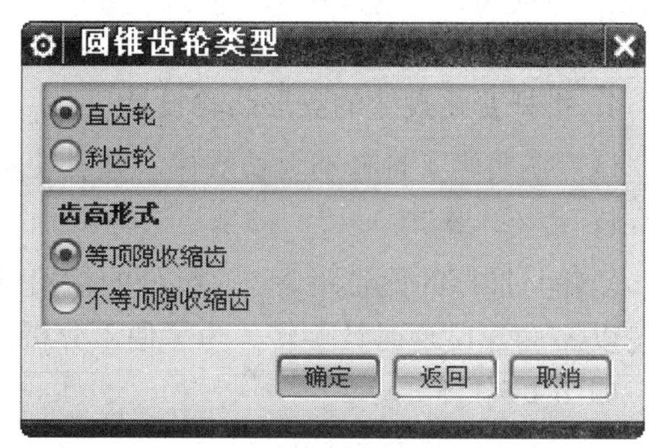

图 1-5-110　“圆锥齿轮类型”对话框

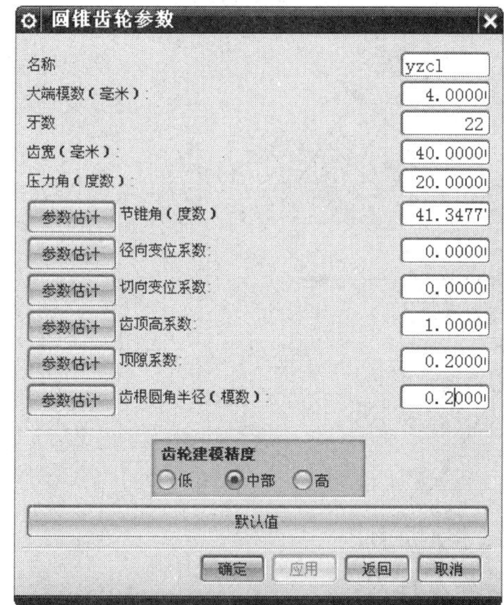

图 1-5-111　“圆锥齿轮参数”对话框

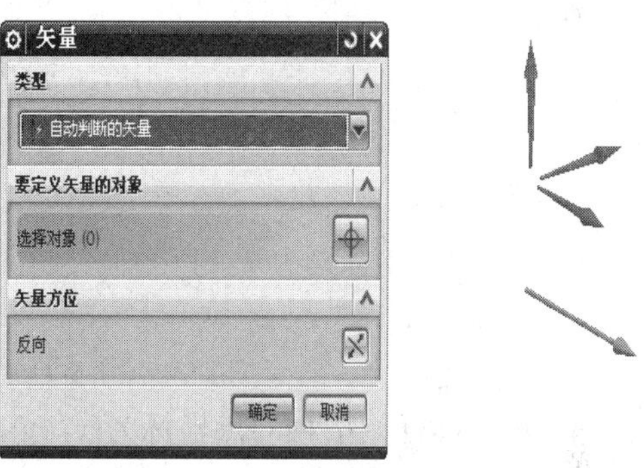

图 1-5-112　“矢量”对话框(锥齿轮)

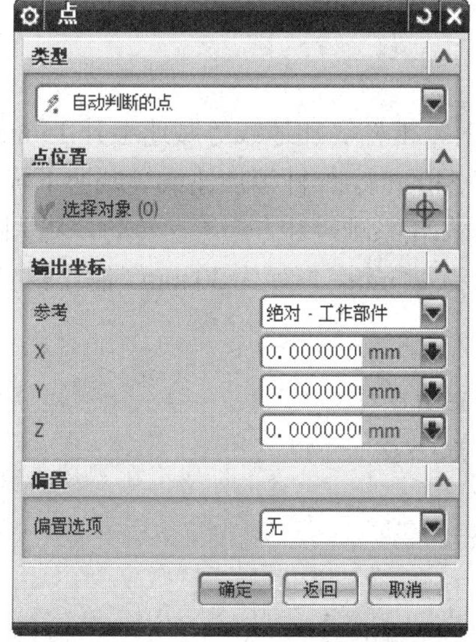

图 1-5-113　“点”对话框(锥齿轮)

图 1-5-114　直齿锥齿轮

(四) 凸轮设计

1. 推杆变化规律的盘形凸轮设计

该方法明确了推杆的运动规律，并可使用参数来描述推杆端点的坐标参数。

1) 参数计算

凸轮与推杆的偏心距为 e，推杆的初始位置下端距离凸轮旋转中心的垂直距离为 s_0，凸轮以 ω 角速度逆时针旋转。为了便于分析，把凸轮视为固定不动，推杆绕凸轮顺时针旋转，如图 1-5-115 所示。

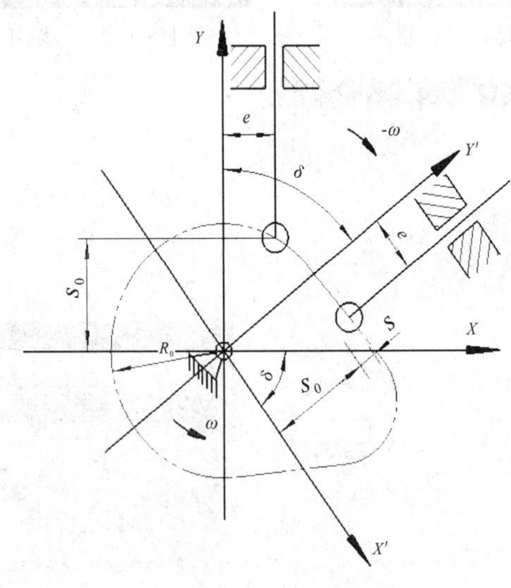

图 1-5-115　凸轮工作示意图

凸轮与推杆相接触的点坐标为(x, y)，其参数方程为：

$$\begin{cases} x = (s_0 + s)\sin\delta + e\cos\delta \\ y = (s_0 + s)\cos\delta - e\sin\delta \end{cases}$$

2) 设计实例

已知推杆的运动规律：在凸轮转过 0～120° 时，推杆等加速或等减速上升 15 mm；凸轮在 120°～180° 时，推杆停止不动；凸轮在 180°～240° 时，推杆等加速或等减速下降 15 mm；最后，凸轮在 240°～360° 时，推杆停止不动。设凸轮系顺时针方向等速转动，其基圆半径为 80 mm，推杆滚子的半径为 6 mm，凸轮的中央孔径为 40 mm，厚度为 30 mm。制作相应的凸轮。

由于 e=0，所以相应的理论轮廓曲线方程为：

$$\begin{cases} x = (s_0 + s)\sin\delta \\ y = (s_0 + s)\cos\delta \end{cases}$$

(1) 推程阶段，$\delta_{01} = 120°$：

等加速部分：

$$S_1 = \frac{2h}{\delta_{01}^2}\delta_1^2 = \frac{2\times15}{120^2}\delta_1^2 \quad (\delta_1 \text{由} 0° \to 60°)$$

等减速部分：

$$S_2 = h - \frac{2h}{\delta_{01}^2}(\delta_{01} - \delta_1)^2 = 15 - \frac{2\times 15}{120^2}(120 - \delta_1)^2 \quad (\delta_1 \text{由} 60° \to 120°)$$

(2) 远休止阶段，$\delta_{02} = 60°$：

$$S_3 = 15\text{，保持不变} \quad (\delta_2 \text{由} 0° \to 60°)$$

(3) 回程阶段，$\delta_{03} = 60°$：

等加速部分：

$$S_4 = h - \frac{2h}{\delta_{03}^2}\delta_3^2 = 15 - \frac{2\times 15}{60^2}\delta_3^2 \quad (\delta_3 \text{由} 0° \to 30°)$$

等减速部分：

$$S_5 = \frac{2h}{\delta_{03}^2}(\delta_{03} - \delta_3)^2 = \frac{2\times 15}{60^2}(60 - \delta_3)^2 \quad (\delta_3 \text{由} 30° \to 60°)$$

(4) 近休止阶段：$\delta_{04} = 120°$

$$S_6 = 0\text{，保持不变} \quad (\delta_4 \text{由} 0° \to 120°)$$

3) UG 表达式

(1) 已知条件：

h = 15(长度，单位 mm)　　//升程
R0 = 80(长度，单位 mm)　　//基圆半径
Rr = 6 (长度，单位 mm)　　//滚半径
D = 40 (长度，单位 mm)　　//盘形凸轮中央孔径
thick = 30 (长度，单位 mm)　　//盘形凸轮厚度
Angle01 = 120(角度，单位度)　　//远程转角 δ_{01}
Angle02 = 60(角度，单位度)　　//远休止角 δ_{02}
Angle03 = 60(角度，单位度)　　//回程转角 δ_{03}
Angle04 = 120(角度，单位度)　　//近休止角 δ_{04}

(2) 推程等加速阶段：

t=1　　//参数，无单位
a1=0　　//起始角，角度，单位度
b1=60　　//终止角，角度，单位度
J1=a1*(1-t)+b1*t　　//凸轮转角 δ 由 0°→60°，角度，单位度
S1=2*h*J1*J1/(Angle01*Angle01)　　//升程变量，长度，单位 mm
x1=(R0+S1)*sin(J1)　　//x 分量变化曲线，长度，单位 mm
y1=(R0+S1)*cos(J1)　　//y 分量变化曲线，长度，单位 mm

(3) 推程等减速阶段：

t=1　　//参数，无单位
a2=60　　//起始角，角度，单位度
b2=120　　//终止角，角度，单位度
J2=a2*(1-t)+b2*t　　//凸轮转角 δ 由 60°→120°，角度，单位度
S2=h-2*h*(Angle01-J2)*(Angle01-J2)/(Angle01*Angle01) //升程变量，长度，单位 mm

```
x2=(R0+S2)*sin(J2)                //x 分量变化曲线，长度，单位 mm
y2=(R0+S2)*cos(J2)                //y 分量变化曲线，长度，单位 mm
```

(4) 远休止阶段：

```
t=1                               //参数，无单位
a3=120                            //起始角，角度，单位度
b3=180                            //终止角，角度，单位度
J3=a3*(1-t)+b3*t                  //凸轮转角δ由120°→180°，角度，单位度
S3=h                              //升程变量，长度，单位 mm
x3=(R0+S3)*sin(J3)                //x 分量变化曲线，长度，单位 mm
y3=(R0+S3)*cos(J3)                //y 分量变化曲线，长度，单位 mm
```

(5) 回程加速阶段：

```
t=1                               //参数，无单位
a4=180                            //起始角，角度，单位度
b4=210                            //终止角，角度，单位度
J4=a4*(1-t)+b4*t                  //凸轮转角δ由180°→210°，角度，单位度
S4=h-2*h*(J4-Angle01-Angle02)*(J4-Angle01-Angle02)/(Angle03*Angle03)
                                  //升程变量，长度，单位 mm
x4=(R0+S4)*sin(J4)                //x 分量变化曲线，长度，单位 mm
y4=(R0+S4)*cos(J4)                //y 分量变化曲线，长度，单位 mm
```

(6) 回程减速阶段：

```
t=1                               //参数，无单位
a5=210                            //起始角，角度，单位度
b5=240                            //终止角，角度，单位度
J5=a5*(1-t)+b5*t                  //凸轮转角δ由210°→240°，角度，单位度
S5=2*h*(J5-Angle01-Angle02-Angle03)*(J5-Angle01-Angle02-Angle03)/(Angle03*
Angle03)                                //升程变量，长度，单位 mm
x5=(R0+S5)*sin(J5)                //x 分量变化曲线，长度，单位 mm
y5=(R0+S5)*cos(J5)                //y 分量变化曲线，长度，单位 mm
```

(7) 近休止阶段：

```
t=1                               //参数，无单位
a6=240                            //起始角，角度，单位度
b6=360                            //终止角，角度，单位度
J6=a6*(1-t)+b6*t                  //凸轮转角δ由240°→360°，角度，单位度
S6=0                              //升程变量，长度，单位 mm
x6=(R0+S6)*sin(J6)                //x 分量变化曲线，长度，单位 mm
y6=(R0+S6)*cos(J6)                //y 分量变化曲线，长度，单位 mm
```

4) 操作步骤

(1) 在 UG 下，建立名称为 cam1 的文件，进入建模状态。

(2) 单击菜单“工具”→“表达式”，在弹出的对话框中，输入上述的表达式，或者点

击 [P1= P2=]，从光盘导入 cam.exp 文件，把上述内容导入表达式中。输入或导入完毕，单击“确定”按钮关闭对话框。

(3) 单击“曲线”工具栏上的 [XYZ=]，弹出如图 1-5-40 所示的“规律函数”对话框，单击 [fx]，弹出“规律曲线”对话框，取默认 t，单击“确定”按钮，又弹出“定义 X”对话框，输入 x1，单击“确定”按钮；再单击 [fx]，取默认 t，单击“确定”按钮，又弹出“定义 Y”对话框，输入 y1；单击 [ ]，弹出对话框，输入参数 0，2 次单击“确定”，推程等加速阶段推杆轮子中心轨迹绘制完毕。

(4) 重复步骤(3)分别给 x2、y2、x3、y3、x4、y4、x5、y5、x6、y6 绘制另外 5 段推杆轮子中心轨迹(z 分量都为 0)。

(5) 单击“曲线”工具栏上的 [ ]，弹出如图 1-5-116 所示的“偏置曲线”对话框，偏置距离 Rr，在绘图区分别选择 6 段曲线使其向中间偏移，最终获得凸轮轮廓线。单击“曲线”工具栏上的 [ ]，弹出“基本曲线”对话框，单击 [ ]，以(0，0，0)为圆心，绘制直径为 D 的圆，结果如图 1-5-117 所示。

图 1-5-116 “偏置曲线”对话框(凸轮)

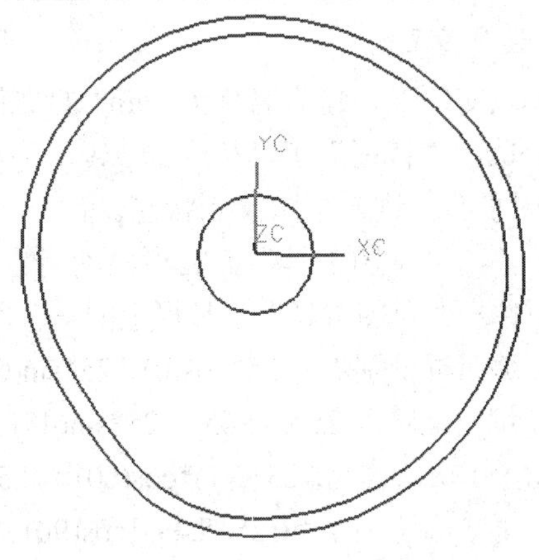

图 1-5-117 凸轮的轮廓线

(6) 单击“特征”工具栏上的 [ ]，弹出“拉伸”对话框，拉伸距离为 thick，在绘图区选择凸轮轮廓线和中心孔，单击“确定”按钮，隐藏辅助线，结果如图 1-5-118 所示。

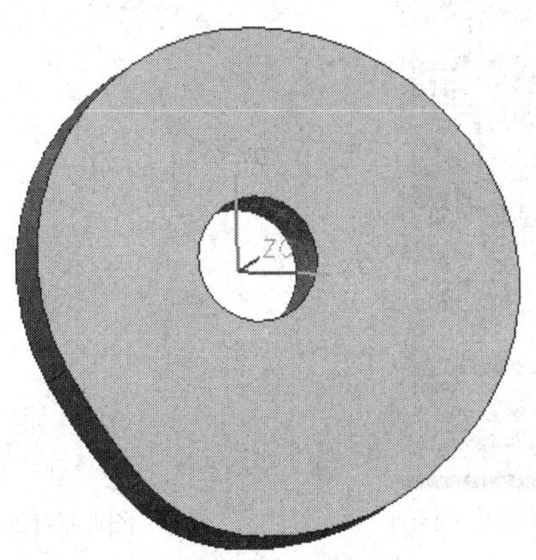

图 1-5-118 盘形凸轮三维设计

2. 推杆离散采样点的盘形凸轮设计

1) 设计方法介绍

有的时候确定推杆的变化规律是比较困难的，但可以通过实际需求获得推杆离散采样点坐标，采用拟合的方法，将拟合曲线缠绕在一基圆上，然后通过拉伸获得盘形凸轮。

2) 设计实例

一基圆为直径 50 mm 的盘形凸轮，孔直径为 25 mm，厚度为 30 mm，推杆位于凸轮旋转轴正上方(e = 0)，根据需要，推杆的行程如表 1-5-4 所示。

表 1-5-4　凸轮转角与推杆行程

点序号	1	2	3	4	5	6	7	8	9	10	11	12	13	14	15
凸轮转角(度)	0	45	60	75	90	105	120	135	240	255	270	285	300	315	360
推杆行程(mm)	0	0	3.10	6	8.49	10.39	11.59	12	12	11.01	9.45	6.81	2.79	0	0

3) 设计步骤

(1) 在 UG 下，建立名称为 cam2 的文件，进入建模状态。

(2) 单击“特征”工具栏上的 ，弹出“创建草图”对话框，在绘图区选择 XOY 平面为草图平面，进入草图绘制状态。

(3) 单击“草图工具”工具栏上的 ，在坐标原点绘制直径为 50 和 74 的两个圆。

(4) 单击“草图工具”工具栏上的 ，弹出如图 1-5-119 所示“点”对话框，在 XC、YC、ZC 编辑框分别输入 25*cos(0)、25*sin(0)、0，单击 应用 按钮，绘制第 1 点，再在 XC、YC、ZC 编辑框输入 25*cos(45)、25*sin(45)、0，单击 应用 按钮，第 2 点就绘制完成。重复完成上述操作，3 点为((25+3.1)*cos(60)、(25+3.1)*sin(60)、0)，4 点为((25+6)*cos(75)、(25+6)*sin(75)、0)，5 点为((25+8.49)*cos(90)、(25+8.49)*sin(90)、0)，6 点为((25+10.39)*cos(105)、(25+10.39)*sin(105)、0)，以此类推直到 14 点，结果如图 1-5-120 所示。

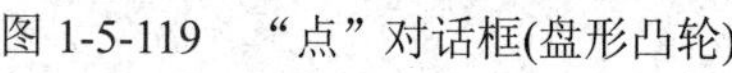

图 1-5-119　“点”对话框(盘形凸轮)

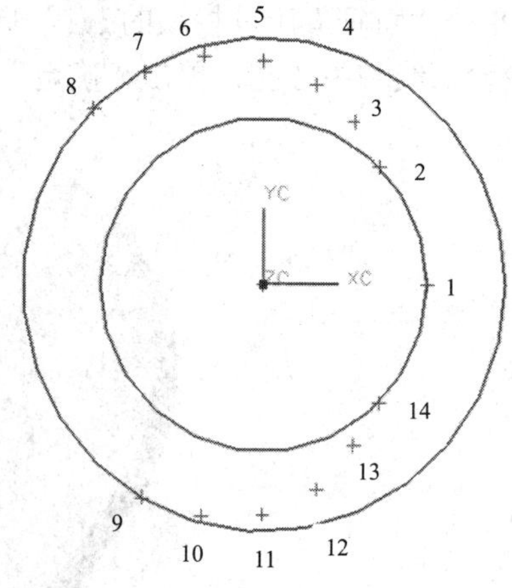

图 1-5-120　绘制的采样点

(5) 单击“草图工具”工具栏上的 ，弹出如图 1-5-121 所示“艺术样条”对话框，方法选择 ，阶次为 3，其他默认，捕获方式选择 ，在绘图区依次选择 2、3、……、7、

8，单击 应用 按钮。然后再依次选择 9、10、……、13、14，单击 确定 按钮，结果如图 1-5-122 所示。

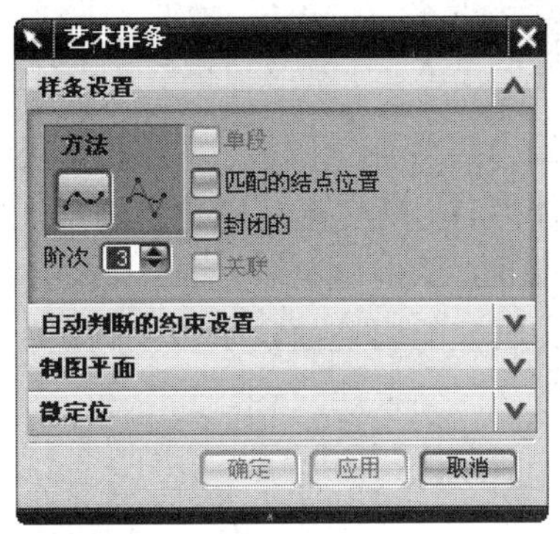

图 1-5-121　“艺术样条”对话框(凸轮)

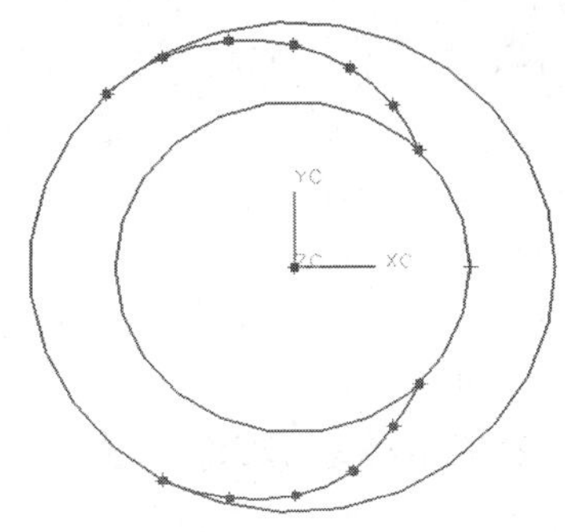

图 1-5-122　两条艺术样条曲线

(6) 单击“草图工具”工具栏上的 ，裁剪多余圆弧。单击“草图工具”工具栏上的 ，在坐标原点绘制直径为 25 的圆，结果如图 1-5-123 所示。单击“草图生成器”工具栏上的 完成草图，返回建模状态。

(7) 单击“特征”工具栏上的 图标，弹出“拉伸”对话框，拉伸距离为 30，在绘图区选择凸轮轮廓线和中心孔，单击“确定”按钮，隐藏辅助线，结果如图 1-5-124 所示。

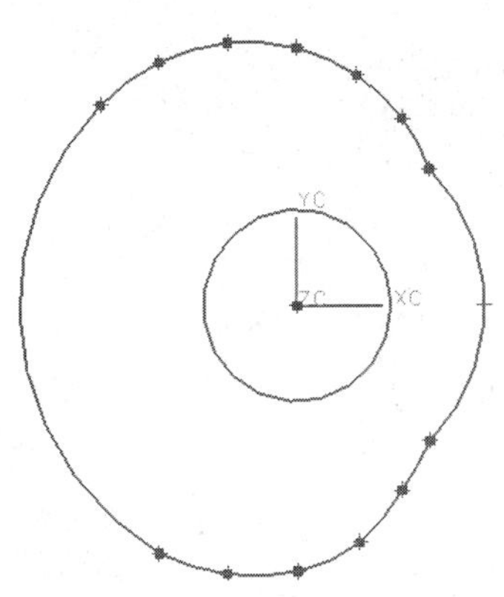

图 1-5-123　裁剪后的结果

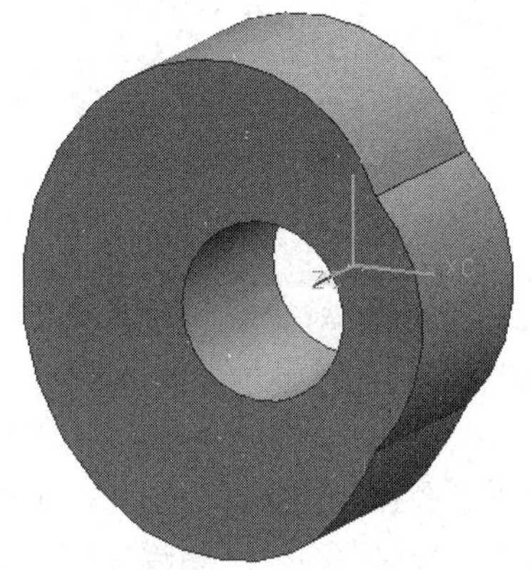

图 1-5-124　盘形凸轮设计结果

3. 导杆离散采样点的端面圆柱凸轮设计

端面圆柱凸轮就是推杆沿圆柱边缘旋转来改变轴向推杆行程，它可以被看成缠绕在圆柱上的移动凸轮。

1) 设计实例

端面圆柱凸轮的直径为 $D = 100$ mm，凸轮基高 $h_0 = 15$ mm，端面圆柱凸轮宽度 $w = 10$ mm。

表 1-5-5　凸轮转角与推杆行程

点序号	1	2	3	4	5	6	7	8	9
凸轮转角(度)	0	45	90	135	180	225	270	315	360
推杆行程(mm)	0	0	10.2	17.6	22	17.6	10.2	0	0

2) 设计步骤

(1) 在 UG 下，建立名称为 cam3 的文件，进入建模状态。

(2) 单击菜单“工具”→“表达式”，在弹出的对话框中，输入 $D = 100$，$h_0 = 15$ 单位都为 mm。单击“确定”按钮关闭对话框。

(3) 单击“特征”工具栏上的 ，弹出如图 1-5-125 所示“圆柱”对话框，类型选择 轴，指定矢量选择 ZC 轴，指定点为(0，0，0)，直径为 D，高度 40，单击“确定”按钮。

(4) 建立垂直 XC 轴，并与圆柱面相切的基准平面。单击“特征操作”工具栏上的 ，弹出“基准平面”对话框，在绘图区选择刚绘制的圆柱的圆柱面，单击“确定”按钮，结果如图 1-5-126 所示。

图 1-5-125 “圆柱”对话框(圆柱凸轮)

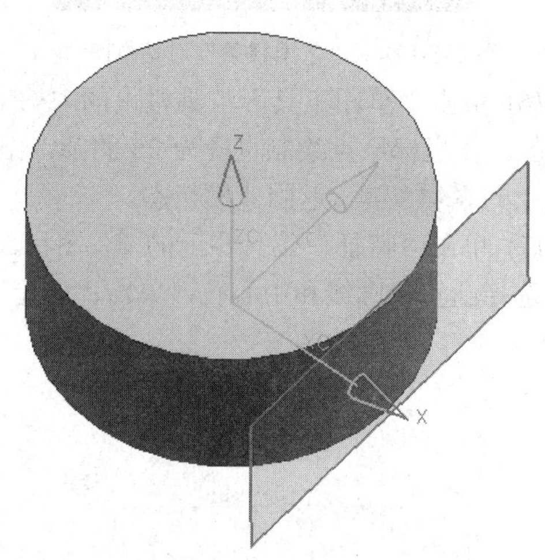

图 1-5-126 建立的基准平面

(5) 测量圆柱周长。单击菜单“工具”→“表达式”，在弹出的如图 1-5-127 所示“表达式”对话框的下方，选择 (测量长度)图标，弹出如图 1-5-128 所示“测量长度”对话框，在绘图区选择圆柱底部的圆弧，单击“确定”按钮返回到“表达式”对话框，把刚才选择的圆柱周长保存在一个参数 T 中，在名称中输入 T，单击“确定”按钮。

图 1-5-127 “表达式”对话框(圆柱凸轮)

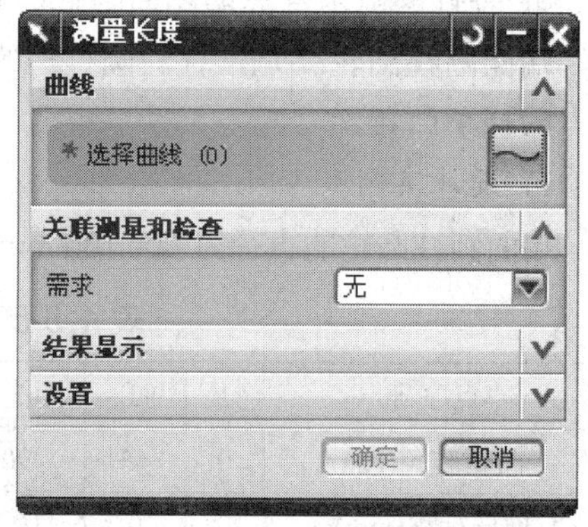

图 1-5-128 “测量长度”对话框(圆柱凸轮)

(6) 移动用户坐标系。单击“实用工具”工具栏上的，弹出“点”对话框，类型选择象限点，在绘图区选择在基准平面附近的圆柱体下端面圆弧，单击“确定”按钮，结果如图 1-5-129 所示。

(7) 绘制凸轮展开曲线。单击“特征”工具栏上的，弹出“创建草图”对话框，平面选项选择“创建平面”，指定平面单击右边按钮，选择 XC 平面，单击选择参考，在绘图区选择圆柱体，调整坐标轴 XC、YC 方向，单击“确定”按钮进入草图绘制状态。

(8) 单击“草图工具”工具栏上的，弹出如图 1-5-130 所示“点”对话框，坐标 XC、YC、ZC 分别输入 0、h0、0，单击 应用 按钮，第 1 点绘制完毕，按此方法绘制其他点，2 点(T/8，h0，0)、3 点(2*T/8，h0+10.2，0)、4 点(3*T/8，h0+17.6，0)、5 点(4*T/8，h0+22，0)、6 点(5*T/8，h0+17.6，0)、7 点(6*T/8，h0+10.2，0)8 点(7*T/8，h0，0)、9 点(8*T/8，h0，0)。最后单击“确定”按钮，结果如图 1-5-131 所示。

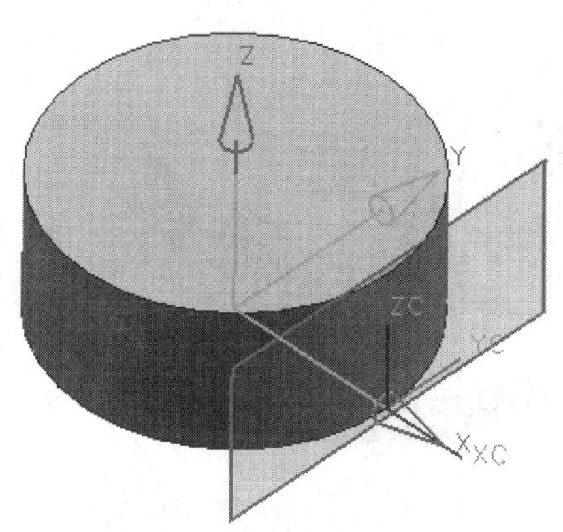

图 1-5-129　移动用户坐标系

图 1-5-130　“点”对话框(图标凸轮)

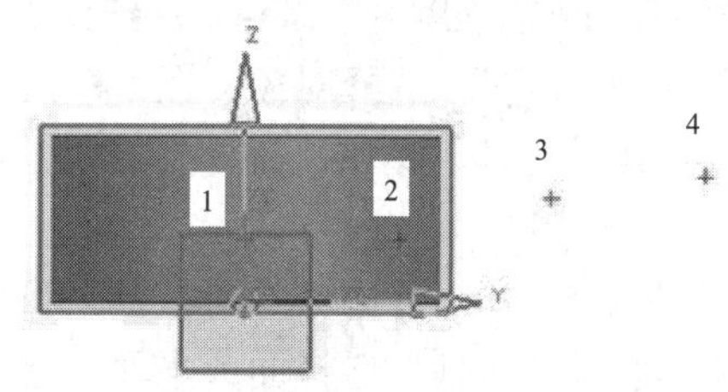

图 1-5-131　绘制的 9 个离散点

(9) 单击“草图工具”工具栏上的，绘制 1 点和 2 点、8 点和 9 点两条直线。单击“草图工具”工具栏上的，弹出“艺术样条”对话框，方法采用，阶次为 3，其他默认，捕获方式选择，在绘图区依次选择 2、3、……、7、8，单击“确定”按钮，结果如图 1-5-132 所示。单击“草图生成器”工具栏上的 完成草图，返回到建模状态。

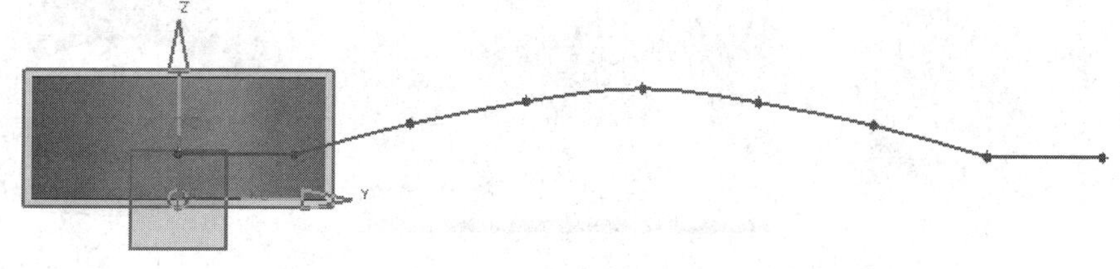

图 1-5-132　绘制的拟合曲线

(10) 单击“曲线”工具栏上的 ，弹出如图 1-5-133 所示“缠绕/展开曲线”对话框，单击“选择曲线”，在绘图区选择刚绘制的 2 直线和艺术样条，单击“选择面”，在绘图区选择圆柱面，单击“选择对象”，选择与圆柱面相切的基准平面，单击“确定”按钮，将凸轮曲线缠绕到圆柱面上。

(11) 单击“实用工具”工具栏上的 ，使 WCS 回到绝对坐标。单击“特征”工具栏上的 ，弹出 “圆柱”对话框，类型选择 轴，“指定矢量”选择 ZC 轴，指定点为(0，0，0)，“直径”为 160，“高度”为 12，其他参数默认，单击“确定”按钮，隐藏辅助线和辅助平面，结果如图 1-5-134 所示。

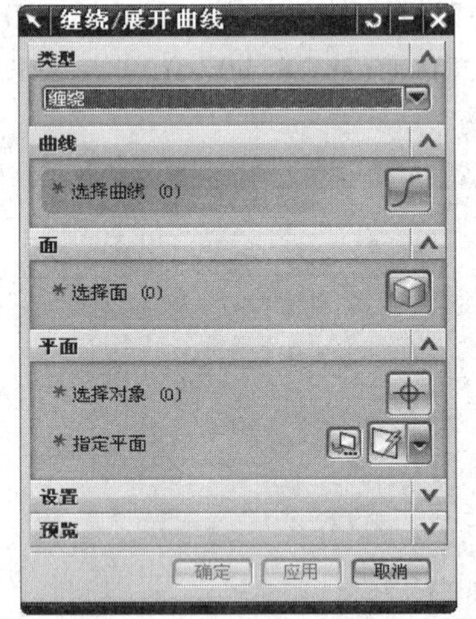

图 1-5-133 “缠绕/展开曲线”对话框

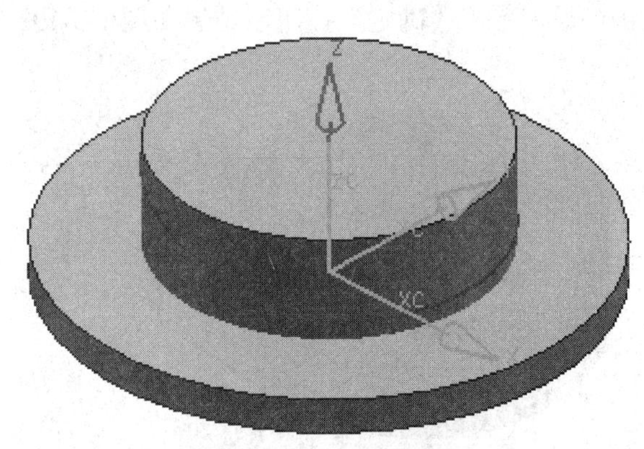

图 1-5-134 缠绕在曲面上的曲线

(12) 单击“特征”工具栏上的 ，弹出“拉伸”对话框，单击“选择曲线”，在绘图区选择被缠绕到圆柱面上的曲线；单击“偏置两侧”，设置“开始”为 –2，“结束”为 10，单击 ，使偏置方向向外；“限制结束”设置为“直至选定”，选择对象，在绘图区选择新绘制的圆柱体的上顶面；“布尔”选择求和，选择新建圆柱体，单击“确定”按钮，结果如图 1-5-135 所示。

(13) 单击“特征操作”工具栏上的 ，弹出图 1-5-136“修剪体”对话框，目标点击“选择体”，在绘图区选择凸轮曲面和基座之和 1，单击“刀具”选择面或平面，选择中心圆柱的圆柱面 2，方向向内，单击“确定”按钮，隐藏圆柱 2，结果如图 1-5-137 所示。

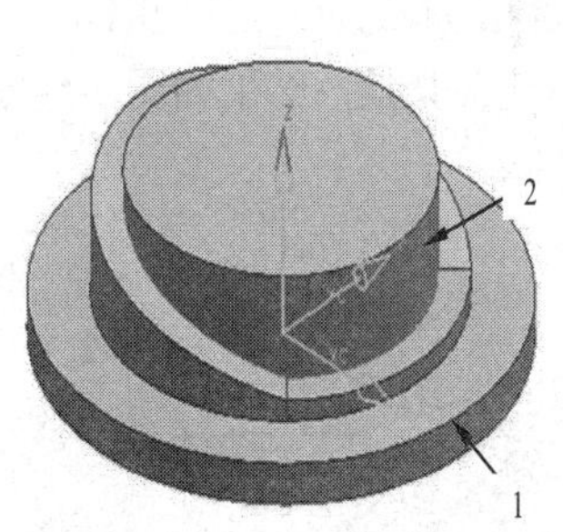

图 1-5-135 曲线拉伸结果

图 1-5-136 “修剪体”对话框

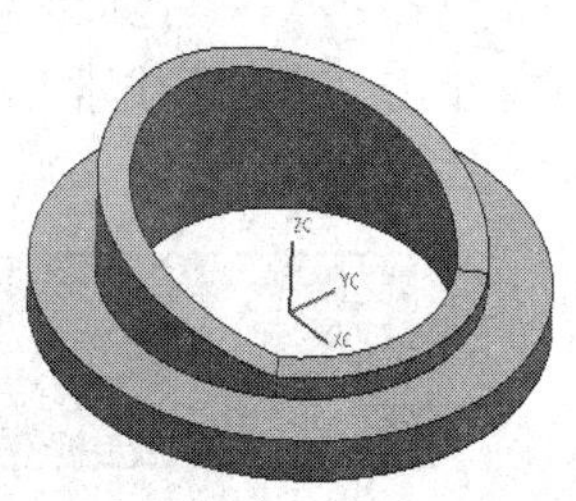

图 1-5-137 端面凸轮造型设计结果

四、相关练习

根据图 1-5-138 中所示图形尺寸，进行零件的三维建模。

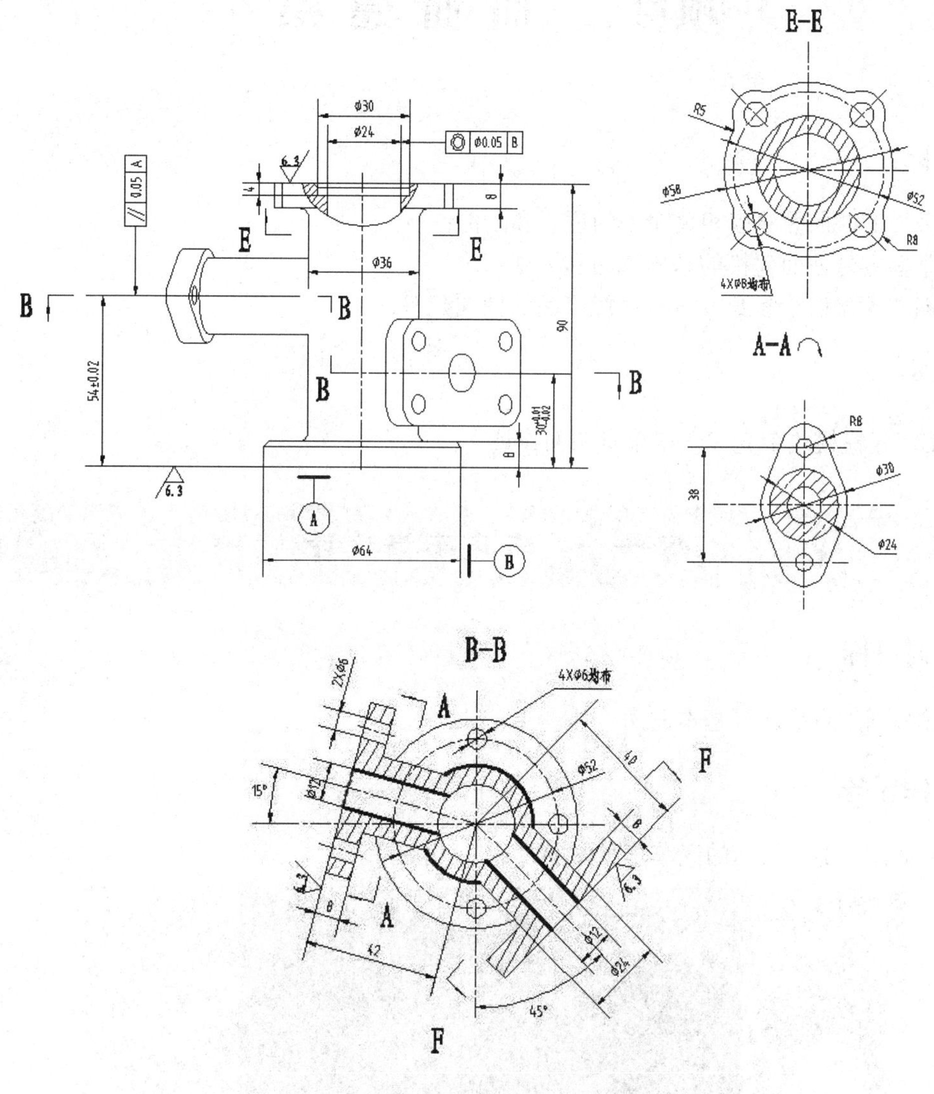

技术要求：

1. 铸件不能有气孔、沙眼、缩孔等瑕疵
2. 未注倒圆 R3
3. 未注倒角 C1.5

图 1-5-138　练习

项目二　曲 面 建 模

学习目标：

1. 掌握 UG 曲面建模相关命令的位置和功能；
2. 掌握零件曲面建模的基本思路和方法；
3. 能够根据所给参数或线框完成产品的曲面建模。

工作任务：

在 UG 建模模块中完成汽车车身曲面设计

模块一　汽车车身设计

一、学习目标

能熟练创建直纹面等基本曲面

二、工作任务

完成如图 2-1-1 所示的汽车车身曲面设计。

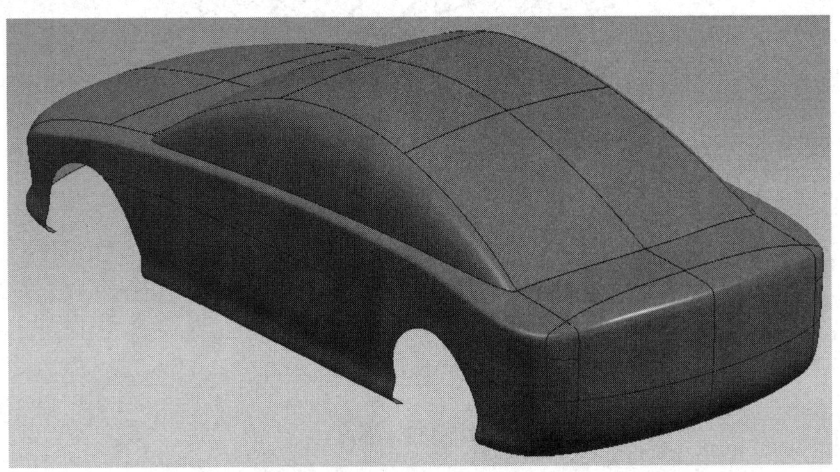

图 2-1-1　汽车车身曲面

通过分析可知，该任务分基本曲面创建、基本曲面连接、曲面修剪三大步骤。为了便于读者理解，汽车车身曲面曲线框架已构建好，如图 2-1-2 所示。

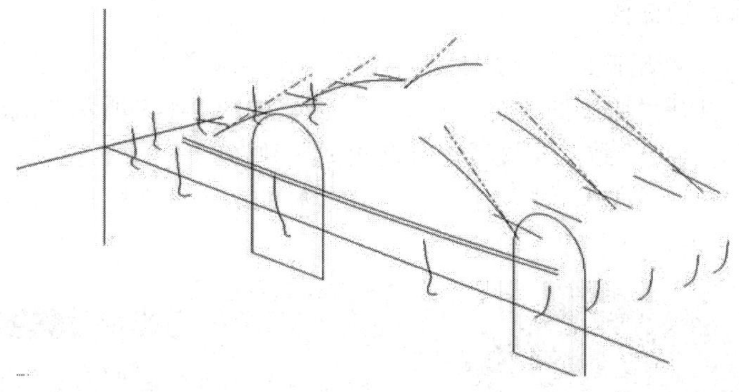

图 2-1-2　汽车车身曲面曲线框架

三、相关实践知识

(一) 基本曲面创建

UG NX 8.5 的曲面建模方法繁多，功能强大，使用方便。全面掌握和正确合理使用是用好该模块的关键。曲面的基础是曲线，构造曲线要避免重叠、交叉和断点等缺陷。

1. 构建汽车前围曲面

该方法是指通过一系列轮廓曲线(大致在同一方向)建立曲面或实体。轮廓曲线又叫截面线串。截面线串可以是曲线、实体边界或实体表面等几何体。其生成特征与截面线串相关联，当截面线串编辑修改后，特征会自动更新。执行“插入”→“网格曲面”→“通过曲线组”命令(或者单击“曲面”工具栏中的“通过曲线组”按钮)，打开“通过曲线组”对话框，如图 2-1-3 所示，创建如图 2-1-4 所示的汽车前围曲面。

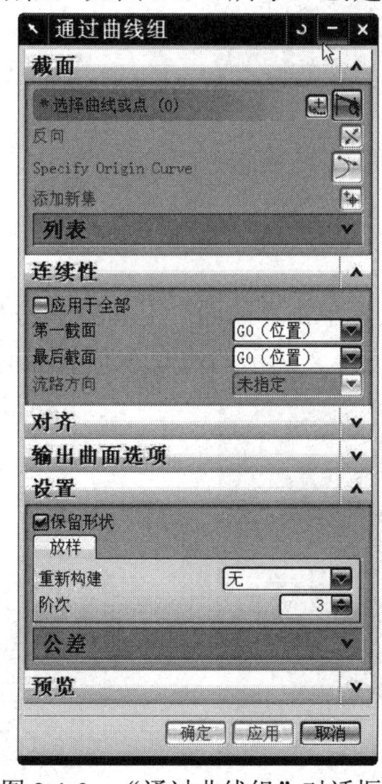

图 2-1-3　“通过曲线组”对话框

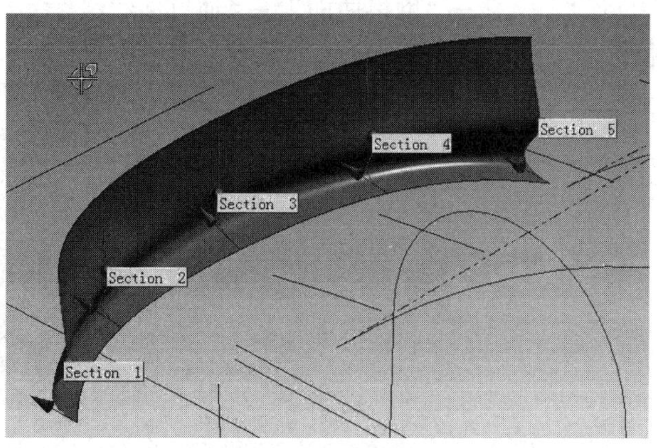

图 2-1-4　汽车前围曲面

2. 构建汽车车前顶曲面

执行“插入”→“网格曲面”→“通过曲线组”命令(或者单击“曲面”工具栏中的“通过曲线组”按钮)，打开“通过曲线组”对话框，创建如图 2-1-5 所示的汽车车前顶曲面。注意：主曲线串的方向要一致，交叉线串方向也要一致。

为了便于后续曲面的创建，先将上述已经创建好的两个曲面隐藏，故执行“隐藏”命令(或用快捷键 Ctrl + B)，如图 2-1-6 所示。

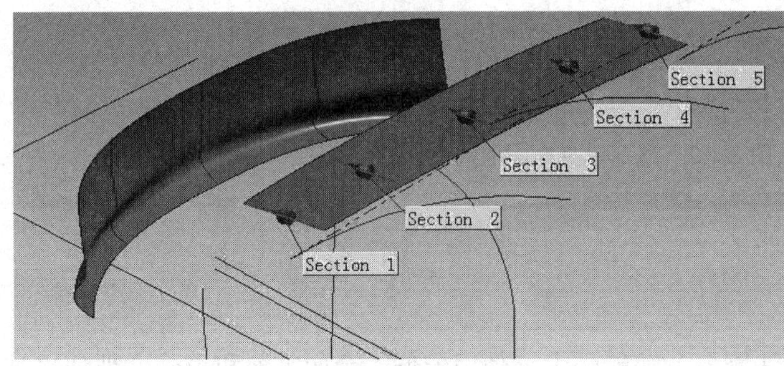

图 2-1-5 汽车车前顶曲面

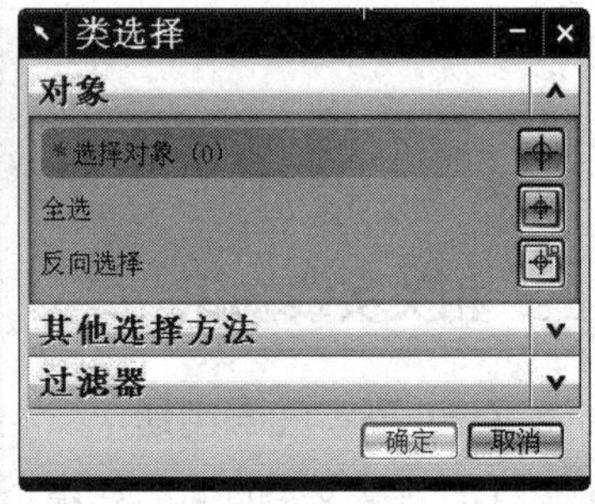

图 2-1-6 “类选择”对话框

3. 构建汽车车顶前曲面

执行“插入”→“网格曲面”→“通过曲线组”命令(或者单击“曲面”工具栏中的“通过曲线组”按钮)，打开“通过曲线组”对话框，创建如图 2-1-7 所示的汽车车顶前曲面。

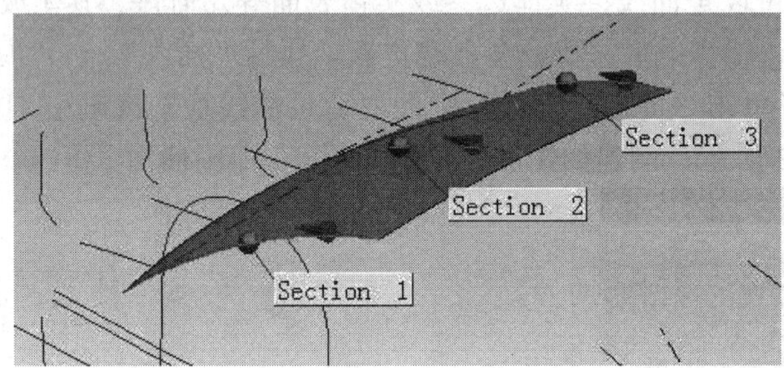

图 2-1-7 汽车车顶前曲面

4. 构建汽车车顶后曲面

执行“插入”→“网格曲面”→“通过曲线组”命令(或者单击“曲面”工具栏中的“通过曲线组”按钮)，打开“通过曲线组”对话框，创建如图 2-1-8 所示的汽车车顶后曲面。

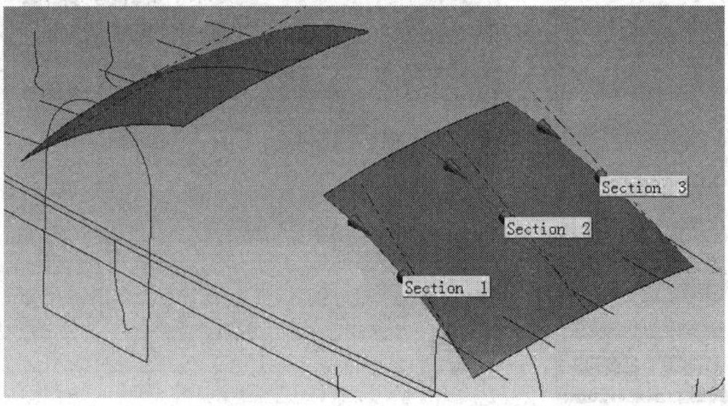

图 2-1-8 汽车车顶后曲面

依此类推，分别构建汽车车后顶曲面、汽车后围曲面、汽车侧围曲面，如图 2-1-9、图 2-1-10、图 2-1-11 所示。

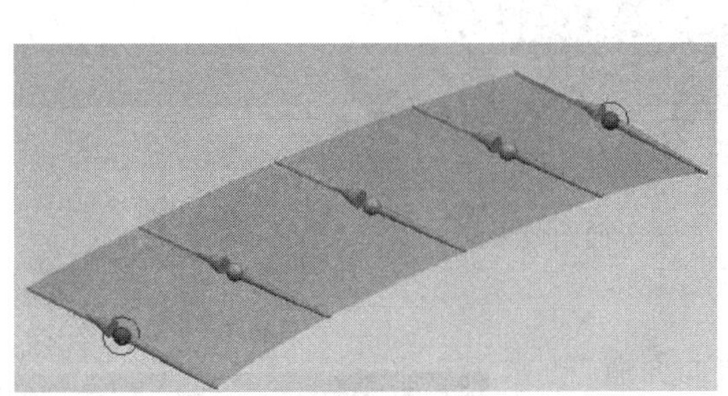

图 2-1-9 汽车车后顶曲面

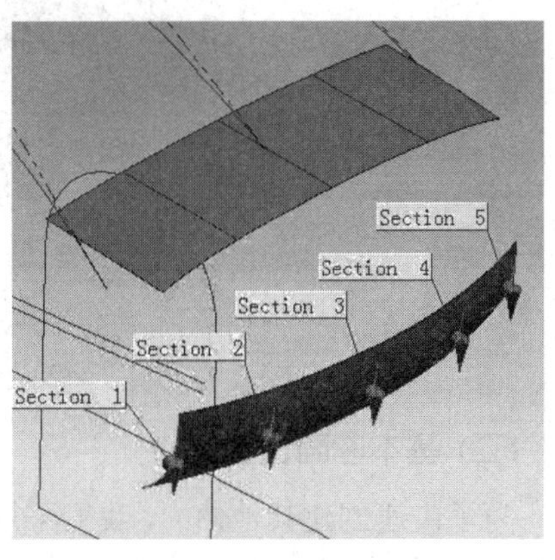

图 2-1-10 汽车后围曲面

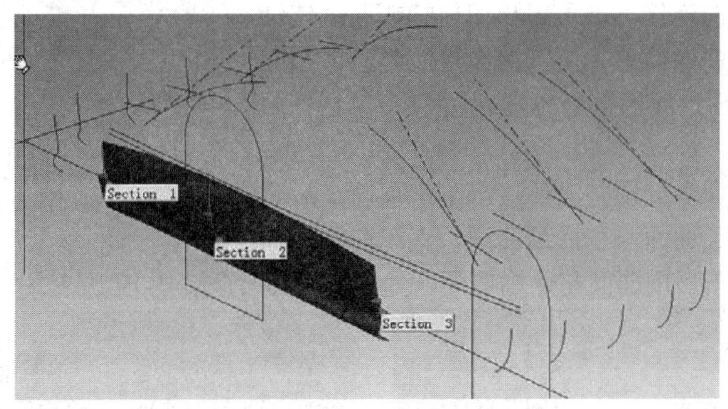

图 2-1-11 汽车侧围曲面

5. 构建汽车过度曲面

执行“插入”→“网格曲面”→“直纹”命令(或者单击“曲面”工具栏中的“直纹面”按钮)，打开如图 2-1-12 所示的“直纹”对话框 1，创建如图 2-1-13 所示的汽车过渡曲面。注：直纹面是通过两条截面线串创建一个曲面。

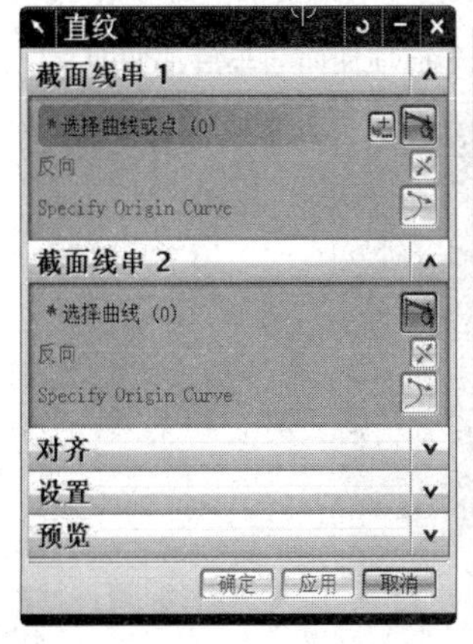

图 2-1-12 “直纹”对话框 1

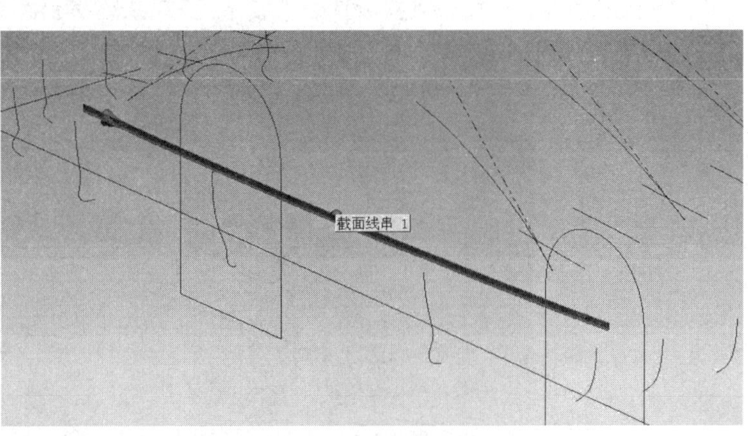

图 2-1-13 汽车过渡曲面

经过以上步骤创建完成的汽车部分曲面效果如图 2-1-14 所示。

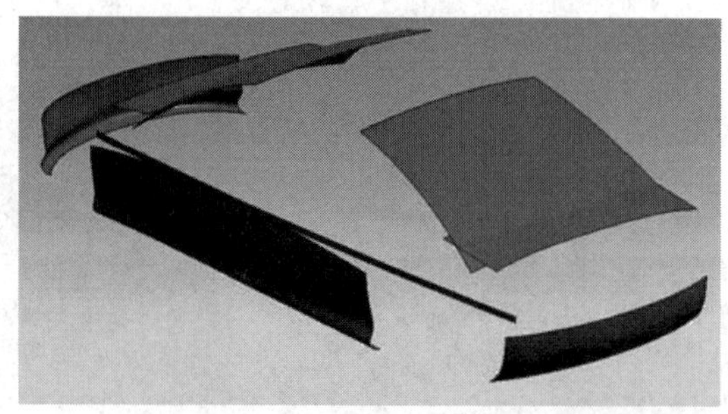

图 2-1-14　汽车部分曲面效果图

(二) 基本曲面连接

为了快速创建其他曲面，我们采用桥接曲面命令。桥接曲面用于在两个曲面间建立过渡曲面。过渡曲面与两个曲面之间的连接可以采用相切连续或曲率连续两种方式。桥接曲面简单方便，曲面过渡光滑，边界约束自由，为曲面过渡的常用方式。“桥接”对话框如图 2-1-15 所示。

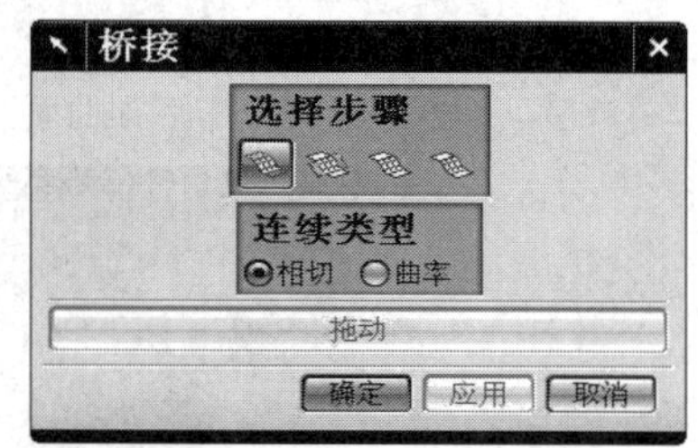

图 2-1-15　“桥接“对话框 1

用“桥接”命令分别完成桥接汽车车顶前、后两曲面，汽车车前顶曲面与车后顶曲面，汽车前围曲面与侧围曲面，汽车后围曲面与侧围曲面，如图 2-1-16 至图 2-1-19 所示。

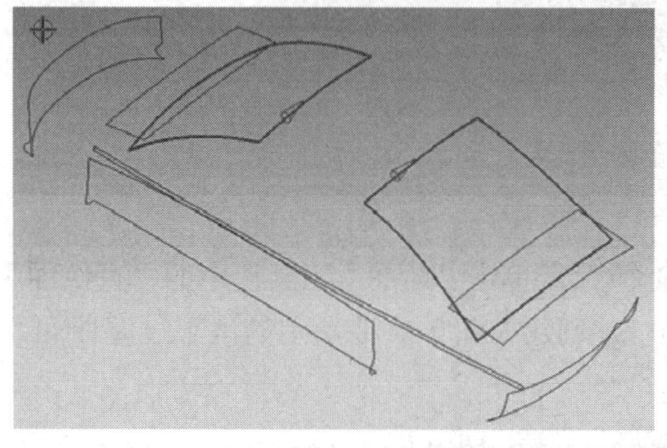

图 2-1-16　桥接车顶前曲面与后曲面

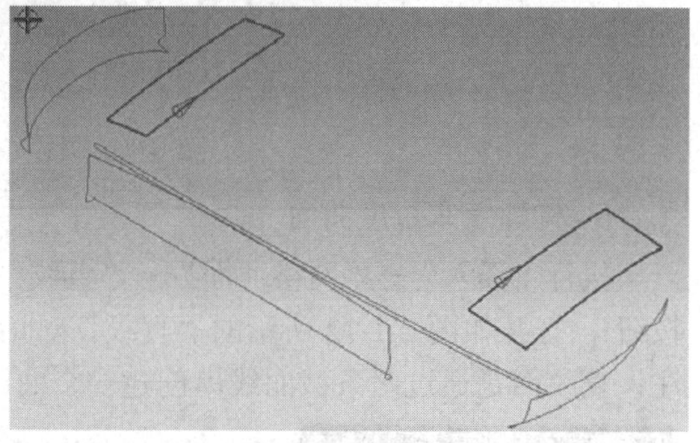

图 2-1-17　桥接车前顶曲面与车后顶曲面

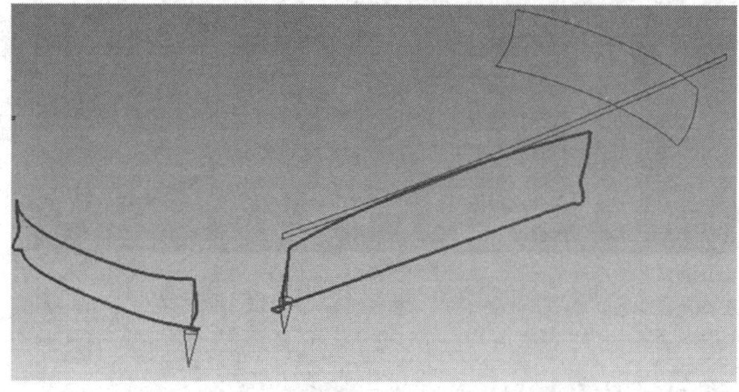

图 2-1-18　桥接汽车前围曲面与侧围曲面

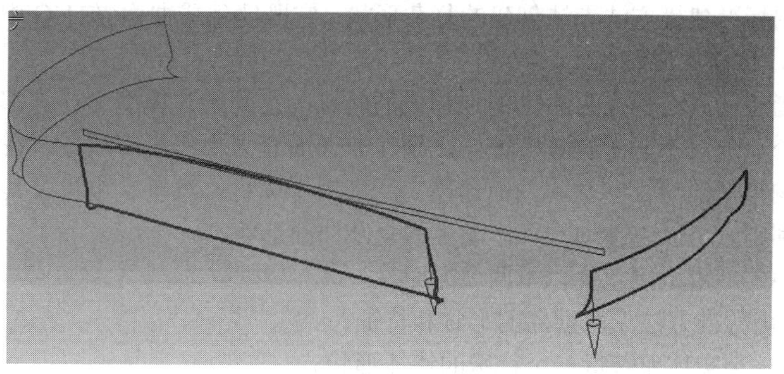

图 2-1-19　桥接汽车后围曲面与侧围曲面

(三) 剖切曲面

创建截面可以理解为在截面曲线上创建曲面，主要是利用与截面曲线相关的条件来控制一组连续截面曲线的形状，从而生成一个连续的曲面，其特点是垂直于脊线的每个横截面内均为精确的二次(三次或五次)曲线，在飞机机身和汽车覆盖件建模中应用广泛。

执行“插入”→“网格曲面”→“截面”命令(或者单击“曲面”工具栏中的“剖切曲面”按钮)，打开“剖切曲面”对话框，创建截面如图 2-1-20 所示。

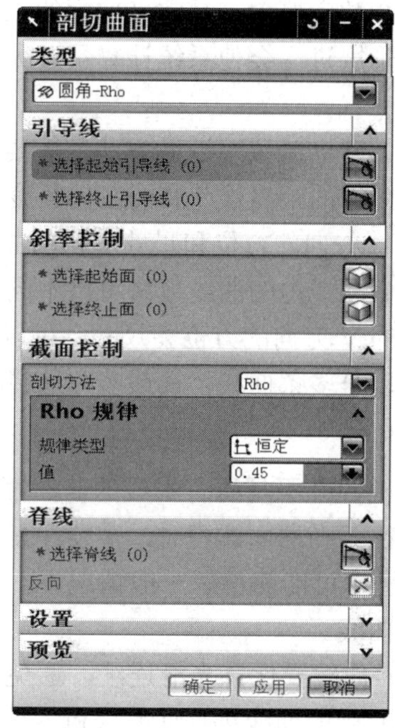

图 2-1-20　“剖切曲面”对话框 1

四、相关理论知识

(一) 曲面建模概述

UG 曲面建模技术是体现 CAD/CAM 软件建模能力的重要标志。直接采用前面章节的方法就能够完成设计的产品是有限的，大多数实际产品的设计都离不开曲面建模。曲面建模用于构造用标准建模方法无法创建的复杂形状，它既能生成曲面(在 UG 中称为片体，即零厚度实体)，也能生成实体。

曲面是指空间具有两个自由度的点构成的轨迹。它同实体模型一样，都是模型主体的重要组成部分，但又不同于实体特征。区别在于曲面有大小但没有质量，在特征的生成过程中，不影响模型的特征参数。曲面建模广泛应用于飞机、汽车、电机及其他工业造型设计中，用户利用它可以方便地设计产品上的复杂曲面形状。

曲面建模的应用范围包括以下四个方面。

(1) 构造用标准方法无法创建的形状和特征。

(2) 修剪一个实体而获得一个特殊的特征形状。

(3) 将封闭曲面缝合成一个实体。

(4) 对线框模型蒙皮。

1. 常用概念

UG 曲面建模，一般来讲，首先通过曲线构造方法生成主要或大面积曲面，然后通过曲面的过渡和连接、光顺处理、曲面的编辑等完成整体造型。在使用过程经常会遇到以下一些常用概念。

行与列：行定义了曲面的 U 方向，列是大致垂直于曲面行方向的纵向曲线方向(V 方向)。

曲面的阶次：阶次是一个数学概念，是定义曲面的三次多项式方程的最高次数。建议用户尽可能采用三次曲面，阶层过高会使系统计算量过大，产生意外结果，在数据交换时容易使数据丢失。

公差：一些自由形状曲面建立时采用近似方法，需要使用距离公差和角度公差，分别反映近似曲面和理论曲面所允许的距离误差和面法向角度允许误差。

截面线：是指控制曲面 U 方向的方位和尺寸变化的曲线组。可以是多条或者是单条曲线。其不必光顺，而且每条截面线内的曲线数量可以不同，一般不超过 150 条。

引导线：用于控制曲线的 V 方向的方位和尺寸。可以是样条曲线、实体边缘和面的边缘，可以是单条曲线，也可以是多条曲线。其最多可选择 3 条，并且需要 G1 连续。

2. 曲面建模的基本原则

曲面建模不同于实体建模，并不是所有生成的曲面都是完全参数化的特征，如基于点产生的片体即为非参数化特征。在曲面建模时，需要注意以下几个基本原则。

(1) 创建曲面的边界曲线尽可能简单。一般情况下，曲线阶次不大于三。当需要曲率连续时，可以考虑使用五阶曲线。

(2) 用于创建曲面的边界曲线要保持光滑连续，避免产生尖角、交叉和重叠。另外在进行创建曲面时，需要对所利用的曲线进行曲率分析，曲率半径应尽可能大，否则会造成加工困难和形状复杂。

(3) 曲面要尽量简洁，面尽量做大。对不需要的部分要进行裁剪。曲面的张数要尽量少。

(4) 根据不同部件的形状特点，合理使用各种曲面特征创建方法。尽量采用实体修剪，采用挖空方法创建薄壳零件。

(5) 曲面特征之间的圆角过渡尽可能在实体上进行操作。

(6) 曲面的曲率半径和内圆角半径不能太小，要略大于标准刀具的半径，否则容易造成加工困难。

3. 曲面建模的一般过程

一般来说，创建曲面都是从曲线开始的。可以通过点创建曲线来创建曲面，也可以通过抽取或使用视图区已有的特征边缘线创建曲面。其一般的创建过程如下。

(1) 首先创建曲线。可以用测量得到的云点创建曲线，也可以从光栅图像中勾勒出用户所需曲线。

(2) 根据创建的曲线，利用过曲线、直纹、通过曲线网格、扫掠等选项，创建产品的主要或者大面积的曲面。

(3) 利用桥接面、二次截面、软倒圆、N 边曲面选项，对前面创建的曲面进行过渡接连、编辑或者光顺处理，最终得到完整的产品模型。

(二) 创建曲面

1. 创建曲面方法

在 UG NX 8.5 中，可以通过多种方法创建曲面。可以利用点创建曲面，也可以利用曲线创建曲面，还可以利用曲面创建曲面。

由点创建曲面是指利用导入的点数据创建曲线、曲面的过程。可以通过“通过点”方式来创建曲面，也可以通过“从极点”、“从云点”等方式来完成曲面建模。由以上几种创建曲面方式创建的曲面与点数据之间不存在关联性，是非参数化的，即当创建点编辑后，曲面不会产生关联性变化。另外，由于其创建的曲面光顺性比较差，一般在曲面建模中，此类方法很少使用，限于篇幅，此处不再详细介绍。以下仅对由曲线和曲面创建曲面的几种方法进行介绍。

1) 创建直纹面

直纹面是指利用两条截面线串生成曲面或实体。截面线串可以由单个或多个对象组成，每个对象可以是曲线、实体边界或实体表面等几何体。

单击“曲面”工具栏中的“直纹面”按钮，打开“直纹”对话框，如图 2-1-21 所示。生成的直纹面如图 2-1-22、图 2-1-23 所示。

图 2-1-21 “直纹”对话框 2

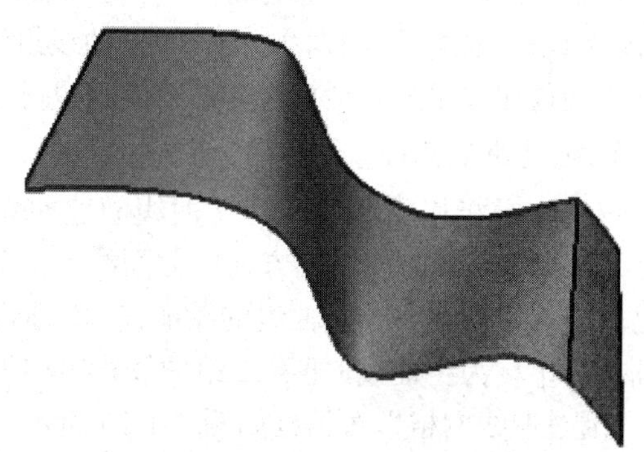

图 2-1-22 生成的直纹面 1

图 2-1-23　生成的直纹面 2

在“对齐”下拉列表框中，系统提供了两种对齐方式，下面分别进行介绍。

参数：用于将截面线串要通过的点以相等的参数间隔隔开。目的是让每个曲线的整个长度完全被等分，此时创建的曲面在等分的间隔点处对齐。若整个截面线上包含直线，则用等弧长的方式间隔点；若包含曲线，则用等角度的方式间隔点。

根据点：用于不同形状的截面线的对齐，特别是当截面线有尖角时，应该采用点对齐方式。例如，当出现三角形截面和长方形截面时，由于边数不同，需采用点对齐方式，否则可能导致后续操作错误。

2) 通过曲线组

该方法是指通过一系列轮廓曲线(大致在同一方向)建立曲面或实体。轮廓曲线又叫截面线串。截面线串可以是曲线、实体边界或实体表面等几何体，其生成特征与截面线串相关联，当截面线串编辑修改后，特征会自动更新。

“通过曲线组”方式与“直纹面”方法类似，区别在于“直纹面”只适用两条截面线串，并且两条截面线串之间总是相连的，而“通过曲线组”最多允许使用 150 条截面线串。

执行“插入”→“网格曲面”→“通过曲线组”命令(或者单击“曲面”工具栏中的“通过曲线组”按钮)，打开“通过曲线组”对话框，如图 2-1-24 所示。

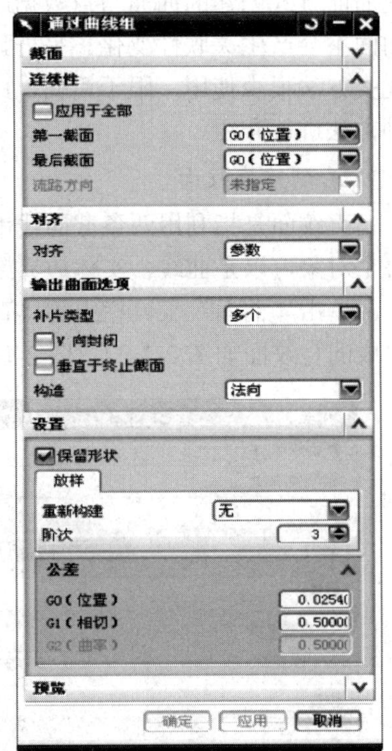

图 2-1-24　“通过曲线组”对话框 2

3) 通过曲线网格

该方法是指用主曲线和交叉曲线创建曲面的一种方法。其中主曲线是一组同方向的截面线串，而交叉曲线是另一组大致垂直于主曲线的截面线串。通常把第一组曲线线串称为主曲线，把第二组曲线线串称为交叉曲线。“通过曲线网格”对话框如图 2-1-25 所示，生成的曲面如图 2-1-26 所示。由于没有对齐选项，在生成曲面时，主曲线上的尖角不会生成锐边。

图 2-1-25 “通过曲线网格”对话框

图 2-1-26 生成的曲面 1

“通过曲线网格”曲面建模有以下几个特点。

(1) 生成曲面或实体与主曲线和交叉曲线相关联。

(2) 生成曲面为双多次三项式，即曲面在行与列两个方向均为三次。

(3) 主曲线环状封闭，可重复选择第一条交叉线作为最后一条交叉线，可形成封闭实体。

(4) 选择主曲线时，点可以作为第一条截面线和最后一条截面线的可选对象。

4) 扫掠

扫掠是使用轮廓曲线沿空间路径扫掠而成。其中扫掠路径称为引导线(最多 3 根)，轮廓线称为截面线。引导线和截面线均可以由多段曲线组成，但引导线必须一阶导数连续。

该方法是所有曲面建模中最复杂、最强大的一种，在工业设计中使用广泛。

执行“插入”→“扫掠”→“扫掠”命令(或者单击“曲面”工具栏中的“扫掠”按钮)，打开“扫掠”对话框，如图 2-1-27 所示，生成的曲面如图 2-1-28 所示。

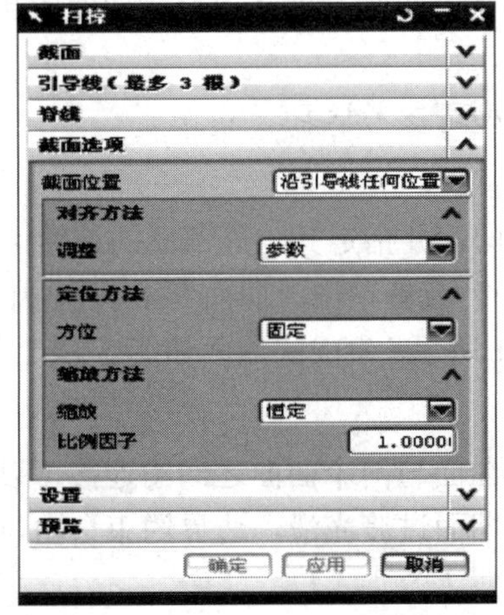

图 2-1-27 “扫掠”对话框

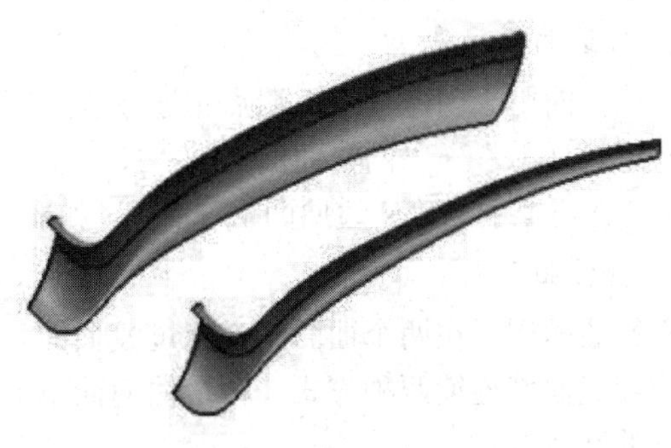

图 2-1-28 生成的曲面 2

5) 剖切曲面

创建截面可以理解为在截面曲线上创建曲面。主要是利用与截面曲线相关的条件来控制一组连续截面曲线的形状，从而生成一个连续的曲面，其特点是垂直于脊线的每个横截面内均为精确的二次(三次或五次)曲线。在飞机机身和汽车覆盖件建模中应用广泛。

执行“插入”→“网格曲面”→“截面”命令(或者单击“曲面”工具栏中的“剖切曲面”按钮)，打开“剖切曲面”对话框，如图 2-1-29 所示，生成的曲面如图 2-1-30 所示。

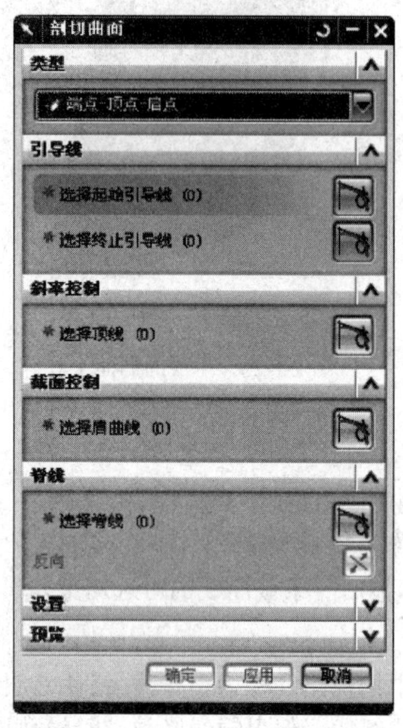

图 2-1-29 “剖切曲面”对话框 2

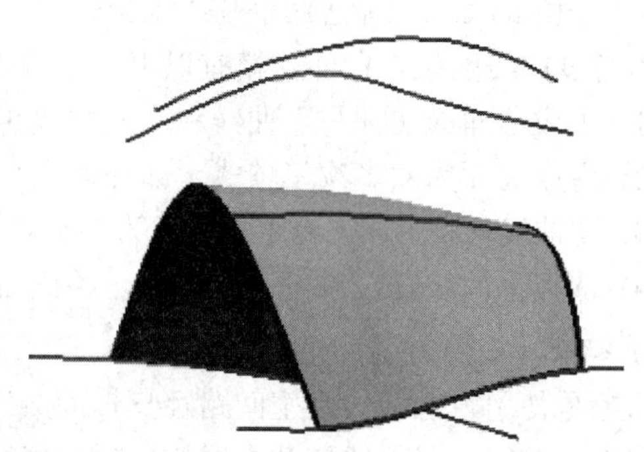

图 2-1-30 生成的曲面 3

2. 截面曲面

UG NX 8.5 提供了 20 种截面曲面类型。其中“Rho”是投射判别式，是控制截面线“丰满度”的一个比例值。“顶点线串”完全定义截型体所需数据。其他线串控制曲面的起始和终止边缘以及曲面形状。

下面介绍其中常用的几种截面曲面类型，其余类型可参考学习。

1) N 边曲面

N 边曲面用于创建一组由端点相连曲线封闭的曲面，并指定其与外部面的连续性。

执行“插入”→“网格曲面”→“N 边曲面”命令(或者单击“曲面”工具栏中的“N 边曲面”按钮)，打开“N 边曲面”对话框，如图 2-1-31 所示，生成的曲面如图 2-1-32 所示。

2) 桥接曲面

桥接曲面用于在两个曲面间建立过渡曲面。过渡曲面与两个曲面之间的连接可以采用相切连续或曲率连续两种方式。桥接曲面简单方便，曲面过渡光滑，边界约束自由，为曲面过渡的常用方式。

单击“曲面”工具栏中的“桥接”按钮，打开“桥接”对话框，如图 2-1-33 所示。

图 2-1-31 “N 边曲面”对话框

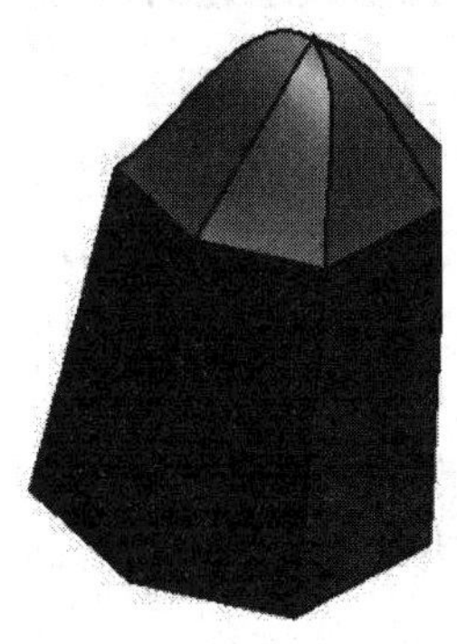

图 2-1-32 生成的 N 边曲面

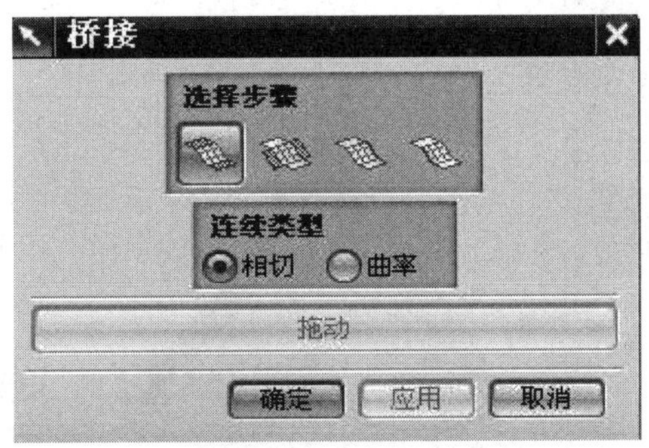

图 2-1-33 “桥接”对话框 2

“桥接”对话框中“选择步骤”选项中的四个图标从左至右依次的功能说明如下。

左一图标“主面”：用于选择两个主面。单击该图标，指定两个需要连接的表面。在指定表面后，系统将显示表示向量方向的箭头，指定片体上不同的边缘和拐角，箭头显示会不断更新，此箭头的方向表示片体产生的方向。

左二图标“侧页”：用于指定侧面。单击该图标，指定一个或两个侧面，作为产生片体时的引导侧面，系统依据引导侧面的限制而生成片体的外形。

左三图标“第一侧面线串”：单击该图标，指定曲线或边缘，作为产生片体时的引导线，以决定连接片体的外形。

左四图标“第二侧面线串”：单击该图标，指定另一条曲线或边缘，与上一个按钮配合，作为产生片体的引导线，以决定连接片体的外形。

相切：选择该选项，沿原来表面的切线方向和另一个表面连接。

曲率：选择该选项，沿原来表面圆弧曲率半径与另一个表面连接，同时保证相切的特性。

3) 规律延伸

规律延伸曲面是指在已有片体或表面上的曲线或原始曲面的边，生成基于长度和角度可按指函数规律变化的延伸曲面。主要用于扩大曲面，通常采用近似方法建立。

执行“插入”→“弯边曲面”→“规律延伸”命令(或者单击“曲面”工具栏中的“规律延伸”按钮，打开“规律延伸”对话框)，如图 2-1-34 所示，生成的曲面如图 2-1-35 所示。

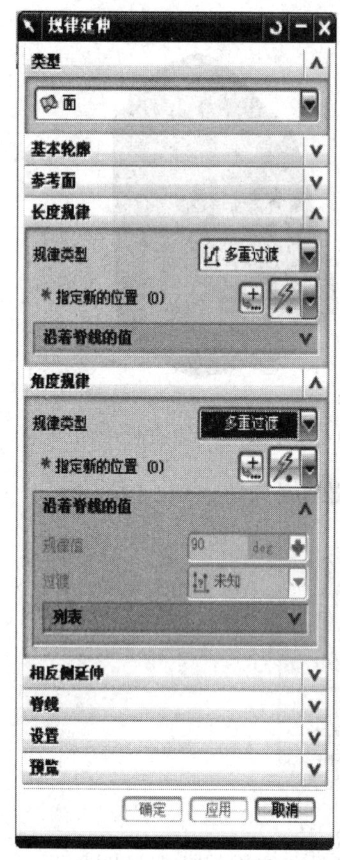

图 2-1-34 “规律延伸”对话框

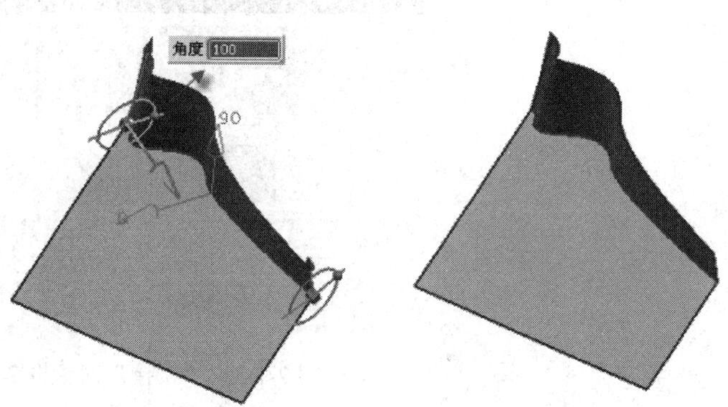

图 2-1-35 规律延伸曲面

4) 偏置曲面

偏置曲面用于创建原有曲面的偏置曲面，即沿指定曲面的法向偏置点来生成用户所需的曲面。主要用于从一个或多个已有的面生成曲面，已有面称之为基面，指定的距离称为偏置距离。

执行“插入”→“偏置\缩放”→“偏置曲面”命令(或者单击“曲面”工具栏中的“偏置曲面”按钮)，打开“偏置曲面”对话框，如图 2-1-36 所示。

偏置曲面操作比较简单，选取基面后，设置偏置距离，单击“确定”按钮便完成偏置曲面操作。生成的曲面如图 2-1-37 所示。

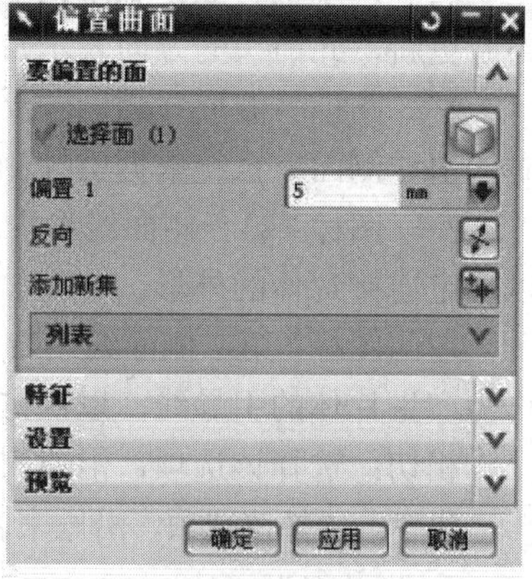

图 2-1-36 “偏置曲面”对话框

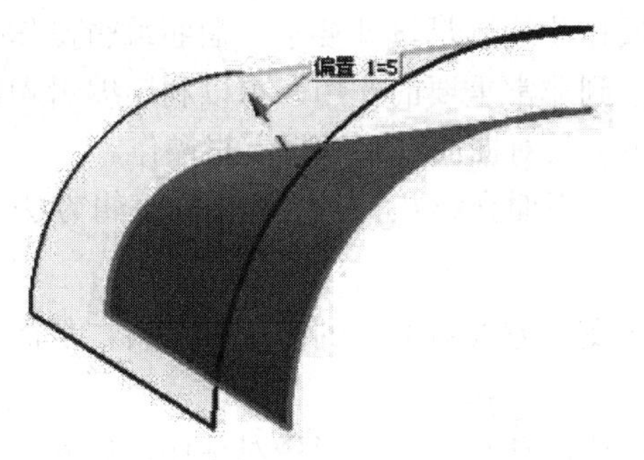

图 2-1-37　偏置曲面

5) 艺术曲面

该方式是指用任意数量的截面和引导线来创建艺术曲面。其与通过曲线网格创建曲面类型相似，也是通过一条引导线来创建曲面。利用该选项可以改变曲面的复杂程度，而不必重新创建曲面。

执行“插入”→“网格曲面”→“艺术曲面”命令(或者单击“自由曲面形状”工具栏中的“艺术曲面”按钮)，打开“艺术曲面”对话框，如图 2-1-38 所示，生成的艺术曲面如图 2-1-39 所示。

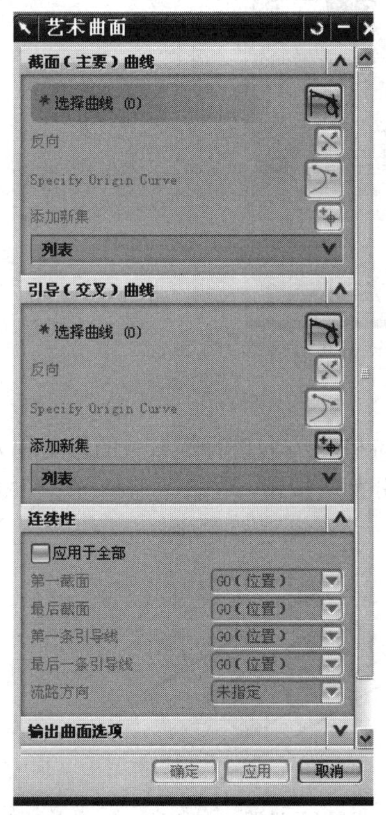

图 2-1-38　“艺术曲面”对话框

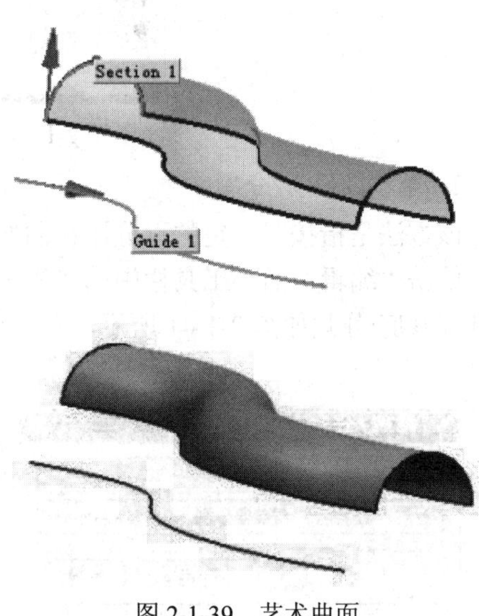

图 2-1-39　艺术曲面

(三) 编辑曲面

对于创建的曲面，往往需要通过一些编辑操作才能满足设计要求。曲面编辑操作作为一种高效的曲面修改方式，在整个建模过程中起到非常重要的作用。可以利用编辑功能重新定义曲面特征的参数，也可以通过变形和再生工具对曲面直接进行编辑操作。

曲面的创建方法不同，其编辑的方法也不同，下面介绍几种常用的曲面编辑方法。

1) X 成形

该方法是指通过一系列的变换类型以及高级变换方式对曲面的点进行编辑，从而改变原曲面。

单击“编辑曲面”工具栏中的“X 成形”按钮，打开“X 成形”对话框，如图 2-1-40 所示。

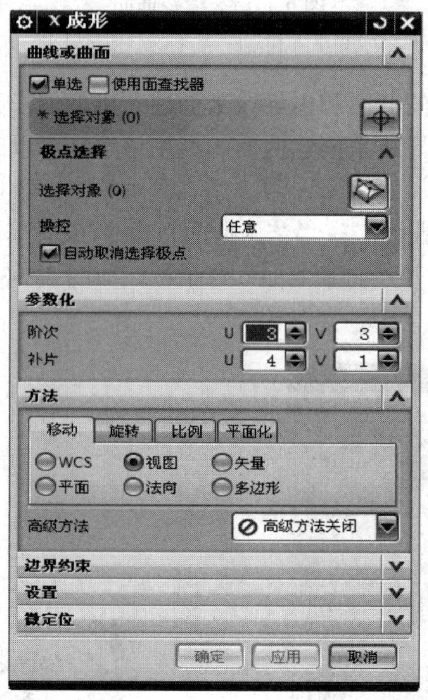

图 2-1-40　“X 成形”对话框

2) 等参数修剪/分割

该方法是指按照一定的百分比在曲面的 U 方向和 V 方向进行等参数的修剪和分割。

单击“编辑曲面”工具栏中的“等参数修剪/分割”按钮，打开“修剪/分割”对话框，可进行修剪/分割如图 2-1-41 所示。

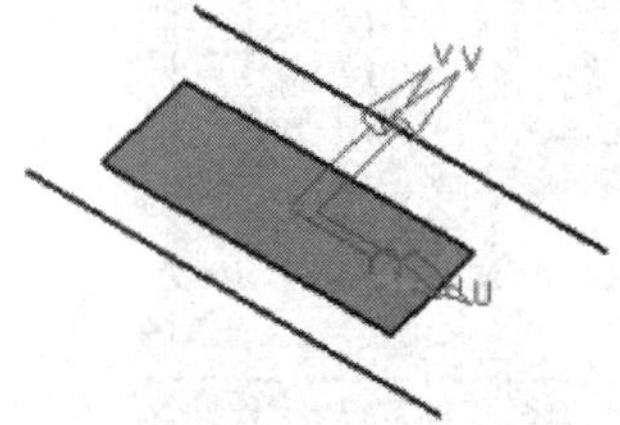

图 2-1-41　“修剪/分割”对话框及设置

3) 剪断曲面

剪断曲面是以指定点为参照，进行分割或剪断曲面中不需要的部分。“剪断曲面”不同于“修剪曲面”，因为剪断操作实际修改了输入曲面几何体，而修剪操作保留曲面不变。

单击“自由曲面形状”工具栏中的“剪断曲面”按钮，打开“剪断曲面”对话框，如图 2-1-42(a)所示，剪断曲面结果如图 2-1-42(b)所示。

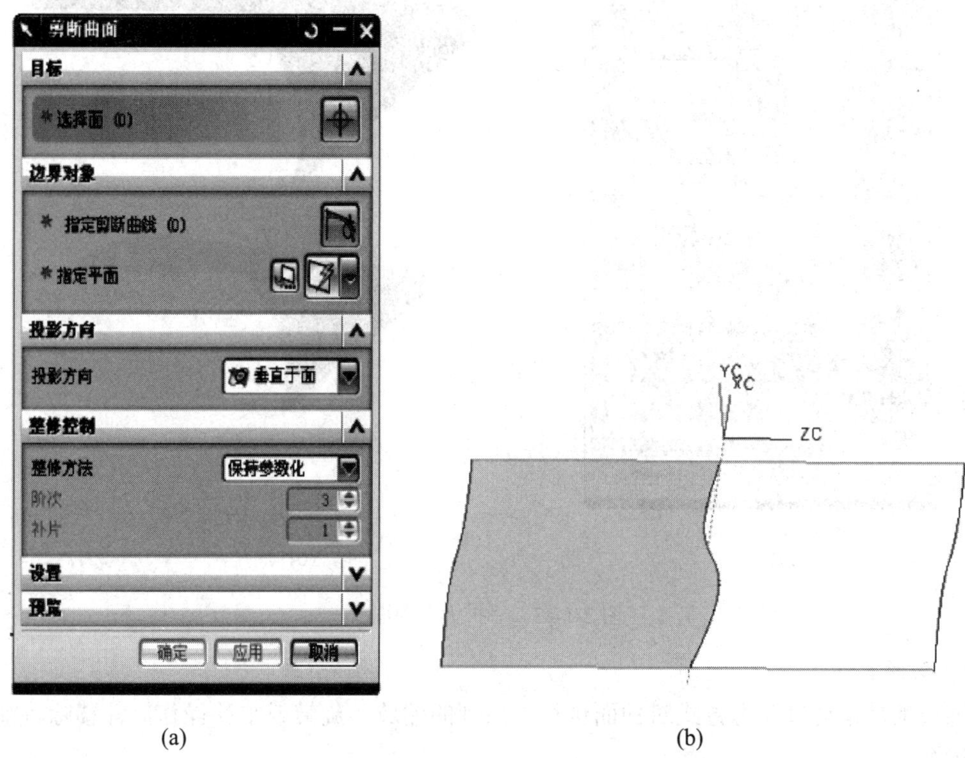

(a) (b)

图 2-1-42 剪断曲面

4) 扩大曲面

该选项用于在选取的被修剪的或原始的表面基础上生成一个扩大或缩小的曲面。

单击“编辑曲面”工具栏中的“扩大曲面”按钮，打开“扩大”对话框，如图 2-1-43(a)所示；扩大曲面结果如图 2-1-43(b)所示。

“扩大”对话框中各项参数说明如下。

线性：曲面上延伸部分是沿直线延伸而成的直纹面。该选项只能扩大曲面，不可以缩小曲面。

自然：曲面上的延伸部分是按照曲面本身的函数规律延伸。该选项既可以扩大曲面也可以缩小曲面。

全部：用于同时改变 U 向和 V 向的最大和最小值。只要移动其中一个滑块，便可以移动其他滑块。

选择面：用于进行重新开始或更换编辑面。

编辑副本：用于对编辑后的曲面进行复制，以方便后续操作。

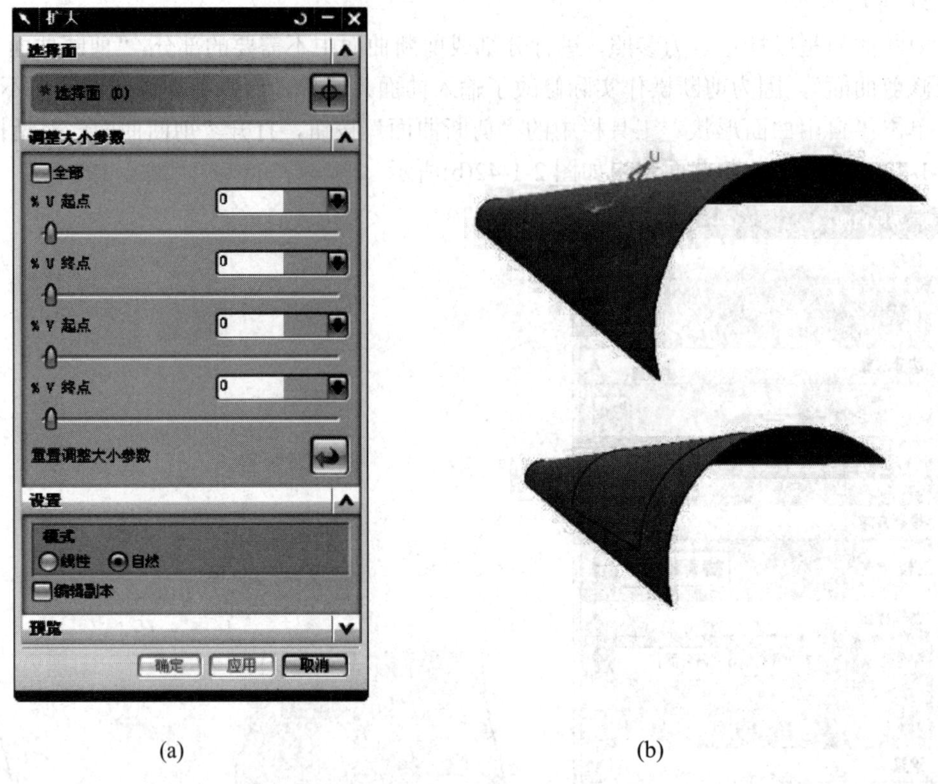

(a) (b)

图 2-1-43 “扩大”曲面

5) 变换曲面

该选项是指通过动态方式对曲面进行一系列的缩放、旋转或平移操作，并移除特征的相关参数。

单击“自由曲面形状”工具栏中的“变换片体”按钮，打开“变换曲面”对话框，如图 2-1-44(a)所示；变换曲面结果如图 2-1-44(b)所示。

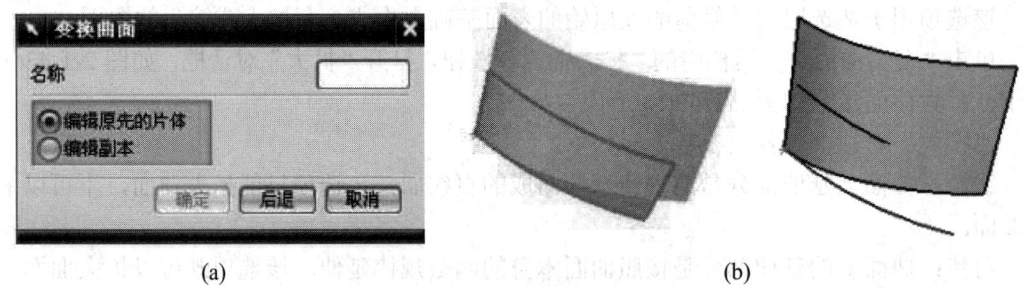

(a) (b)

图 2-1-44 变换曲面

五、相关练习

1. 完成如图 2-1-45 所示勺子的曲面建模。
2. 完成如图 2-1-46 所示吹风机的曲面建模。

图 2-1-45　勺子

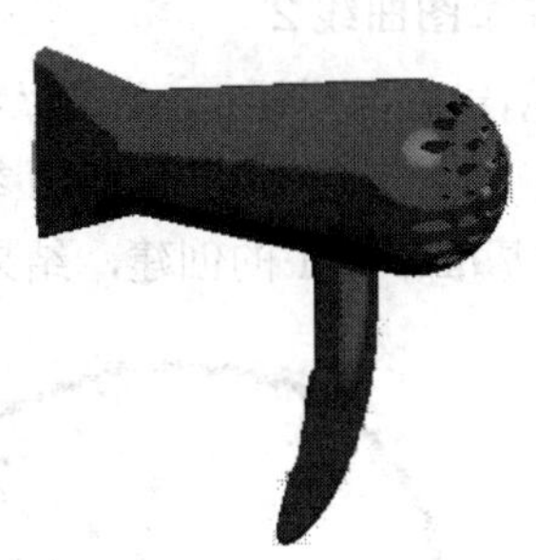

图 2-1-46　吹风机

模块二　水嘴手柄设计

一、学习目标

1. 能熟练创建基本曲面；
2. 会使用修剪等命令对曲面进行操作和编辑；
3. 熟练使用桥接曲线命令；
4. 熟练使用 N 边曲面工具。

二、工作任务

完成如图 2-2-1 所示水嘴手柄的设计。

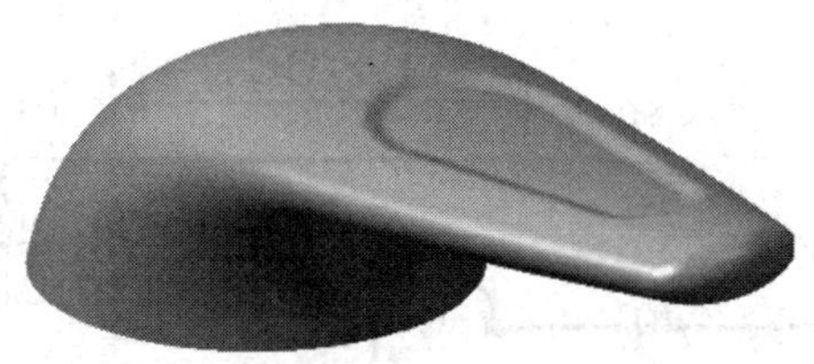

图 2-2-1　水嘴手柄

此例的设计思路与通常的曲面设计思路相同，都是先绘制产品的外形控制曲线，再通过曲线得到模型的整体曲面特征。

三、相关实践知识

(一) 基本曲线创建

1. 创建草图曲线 1

选择 XC-YC 平面作为草图平面，创建如图 2-2-2 所示的草图曲线 1。

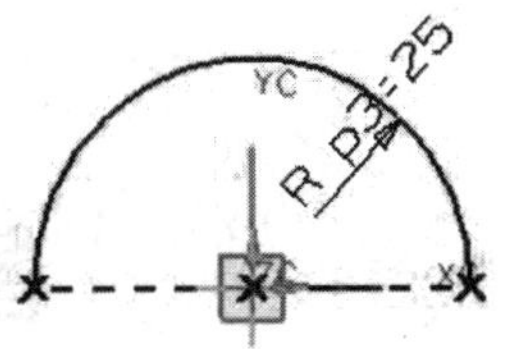

图 2-2-2　草图曲线 1

2. 建草图曲线 2

(1) 创建基准平面 1。单击“特征操作”工具条的“基准平面”命令，选择“固定平面”类型中的“YC-ZC”基准平面为参考平面，在偏置文本框中输入值为 80，单击“确定”按钮，完成基准平面 1 的创建，结果如图 2-2-3 所示。

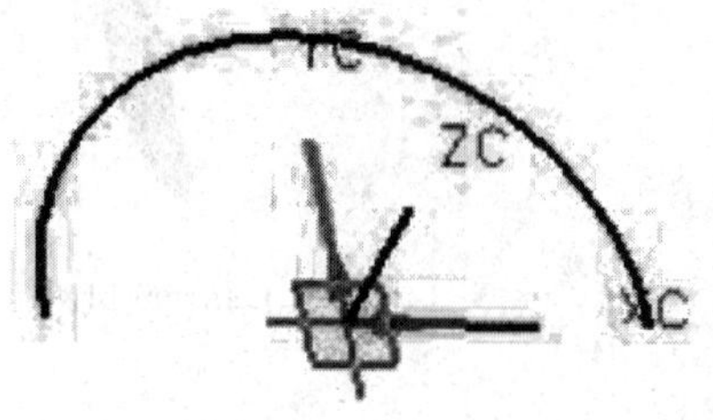

图 2-2-3 基准平面 1

(2) 创建草图曲线 2。选择基准平面 1 作草图平面，创建如图 2-2-4 所示的草图曲线 2。

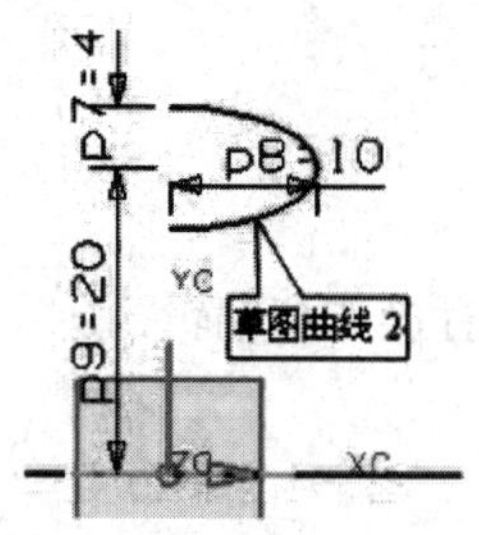

图 2-2-4 草图曲线 2

3. 创建草图曲线 3。

(1) 选择 XC-ZC 平面作草图平面，创建如图 2-2-5 所示的草图曲线 3。

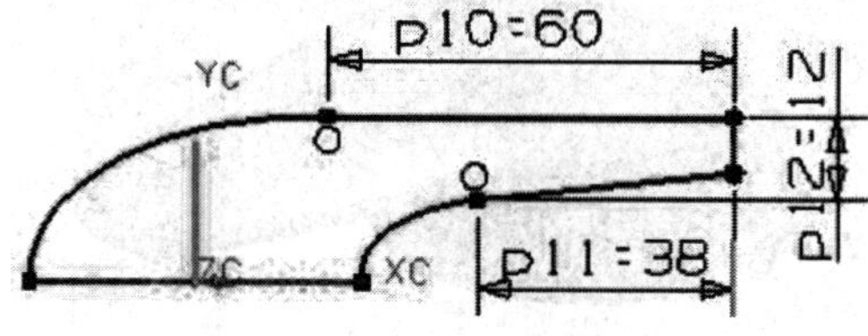

图 2-2-5 草图曲线 3

(2) 编辑草图曲线 3。单击选择如图 2-2-6 所示的 2 条曲线(此 2 条曲线为艺术样条曲线)，单击“分析”菜单→“曲线”→“曲率梳”命令，在图形区显示草绘曲线的曲率梳。

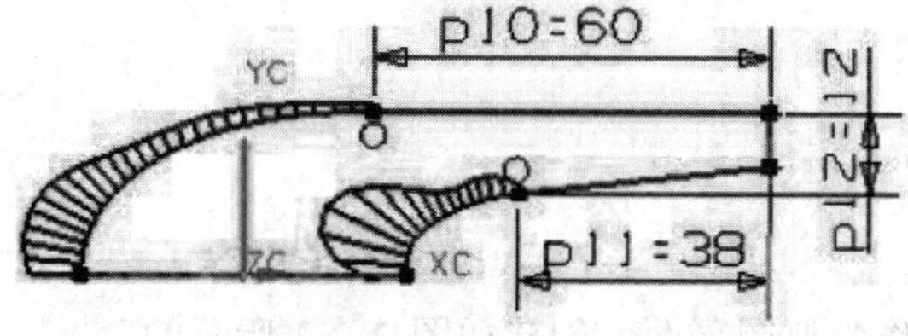

图 2-2-6 草图曲线 3 的曲率梳

(3) 拖动草绘曲线控制点，使曲率梳呈现如图 2-2-6 所示的光滑形状。

(4) 单击“分析”菜单→“曲线”→“曲率梳”选项，可设置曲率梳的比例、密度等值。

(5) 单击“分析”菜单→“曲线”→“曲率梳”命令，取消曲率梳的显示。

(二) 创建直线和基准平面

1. 创建直线(如图 2-2-7(a)所示)

(1) 单击“插入”菜单→“曲线”→“直线”命令，在“捕捉点”工具条选择／(终点)。

(2) 选择如图 2-2-7(b)所示的点 1(直线的端点)为起点，点 2(直线的端点)为终点，可设置曲率梳的比例、密度等值。

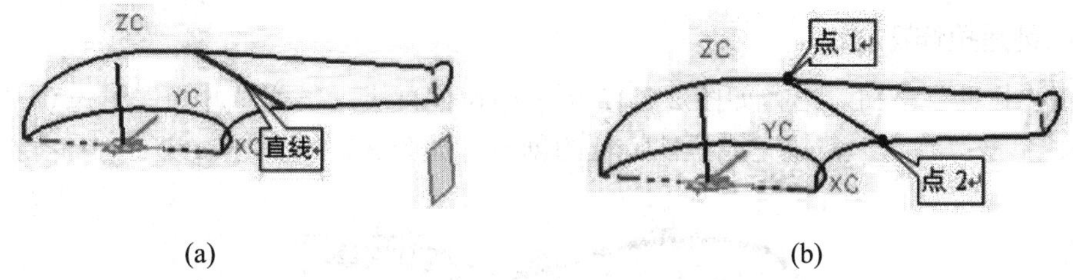

(a)　(b)

图 2-2-7　创建直线

2. 创建基准平面 2

(1) 单击“特征操作”工具条的“基准平面”命令。单击“两直线”类型，选择如图 2-2-8 所示两条直线，单击“确定”按钮，完成基准平面 2 的创建。

(2) 单击“特征操作”工具条的“基准平面”命令，选择基准平面 2，然后选择图 2-2-8 所示直线，单击“确定”按钮，完成基准平面 2 的创建，如图 2-2-9 所示。

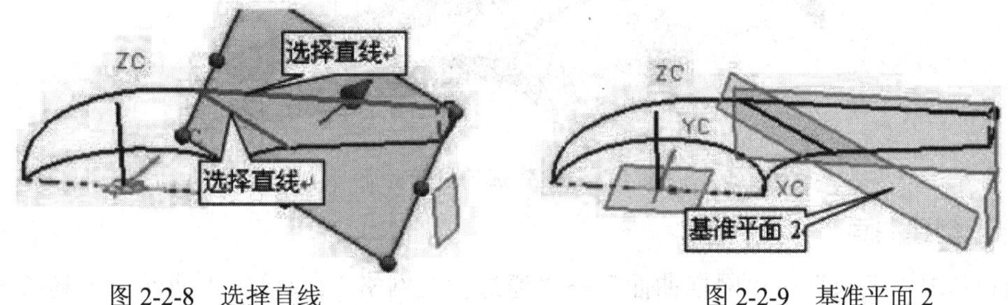

图 2-2-8　选择直线　图 2-2-9　基准平面 2

(三) 创建草图曲线 4

(1) 选择基准平面 2 作草图平面，创建如图 2-2-10 所示的草图曲线 4。

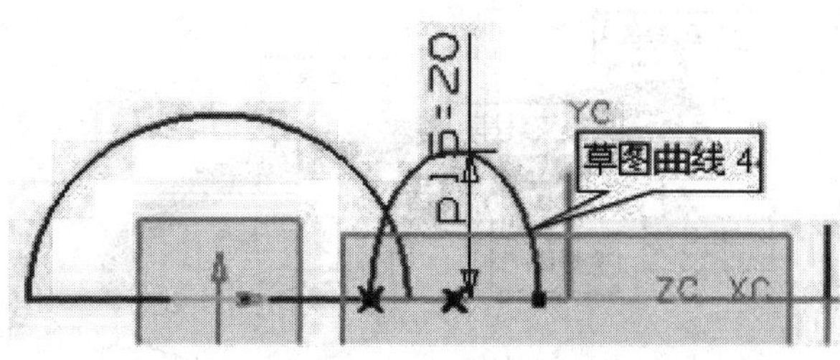

图 2-2-10　草图曲线 4(草图环境)

(2) 草图曲线 4 为半个椭圆，椭圆圆心在图 2-2-7 中的直线的中点，长轴半径为 20，端点与直线的两个端点重合。在建模环境中如图 2-2-11 所示。

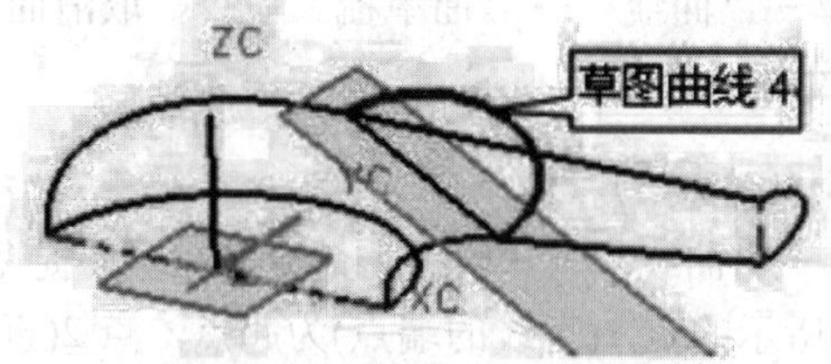

图 2-2-11　草图曲线 4(建模环境)

(四) 创建拉伸特征 1

单击“拉伸”按钮，选择如图 2-2-12 所示的拉伸直线，设置“开始”值为 0，“结束”值为 10，单击“确定”按钮完成拉伸特征的创建，如图 2-2-13 所示。

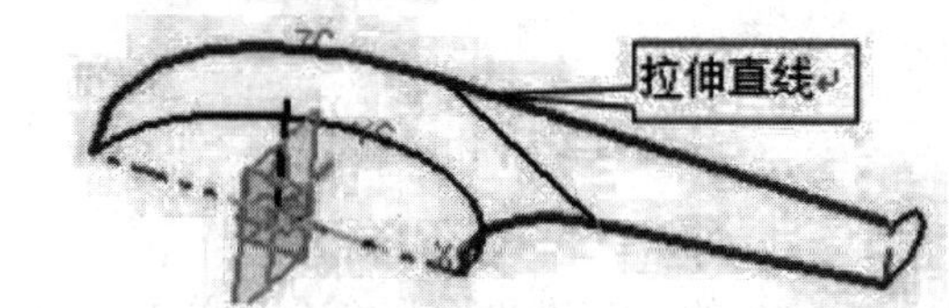

图 2-2-12　选择拉伸曲线

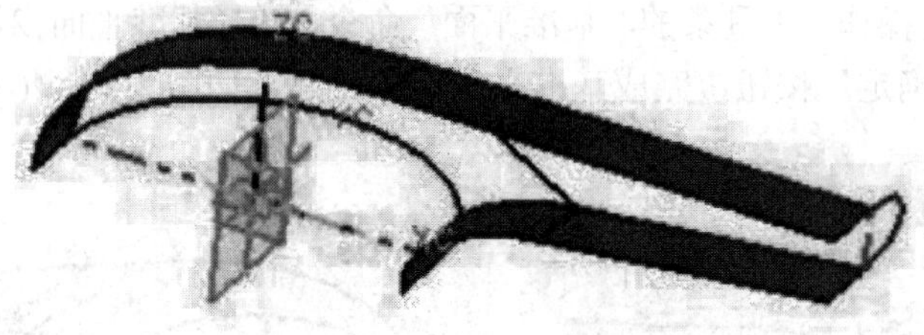

图 2-2-13　完成的拉伸特征

(五) 创建曲面

(1) 单击“插入”→“网格曲面”→“通过曲线网格”(或单击“曲面”工具条→通过曲线网格)命令。

(2) 选取如图 2-2-14 所示主线串、交叉线串，第 1 主线串的相切(G1)约束面 1，第 2 主线串的相切(G1)约束面 2，分别单击中键确认。

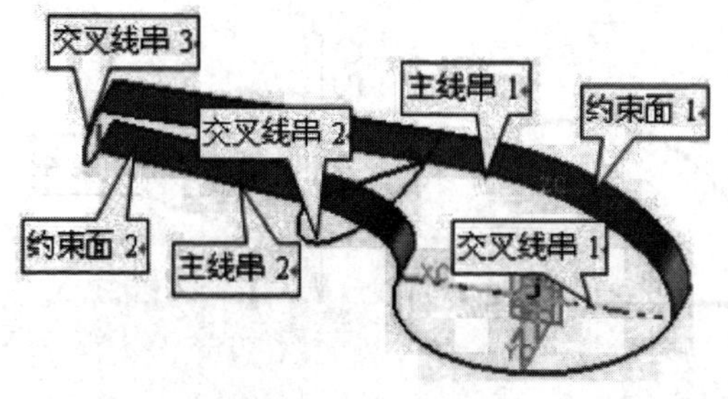

图 2-2-14　选取曲线

(3) 单击“确定”按钮完成曲面的创建，并设置第一主线串和第二主线串分别与刚刚拉伸的两个面位 G1(相切)约束。这样做的目的可以保证最后得到的零件表面与表面之间光滑过渡，如图 2-2-15 所示。

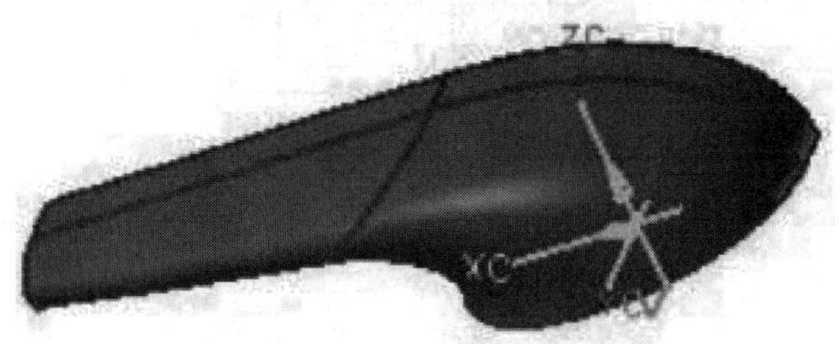

图 2-2-15　创建的曲面

(六) 镜像曲面

(1) 隐藏曲面：将图 2-2-13 中的片体隐藏。

(2) 单击“特征操作”工具条的“镜像体”命令。

(3) 定义镜像体：选择步骤五创建的曲面为镜像体。

(4) 定义镜像平面：选择 XC-ZC 基准平面为镜像平面。

(5) 单击“确定”按钮，完成镜像曲面的创建，如图 2-2-16 所示。

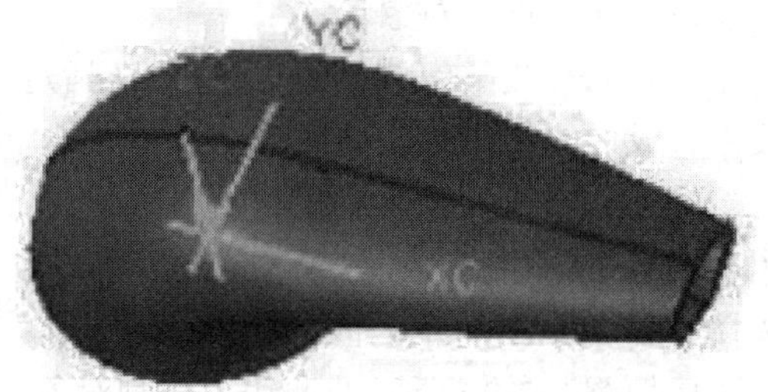

图 2-2-16　完成的镜像曲面

(七) 创建分割面

(1) 创建基准平面 4。

单击“特征操作”工具条的“基准平面”命令，选择 XC-YC 基准平面为参考平面，偏置距离为 25，单击“确定”按钮，完成基准平面 4 的创建，如图 2-2-17 所示。

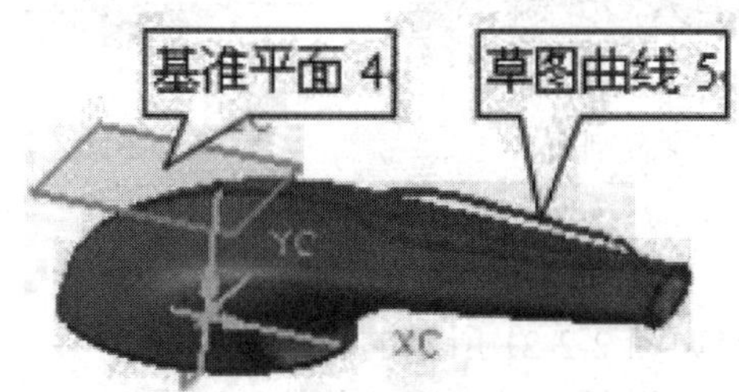

图 2-2-17　基准平面 4

(2) 创建草图曲线。以基准平面 4 作为草图平面，创建如图 2-2-18 所示的草图曲线 5。

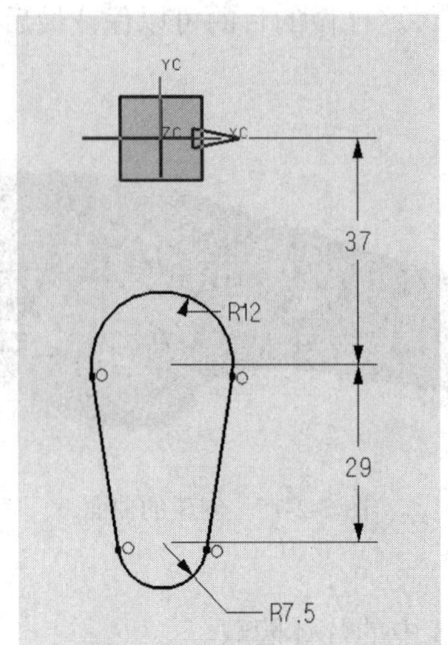

图 2-2-18 草图曲线 5

(3) 创建投影曲线。

① 单击工具栏→“来自曲线集的曲线”→“投影”命令。

② 定义要投影的曲线：选择草图曲线 5 为要投影的曲线

③ 定义投影对象：选择曲面为投影对象。

④ 定义投影方向：在“方向方式”中选择“矢量”，在指定矢量中选择“-ZC”方向。

⑤ 单击“确定”按钮完成曲线的投影。

(4) 创建分割面 1。

① 单击“特征操作”工具条的“分割面”命令。

② 定义分割面：选择如图 2-2-19 所示的面为分割面。

③ 定义分割对象：选择如图 2-2-20 所示的曲线为分割对象，

④ 定义投影方向：在投影方向栏选择“沿矢量”，在指定矢量中选择“YC”方向。

⑤ 单击“确定”按钮，完成面 1 的分割。

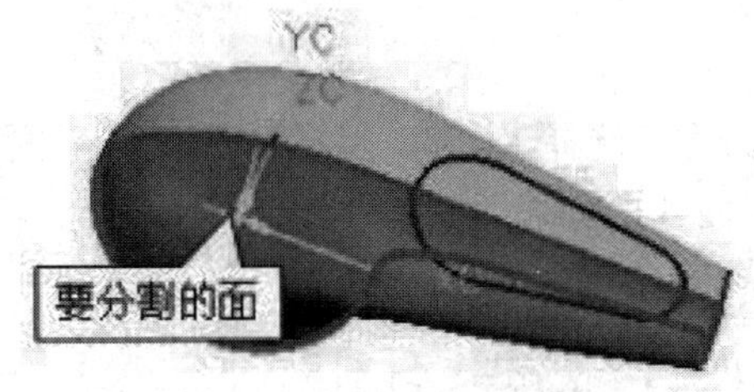

图 2-2-19 定义分割面 1

图 2-2-20 定义分割对象 1

(5) 创建分割面 2。

① 单击“特征操作”工具条的“分割面”命令。

② 定义分割面：选择如图 2-2-21 所示的面为分割面。

③ 定义分割对象：选择如图 2-2-22 所示的曲线为分割对象。

④ 定义投影方向：在投影方向栏选择“沿矢量”，在指定矢量中选择“-YC”方向。

⑤ 单击“确定”按钮，完成面 2 的分割。

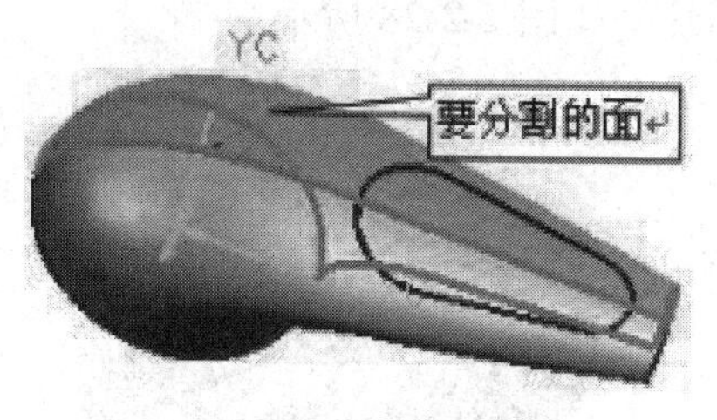

图 2-2-21 定义分割面 2

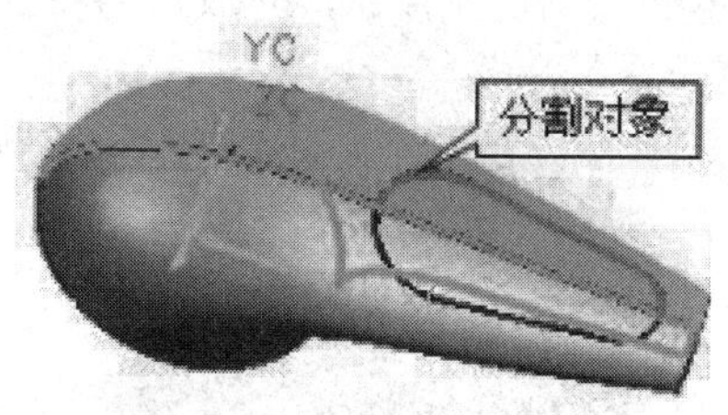

图 2-2-22 定义分割对象 2

(八) 偏置面

(1) 单击“曲面”工具条的“偏置面”命令。

(2) 定义偏置面：选择如图 2-2-23 所示的面为偏置面，注意方向向下。

(3) 定义偏置距离：偏置距离为 1。

(4) 单击“确定”按钮，完成分割面 1、2 的偏置。

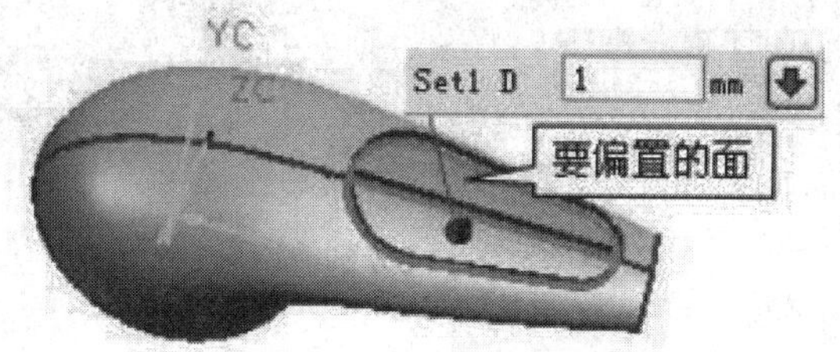

图 2-2-23 选择偏置面

(九) 创建修剪特征

(1) 创建修剪特征 1。

① 单击“曲面”工具条的“修剪的片体”命令。

② 定义目标体和边界对象。选如图 2-2-24 所示的面为目标体 1，选如图 2-2-25 所示的边为边界对象 1。

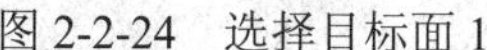

图 2-2-24 选择目标面 1

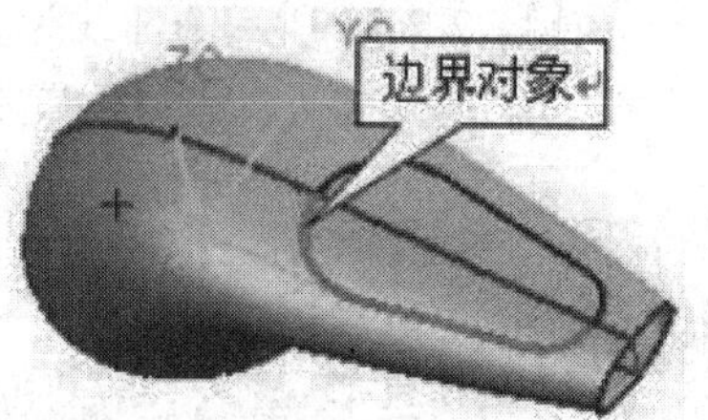

图 2-2-25 选择边界对象 1

③ 单击“确定”按钮，完成修剪特征 1 的创建。

(2) 创建修剪特征 2。

① 单击“曲面”工具条的“修剪的片体”命令。

② 定义目标体和边界对象。选如图 2-2-26 所示的面为目标体 2，选如图 2-2-27 所示的

边为边界对象 2。

③ 单击“确定”按钮，完成修剪特征 2 的创建，如图 2-2-28 所示。

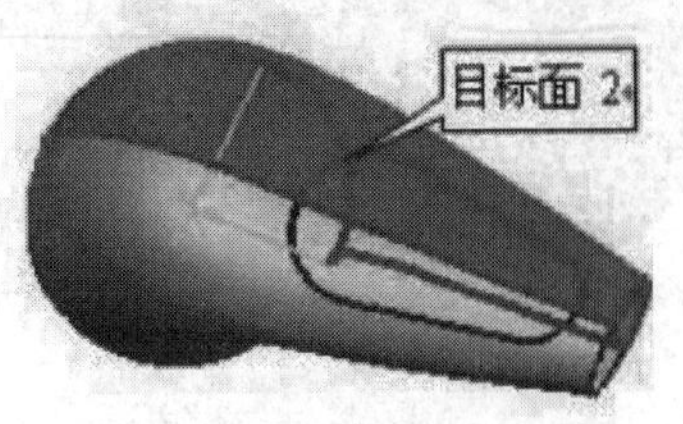

图 2-2-26 选择目标面 2

图 2-2-27 选择边界对象 2

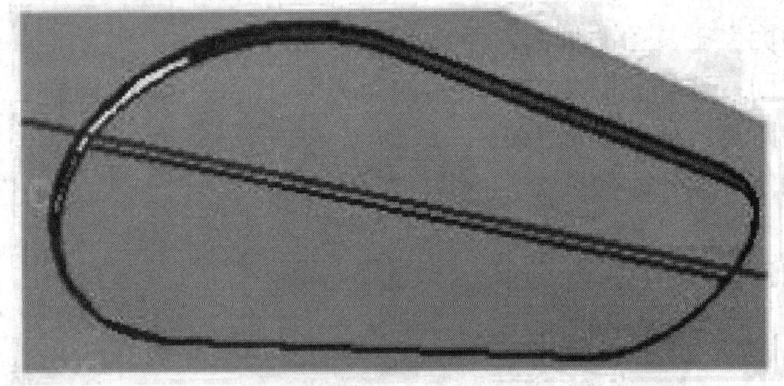

图 2-2-28 面分割的结果

(十) 偏置曲线

(1) 创建“缝合”特征。

① 单击“插入”菜单→“缝合”命令。

② 选择偏置面 1 为目标体，选择偏置面 2 为工具体，单击“确定”按钮即可。

③ 选择图 2-2-15 创建的曲面为目标体，选择图 2-2-16 的镜像曲面为工具体，单击“确定”按钮即可。

(2) 偏置曲线。

① 单击“曲线”工具条的“在面上偏置曲线”命令。

② 选择如图 2-2-29 所示的曲线为要偏置的曲线，偏置值为 3。

③ 单击“确定”按钮，完成偏置曲线特征 1 的创建，如图 2-2-30 所示。

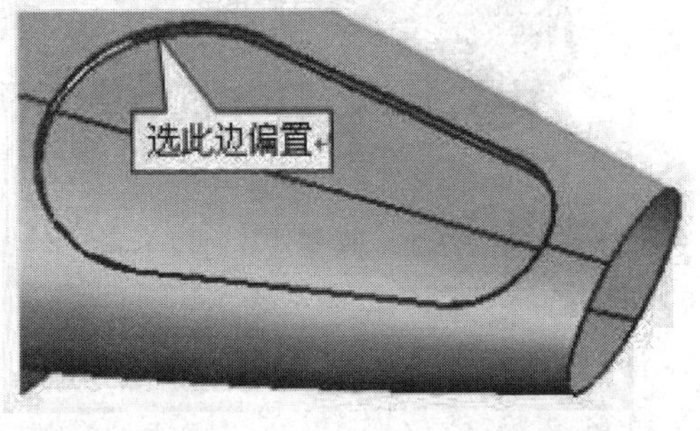

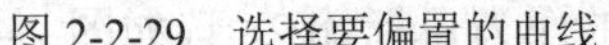

图 2-2-29 选择要偏置的曲线

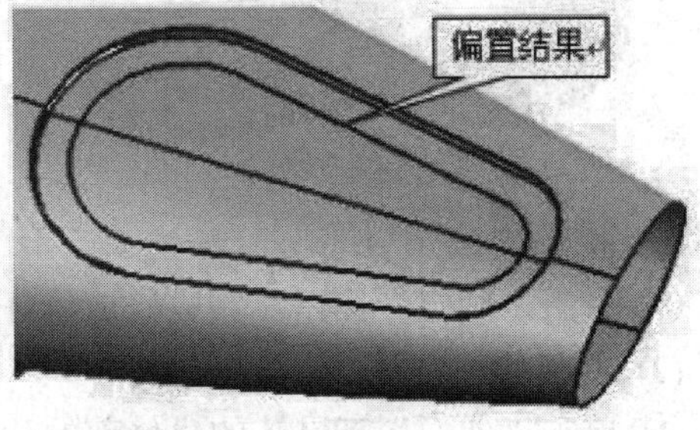

图 2-2-30 偏置曲线特征结果

(十一) 创建网格曲面

1. 创建修剪特征

修剪方法同上，结果如图 2-2-31 所示。

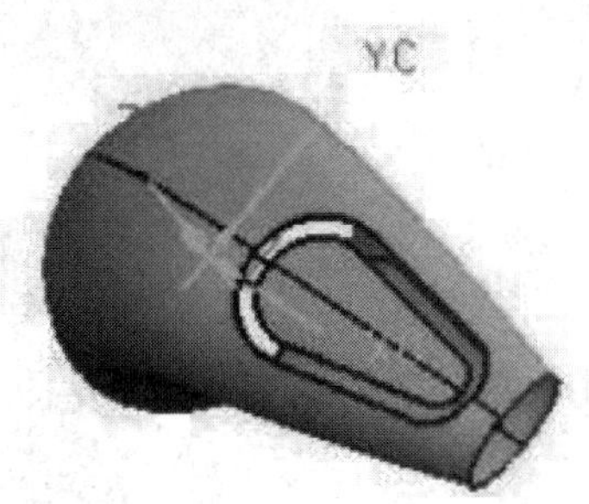

图 2-2-31 修剪结果

2. 创建曲面特征

创建曲面特征 3。选择“曲面”工具条→“通过曲线组”命令按钮，弹出图 2-2-32 所示界面。分别选择图 2-2-32(b)所示的边线 1、2 为剖面线串，单击中键确认，将“垂直于终止剖面”前的勾去掉，在图 2-2-32(a)中，第一截面选择“G1(相切)”，选择曲面 1 为约束面 1；最后截面选择“G1(相切)”，选择曲面 2 为约束面 3，创建出曲面特征 3，如图 2-2-32(b)所示。

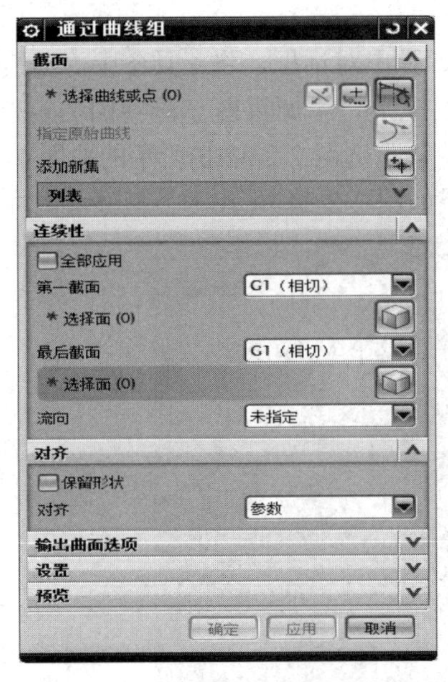

(a) 通过曲线组对话框

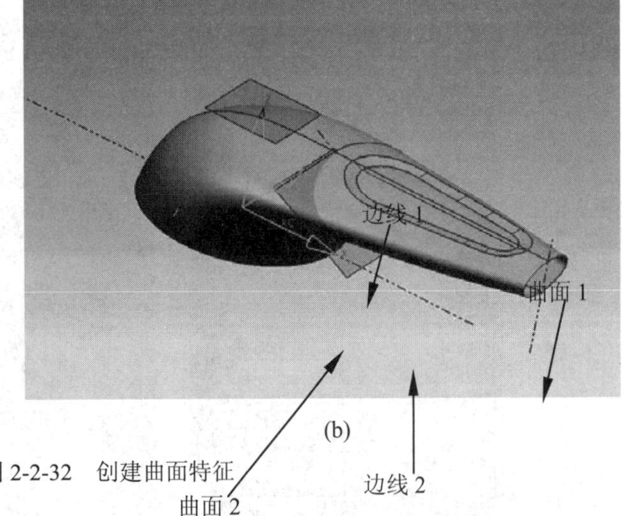

(b)

图 2-2-32 创建曲面特征

(十二) 创建把手尾部曲面特征

1. 创建桥接曲线

利用前面所画的曲线创建桥接曲线。将工具条中的“曲线规则”设置为“单条曲线”，“起始对象”选择上表面直线，“终止对象”选择下表面直线，如图 2-2-33(a)设置开始和结束幅值均为 1.5，如图 2-2-33(b)所示。

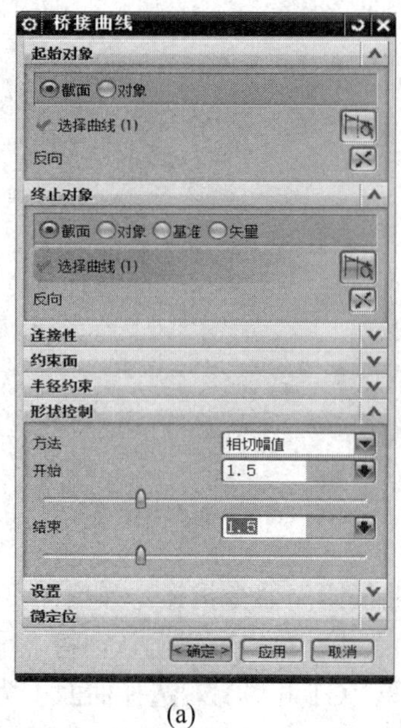

(a)

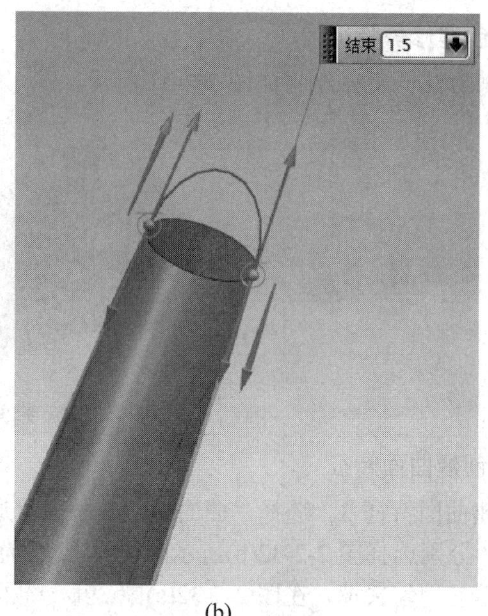

(b)

图 2-2-33　桥接曲线创建

2. 创建曲面特征 5

选择“曲面”工具条上→“通过曲线组”命令按钮，弹出对话框，将工具条中“曲线规则”设置为“单条曲线”，选择图 2-2-32(b)所示的边线 1，点击“添加新集”，选择图 2-2-32 所示的边线 2，单击中键确认，第一截面选择“G1（相切）”，点选图 2-2-32(b)所示的曲面 1，最后截面选择“G0”，最终创建出曲面特征，设置及结果如图 2-2-34 所示。

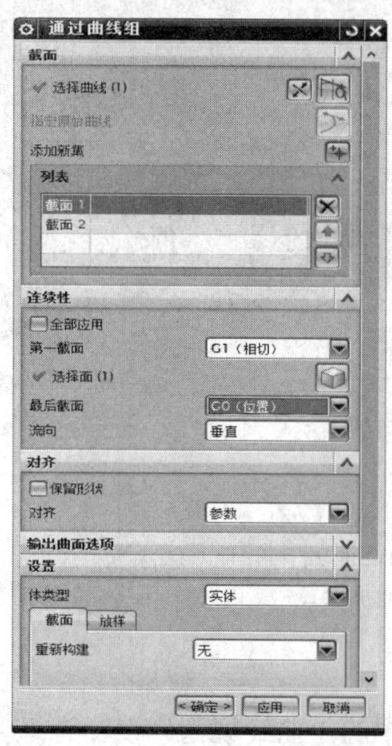

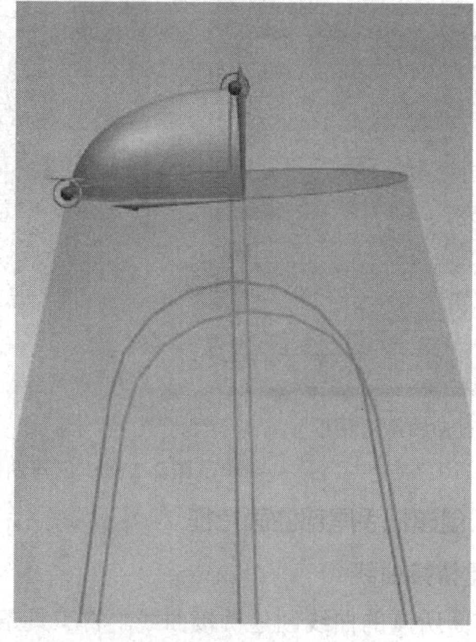

图 2-2-34　通过曲线组创建曲面

3. 镜像曲面

(1) 隐藏曲面。将图 2-2-13 中的拉伸形成的曲面隐藏。单击“特征操作”工具条→“实例特征”→“镜像体”命令。

(2) 定义镜像体和镜像平面。选择上一步创建的曲面为镜像体。选择 XC-ZC 基准平面为镜像平面。

(3) 单击“确定”按钮，完成镜像曲面的创建，如图 2-2-35 所示。

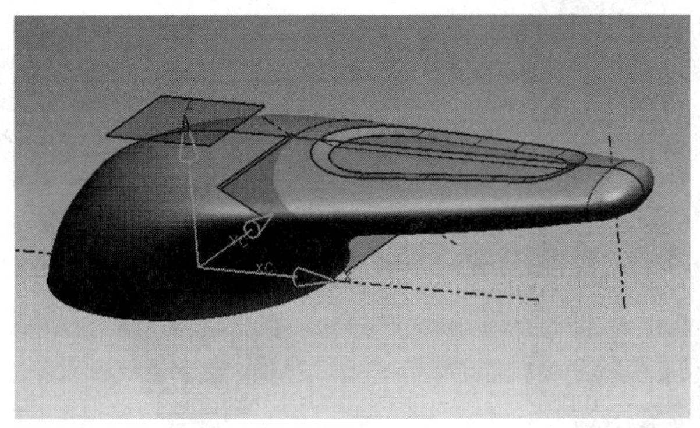

图 2-2-35　完成的镜像曲面

(十三) 创建口部曲面

通过“N 边曲面“工具完成口部曲面的创建，如图 2-2-36 所示。

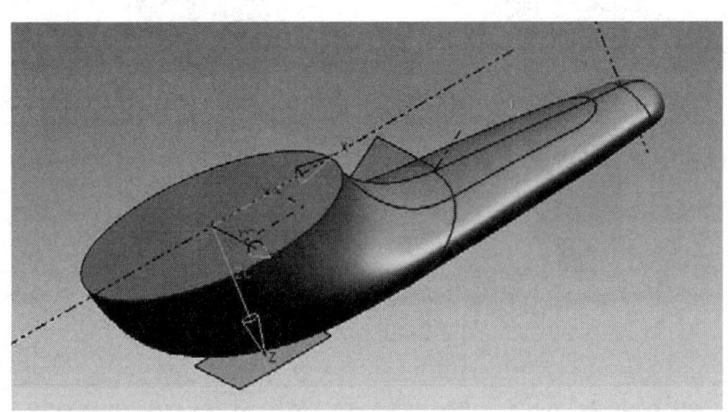

图 2-2-36　N 边曲面完成的口部曲面

(十四) 隐藏曲面，完成零件的创建

缝合所有的曲面，并隐藏曲线与基准等，完成零件的创建，如图 2-2-37 所示。

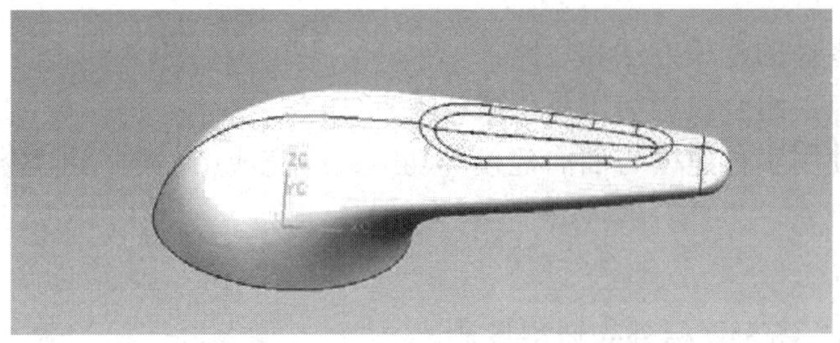

图 2-2-37　完成的零件

四、相关练习

1. 完成如图 2-2-38 所示花瓶的曲面建模。
2. 完成如图 2-2-39 所示瓶子的曲面建模。
3. 完成如图 2-2-40 所示水嘴按钮的曲面建模。

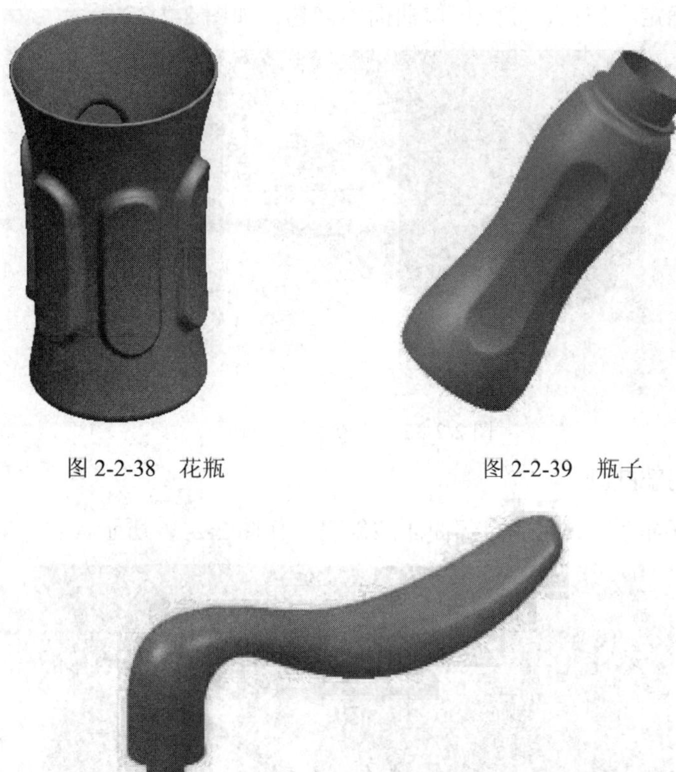

图 2-2-38　花瓶

图 2-2-39　瓶子

图 2-2-40　水嘴按钮

模块三　鼠标外壳设计

一、学习目标

1. 掌握鼠标零件的建模方法和思路；
2. 掌握通过点、组合投影等工具生成样条曲线；
3. 能够综合使用实体建模与曲面建模等功能命令完成产品的三维建模。

二、工作任务

完成如图 2-3-1 所示鼠标外壳造型设计。

从顶部往底部分析，可以认为该任务是由以下实体部分组成：滚轮部件及其支架 5、镶嵌条 7、左按键 1、右按键 6、后上盖 3、下盖 4 和下壳 2。

理清鼠标的组成部分及其相互关系之后，首先解决鼠标外形轮廓的造型；按照“主体先行”的总体设计思路，在绘制鼠标主体截面的基础上，构建出鼠标主体的模型；再构建合理的各个分型面，用它们将模型主体分割成相应的各个实体部分；分别通过抽壳，将各个实体部分变为薄壁件；最后进行其他次要和细节部分的设计。具体设计思路如表 2-3-1 所示。

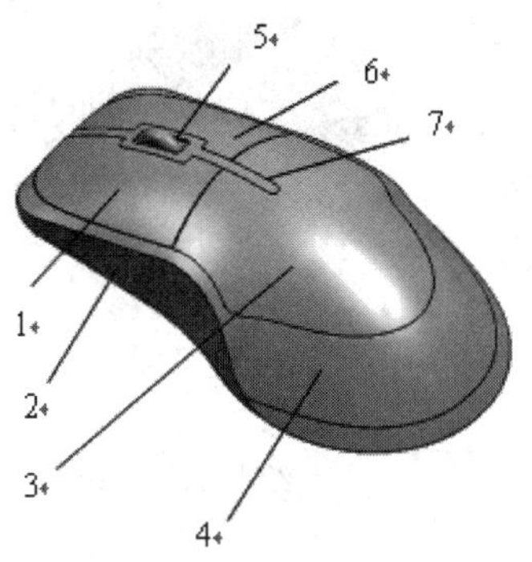

1—左按键；2—下壳；3—后上盖；4—下盖；
5—滚轮部件及其支架；6—右按键；7—镶嵌条

图 2-3-1　鼠标外壳

表 2-3-1　鼠标外壳设计思路及关键步骤

序号	操 作 内 容	主要操作命令	构建模型示意图
1	构建鼠标主截面，拉伸为实体	绘制曲线、拉伸	
2	构建顶面轮廓形状的曲面	曲线网格构面	
3	创建鼠标主体部分	修剪体	
4	构建分割鼠标主体的 2 个曲面	绘制曲线、拉伸	

续表

序号	操 作 内 容	主要操作命令	构建模型示意图
5	(1) 分割成上盖、下盖和下壳三个实体部分 (2) 再分别抽壳	分割体 抽壳	图示如下
6	中间镶嵌条的设计	绘制曲线、拉伸、布尔求交	
7	将上盖分割成左按键、右按键和后上盖	分割体	图示如下

三、相关实践知识

1. 鼠标主体造型

(1) 点选“草绘”工具条，选择 X-Y 平面作为草绘平面，绘制如图 2-3-2 所示的草绘截面，点击“完成”按钮。

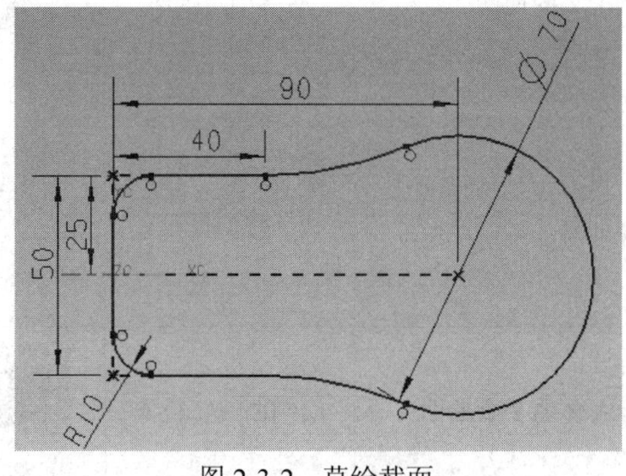

图 2-3-2　草绘截面

(2) 拉伸草绘曲线。选取刚刚创建的草绘曲线进行拉伸，设置拉伸高度为 50mm。结果如图 2-3-3 所示。

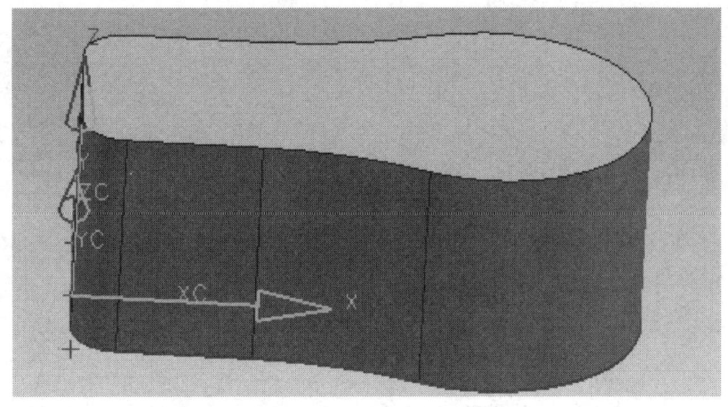

图 2-3-3　拉伸曲线

2. 鼠标外形轮廓设计

(1) 点选“圆弧”工具条，选择 X-Z 平面作为绘图平面，绘制如图 2-3-4 所示的圆弧(注：起点坐标为(0，0，8)，第二个点的坐标为(40，0，30)，终点为圆弧象限点)，点击“完成”按钮。

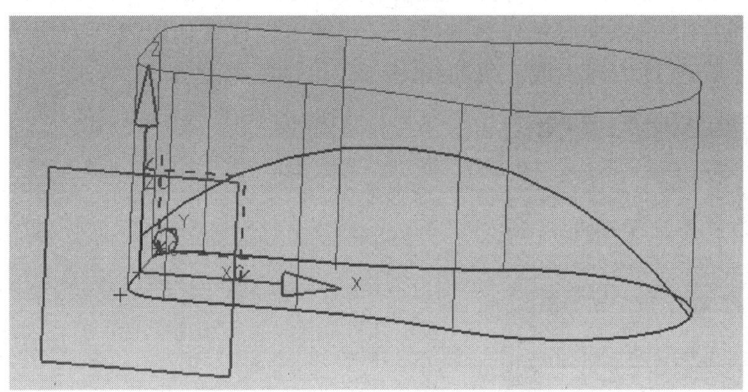

图 2-3-4　圆弧

(2) 绘制一条直线。起点为坐标原点，终点为(10，0，10)，结果如图 2-3-5 所示。

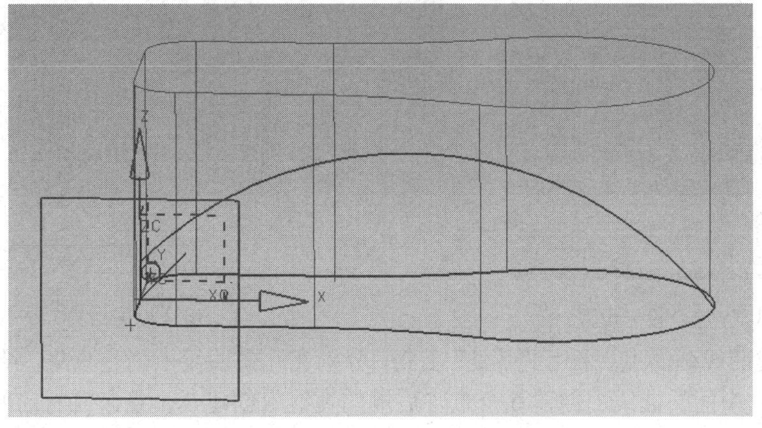

图 2-3-5　绘制的直线

(3) 通过点绘制样条曲线。起点坐标为刚刚创建的直线的终点，第二个点的坐标为(50，0，20)，第三个点的坐标为(90，0，0)，第四个点选取圆弧的象限点，结果如图 2-3-6 所示。注意：样条曲线的两个端点分别赋斜率。

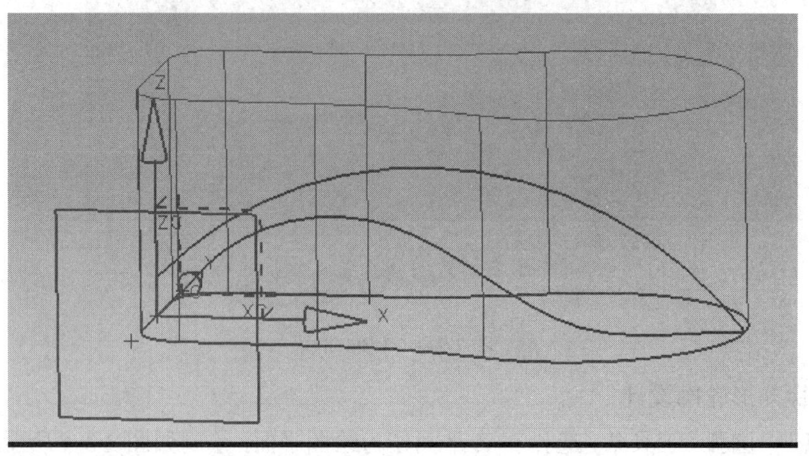

图 2-3-6 样条曲线 1

(4) 构建其他几条曲线。采用组合投影工具，生成空间曲线。注意：在选取曲线的时候将上面步骤创建的两条曲线都作为曲线一，投影方向设置如图 2-3-7 所示。最终的结果如图 2-3-8 所示，在 U 方向生成三条曲线。

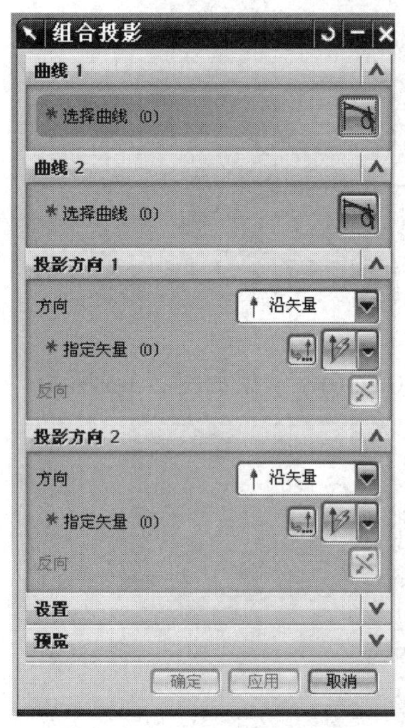

图 2-3-7 组合投影设置

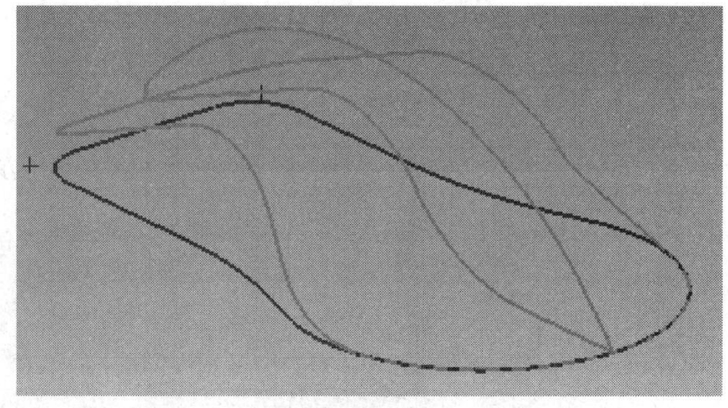

图 2-3-8 组合投影结果

(5) 构建曲线截面点。采用“点集”工具，分别在几条曲线上创建点集，结果如图 2-3-9 所示。注意：中间的曲线上创建 6 个点，后侧的直线上创建 3 个点，左右的两条曲线上各创建 4 个点。

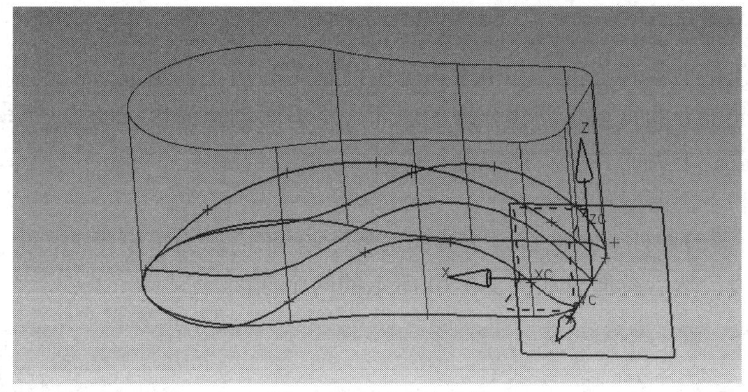

图 2-3-9 创建的点集

(6) 绘制样条曲线。通过点创建如图 2-3-10 所示的 4 条样条曲线。注意样条曲线的阶次为二阶。

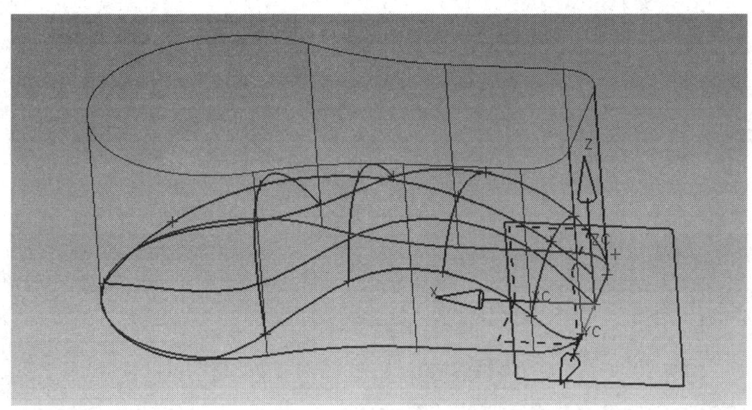

图 2-3-10 样条曲线 2

(7) 构建曲面。通过曲线网格工具将鼠标轮廓曲面构建出来，结果如图 2-3-11 所示。注意：为了使整个面显得光滑，最好一次性构建好轮廓曲面，但是在构建的时候往往一次性无法做出，所以要构建 N 个小面，然后缝合。

利用该曲面修剪第一步创建的实体，结果如图 2-3-12 所示。

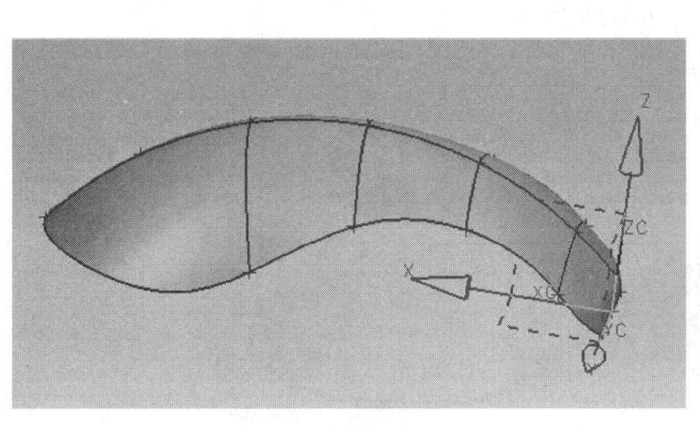

图 2-3-11 鼠标轮廓曲面

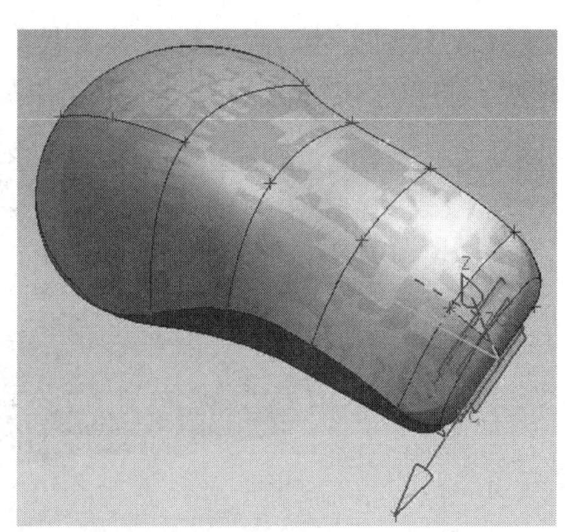

图 2-3-11 修剪体

3. 鼠标上壳设计

鼠标上壳包括上盖和下盖，其中上盖是由前上盖和后上盖组成，前上盖是由左按键和右按键组成。此部分的重点是创建合理的曲面，将前面创建的鼠标的整个实心实体进行分割，来构建上盖、下盖的各个实体部分。

创建上盖和下盖薄壁件步骤如下。

(1) 创建下盖薄壁件。点选草绘工具，选择 X-Z 平面作为草绘平面，绘制如图 2-3-13 所示的两条曲线，然后拉伸出如图 2-3-14 所示的两个曲面。

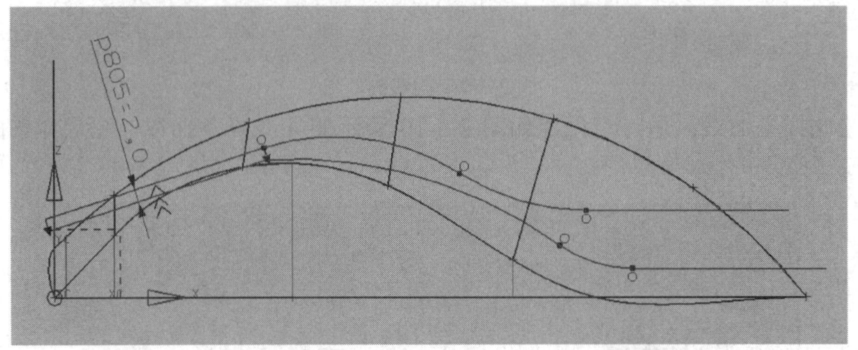

图 2-3-13 草绘曲线

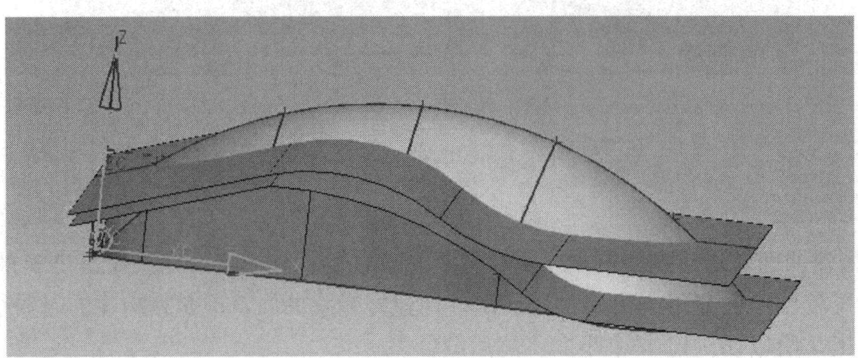

图 2-3-14 拉伸曲面

(2) 分割实体。点选拆分体工具，用如图 2-3-14 所示的两个曲面分割前面创建的鼠标轮廓，将整个实体分割为三份，结果如图 2-3-15 所示。

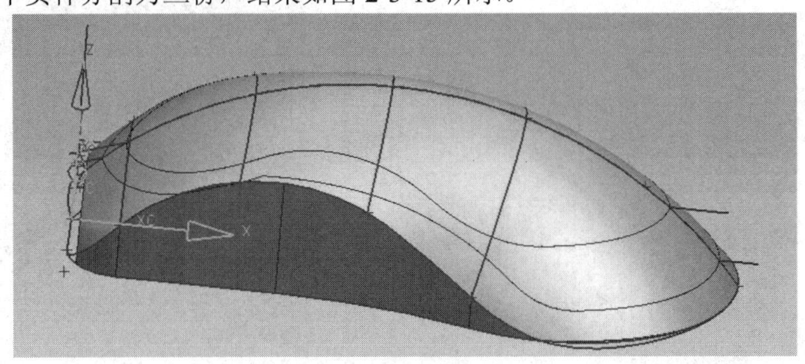

图 2-3-15 拆分体

(3) 创建上盖及下盖薄壁件。将其他两个实体隐藏，对上盖进行抽壳，壁厚为 2mm，结果如图 2-3-16、图 2-3-17 所示。

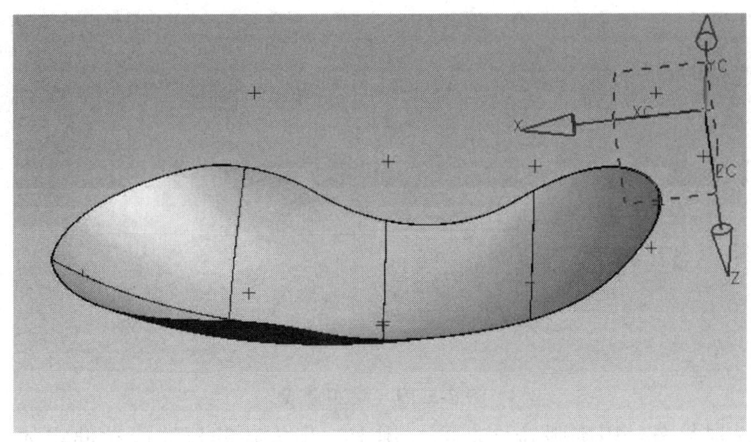

图 2-3-16 上盖薄壁件

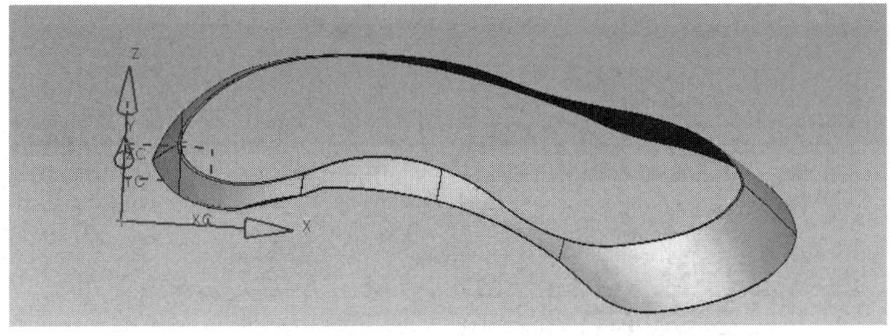

图 2-3-17 下盖薄壁件

4. 鼠标后上盖设计

将上盖分割为后上盖和前上盖，其中前上盖是为了后面创建左右键实体做准备。具体设计思路与前面创建上盖、下盖实体一致，首先构建分割曲线。

(1) 创建分割曲线。首先将坐标系作一定的旋转，然后用三点画圆弧。3 个点的坐标依次为(45，30，0)、(45，-30，0)、(40，0，0)，结果如图 2-3-18 所示。

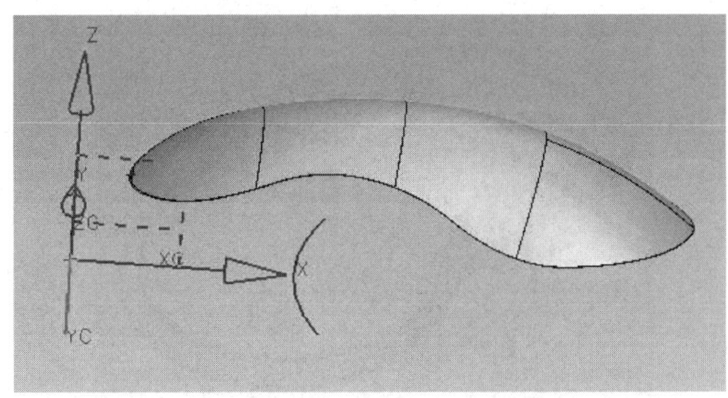

图 2-3-18 三点画圆弧

(2) 绘制直线段。通过点(0，1.5，0)、(15，1.5，0)、(15，4.5，0)、(32，4.5，0)、(32，1.5，0)、(52，1.5，0)绘制直线。此时要特别注意坐标系的方向，读者在绘制时也可自定尺寸。然后用变换工具对直线进行镜像，并用直线工具进行连接，结果如图 2-3-19 所示。

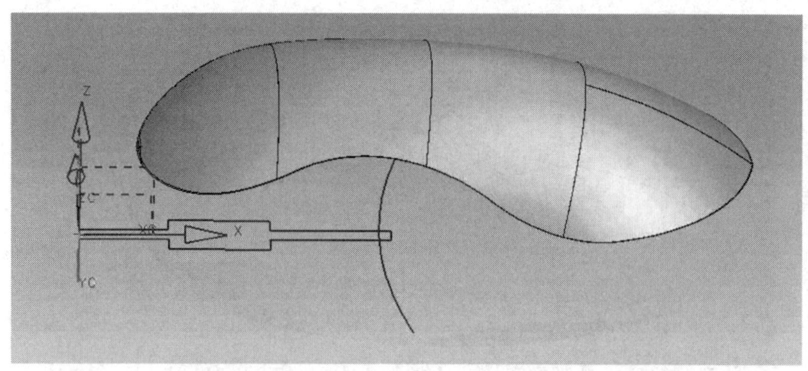

图 2-3-19 绘制直线

(3) 创建分割曲面。用圆弧拉伸曲面，用上一步创建的直线段拉伸实体。分别用曲面对实体进行拆分，并用拉伸出的实体与分割后的实体求交，结果如图 2-3-20 所示。

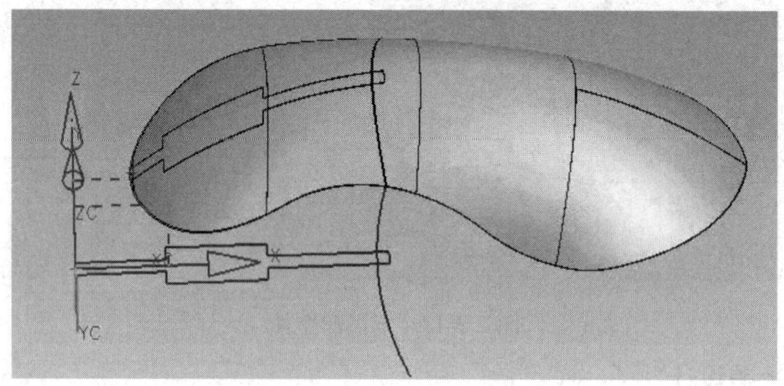

图 2-3-20 拆分、求交

5. 鼠标下壳设计

对下壳进行抽壳，底面壁厚为 2 mm，侧面壁厚为 1 mm，并对过渡部分进行倒圆角，结果如图 2-3-21 所示。

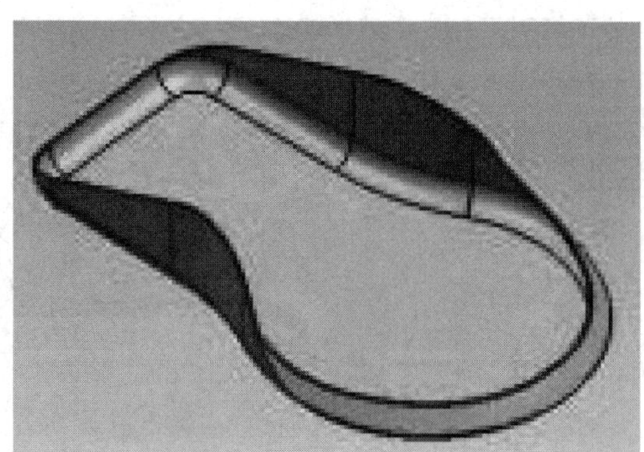

图 2-3-21 下壳薄壁件

6. 鼠标按键设计

此部分的设计过程类似于上盖的创建，结果如图 2-3-22 所示。

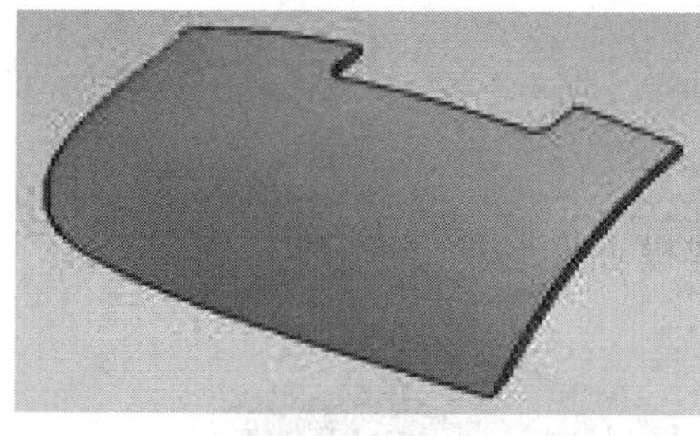
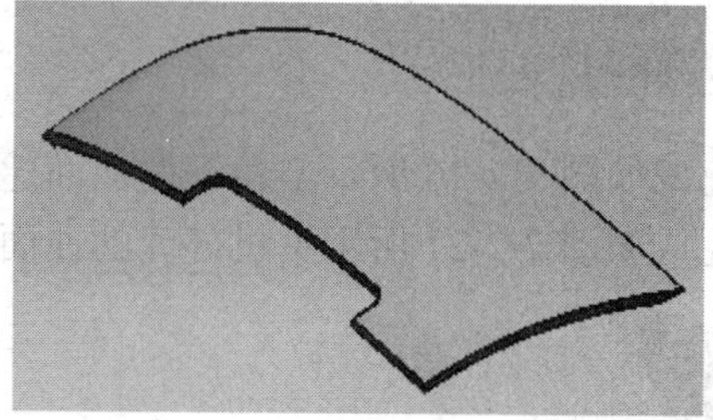

图 2-3-22　鼠标按键

7. 鼠标镶嵌条及滚轮的设计

(1) 绘制矩形。通过点(17，2.5，0)，(25，−2.5，0)，圆角 R1，创建完成后进行拉伸，拉伸后与前面创建的交集部分再进行求差，结果如图 2-3-23 所示。

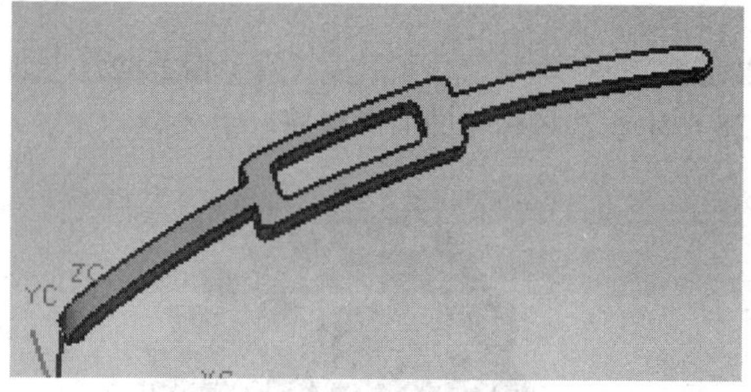

图 2-3-23　拉伸求差

(2) 构建圆柱。直径为 12 mm，高为 4 mm，创建直径为 1.5 mm 的孔，并创建支撑轴，支撑轴直径为 1.5 mm，高度为 25 mm，结果如图 2-2-24 所示。

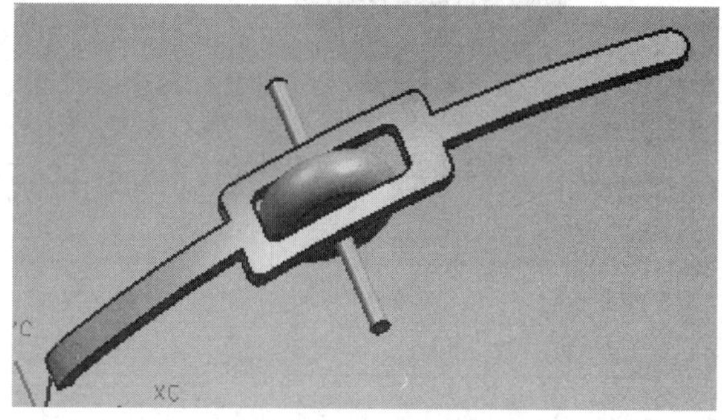

图 2-2-24　滚轮结构

然后进行渲染，最终得到的鼠标造型如图 2-2-25 所示。

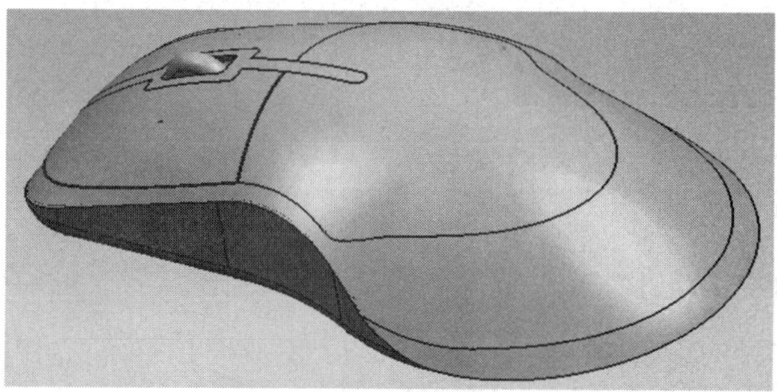

图 2-2-25　鼠标最终造型

四、相关练习

1. 完成如图 2-2-26 所示羊角锤的曲面建模。
2. 完成如图 2-2-27 所示手机外壳的曲面建模。

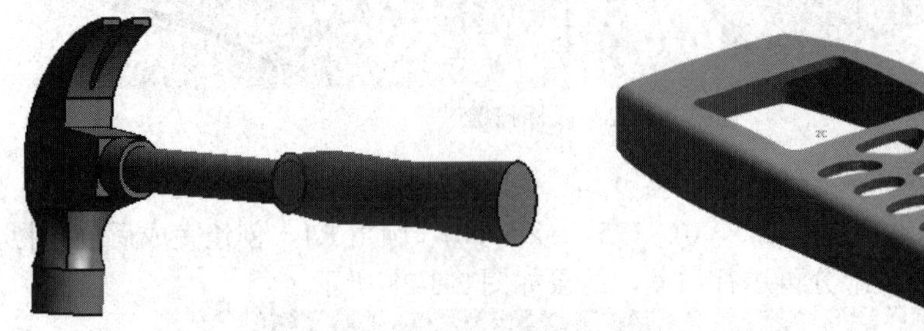

图 2-2-26　羊角锤　　图 2-2-27　手机外壳

3. 完成如图 2-2-28 所示波浪形棘轮的曲面建模。

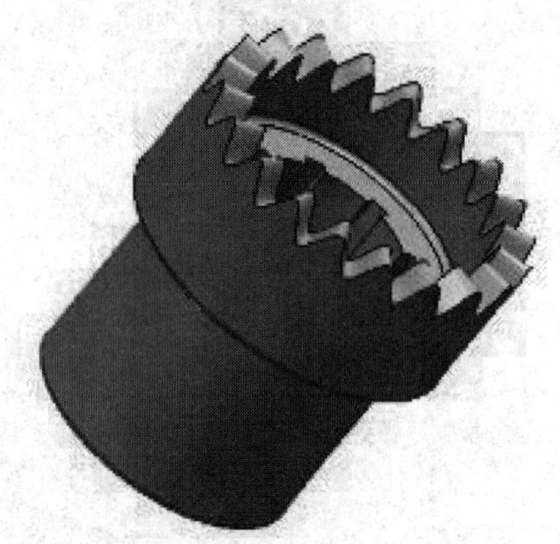

图 2-2-28　波浪形棘轮

项目三　UG 装配建模

学习目标：

1. 熟悉 UG 软件装配环境，掌握装配相关命令的位置和功能；

2. 掌握典型机械产品装配的基本思路和方法，能够将零件按照装配关系正确完成产品装配。

工作任务：

在 UG 装配模块中完成自底向上的装配，并建立装配爆炸与爆炸工程图

模块一　虎钳的装配

一、学习目标

1. 掌握自底向上装配的步骤；

2. 掌握组件间的定位方式的选择和使用；

二、工作任务

完成如图 3-1-1 所示虎钳的各个零件的自底向上装配建模过程。

虎钳包括固定钳身、活动钳身、钳口板、螺杆、螺钉、螺母等零件。虎钳装配的思路为：装配固定钳身子装配→装配活动钳口子装配→装配螺杆和螺母。

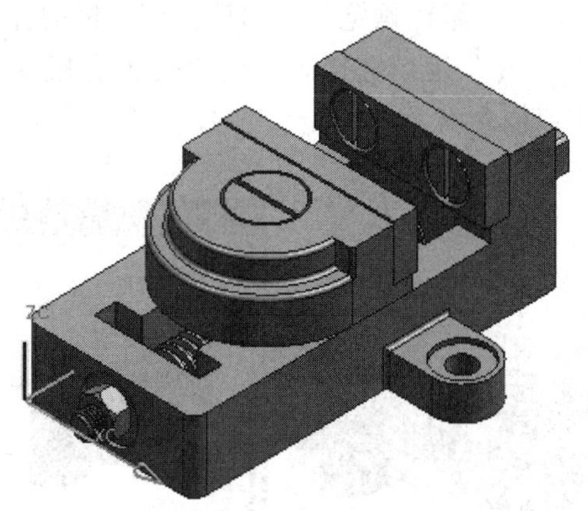

图 3-1-1　虎钳

三、相关实践知识

(一) 装配固定钳身子装配

1. 建立一个新部件文件

通过菜单“文件”→“新建”选项，选择“装配”类型，输入文件名 gudingqianshen_subasm，单击“确定”按钮，进入装配模式。

2. 加固定钳身到装配模型

系统弹出添加“组件”对话框，利用该对话框可以加入已经存在的组件。在弹出的对话框中选择本书配套文件中 part\3\1\gudingqianshen.prt 组件如图 3-1-2 所示。由于该组件是第一个组件，因而在“定位”下拉列表中选择“绝对原点”选项，“引用集”和“层选项”接受系统默认选项并单击“确定”按钮。

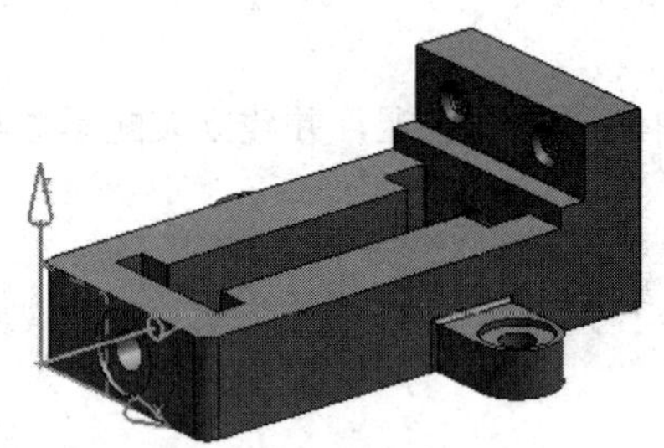

图 3-1-2 添加底座

3. 加钳口板到装配模型

系统再次弹出“添加组件”对话框，在该对话框中选择要装配的零件，此处选择目录 part\3\1\qiankouban，装配钳口板的方法如下。

(1) 选择钳口板后单击“确定”按钮，系统弹出“装配约束”对话框，在“定位”下拉列表中选择“接触对齐”方式，其他不变。

(2) 在“组件预览”窗口选择钳口板的面 1 和面 2，使两个面贴和。选择结束后，系统状态栏会给出零件的剩余自由度数，单击“预览”按钮即可查看装配结果。

(3) 选择“同心”方式，在“组件预览”窗口选择钳口板的孔 1 和底座螺纹孔 1，再单击“同心”按钮，在“组件预览”窗口选择钳口板的孔 2 和底座螺纹孔 2，使两对孔分别对中心，图 3-1-3 为装配钳口板配对示意图。

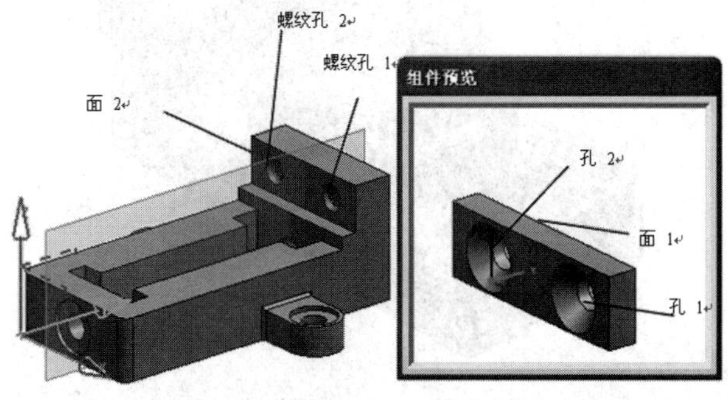

图 3-1-3 装配钳口板配对示意图

(4) 最后单击“确定”按钮确认被装配体，再单击“确定”按钮确认装配体，即可完成钳口板到底座的定位操作，系统状态栏给出装配条件已完全约束的提示，表明钳口板已经完全约束。

4. 添加螺钉

在“添加组件”对话框中选择要装配的零件，此处选择目录 part\3\1\luoding，装配钳口板的方法如下。

(1) 选择螺钉后单击“确定”按钮，系统弹出“装配约束”对话框，在“定位”下拉列表中选择“接触对齐”方式，其他不变。

(2) 在“组件预览”窗口选择螺钉的锥面，再选择钳口板的平头孔的锥面 1，使两锥面贴合。

(3) 选择“中心”方式，在“组件预览”窗口选择螺钉的螺纹部分的轴线，再选择钳口板的螺孔 1 的轴线，使其同轴，图 3-1-4 为装配螺钉配对示意图，连续单击“确定”按钮两次，即可将螺钉装入模型，效果如图 3-1-5 所示。

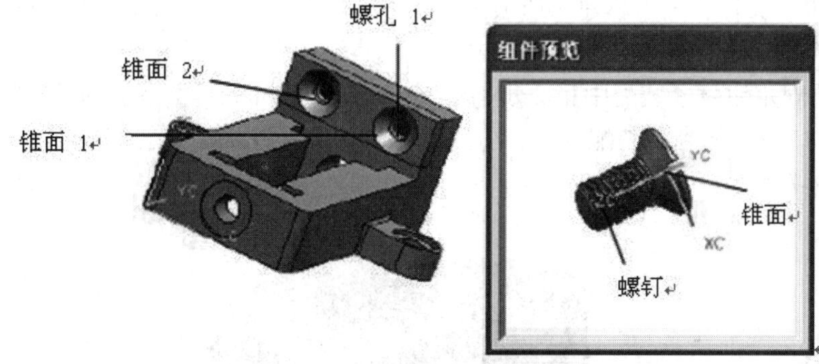

图 3-1-4　装配螺钉配对示意图

图 3-1-5　装配第一个螺钉

(4) 这里为了练习，采用“组件阵列”装配第二个螺钉。单击“特征操作”工具条上的“基准轴”图标，创建一个与 XC 轴同轴的基准轴。通过菜单“装配”→“组件”→“创建阵列”或单击“装配”工具条上面的“创建组件阵列”图标，选择螺钉为阵列对象，在弹出的“创建组件阵列”对话框内选择“线性”选项，单击“确定”按钮，在弹出的“创建线性阵列”对话框中选择“基准轴”选项，选择刚创建的基准轴，在“创建线性阵列”对话框的总数后面的文本框内输入 2，在偏置后面输入偏置量-40，单击“确定”按钮，即可完成第二个螺钉的装配操作，效果如图 3-1-6 所示。

(a) 阵列前　　(b) 阵列后

图 3-1-6　阵列第二个螺钉

(二) 装配活动钳口子装配

(1) 建立一个新部件文件。

通过菜单“文件”→“新建”选项，选择“装配”类型，输入文件名 huodongqiankou_subasm，单击“确定”按钮，进入装配模式。

(2) 仿照固定钳身子装配中第 2 步将“huodongqiankou.prt” 添加到子装配体中，仿照第 3 步将钳口板添加到子装配体中，仿照第 4 步，将螺钉添加到装配模型中，保存，装配效果如图 3-1-7 所示。

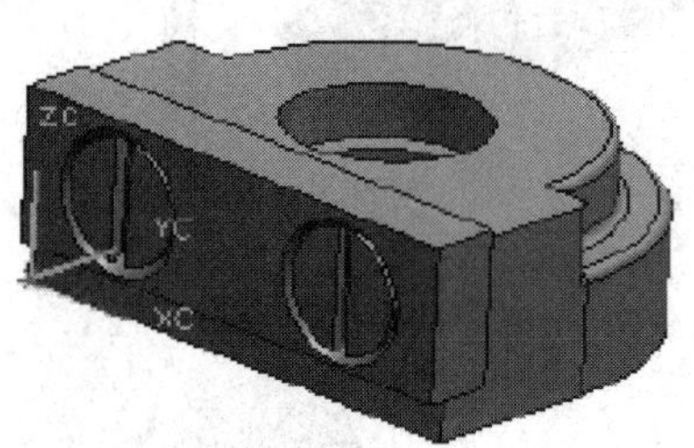

图 3-1-7　活动钳口子装配体

(三) 总体装配

1. 建立一个新部件文件

通过菜单“文件”→“新建”选项，选择“装配”类型，输入文件名 huqian_asm，单击“确定”按钮，进入装配模式。

2. 添加固定钳身子装配到装配模型

系统弹出“添加组件”对话框，利用该对话框可以加入已经存在的组件。在弹出的对话框中选择目录 part\3\1\gudingqianshen_asm.prt 组件。在“定位”下拉列表中选择“绝对原点”选项，“引用集”和“层选项”接受系统默认选项并单击“确定”按钮。

3. 添加活动钳口到装配模型

系统再次弹出“添加组件”对话框，在该对话框中选择要装配的零件，此处选择 huodongqiankou，装配钳口板的方法如下。

(1) 选择钳口板后单击“确定”按钮，系统弹出“装配约束”对话框，在“定位”下拉列表中选择“接触对齐”方式，其他不变。

(2) 选择“组件预览”中的活动钳口的面 1，再选择底座的面 1，使其在同一平面内；选择“组件预览” 中的活动钳口的面 2，再选择底座的面 2，使其在同一平面内，且法线方向一致。

(3) 单击“距离”按钮，选择“组件预览”中的活动钳口的面 3，再选择底座的面 3，在“距离表达式”后面输入 30，图 3-1-8 为活动钳口配对示意图，连续单击“确定”按钮两次，即可完成活动钳口的装配，效果如图 3-1-9 所示。

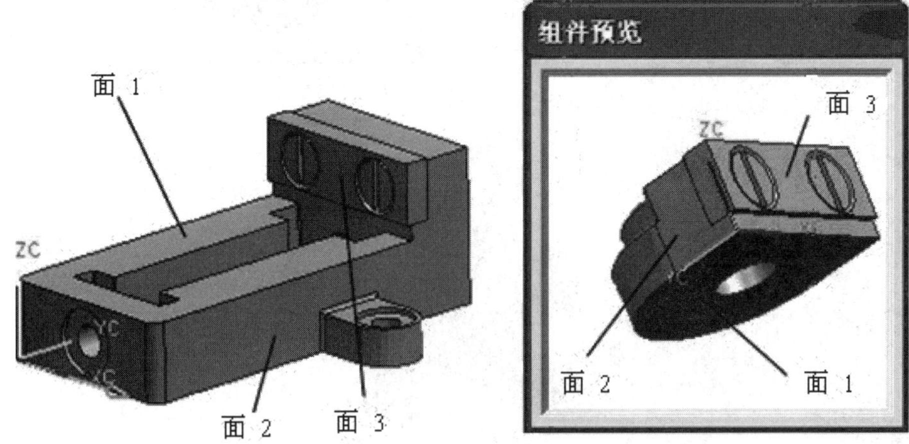

图 3-1-8　活动钳口配对示意图

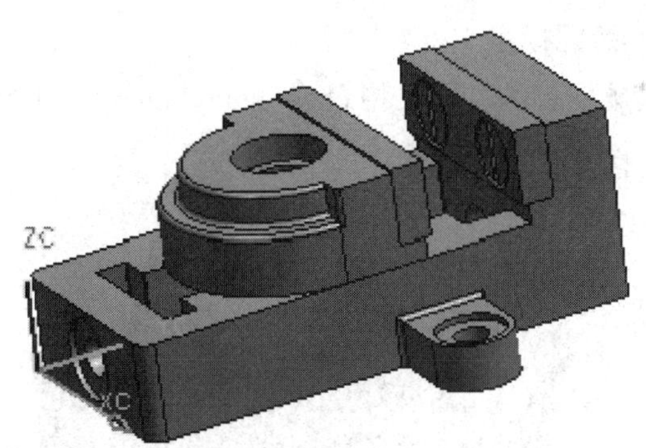

图 3-1-9　装配活动钳口

4. 添加方块螺母到装配模型

在“添加组件”对话框中选择要装配的零件，此处选择目录 part\3\1\fangkuailuomu.prt，装配方法如下。

(1) 选择方块螺母后单击“确定”按钮，系统弹出“装配约束”对话框，在“定位”下拉列表中选择“接触对齐”方式，其他不变。

(2) 选择方头螺母面，再选择装配体中活动钳口的底面，使其在同一平面内，单击“中心”按钮，选择方头螺母上圆柱的轴线，再选择活动钳口上孔的轴线。

(3) 单击“中心”按钮，选择“2 至 2”，选择方头螺母的两侧面和底座内的两侧面配对，图 3-1-10 为方头螺母配对示意图，连续单击“确定”按钮两次，即可完成方头螺母的装配，效果如图 3-1-11 所示。

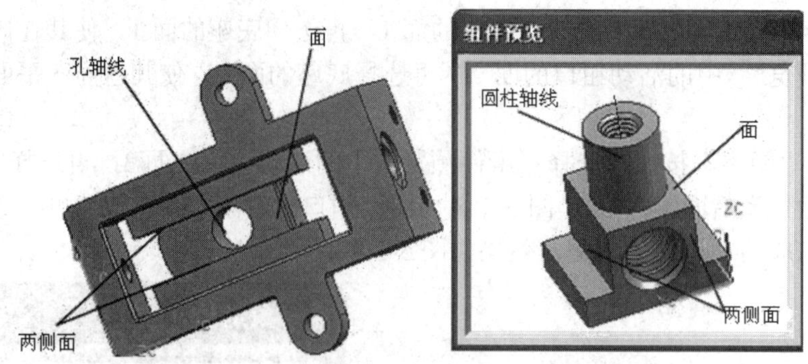

图 3-1-10　方头螺母配对示意图

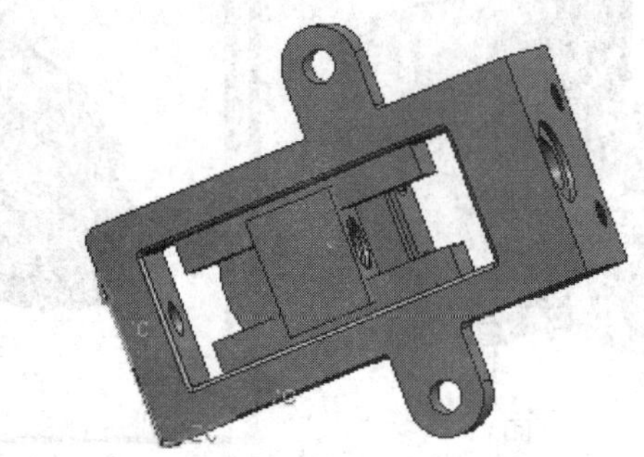

图 3-1-11　装配方头螺母

5. 添加沉头螺钉到装配模型

仿照前面第 4 步装配螺钉的方法，将 chentouluoding.prt 添加到装配模型上，效果如图 3-1-12 所示。

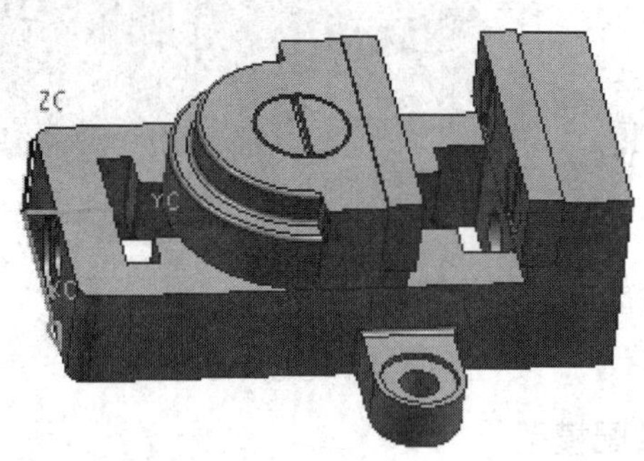

图 3-1-12　装配沉头螺钉

6. 添加螺杆到装配模型

在“添加组件”对话框中选择要装配的零件，此处选择 luogan.prt，装配方法如下。

(1) 选择螺杆后单击“确定”按钮，系统弹出“装配约束”对话框，在“定位”下拉列表中选择“接触对齐”方式，其他不变。

(2) 选择“组件预览”中的螺杆的面，再选择装配体中底座右侧孔的沉头面，使其在同一平面内。

(3) 选择螺杆的轴线，再选择底座右侧孔的轴线，图 3-1-13 为螺杆配对示意图，连续单击“确定”按钮两次，即可完成螺杆的装配，效果如图 3-1-14 所示。

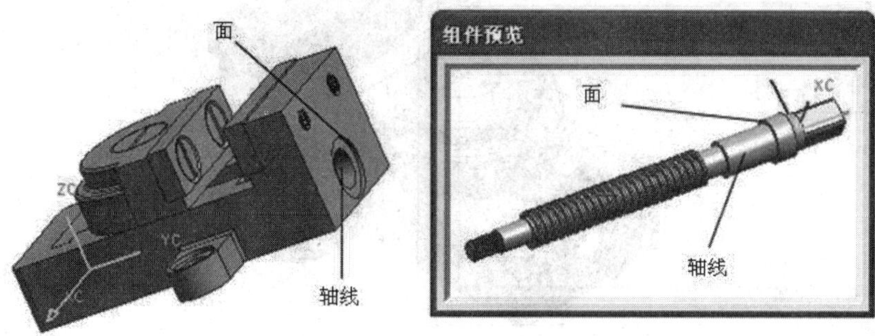

图 3-1-13　螺杆配对示意图

图 3-1-14　装配螺杆

7. 添加螺母到装配模型

在“添加组件”对话框中选择要装配的零件，此处选择目录 part\3\1\luomu.prt，装配方法如下。

(1) 选择螺母后单击“确定”按钮，系统弹出“装配约束”对话框，在“定位”下拉列表中选择“接触对齐”方式，其他不变。

(2) 选择“组件预览”中的螺母的面，再选择装配体中底座左侧孔的沉头面，使其在同一平面内。

(3) 单击“中心”按钮，选择螺母的轴线，再选择底螺杆的轴线，图 3-1-15 为螺母配对示意图，连续单击“确定”按钮两次，即可完成螺杆的装配，效果如图 3-1-16 所示。

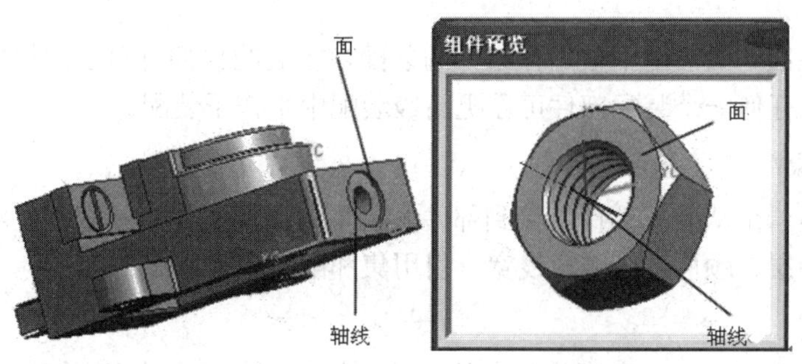

图 3-1-15　螺母配对示意图

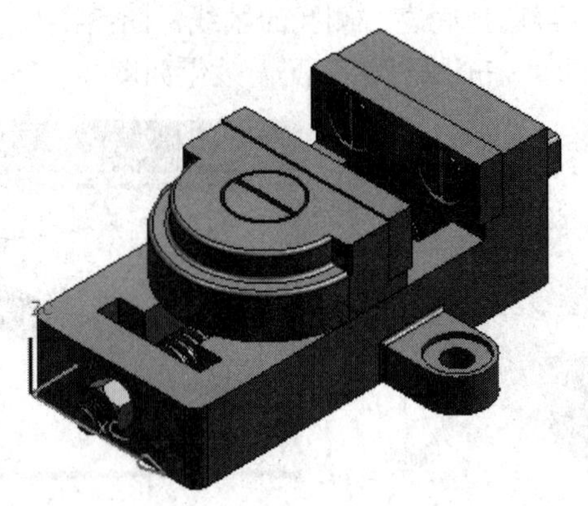

图 3-1-16　装配螺母

四、相关理论知识

(一) 装配概述

UG 装配过程是在装配中建立部件之间的链接关系，它是通过关联条件在部件间建立约束关系来确定部件在产品中的位置。在装配中，部件的几何体是被装配引用，而不是复制到装配中。不管如何编辑部件和在何处编辑部件，整个装配部件始终保持关联性，如果某部件修改，则引用它的装配部件会自动更新，故反映部件的最新变化。

UG 装配模块不仅能快速组合零部件成为产品，而且在装配中，可参照其他部件进行部件关联设计，并可对装配模型进行间隙分析、重量管理等操作。装配模型生成后，可建立爆炸视图，并可将其引入到装配工程图中；同时，在装配工程图中可自动产生装配明细表，并能对轴测图进行局部挖切。

下面介绍一些装配术语与定义。

1. 装配部件

装配部件是由零件和子装配构成的部件。在 UG 中允许向任何一个 Part 文件中添加部件构成装配，因此任何一个 Part 文件都可以作为装配部件。在 UG 中，零件和部件不必严格区分。需要注意的是，当存储一个装配时，各部件的实际几何数据并不是存储在装配部件文件中，而是存储在相应的部件(即零件文件)中。

2. 子装配

子装配是在高一级装配中被用作组件的装配，子装配也拥有自己的组件。子装配是一个相对的概念，任何一个装配部件可在更高级装配中用作子装配。

3. 组件对象

组件对象是一个从装配部件链接到部件主模型的指针实体。一个组件对象记录的信息有：部件名称、层、颜色、线型、线宽、引用集和配对条件等。

4. 组件

组件是装配中由组件对象所指的部件文件。组件可以是单个部件(即零件)，也可以是一个子装配。组件是由装配部件引用而不是复制到装配部件中。

5. 单个零件

单个零件是指在装配外存在的零件几何模型，它可以添加到一个装配中去，但它不能含有下级组件。

6. 自顶向下装配

自顶向下装配，是指在装配级中创建与其他部件相关的部件模型，是在装配部件的顶级向下产生子装配和部件(即零件)的装配方法。

7. 自底向上装配

自底向上装配是先创建部件几何模型，再组合成子装配，最后生成装配部件的装配方法。

8. 混合装配

混合装配是将自顶向下装配和自底向上装配结合在一起的装配方法。例如先创建几个主要部件模型，再将其装配在一起，然后在装配中设计其他部件，即为混合装配。在实际设计中，可根据需要在两种模式下切换。

9. 主模型

主模型是供 UG 模块共同引用的部件模型。同一主模型，可同时被工程图、装配、加工、机构分析和有限元分析等模块引用，当主模型修改时，相关应用自动更新。如图 3-1-17 所示，当主模型修改时，有限元分析、工程图、装配和加工等应用都根据部件主模型的改变自动更新。

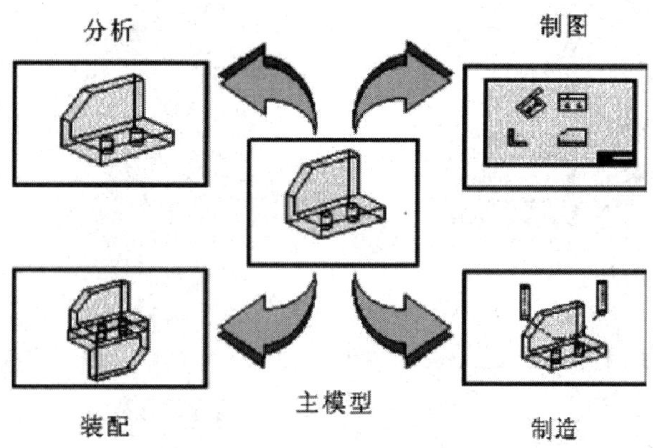

图 3-1-17 主模型的应用

(二) 自底向上装配

在 UG 的装配模块完成自底向上的装配过程可分为以下几步：

(1) 新建装配部件文件。

UG 的单个文件与装配文件均以“part”为后缀，为区分零件文件与装配文件，在装配文件命名上一般以“xxx_asm”为文件名，以示区分。

(2) 在新建装配部件中添加已存零(部)件。

添加已存在的组件到装配体中是自底向上装配方法中的一个重要步骤，通过逐个添加已存在的组件到工作组件中作为装配组件，从而构成整个装配体。此时，若组件文件发生了变化，所有引用该组件的装配体在打开时将自动更新相应组件文件，其结果可以在“组件预览”中察看，如图 3-1-18 所示。

图 3-1-18 “组件预览”窗口

“添加组件”对话框中包含以下参数选项。

① “已加载的部件”列表框。在该列表框中显示已弹出的部件文件，若要添加的部件文件已存在于该列表框中，可以直接选择该部件文件。

② “打开”按钮。单击该按钮，弹出如图 3-1-19 所示的“部件名”对话框，在该对话框中选择要添加的部件文件 *.prt。

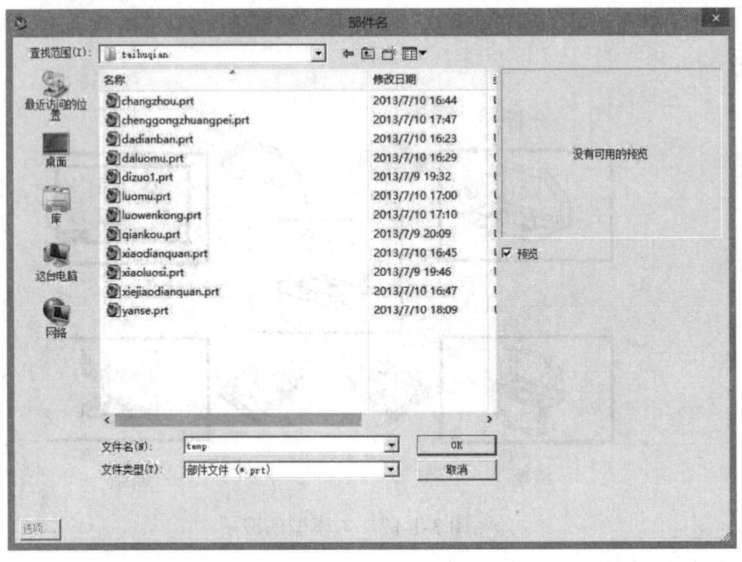

图 3-1-19 “部件名”对话框

③ 定位。用于指定组件在装配中的定位方式。其下拉列表中提供了“绝对原点”“选择原点”“配对”和“移动”等 7 种定位方式。其详细概念将在后面介绍。

④ 引用集。用于改变引用集。默认引用集是 MODEL，表示只包含整个实体的引用集。用户可以通过其下拉列表选择所需的引用集。

⑤ 层选项。用于设置将添加组件加到装配组件中的哪一层，其下拉列表中包括“工作”“原先的”和“定义的”3 个选项。

(3) 为载入的零(部)件定位。

两个零件往往需要多个约束条件才能完成。在多个配对条件的选择过程中，始终先选同一个件，即该件为动件，而后选择静件。

(4) 验证定位是否恰当。

(三) 引用集

由于在零件设计中，包含了大量的草图、基准平面及其他辅助图形数据。如果要显示装配中各组件和子装配的所有数据，一方面容易混淆图形，另一方面由于要加载组件的所有数据，需要占用大量内存，因此不利于装配工作的进行。于是，在 UG 的装配中，为了优化大模型的装配，引入了引用集的概念。通过引用集的操作，用户可以在需要的几何信息之间自由操作，同时避免了加载不需要的几何信息，极大地优化了装配的过程。

1. 引用集的概念

引用集是用户在零组件中定义的部分几何对象，它代表相应的零组件进行装配。引用集可以包含下列数据：实体、组件、片体、曲线、草图、原点、方向、坐标系、基准轴及基准平面等。引用集一旦产生，就可以单独装配到组件中。一个零组件可以有多个引用集。

2. 引用集的使用

(1) UG NX 8.5 系统包含的默认引用集有以下几种。

① 模型：只包含整个实体的引用集。

② 整个部件：表示引用集是整个组件，即引用组件的全部几何数据。

③ 空的：表示引用集是空的引用集，即不含任何几何对象。当组件以空的引用集形式添加到装配中时，在装配中看不到该组件。

(2) 选择“格式”→“引用集”选项，弹出如图 3-1-20 所示的“引用集”对话框。该对话框用于对引用集进行创建、删除、更名、编辑属性、查看信息等操作。

① 创建 ：用于创建引用集。组件和子装配都可以创建引用集。组件的引用集既可在组件中建立，也可在装配中建立。但组件要在装配中创建引用集，必须使其成为工作部件。单击该图标，出现如图 3-1-21 所示的“引用集”对话框(2)。其中，“引用集名称”文本框用于输入引用集的名称。

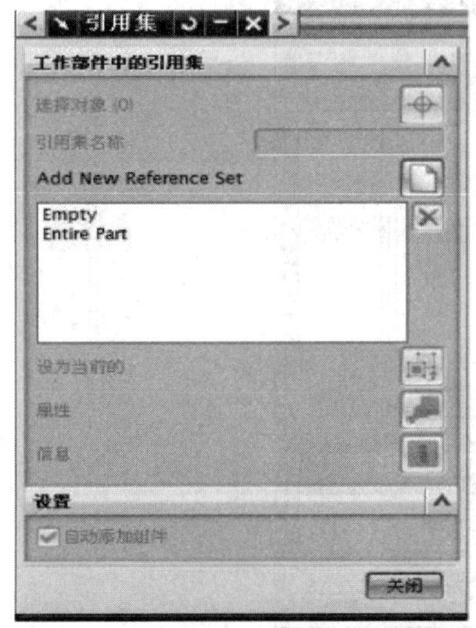

图 3-1-20　“引用集”对话框(1)

图 3-1-21　“引用集”对话框(2)

② 删除：用于删除组件或子装配中已创建的引用集。在“引用集”对话框中选中需要删除的引用集后，单击该图标删除所选引用集。

③ 编辑属性：用于编辑所选引用集的属性。单击该图标，弹出如图 3-1-22 所示的“引用集属性”对话框。该对话框用于输入属性的名称和属性值。

④ 信息：单击该图标，弹出“信息”窗口，该窗口用于输出当前零组件中已存在的引用集的相关信息。

⑤ 设为当前值：用于将所选引用集设置为当前引用集。

在正确地建立了引用集后，保存文件，以后在该零件加入装配的时候，在“引用集”选项中就会有用户自己设定的引用集了。在加入零件以后，还可以通过装配导航器在不同定义的引用集之间切换。

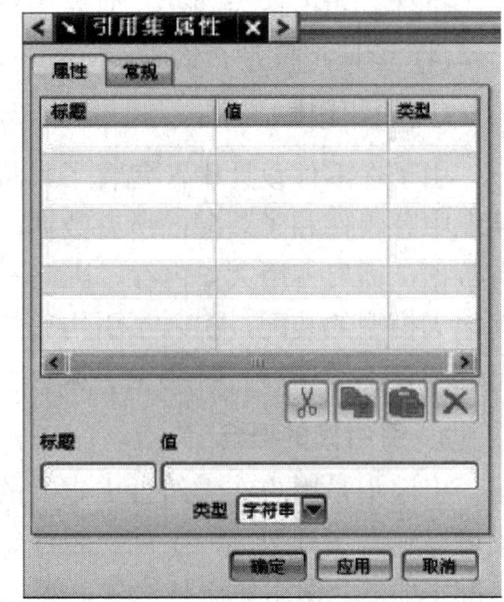

图 3-1-22 “引用集属性”对话框

(四) 组件定位

在装配过程中，用户除了添加组件，还需要确定组件间的关系，这就要求对组件进行定位。UG NX 8.5 提供了“绝对原点”“选择原点”“通过约束”和“移动组件”4 种定位方式。

1. 绝对原点

绝对原点用于按绝对原点方式添加组件到装配的操作。

2. 选择原点

选择原点用于按绝对定位方式添加组件到装配的操作。在如图 3-1-23 所示“添加组件”对话框中选择该选项，单击“确定”按钮，弹出“点”对话框，该对话框用于指定组件在装配中的目标位置。

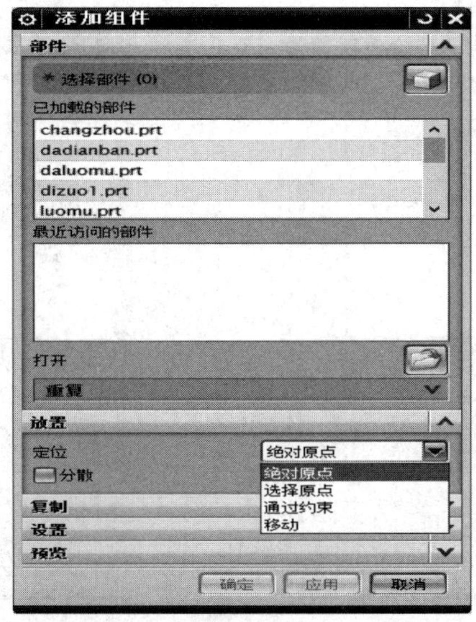

图 3-1-23 “添加组件”对话框

3. 通过约束

通过约束用于按照配对条件确定组件在装配中的位置。在如图 3-1-23 所示对话框中，选择该选项，单击“确定”按钮，或在菜单区选择“装配”→“组件”→“装配约束”选项，或单击“装配”工具条中的 ，弹出如图 3-1-24 所示的“装配约束”对话框。该对话框用于通过配对约束确定组件在装配中的相对位置。

(1) 类型。

“类型”下拉列表如图 3-1-25 所示。

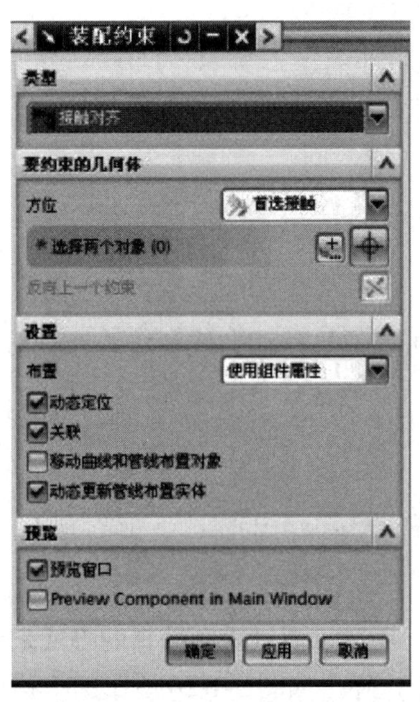

图 3-1-24　“装配约束”对话框

图 3-1-25　“类型”下拉列表

① 角度 ：用于在两个对象之间定义角度尺寸，约束相配组件到正确的方位上。

角度约束可以在两个具有方向矢量的对象间产生，角度是两个方向矢量间的夹角。这种约束允许配对不同类型的对象。

② 中心 ：用于约束两个对象的中心对齐。选中该图标时，“中心对齐”选项被激活，其下拉列表中包括以下几个选项。

1 对 2：用于将相配组件中的一个对象定位到基础组件中的两个对象的对称中心上。

2 对 1：用于将相配组件中的两个对象定位到基础组件中的一个对象上，并与其对称。

2 对 2：用于将相配组件中的两个对象与基础组件中的两个对象成对称布置。选择该选项时，选择步骤中的第四个图标被激活。

(注：相配组件是指需要添加约束进行定位的组件，基础组件是指位置固定的组件。)

③ 胶合 ：用于约束两个对象胶合在一起，不能相互运动。

④ 适合 ：用于约束两个对象保持适合的位置关系。

⑤ 接触对齐 ：选中该图标时，“方位”选项被激活，其下拉列表中包括以下几个选项。

首选接触：系统采用自动判断模式，根据用户的选择自动判断是接触还是对齐。推荐初学者选用。

接触：用于定位两个贴合对象。当对象是平面时，它们共面且法向方向相反。

对齐：用于对齐相配对象。当对齐平面时，两个表面共面且法向方向相同。

自动判断中心/轴：系统自动判断所选对象的中心或轴。

⑥ 同心 ：用于约束两个对象同心。

⑦ 距离 ：用于指定两个相配对象间的最小三维距离，距离可以是正值也可以是负值，正负号确定相配对象是在目标对象的哪一边。当选择该选项时，“距离表达式”文本框被激活，该文本框用于输入要偏置的距离值。

⑧ 固定 ：用于约束对象固定在某一位置。

⑨ 平行 ：用于约束两个对象的方向矢量彼此平行。

⑩ 垂直 ：用于约束两个对象的方向矢量彼此垂直。

(2) 要约束的几何体：用于选择需要约束的几何体。

(3) 设置，包括以下多选项。

① 动态定位：用于设置是否显示动态定位。

② 关联：用于设置所选对象是否建立关联。

③ 移动曲线和管线布置对象：用于设置是否可以通过移动曲线和管线布置对象。

④ 动态更新管线布置实体：用于设置是否动态更新管线布置实体。

(4) 预览：用于预览配对效果。

① 预览窗口：用于设置是否显示预览窗口。

② Preview Component in Main Window：用于设置是否在主窗口中预览部件。

4. 移动组件

如果使用配对的方法不能满足用户的实际需要，还可以通过手动编辑的方式来进行定位。单击“装配”工具条中的“移动组件”图标 ，弹出如图 3-1-26 所示的“移动组件”对话框。

图 3-1-26 “移动组件”对话框

移动组件类型如图 3-1-27 所示。

(1) 动态：系统根据用户鼠标所选位置动态定位组件。

(2) 通过约束：通过装配约束定位组件。

(3) 点到点：用于采用点到点的方式移动组件。选择该选项，弹出“点”对话框，提示先后选择两个点，系统根据这两点构成的矢量和两点间的距离，沿着这个矢量方向移动组件。

(4) 平移：用于平移所选组件。选择该选项，弹出“变换”对话框。该对话框用于沿 X、Y 坐标轴方向移动一个距离。如果输入的值为正，则沿坐标轴正向移动；反之，则沿负向移动。

(5) 沿矢量：通过沿矢量方向来定位组件。

(6) 绕轴旋转：用于绕轴线选择所选组件。选择该选项，弹出“点”对话框，用来定义一个点。然后弹出“矢量”对话框，要求定义一个矢量。系统会将 WCS 原点移动到定义的点，然后 WCS 的 X 轴会沿着定义的矢量方向，最后回到和“绕点旋转”类似的对话框，用来旋转组件。

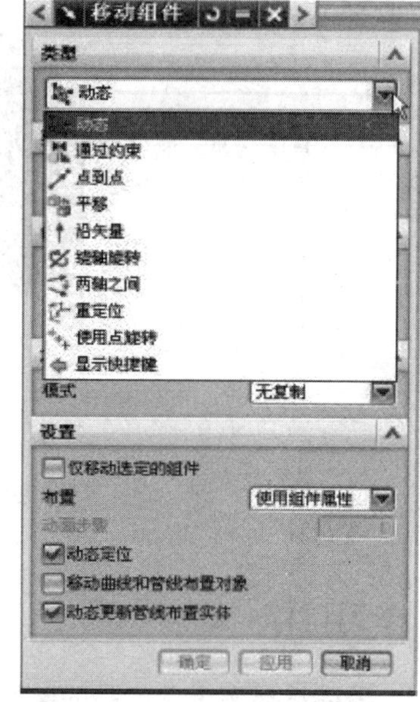

图 3-1-27　“类型”下拉列表 2

(7) 两轴之间：用于在选择的两轴之间旋转所选的组件。选择该选项，弹出“点”对话框，用于指定参考点，然后弹出“矢量”对话框，用于指定参考轴和目标轴的方向。在参考轴和目标轴定义后，回到和“绕点旋转”类似的对话框，用来旋转组件。

(8) 重定位：用于采用移动坐标方式重新定位所选组件。选择该选项，弹出“CSYS 构造器”对话框，该对话框用于指定参考坐标系和目标坐标系。选择一种坐标定义方式定义参考坐标系和目标坐标系后，单击“确定”按钮，则组件从参考坐标系的相对位置移动到目标坐标系中的对应位置。

(9) 使用点旋转：用于绕点旋转组件。

五、相关练习

1. 完成随书配套文件 part\3\3-1-1 中机械臂的装配，如图 3-1-28 所示。

图 3-1-28　机械臂

2. 完成随书配套文件 part\3\3-1-2 中泵体的装配，如图 3-1-29 所示。

图 3-1-29 泵体

模块二 卡丁车的装配

一、学习目标

1. 熟练掌握多零件产品的装配方法和步骤；

2. 能够正确分析装配件各组件装配关系，熟练使用“定位”“约束”等思想完成产品装配；

3. 掌握装配“爆炸图”创建的基本方法和步骤以及编辑等相关操作。

二、工作任务

完成如图 3-2-1 所示的卡丁车的各个零件的自底向上装配建模过程。

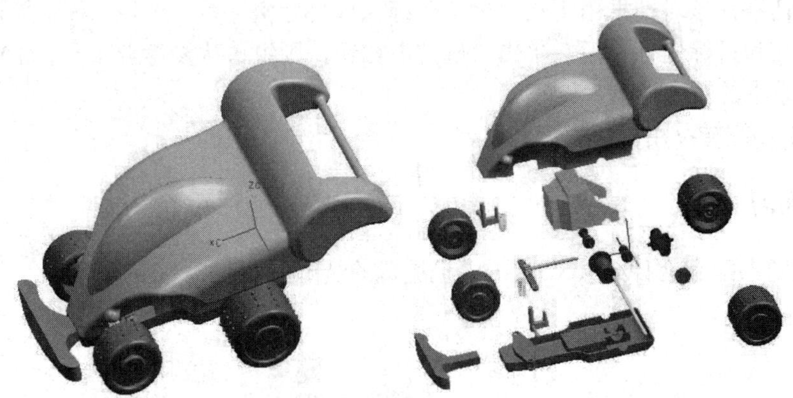

图 3-2-1 卡丁车装配与爆炸图

三、相关实践知识

(一) 建立装配文件

选择“文件”→“新建”命令，新建名称为 kadingche_asm.prt 的部件文档，选择“起始”→“建模”命令打开建模功能，再选择“起始”→“装配”，打开装配功能。

(二) 建立动力箱子装配体

(1) 建立一个新部件文件。选择“文件”→“新建”命令，新建名称为 donglixiang_subasm.prt 的部件文档，选择“起始”→“建模”命令打开建模功能；

(2) 添加动力箱到装配模型。单击“添加现有的组件”图标，在弹出的“选择部件”对话框中单击“选择部件文件”，找到目录 part\3\2\donglixiang.prt 文件，单击“OK”按钮，弹出“添加现有部件”对话框，如图 3-2-2 所示，接受默认设置，单击“确定”按钮，将动力箱添加到装配文件中，如图 3-2-3 所示。

图 3-2-2　“添加现有部件”对话框

图 3-2-3　添加动力箱

(3) 添加轴到装配模型。继续单击“选择部件文件”，找到目录 part\3\2\zhou.prt 文件，单击“OK” 按钮，弹出“添加现有部件”对话框，选择“定位”为“通过约束”，单击“确定”按钮，弹出“装配约束”对话框，参照图 3-2-4 所示位置，单击“中心”图标，选择“组件预览”中传动轴一的“轴”，再选择动力箱上的“孔 1”使其“同心”，单击“中心”图标，“中心对象”选择“2 至 2”，选择“组件预览”中传动轴一的“端面 1”，接着选择动力箱上的“面 1”，再选择“组件预览”中的传动轴一的“端面 2”，最后选择动力箱的“面 2”，使轴两端露出同样长度，连续两次单击“确定”按钮，完成传动轴一的安装，效果如图 3-2-5 所示。

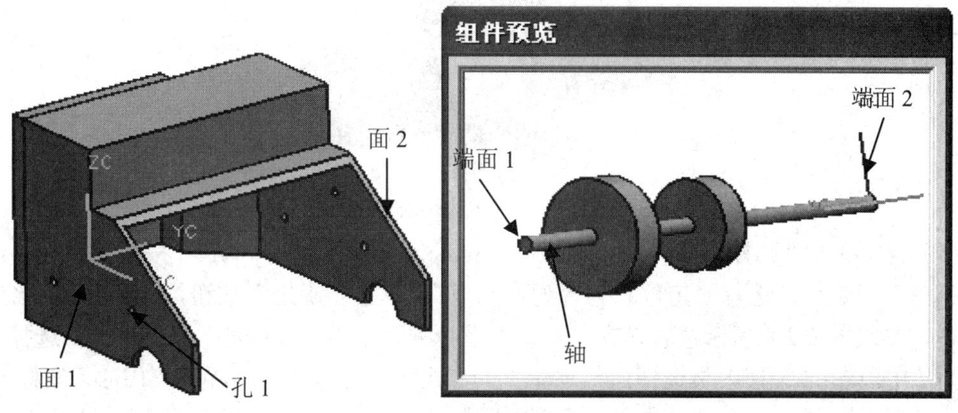

图 3-2-4　装配传动轴配对示意图

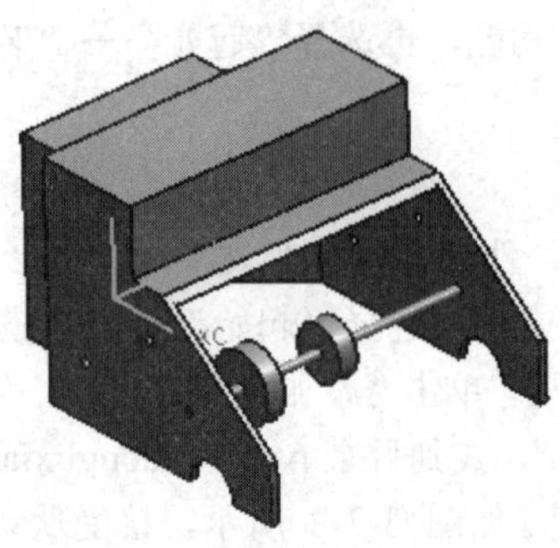

图 3-2-5 装配传动轴一

(4) 重复(3)的操作步骤将传动轴二和三装入，构成动力箱，传动轴二和三的位置参见图 3-2-6 所示。

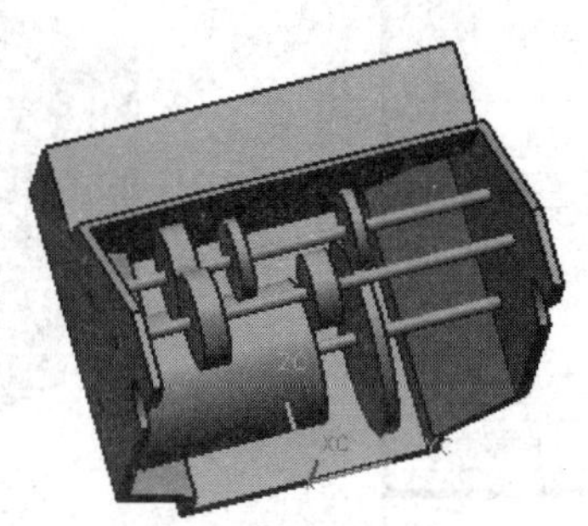

图 3-2-6 装配传动轴二和三

(三) 建立传动箱子装配体

(1) 建立传动箱子装配体：选择“文件”→“新建”命令，新建名称为 chuandongxiang_subasm.prt 的部件文档，选择“起始”→“建模”命令打开建模功能。

(2) 单击“添加现有的组件”图标，在弹出的“选择部件”对话框中单击“选择部件文件”，找到 houchuandongxiang.prt 文件，单击“OK” 按钮，弹出“添加现有部件”对话框，接受默认设置，单击“确定”按钮，将传动箱添加到装配文件中，如图 3-2-7 所示。

图 3-2-7 装配后传动箱

(3) 继续单击“选择部件文件”，找到 chilun.prt 文件，单击“OK”按钮，弹出“添加现有部件”对话框，选择“定位”为“通过约束”，单击“确定”按钮，弹出“装配约束”对话框，参照图 3-2-8 所示位置，在“类型”下拉列表中单击“中心”图标，选择“组件预览”中齿轮的“孔”，再选择后传动箱上的“孔”使其“同心”，单击“中心”图标，“中心对象”选择“2 至 2”，选择“组件预览”中齿轮的“端面 1”，接着选择后传动箱上的“面 1”，再选择“组件预览”中的齿轮的“端面 2”，最后选择后传动箱的“面 2”，使齿轮在箱中间位置，连续两次单击“确定”按钮，完成齿轮的安装，效果如图 3-2-9 所示。

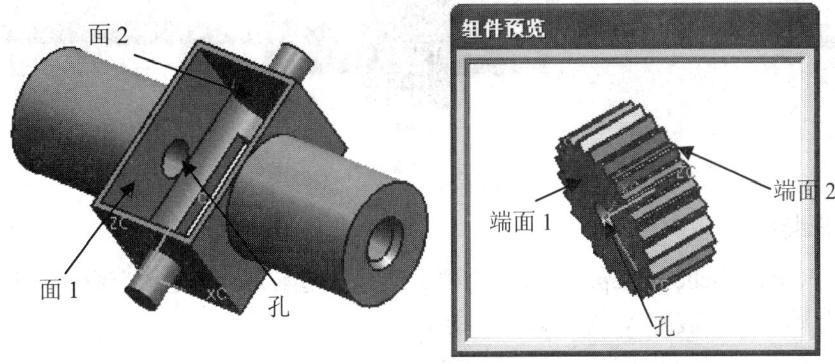

图 3-2-8　装配齿轮配对示意图

图 3-2-9　装配齿轮

(4) 继续单击“选择部件文件”，找到 houzhou .prt 文件，单击“OK”按钮，弹出“添加现有部件”对话框，选择“定位”为“通过约束”，单击“确定”按钮，弹出“装配约束”对话框，参照图 3-2-8 所示位置，在“类型”下拉列表中单击“中心”图标，参照图 3-2-10 所示位置，选择“组件预览”中后轴的“轴”，再选择后传动箱上的“孔”使其“同心”，单击“中心”图标，“中心对象”选择“2 至 2”，选择“组件预览”中后轴的“端面 1”，接着选择后传动箱上的“面 1”，再选择“组件预览”中的后轴的“端面 2”，最后选择后传动箱的“面 2”，单击“配对”图标，选择“组件预览”中的“平面”，接着选择后传动箱中齿轮孔上“平面”，连续两次单击“确定”按钮，完成后轴的安装，效果如图 3-2-11 所示。

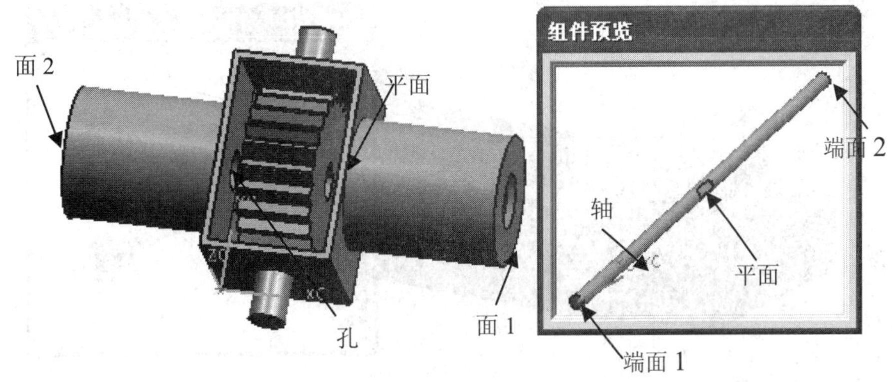

图 3-2-10　装配后轴配对示意图

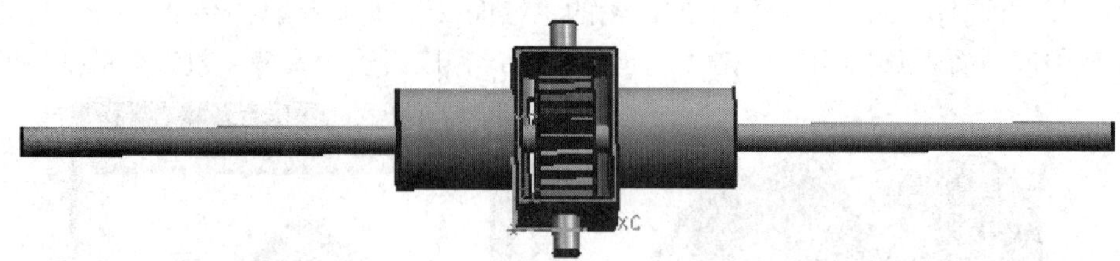

图 3-2-11　装配后轴

(四) 总装配

(1) 打开 kadingche_asm.prt 的部件文档，选择“起始”→“建模”命令打开建模功能，再选择“起始”→“装配”，打开装配功能。

(2) 安装基础件底盘。单击“添加现有的组件”图标，在弹出的“选择部件”对话框中单击“选择部件文件”，找到 downbody.prt 文件，单击“OK”按钮，弹出“添加现有部件”对话框，接受默认设置，单击“确定”按钮，将底盘添加到装配文件中，如图 3-2-12 所示。

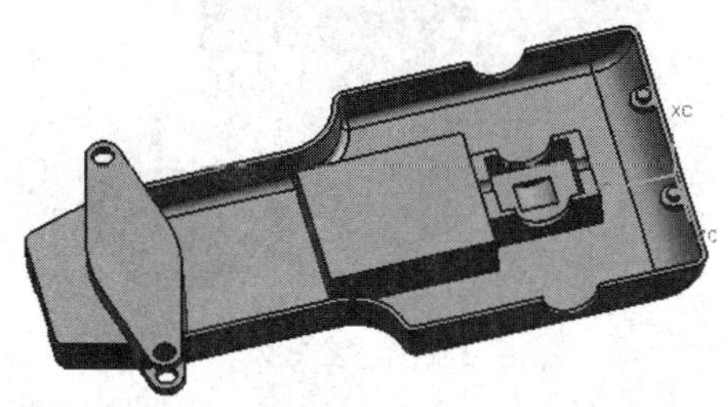

图 3-2-12　装配底盘

(3) 装配杆翼 1。继续单击“选择部件文件”，找到 ganyi1.prt 文件，单击“OK”按钮，弹出“添加现有部件”对话框，选择“定位”为“通过约束”，单击“确定”按钮，弹出“装配约束”对话框，参照图 3-2-13 所示位置，单击“中心”图标，选择“组件预览”中杆翼 1 的“轴”，再选择底盘上的“孔”使其“同心”，单击“配对”图标，选择杆翼 1 的“底面”，再选择底盘上的“面 1”使其配合，单击“平行”图标，选择杆翼 1 的“背面”，再选择底盘上的“面 2”，连续两次单击“确定”按钮，将杆翼 1 装配到装配体中，如图 3-2-14 所示。

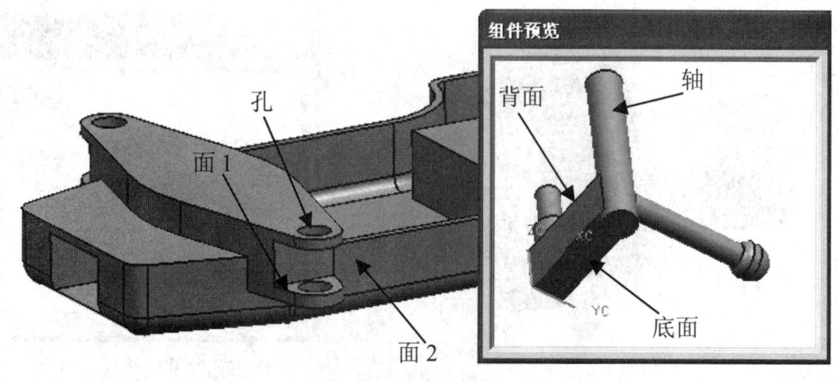

图 3-2-13　装配杆翼 1 配对示意图

(4) 装配杆翼 2。重复(3)的步骤，将杆翼 2 装配到装配体中去，如图 3-2-15 所示。

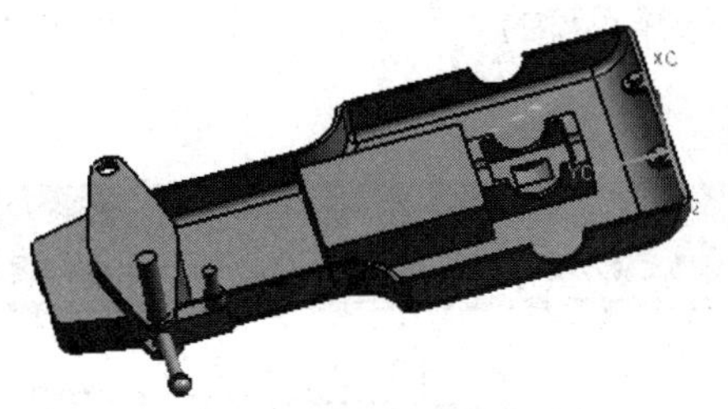

图 3-2-14 装配杆翼 1

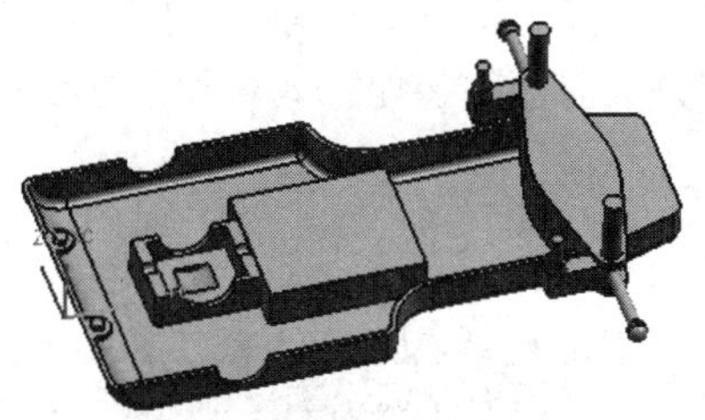

图 3-2-15 装配杆翼 2

(5) 装配齿条。继续单击“选择部件文件”，找到 chitiao.prt 文件，单击“OK”按钮，弹出“添加现有部件”对话框，选择“定位”为“通过约束”，单击“确定”按钮，弹出“装配约束”对话框，参照图 3-2-16 所示位置，单击“中心”图标，选择“组件预览”中齿条的“孔 1”，再选择杆翼上的“轴 1”使其“同心”，单击“中心”图标，选择齿条的“孔 2”，再选择杆翼上的“轴 2”使其“同心”，单击“配对”，选择齿条的“底面”，再选择杆翼上的“台面”使其配合，连续两次单击“确定”按钮，完成齿条的装配，如图 3-2-17 所示。

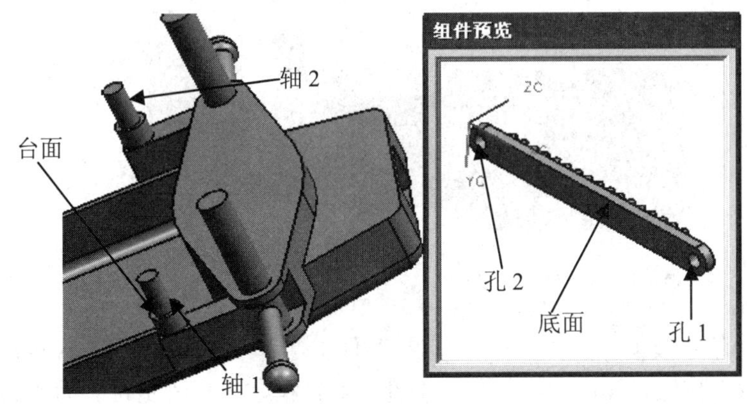

图 3-2-16 装配齿条配对示意图

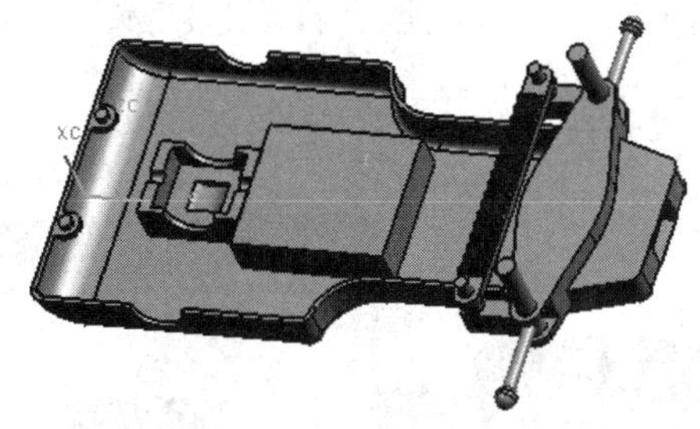

图 3-2-17 装配齿条

(6) 装配前柄。继续单击“选择部件文件”，找到 qianbing.prt 文件，单击“OK”按钮，弹出“添加现有部件”对话框，选择“定位”为“通过约束”，单击“确定”按钮，弹出“装配约束”对话框，参照图 3-2-18 所示位置，单击“配对”图标，选择前柄的“面 5”，再选底盘上的“面 5”使其配合，单击“中心”图标，“中心对象”选择“2 至 2”，选择前柄的“面 1”，接着选择底盘上的“面 1”，再选择前柄的“面 3”，最后选择底盘的“面

3”，单击“中心”图标，“中心对象”选择“2 至 2”，选择“前柄的“面 2”，接着选择底盘上的“面 2”，再选择前柄的“面 4”，最后选择底盘的“面 4”，连续单击两次“确定”按钮，完成前柄的装配，效果如图 3-2-19 所示。

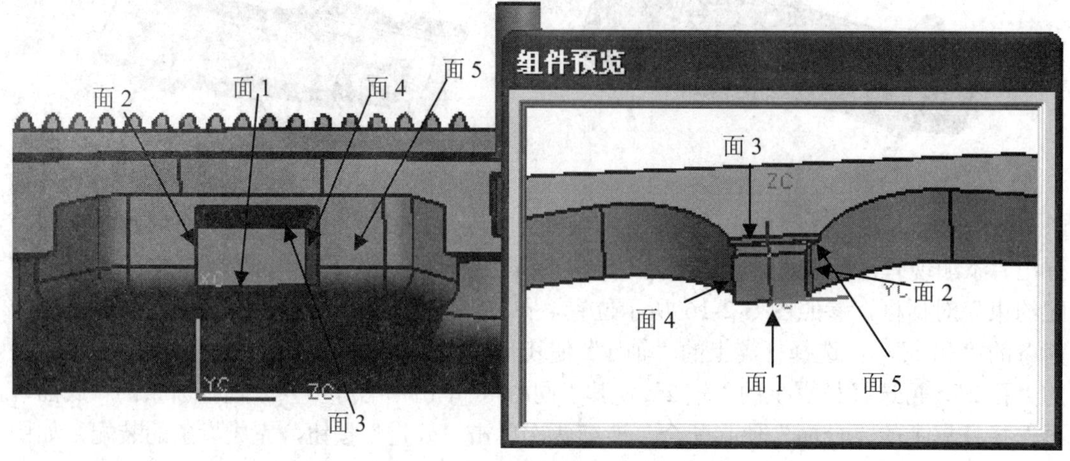

图 3-2-18　装配前柄配对示意图

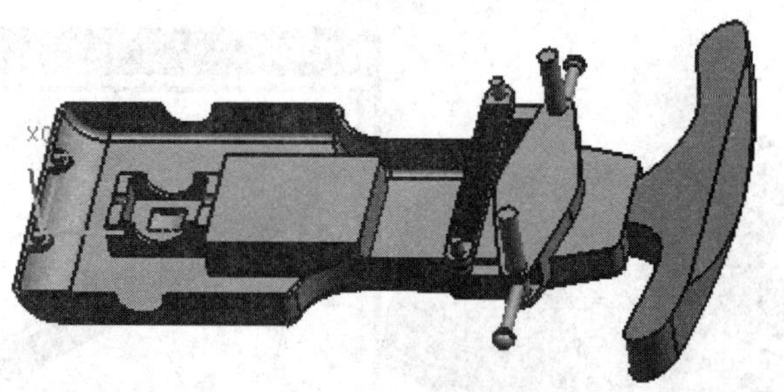
图 3-2-19　装配前柄

(7) 装配传动箱子装配体。继续单击“选择部件文件”，找到 chuandongxiang_subasm.prt 文件，单击“OK”按钮，弹出“添加现有部件”对话框，选择“定位”为“通过约束”，单击“确定”按钮，弹出“装配约束”对话框，参照图 3-2-20 所示位置，单击“中心”图标，选择子装配体的“轴 1”，再选择底盘上的“孔 1”使其“同心”，单击“中心”图标，选择子装配体的“轴 2”，再选择底盘上的“孔 2”使其“同心”，连续单击两次“确定”按钮，完成子装配体的装配，效果如图 3-2-21 所示。

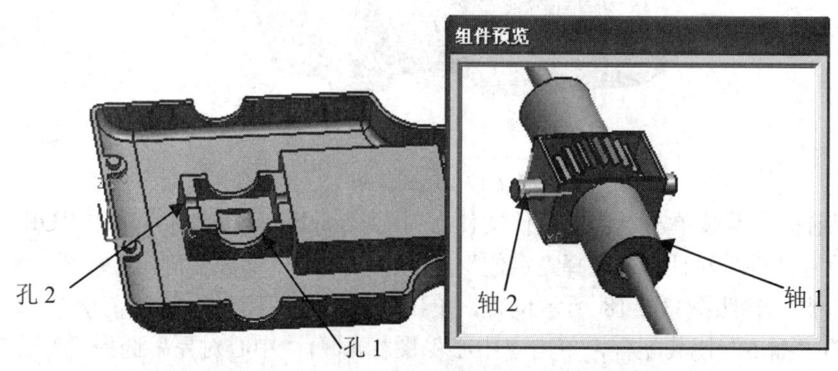

图 3-2-20　装配传动箱子装配体配对示意图 1

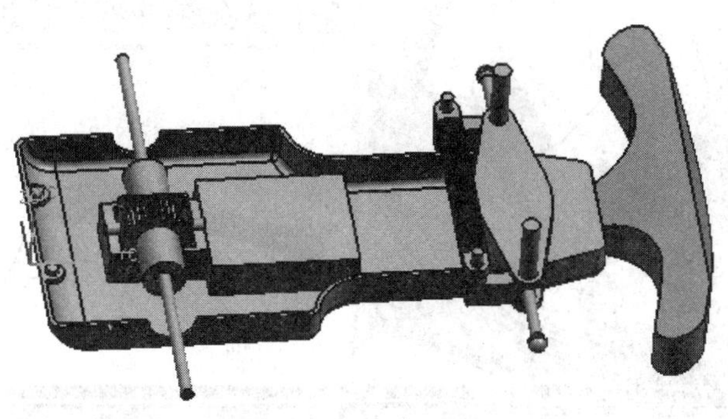

图 3-2-21　装配传动箱子装配体 1

(8) 装配动力箱子装配体。继续单击“选择部件文件”，找到 donglixiang_subasm.prt 文件，单击“OK”按钮，弹出“添加现有部件”对话框，选择“定位”为“通过约束”，单击“确定”按钮，弹出“装配约束”对话框，参照图 3-2-22 所示位置，单击“中心”图标，选择子装配体的“孔”，再选择底盘上的“轴”使其“同心”，单击“中心”图标，“中心对象”选择“2 至 2”，选择子装配体的“侧面 1”，接着选择底盘上的“侧面 1”，再选择子装配体的“侧面 2”，最后选择底盘的“侧面 2”，单击“对齐”图标，选择子装配体的“前面”，再选择底盘的“前面”，连续单击两次“确定”按钮，完成子装配体的装配，效果如图 3-2-23 所示。

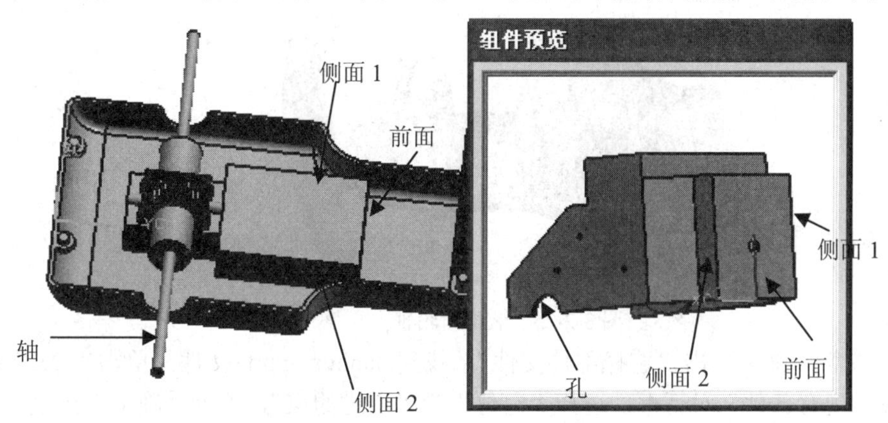

图 3-2-22　装配动力箱子装配体配对示意图 2

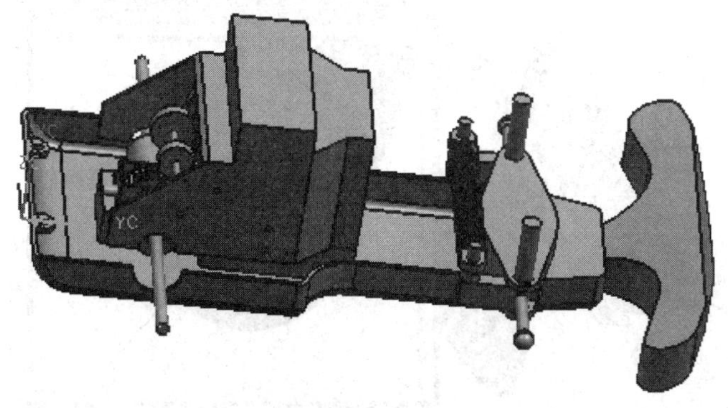

图 3-2-23　装配动力箱子装配体 2

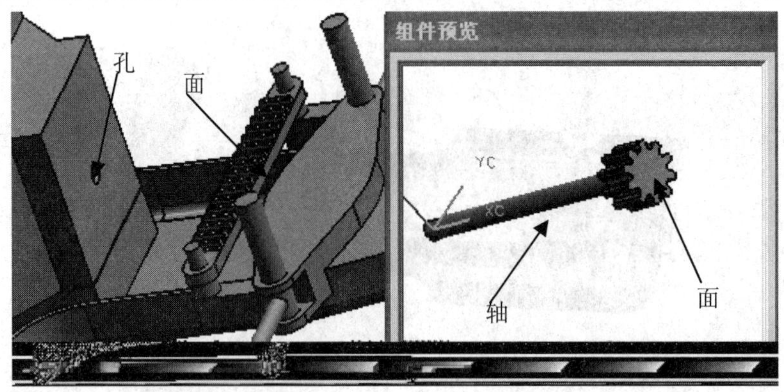

图 3-2-24　装配齿轮轴配对示意图

(9) 装配齿轮轴。继续单击“选择部件文件”，找到 chilunzhou.prt 文件，单击“OK”按钮，弹出“添加现有部件”对话框，选择“定位”为“通过约束”，单击“确定”按钮，将会弹出“装配约束”对话框，参照图 3-2-24 所示位置，单击“中心”图标，选择齿轮轴上的“轴”，再选择装配体上的“孔”使其“同心”，单击“对齐”图标，选择齿轮轴的“面”，再选择装配体上的“面”，连续单击两次“确定”按钮，完成齿轮轴的装配，效果如图 3-2-25 所示。

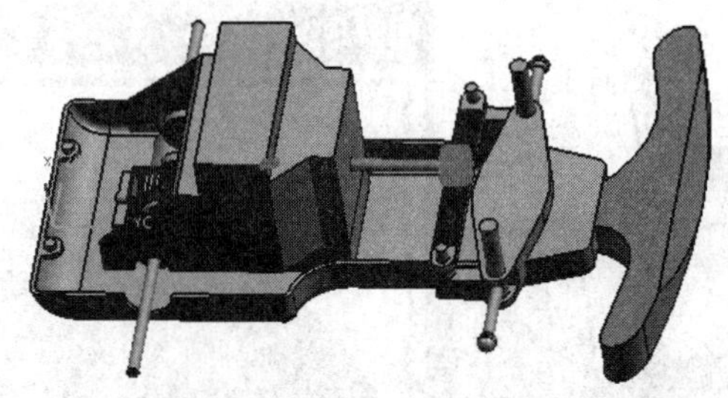

图 3-2-25　装配齿轮轴

(10) 装配弹簧。继续单击“选择部件文件”，找到 tanhuang.prt 文件，单击“OK”按钮，弹出“添加现有部件”对话框，选择“定位”为“通过约束”，单击“确定”按钮，弹出“装配约束”对话框，参照图 3-2-26 所示位置，单击“中心”图标，“过滤器”选择

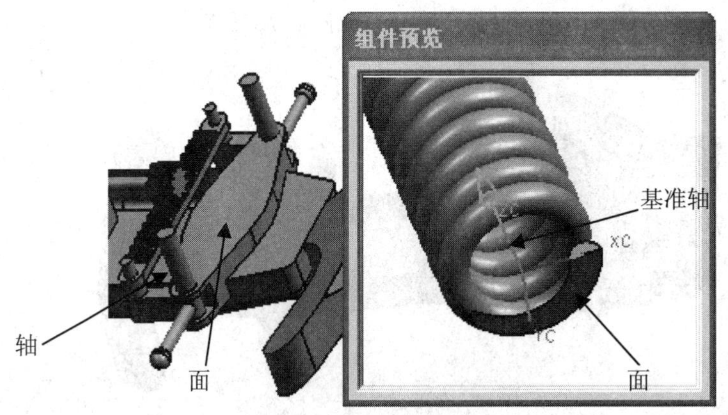

图 3-2-26　装配弹簧配对示意图

"基准轴"，选择弹簧上的"基准轴"，更换"过滤器"为"任何"，再选择装配体上的"轴"，使其"同心"，单击"对齐"图标，选择弹簧上的"面"，再选择装配体上的"面"，连续单击两次"确定"按钮，完成弹簧的装配，效果如图 3-2-27 所示。

(11) 重复(10)的步骤，在另一杆翼上装配弹簧，如图 3-2-28 所示。

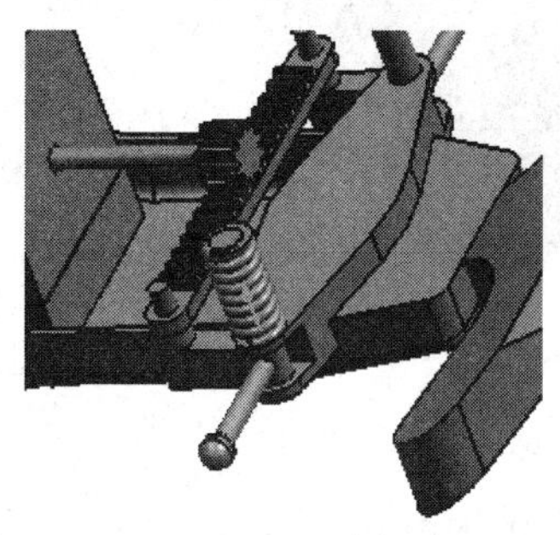

图 3-2-27 装配弹簧

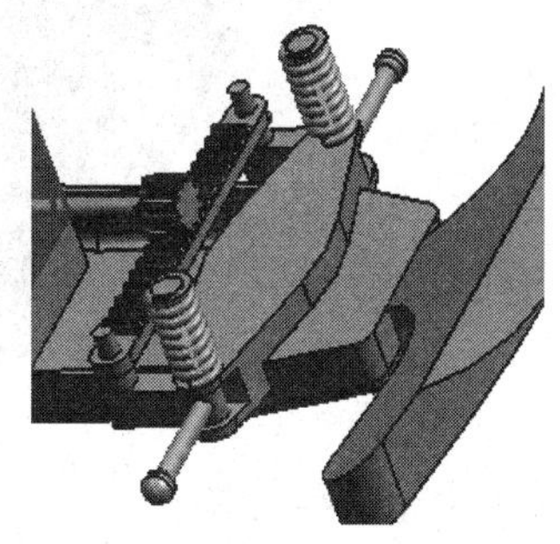

图 3-2-28 装配第 2 个弹簧

(12) 装配前轮。继续单击"选择部件文件"，找到 qianlun.prt 文件，单击"OK"按钮，出"添加现有部件"对话框，选择"定位"为"通过约束"，单击"确定"按钮，弹出"装配约束"对话框，参照图 3-2-29 所示位置，单击"中心"图标，选择前轮上的"孔"，再选择装配体上的"轴"使其"同心"，单击"配对"图标，选择前轮的"球面"，再选装配体上的"球面"使其配合，连续单击两次"确定"按钮，完成前轮的装配，效果如图 3-2-30 所示。

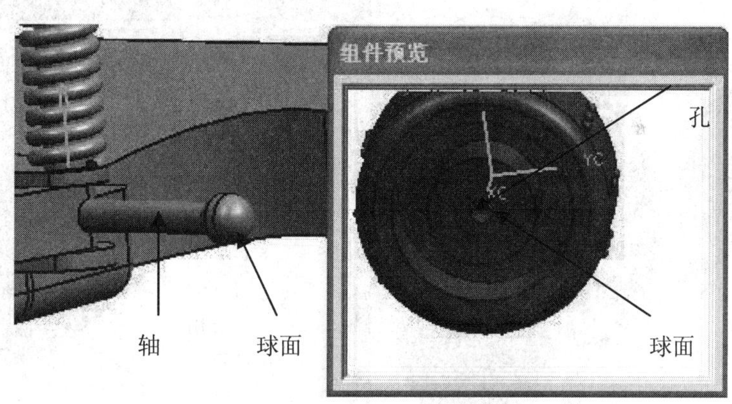

图 3-2-29 装配前轮配对示意图

图 3-2-30 装配前轮

(13) 重复(12) 的步骤，将另一个前轮和 2 个后轮同样装配上来，效果如图 3-2-31 所示；

图 3-2-31　装配前后车轮

(14) 装配上箱。继续单击“选择部件文件”，找到 topbody.prt 文件，单击“OK”按钮，弹出“添加现有部件”对话框，选择“定位”为“通过约束”，单击“确定”按钮，弹出“装配约束”对话框，参照图 3-2-32 所示位置，单击“中心”图标，选择上箱上的“孔 1”，再选择装配体上的“轴 1”使其“同心”，单击“中心”图标，选择上箱上的“孔 2”，再选择装配体上的“轴 2”使其“同心”，单击“配对”，选择上箱的“面”，再选装配体上的“面”使其配合，连续单击 2 次“确定”按钮，完成上箱的装配，最终效果如图 3-2-33 所示。

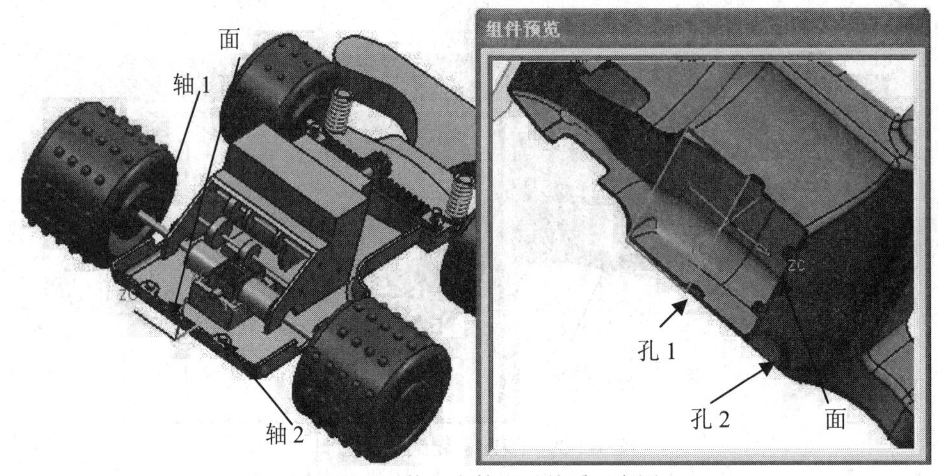

图 3-2-32　装配上箱配对关系示意图

图 3-2-33　完成装配

四、相关理论知识

(一) 创建爆炸图

选择“装配”→“爆炸图”→“创建爆炸”选项，或单击“爆炸图”工具条中的 ，弹出“创建爆炸图”对话框。在该对话框中输入爆炸图名称，或接受默认名称，单击“确定”按钮，创建爆炸图。

(二) 爆炸组件

新创建了一个爆炸图后，视图并没有发生什么变化，接下来就必须使组件炸开。可以使用自动爆炸方式完成爆炸图，即基于组件配对条件沿表面的正交方向自动爆炸组件。

例：创建减速器输入轴的爆炸图。

操作步骤如下：

(1) 打开上面已建好的减速器输入轴装配图。

(2) 选择“装配”→“爆炸图”→“创建爆炸”选项，或单击 ，系统弹出“创建爆炸图”对话框，如图 3-2-34 所示，接受默认名称，单击“确定”按钮。

(3) 选择“装配”→“爆炸图”→“自动爆炸组件”选项，或单击 ，弹出“类选择”对话框。

(4) 选择要爆炸装配体或组件，单击“确定”按钮，弹出如图 3-2-35 所示的“爆炸距离”对话框，输入距离参数。

图 3-2-34　“创建爆炸图”对话框

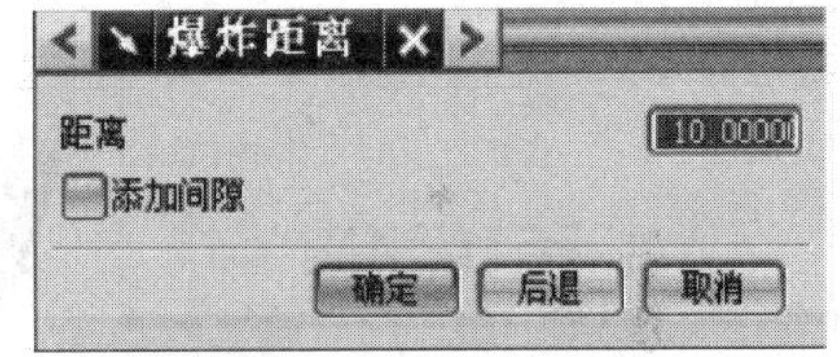

图 3-2-35“爆炸距离”对话框

(注：该对话框用于指定自动爆炸参数。其中，“距离”文本框用于设置自动爆炸组件之间的距离，距离值可正可负。“添加间隙”复选框用于控制自动爆炸的方式，选中该复选框，则指定的距离为组件相对于配对组件移动的相对距离；去掉勾选，则指定距离为绝对距离，即组件从当前位置移动指定的距离值。)

(5) 单击“确定”按钮，创建减速器输入轴自动爆炸视图，如图 3-2-36 所示。

图 3-2-36　减速器输入轴自动爆炸视图

(注：自动爆炸只能爆炸具有配对条件的组件，对于没有配对条件的组件需要使用手动编辑的方式。)

(三) 编辑爆炸图

如果没有得到理想的爆炸效果，通常还需要对爆炸图进行编辑。

例：编辑爆炸图。

操作步骤如下：

(1) 打开已生成的自动爆炸视图。

(2) 选择“装配”→“爆炸图”→“编辑爆炸”选项，或单击“爆炸图”工具条中的，弹出如图 3-2-37 所示的“编辑爆炸图”对话框。在视图区选择需要进行调整的组件，然后在对话框中选中“移动对象”单选按钮，在视图区选择一个坐标方向，“距离”、“捕捉增量”和“方向”选项被激活，在该对话框中输入所选组件的偏移距离和方向。

(3) 单击“确定”或“应用”按钮，即可完成该组件位置的调整。图 3-2-38 为编辑后减速器输入轴爆炸图。

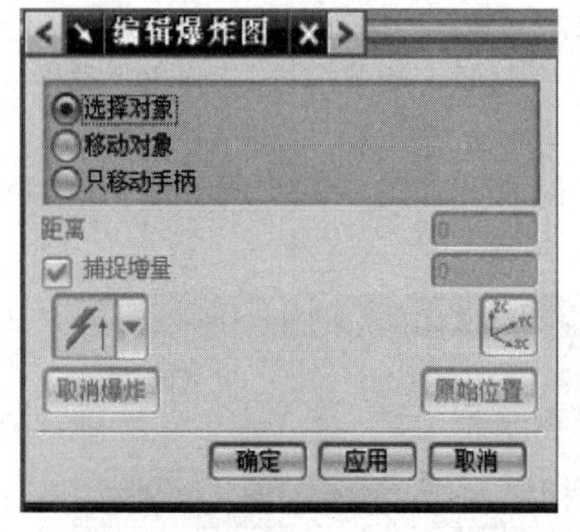

图 3-2-37　“编辑爆炸图”对话框

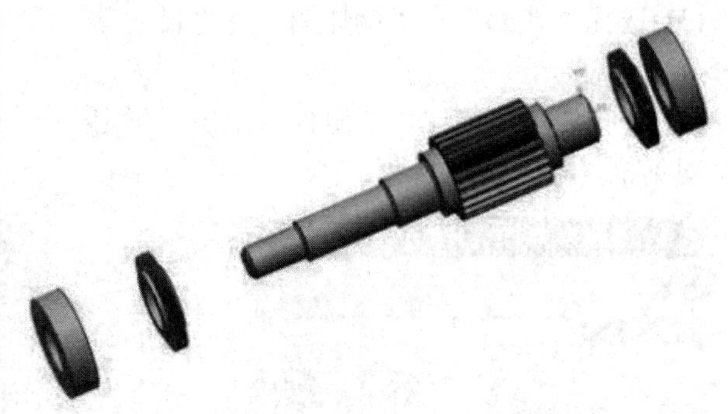

图 3-2-38　编辑后的减速器输入轴爆炸图

(四) 装配爆炸图的其他操作

装配爆炸图的操作除了上述的自动爆炸组件和编辑爆炸图外，还包括以下一些操作。

1. 组件不爆炸

选择“装配”→“爆炸图”→“取消爆炸组件”选项，或单击“爆炸图”工具条中的，弹出“类选择”对话框，在视图区选择不进行爆炸的组件，单击“确定”按钮，使已爆炸的组件恢复到原来的位置。

2. 删除爆炸图

选择“装配”→“爆炸图”→“删除爆炸图”选项，或单击“爆炸图”工具条中的，弹出如图 3-2-39 所示的“爆炸图”对话框，在该对话框中选择要删除的爆炸图名称，单击“确定”按钮，删除所选爆炸图。

3. 隐藏爆炸

选择“装配”→“爆炸图”→“隐藏爆炸”选项，则将当前爆炸图隐藏起来，使视图区中的组件恢复到爆炸前的状态。

4. 显示爆炸

选择“装配”→“爆炸图”→“显示爆炸”选项，则将已建立的爆炸图显示在视图区。

5. 从视图移除组件

单击“爆炸图”工具条中的，弹出“类选择”对话框，在视图区选择要隐藏的组件，单击“确定”按钮，则在视图区将所选定的组件隐藏起来。

6. 恢复组件到组件

单击“爆炸图”工具条中的，弹出如图 3-2-40 所示的“隐藏视图中的组件”对话框。在该对话框中选择要显示的隐藏组件，单击“确定”按钮，则在视图区显示所选的隐藏组件。

图 3-2-39　“爆炸图”对话框

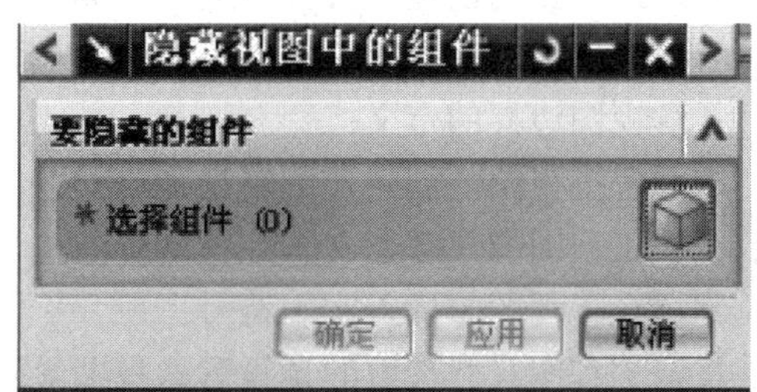

图 3-2-40　“隐藏视图中的组件”对话框

五、相关练习

1. 完成随书配套文件 part\3\3-2-1 中阀体的装配，如图 3-2-41。
2. 完成随书配套文件 part\3\3-2-2 中电扇的装配，如图 3-2-42。

图 3-2-41　阀体

图 3-2-42　电扇

项目四　工程图绘制

学习目标：

1. 掌握工程图的创建、打开、删除及编辑功能；
2. 掌握投影视图的新建、移动、对齐、删除及编辑功能；
3. 了解视图边界的定义；
4. 掌握各类视图的创建及编辑功能；
5. 掌握工程图的尺寸、文本注释的标注；
6. 掌握在工程图中插入实用符号；
7. 掌握工程图尺寸参数的预设置、视图显示参数的功能。

工作任务：

在 UG 制图模块中完成工程图的创建

模块一　零件图的建立

一、学习目标

1. 掌握工程图的创建；
2. 掌握基本视图的添加；
3. 掌握投影视图的添加；
4. 掌握简单剖视图的添加；
5. 掌握截面线的编辑；
6. 了解视图边界的编辑；
7. 掌握局部剖视图的添加。

二、工作任务

在工程图模块中完成如图 4-1-1 的基本视图、简单剖视图及局部剖视图的建立。

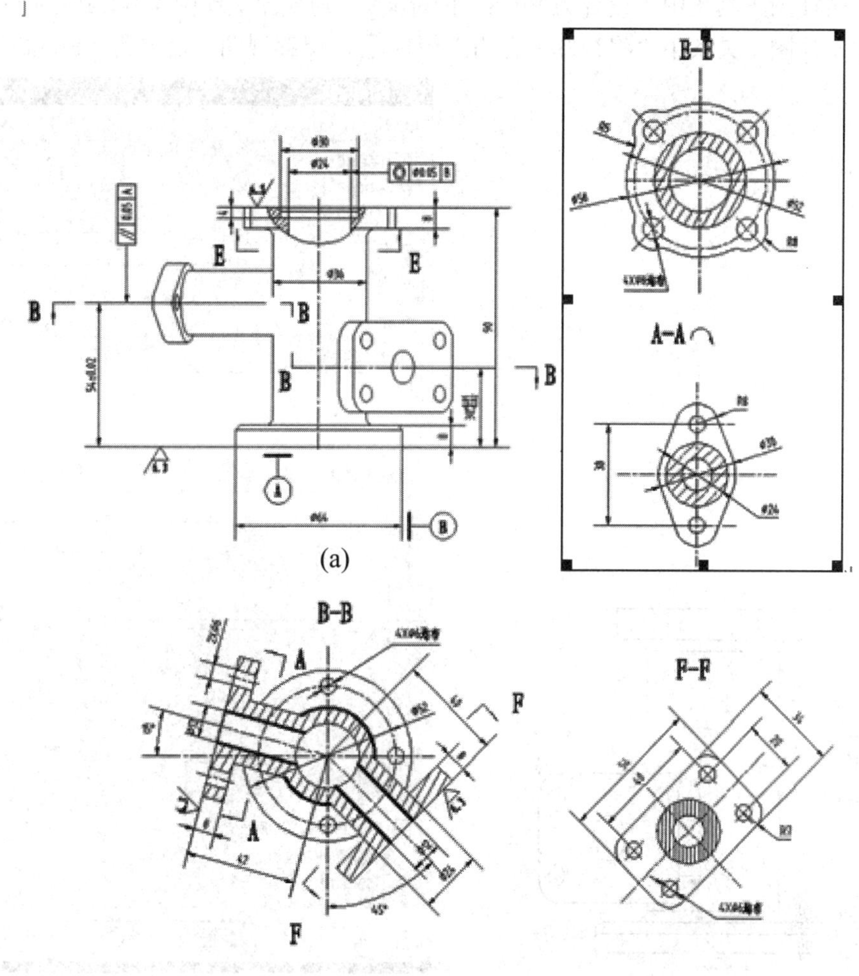

技术要求:
1. 铸件不能有气孔、沙眼、缩孔等缺陷
2. 未注倒圆 R3
3. 未注倒角 C1.5

图 4-1-1　管零件图

三、相关实践知识

(一) 打开文件

打开项目一模块五练习中已完成的零件模型文件。

(二) 视图调整

单击“视图”工具条的“主视图”图标，所呈现的主视图如图 4-1-2 所示。

注意：因为建模方法不同，所呈现的主视图状态有可能与图不一致，为方便出图，可作视图调整。步骤如下：

(1) 单击“动态坐标系”图标，然后将 WCS 调整为图 4-1-1 所示方向。

(2) 单击视图工具条中“设置为 WCS”图标，则视图呈现图 4-1-1(a)所示的状态。

(3) 单击视图工具条中“将视图另存为”图标，保存视图，命名为“Front2”。

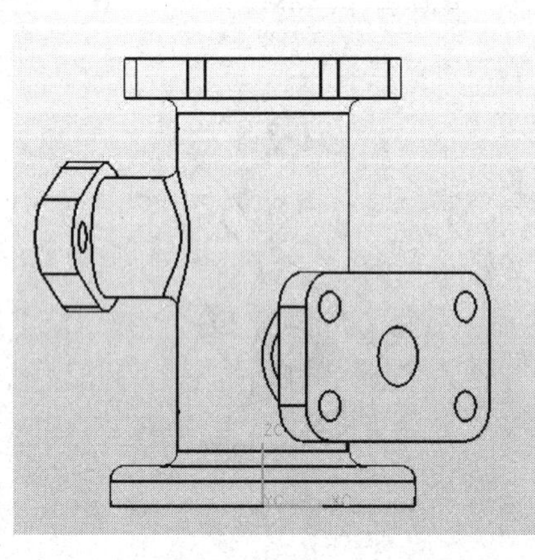

(a)

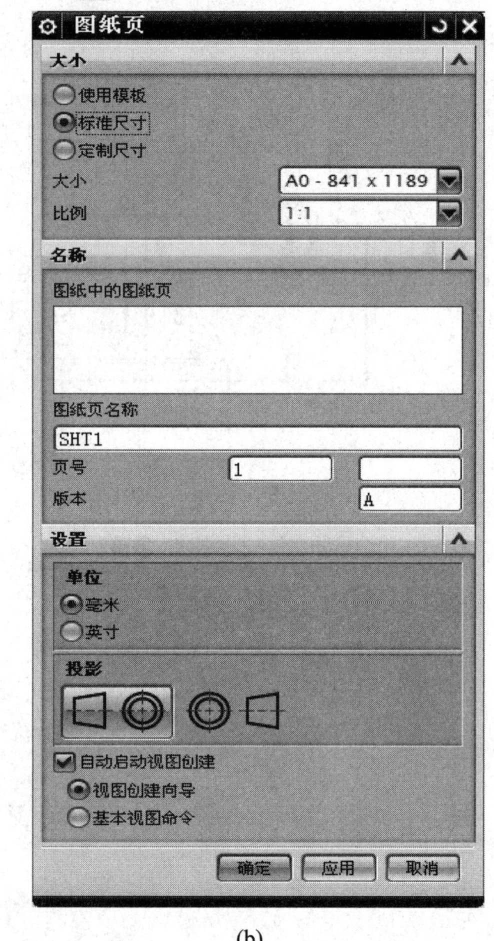

(b)

图 4-1-2 “主视图”显示状态及“图纸页”对话框

(三) 新建工程图纸

(1) 进入工程图模块。

单击“应用程序”工具条中制图图标，进入工程图模块。

(2) 定义图纸类型。

点击新建图纸页图标，在图 4-1-2(b)所示的“图纸页”对话框中点击“标准尺寸”选项，选择“大小”下拉列表中图纸页面为 A3，比例 1∶1，并设置为“第一象限角投影”。

(四) 添加基本视图

点击 进入添加基本视图对话框，在对话框中选择“主视图”，或者选择“Front”视图。

(五) 添加投影视图

在所添加的基本视图对应位置可以自动添加与基本视图关联的投影视图，添加如图 4-1-3 所示的投影视图。

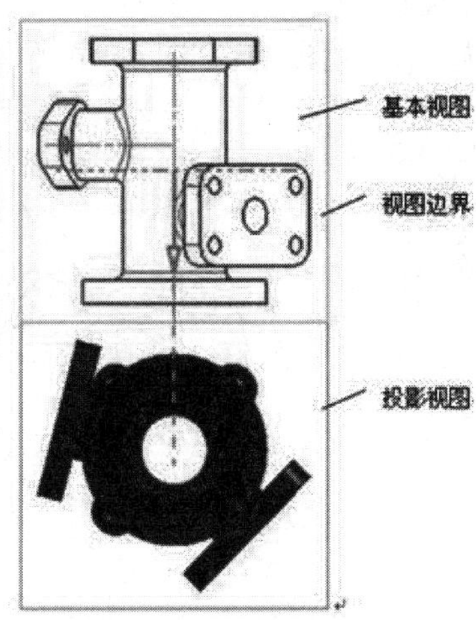

图 4-1-3　添加投影视图

(六) 工作平面设置

选择主菜单“首选项”→“工作平面”，将显示栅格选项关闭。

(七) 视图光顺边编辑

选择主菜单“编辑” →“样式”，选择基本视图边界，单击“确定”按钮。将图 4-1-4 所示“光顺边设置”对话框中“光顺边”前的“√”去除。

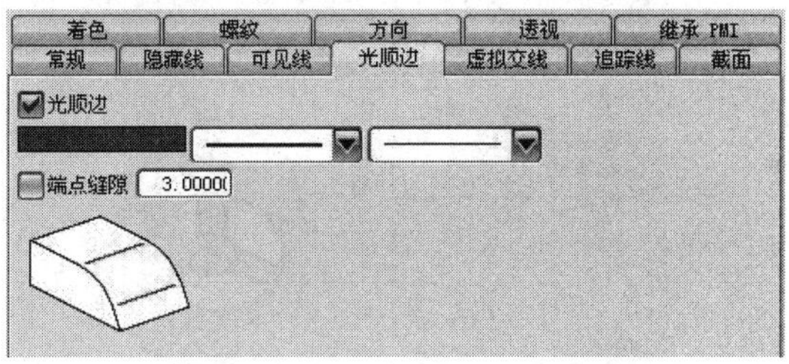

图 4-1-4　“光顺边设置”对话框

(八) 添加简单剖视图

1. 建立剖视图

单击“图纸布局”工具条中“剖视图”图标按钮，出现“剖视图”工具条，如图 4-1-5 所示。

图 4-1-5　“剖视图“工具条”

(1) 定义基本视图：选择图 4-1-3 所示的投影视图作为本次简单剖视图的基本视图。

(2) 定义剖切位置：通过“点构造器”确定剖切位置。如图 4-1-6 所示

(3) 定义剖切方向：单击“铰链线”图标，在“矢量构造器”中单击“角度”图标，

输入角度值 75°，单击 [icon] 使方向反向。

(4) 放置剖视图：将设置好的剖视图放置在图 4-1-6 所示的位置。

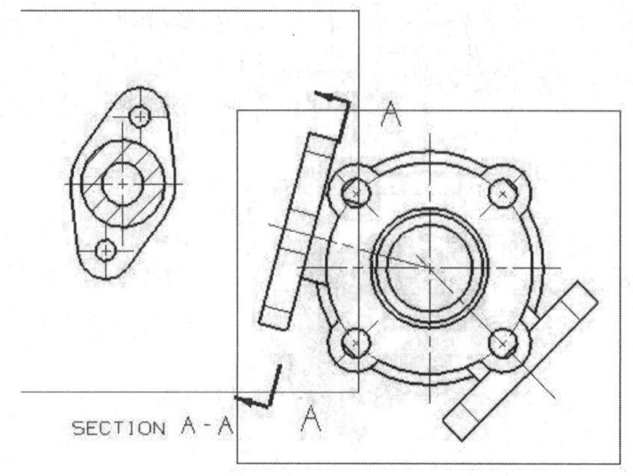

图 4-1-6　完成的简单剖视图

2. 编辑截面线

选择主菜单“首选项”→“截面线”，选择图 4-1-7 所示的截面线。在对话框中选择“设置”→“标准”下拉列表选择 GB 标准样式，同时将 B、D、E 数值作适当调整，确定后完成剖切线样式设置。如图 4-1-7 所示。

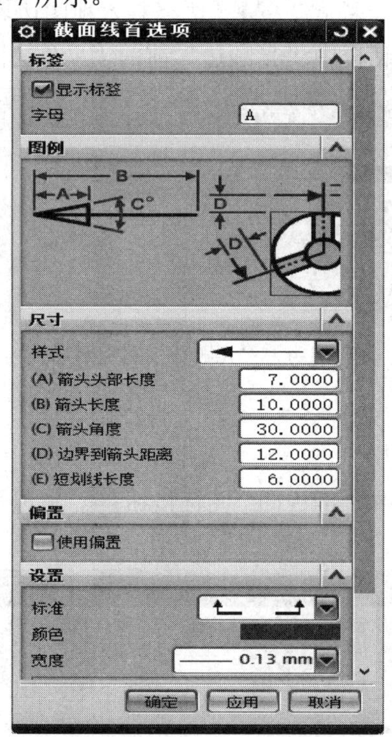

图 4-1-7　剖切线样式设置

3. 编辑视图名称

选择主菜单“注释”→“注释对象”，选择 SECTION A-A 文本(或者双击选择)，在弹出的对话框中将“前缀”SECTION 删除，确定后绘图区域允许拖动文字 A-A，将其置于视图上方，这样便符合国家标准。

4. 编辑视图角度

将鼠标置于 A-A 剖视图边界，单击右键，在弹出项中选择“样式”，在对话框中的“角度”中输入 15°，确定后则视图被摆正。

5. 编辑视图边界

选择主菜单“视图”→“视图边界”，选择 A-A 剖视图，在弹出的对话框中选择“手工生成矩形”，手动拉伸出大小合适的矩形作为视图的新边界。

通过上述调整后的 A-A 剖视图如图 4-1-8 所示。

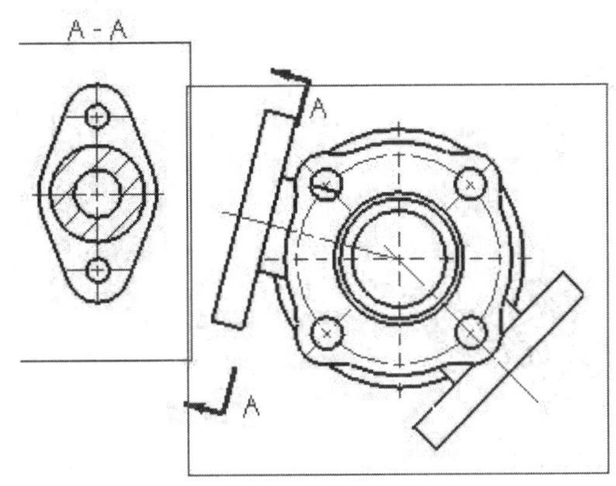

图 4-1-8　调整后的 A-A 剖视图

(九) 添加局部剖视图

1. 创建截断线

鼠标置于基本视图内，单击右键选择“展开”选项。在独立显示的基本视图中，通过点方式作封闭的样条线，如图 4-1-9 所示。再次单击右键，将“扩展”前的“√”去除，退出扩展状态。

2. 建立局部剖

单击“图纸布局”工具条中“局部剖”图标，按如下步骤操作：

(1) 选择视图：选择图中的基本视图作为建立局部剖的视图。

(2) 定义基点：选择投影视图中大圆柱的圆心作为基点。

(3) 定义拉伸矢量：在“矢量构造器”中选择方向。

(4) 选择截断线：选择建立的封闭样条线作为截断线，应用后完成局部剖，如图 4-1-10 所示。

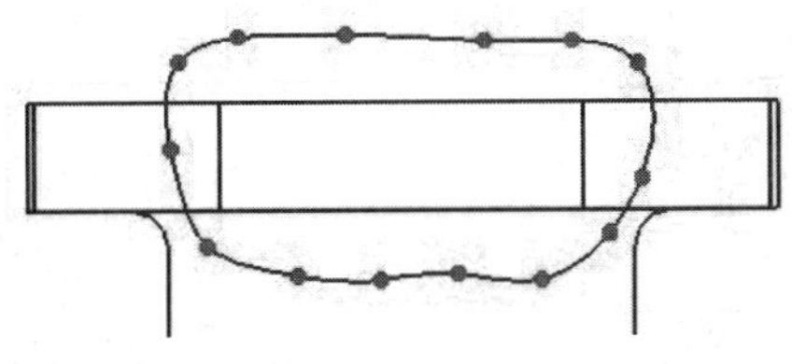

图 4-1-9　封闭的样条线

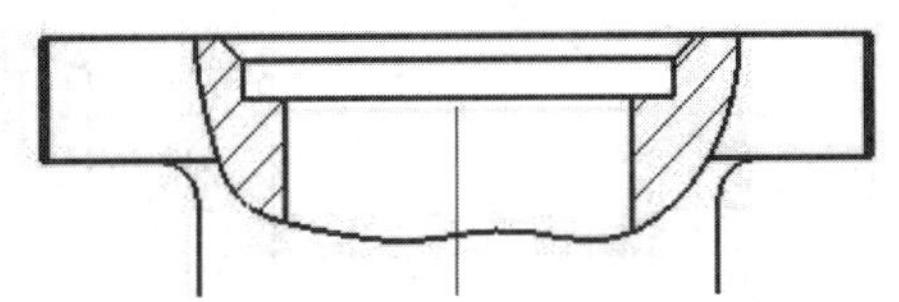

图 4-1-10　完成的局部剖

(十) 添加自定义轴向视图的局部剖

(1) 单击“图纸布局”工具条中“显示图纸页”图标按钮，使显示切换为 3D 状态。

(2) 旋转实体模型，使其呈自定义轴向状态，然后将 WCS 调整为如图 4-1-11 所示状态。单击“视图”工具条中“将视图另存为”按钮，为视图命名为“3D”，保存自定义轴向视图。

(3) 单击“显示图纸页”按钮，切换为图纸状态。添加命名为“3D”的自定义轴向视图。

(4) “扩展”轴向视图，通过“曲线”工具绘制四条直线，如图 4-1-11 所示，直线经过侧部两个圆柱圆心。直线绘制完成后如图 4-1-12 所示。

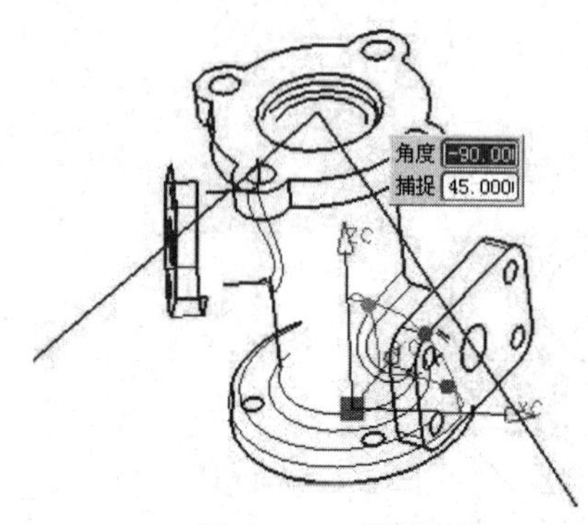

图 4-1-11　绘制曲线

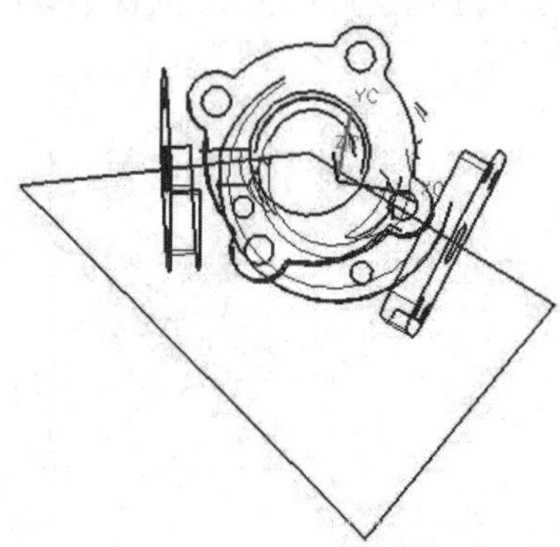

图 4-1-12　直线的绘制完成

(5) 建立局部剖。

单击“局部剖”图标；

① 选择视图：选择自定义的轴向视图作为建立局部剖的视图。

② 定义基点：选择基本视图中顶部大圆柱的圆心作为基点。

③ 定义拉伸矢量：在“矢量构造器”中通过“自动判断矢量”选择大圆柱表面，确定方向为圆柱轴向(向下)。

④ 选择截断线：选择建立的四条直线作为截断线，应用后完成轴向局部剖。如图 4-1-13 所示。

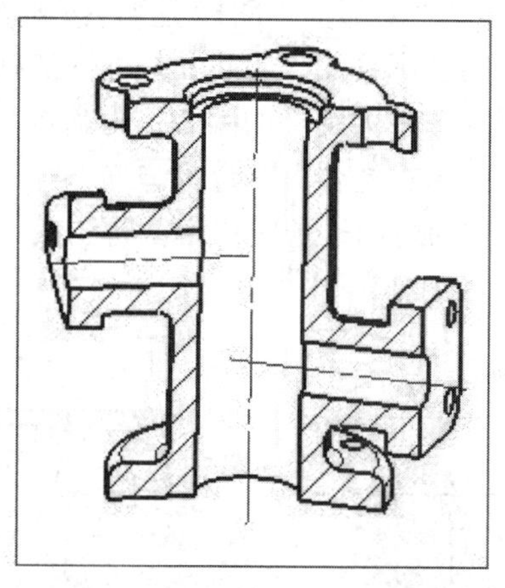

图 4-1-13　完成后的轴向局部剖

(十一) 隐藏视图边界

选择主菜单“首选项”→“制图”→“视图”→“边界”，将“显示边界”的“√”去除。至此完成所有视图的添加，单击“保存”按钮。

四、相关理论知识

工程图是计算机辅助设计的重要内容，在 UG NX 8.5 中通过“建模”模块完成产品造型后，即可进入“制图”模块进行工程图的绘制，“制图”模块和“建模”模块完全相关，实体模型的修改会自动反映到工程图中，其过程不可逆，极大地提高了工作效率。本章主要介绍 UG NX 8.5 工程图的创建、参数的设置、视图和剖视图的建立、装配图的建立、尺寸标注以及图纸输出。利用主模型方法支持并行工程，当设计员在模型上工作时，制图员可以同时进行制图。

(一) 工程图绘制过程

制作零件工程图的步骤为：

(1) 启动 UG NX 8.5，打开零件或产品的实体模型或者创建零件或产品的实体模型；

(2) 通过“标准”工具条中的“开始”菜单 →“制图”，进入制图模块，在弹出的对话框中设置图纸的名称、图幅、比例、单位以及投影角等参数。

(3) 通过菜单“首选项”→“制图”进行最初参数设置或在“制图首选项”工具条下进行设置；

(4) 添加视图、剖视图等；

(5) 调整视图布局；

(6) 进行图纸标注，包括尺寸标注、文字注释、表面结构、标题栏等内容；

(7) 保存，打印输出。

(二) 图纸管理

选择“插入”→ “图纸页”选项，或单击“图纸布局”工具栏中的，系统弹出如图 4-1-14 所示的“图纸页”对话框。利用该对话框，可在当前模型文件内新建一张或多张指定名称、尺寸、比例和投影象限角的图纸。

1. “大小”选项组

(1) “使用模板”单选按钮。

选择该单选按钮，“图纸页”对话框如图 4-1-14(a)所示。通过“使用模板”下拉列表，可选择 A0、A1、A2、A3 和 A4 五种型号的图纸模板来新建图纸。这些模板虽带有图框和标题栏，但仅作为一个图形对象，因此不会明显增加部件文件的字节数，所以会增加显示速度。

(2) “标准尺寸”单选按钮。

选择该单选按钮，“图纸页”对话框如图 4-1-14(b)所示，通过“大小”下拉列表，可选择 A0、A1、A2、A3 和 A4 五种型号图纸的尺寸作为新建图纸的尺寸。

(3) “定制尺寸”单选按钮。

选择该单选按钮，“图纸页”对话框如图 4-1-14 (c)所示。用户可通过在“高度”和“长度”文本框中输入高度和长度值来自定义图纸的尺寸。

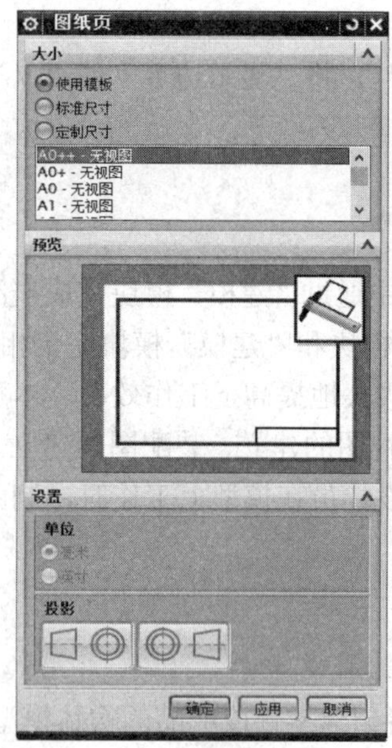

(a) “使用模板”样式

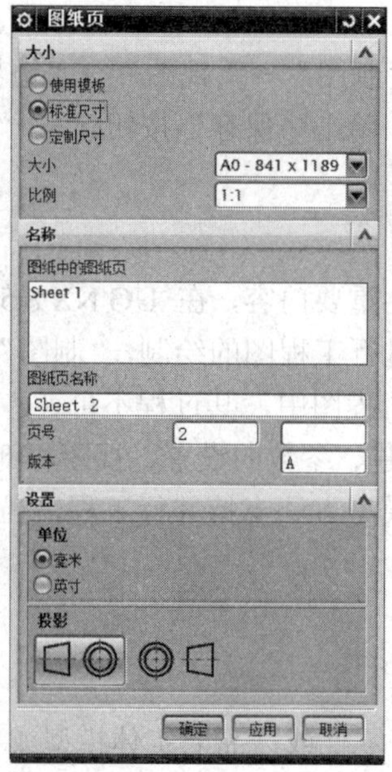

(b) “标准尺寸”样式

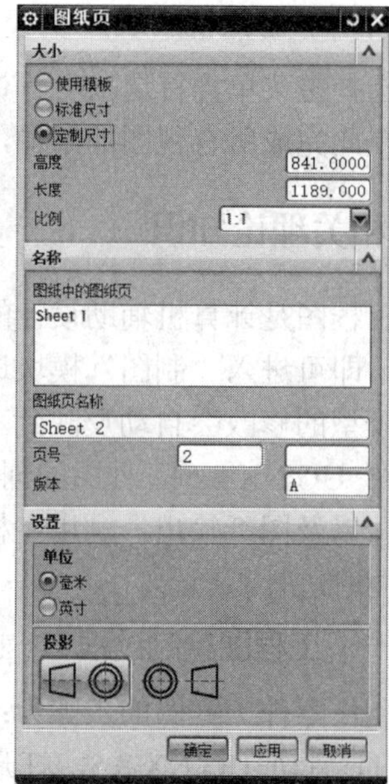

(c) “定制尺寸”样式

图 4-1-14 “图纸页”对话框

2. “图纸页名称”文本框

在其中输入新建的图纸名称。系统默认的新建图纸名为 Sheet1 、Sheet2 、Sheet 3 等，如图 4-1-14(b)所示。

3. 单位

设置图纸的度量单位，有两种单位可供选择：英寸和毫米，如图 4-1-14(c)所示。

4. 投影象限角

设置图纸的投影角度。系统根据各个国家所使用的绘图标准不同提供了两种投影方式。

如果使用中国绘图标准，则使用第 1 象限角度投影方式，如图 4-1-15 所示；若使用美国绘图标准，则使用第 3 象限角度投影方式，如图 4-1-16 所示。

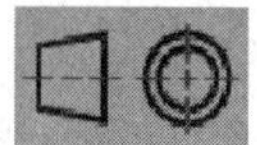

图 4-1-15 第 1 象限角度投影方式

图 4-1-16 第 3 象限角度投影方式

(三) 添加视图

图纸创建好后，需要为其添加视图，以很好地表达建立的三维实体模型。

1. 添加基本视图

选择“插入”→“视图”→“基本视图”选项，或单击“图纸布局”工具栏中的，弹出“基本视图”对话框，利用该对话框可将三维模型的各种视图添加到当前图纸的指定位置。下面具体介绍该对话框中各选项的含义。

(1) 添加视图类型。

打开 Model View to Use 下拉列表，在其中可选择要添加的视图，包括俯视图、前视图、右视图、后视图、仰视图、左视图、正等测视图和正二测视图等 8 种视图。

(2) 比例。

这个选项用于设置要添加视图的比例。在默认情况下，该比例与新建图纸时设置的比例相同。用户可以在下拉列表中选择合适的比例，也可利用表达式来设置视图的比例。

(3) 移动视图。

单击“基本视图”对话框中的 ，拖动某个视图可将其移动到需要的合适位置。

2. 添加正投影视图

正投影视图是创建平面工程图的第一个视图，可将其作为父视图，以它为基础可根据投影关系衍生出其他平面视图。基本视图创建完后，系统会自动弹出“投影视图”对话框，如图 4-1-17 所示。

图 4-1-17 “投影视图”对话框

若创建基本视图后关闭了“投影视图”对话框，可单击“图纸”工具条中的“投影视图”命令( )来创建投影视图。

生成正投影视图的步骤：

(1) 选择 “父视图”( )。单击该图标就可重新选择父视图进行投影。若不选择该图标，系统默认的父视图是上一步添加的视图。

(2) 指定铰链线(铰链线垂直于投影方向)。

对话框相关参数的设置：

“矢量选项”下拉列表：用于选择铰链线的指定方式。

“自动判断”选项：该选项为系统默认的，铰链线可以在任意方向。

“反转投影方向”：若勾中该复选框，则将投影方向变成反向。

(3) 放置视图。在图形区的适当位置单击左键即可完成一个投影视图的放置。

3. 局部放大图

局部放大视图用于表达视图的细微结构，并可以对任何视图进行局部放大。

单击[图标]，系统弹出如图 4-1-18 所示“局部放大图”对话框。

下面介绍对话框中参数的设置：

“类型”选项：用于指定父视图上放置的标签形状。有 2 种形状：圆形和矩形。

“边界”选项：用于在父视图上指定要放大的区域边界。

“刻度尺”选项：用于设置放大图的比例。

“父项上的标签”选项：用于指定父视图上放置的标签形式。系统给定了 6 种标签形式，如图 4-1-19 所示。

生成局部放大视图的创建步骤：

(1) 首先设置好“父项上的标签”和“类型”选项。

(2) 在绘图区定义边界。例如定义圆形边界，先在父视图上要放大的区域选择一点作为圆心点，然后移动鼠标，待圆形边界的大小符合用户要求时单击左键即可完成边界的定义。

(3) 设置放大比例。

(4) 放置局部放大视图。移动鼠标将图形放在适当位置后单击左键。

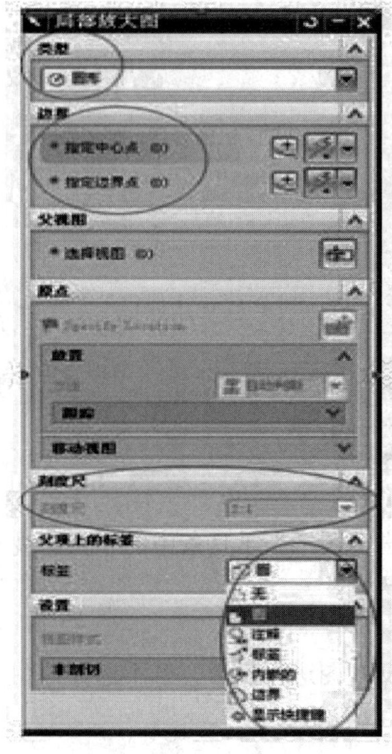

图 4-1-18 “局部放大图”对话框

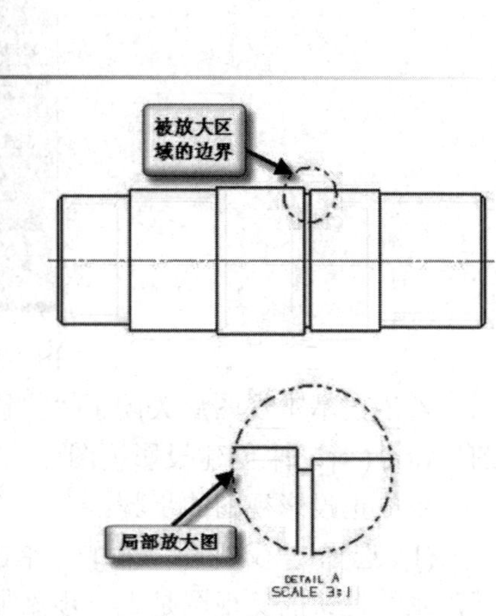

图 4-1-19 “局部放大图”对话框参数设置及其效果图

4. 全剖视图

全剖视图用于绘制单一剖切面的剖视图。

以图 4-1-20 所示实例讲述创建“全剖视图”的操作过程：

(1) 单击“图纸布局”工具栏中的[图标]，系统弹出“剖视图”工具栏，如图 4-1-21 所示，提示选择父视图。

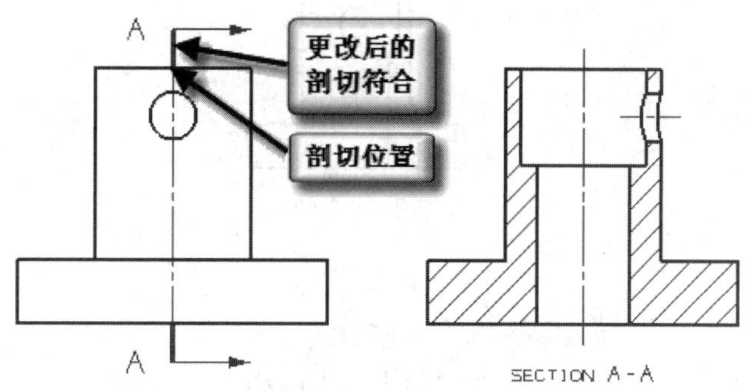

图 4-1-20　全剖视图实例

(2) 选择刚创建的俯视图作为父视图，此时“剖视图”工具栏按钮自动激活，“剖视图”工具栏变成如图 4-1-22 所示状态。

(3) 移动鼠标选择剖面线切割位置，单击鼠标左键，定义剖面线。

(4) 定义剖切位置。系统会自动定义一条铰链线，用户直接在主视图上捕捉图 4-1-20 所示小圆孔的圆心点作为剖切位置。若想重新定义铰链线，则单击用户自行定义铰链线，此时需要在“矢量构造器”下拉框中选择铰链线的方向，通常选择“两点”方式( ) 来定义。如果需要改变投影方向则单击即可。

(5) 若要设置剖切线参数可以单击进入“剖切线样式”对话框进行设置，如图 4-1-23 所示。若要设置视图样式可以单击进入“视图样式”对话框进行设置。

图 4-1-21　“剖视图”工具栏

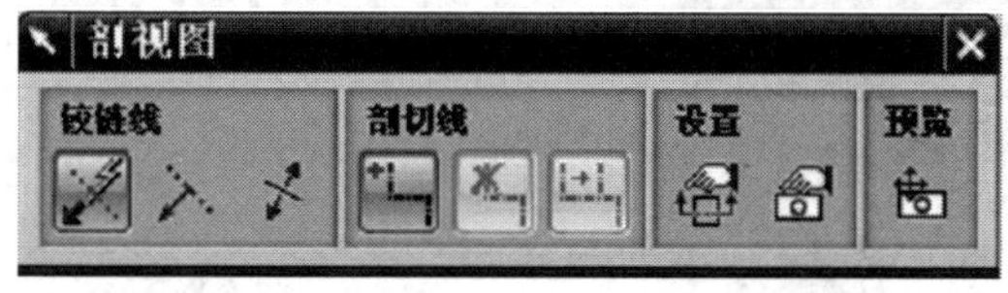

图 4-1-22　激活后的“剖视图”工具栏

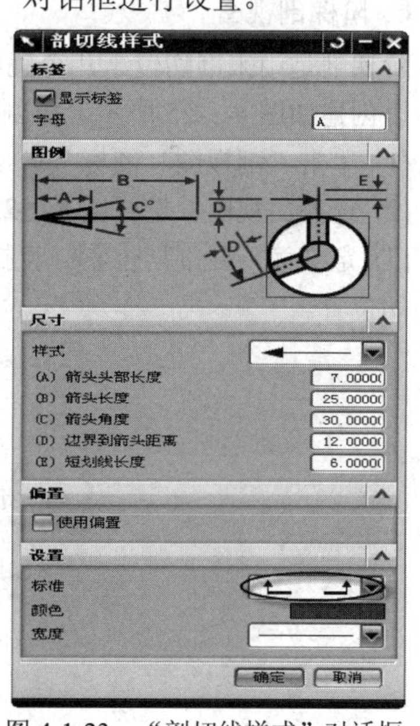

图 4-1-23　“剖切线样式”对话框

(6) 放置全剖视图。

5. 半剖视图

半剖视图用来表达对称图形或近似对称图形的内部结构。

以创建图 4-1-24 所示半剖视图实例来讲述创建”半剖视图”的操作过程。

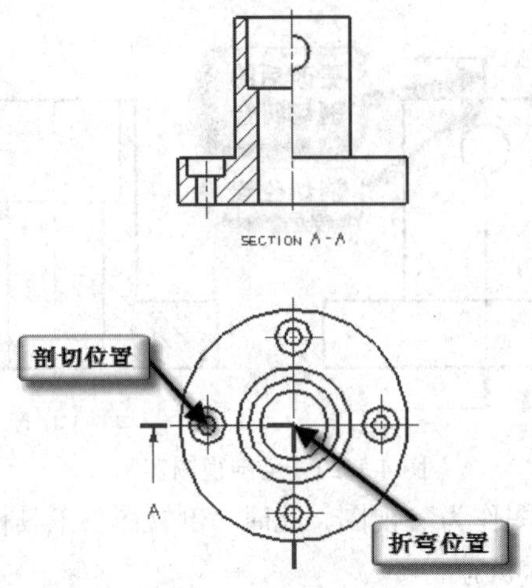

图 4-1-24　半剖视图实例

(1) 单击“半剖视图”图标 。

(2) 选择父视图。选择图 4-1-24 所示俯视图作为父视图。

(3) 定义剖切位置。直接在图 4-1-24 所示俯视图上捕捉左边圆的圆心点作为剖切位置。

(4) 定义折弯位置。在图 4-1-24 所示父视图上捕捉中间圆的圆心点作为折弯位置。

(5) 放置半剖视图。

6. 阶梯剖视图

阶梯剖是用来剖切位于几个互相平行平面上的机件内部结构。

以创建如图 4-1-25 所示阶梯剖视图实例来讲述创建“阶梯剖视图”的操作过程：

(1) 单击“剖视图”图标 。

(2) 选择父视图。选择图 4-1-25 所示俯视图作为父视图。

(3) 定义第一处剖切位置。直接在图 4-1-25 所示俯视图上捕捉圆 1 的圆心点作为第一处剖切位置。

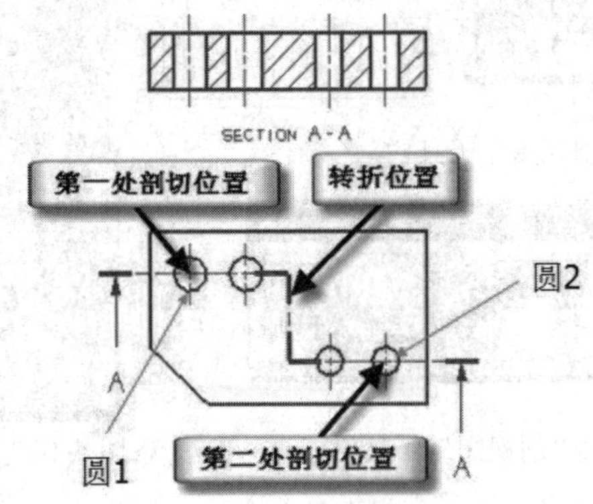

图 4-1-25　阶梯剖视图实例

(4) 定义第二处剖切位置。移动鼠标使得铰链线水平后，单击“添加段”图标 ，然后捕捉如图 4-1-25 所示圆 2 的圆心点作为第二处剖切位置。剖切位置选完后，单击“删除段”

图标 ，结束段的添加。若想移动剖切位置或转折位置，则可单击“移动段”图标，然后单击左键选择要移动的段，接着移动鼠标，待放到合适的位置后单击左键确认即可。

(5) 放置阶梯剖视图。单击“放置视图”图标 ，移动鼠标将图形放在适当位置。

7. 旋转剖视图

旋转剖视图用于剖切非直角剖切面的视图，将所要剖切部位的剖切线转某一角度，以表达零件的特征。

以创建图 4-1-26 所示旋转剖视图实例来讲述创建“旋转剖视图”的操作过程。

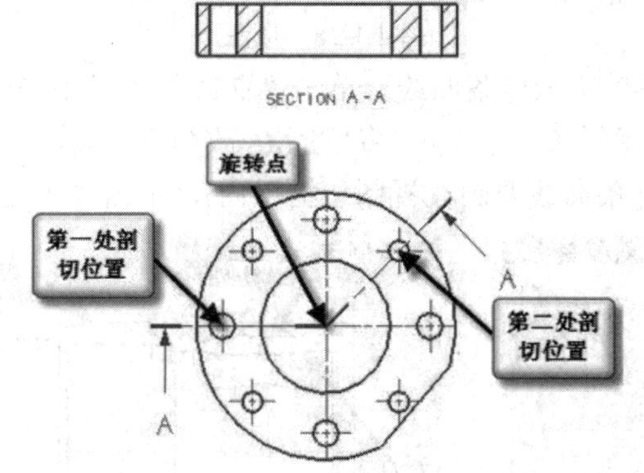

图 4-1-26　旋转剖视图实例

(1) 单击“旋转剖视图”图标 。

(2) 选择父视图。选择图 4-1-26 所示俯视图作为父视图。

(3) 定义旋转点。在图 4-1-26 所示父视图上捕捉中间圆的圆心点作为旋转中心点。

(4) 定义第一处剖切位置。在图 4-1-26 所示父视图上捕捉左边小圆的圆心点作为第一处剖切位置。

(5) 定义第二处剖切位置。在图 4-1-26 所示父视图上捕捉右边小圆的圆心点作为第二处剖切位置。

(6) 放置旋转剖视图。移动鼠标将图形放在适当位置后单击左键。

8. 局部剖视图

局部剖视图是通过移去模型的一个局部区域来观察模型内部而得到的视图。因其通过一封闭的局部剖切曲线环来定义区域，所以局部剖视图与其他剖视图不一样，它是在原来的视图上进行剖切，而不是新生成一剖视图。

以创建图 4-1-27 所示局部剖视图实例来讲述创建“局部剖视图”的操作过程。

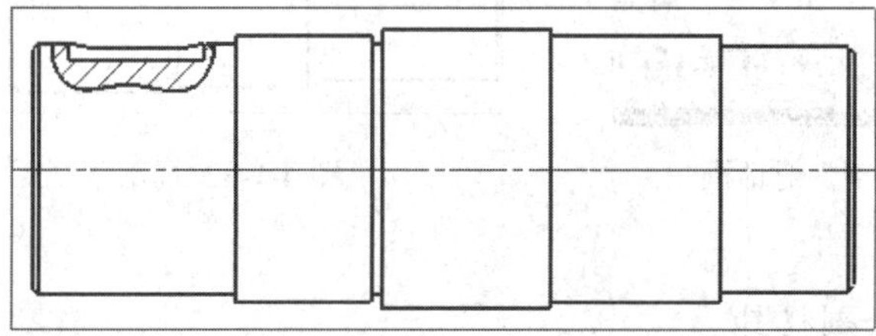

图 4-1-27　局部剖视图实例

(1) 扩展成员视图。将光标放在如图 4-1-28 所示原图形视图边框以内右击，在弹出的快捷菜单中选择“扩展成员视图”。

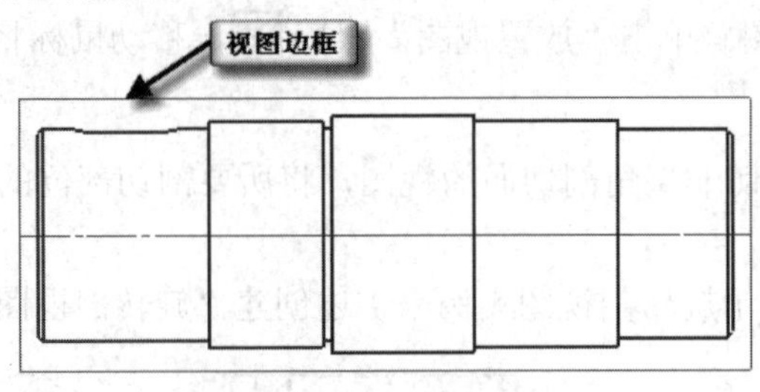

图 4-1-28　原图形

(2) 绘制如图 4-1-30 所示样条曲线。单击“曲线”工具条中的“艺术样条”图标，弹出如图 4-1-29 所示“艺术样条”对话框，将“阶次”改为 3，勾选中 ☑封闭的，绘制如图 4-1-30 所示样条曲线(注意：样条曲线要画在视图边框以内)，单击“确定”按钮。

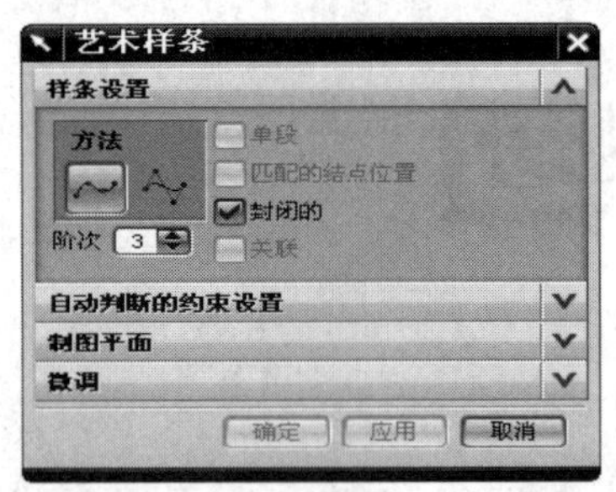

图 4-1-29　“艺术样条”对话框

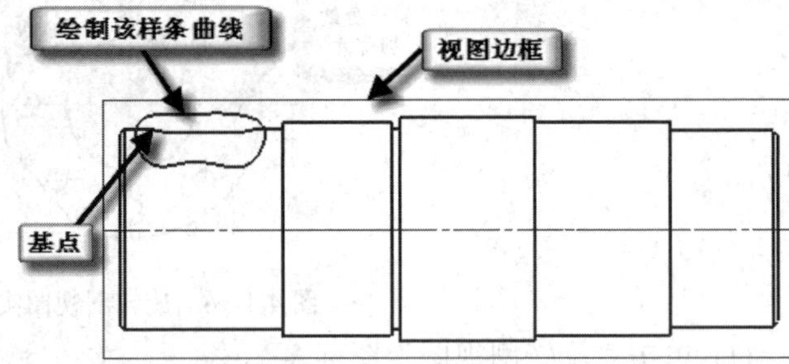

图 4-1-30　绘制样条曲线

(3) 退出扩展模式。将光标放在如图 4-1-30 所示视图边框内右击，在弹出的快捷菜单中选择“扩展”。

(4) 单击“局部剖”图标，弹出图 4-1-31 所示“局部剖”对话框。

(5) 选择生成局部剖的视图。选择图 4-1-30 所示视图。

(6) 定义基点。选择图 4-1-30 所示端点作为基点。

(7) 定义拉伸矢量。接受系统默认矢量，直接单击中键接受。

(8) 选择剖切线。选择样条曲线。

(9) 单击“确定”按钮，完成图 4-1-32 所示局部剖视图的创建。

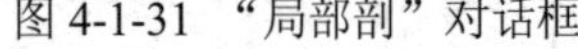

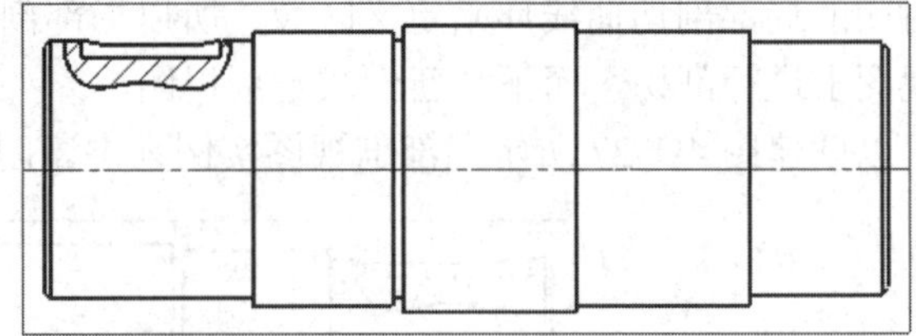

图 4-1-31　“局部剖”对话框　　图 4-1-32 局部剖视图

9. 轴测剖视图

1) 轴测图中的全剖视图

以创建如图 4-1-33 所示实例来讲述创建“轴测图中的全剖视图”的操作过程。

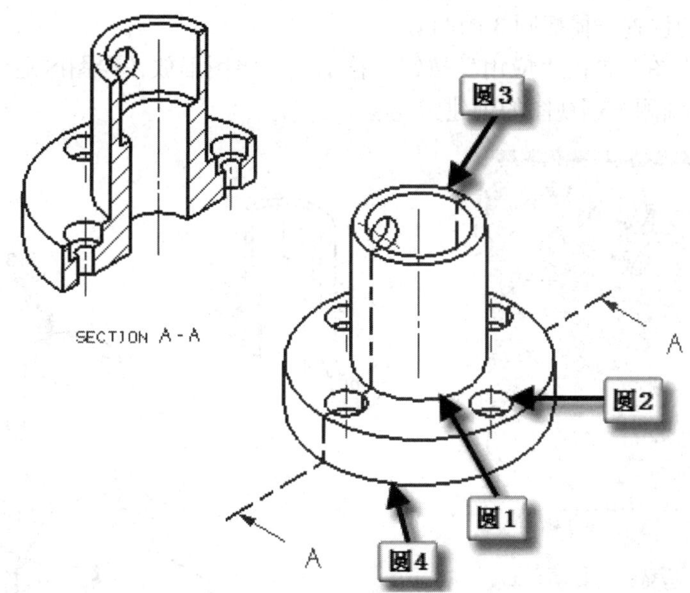

图 4-1-33　轴测图中的全剖视图实例

(1) 单击“图纸”工具栏中的“轴测图中的全剖/阶梯剖”图标，系统弹出如图 4-1-34 所示“轴测图中的全剖/阶梯剖”对话框。

(2) 选择父视图。选择如图 4-1-35 所示轴测图作为父视图。

(3) 定义箭头方向(即投影方向)。将图 4-1-34 所示对话框中的方式改为“两点”方式，如图 4-1-36 所示，然后依次捕捉圆 2 的圆心和圆 1 的圆心，单击“应用”按钮。

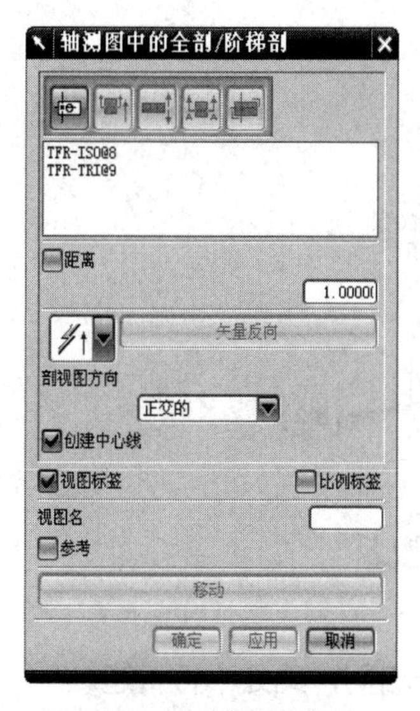

图 4-1-34　“轴测图中的
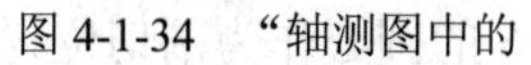
全剖/阶梯剖”对话框

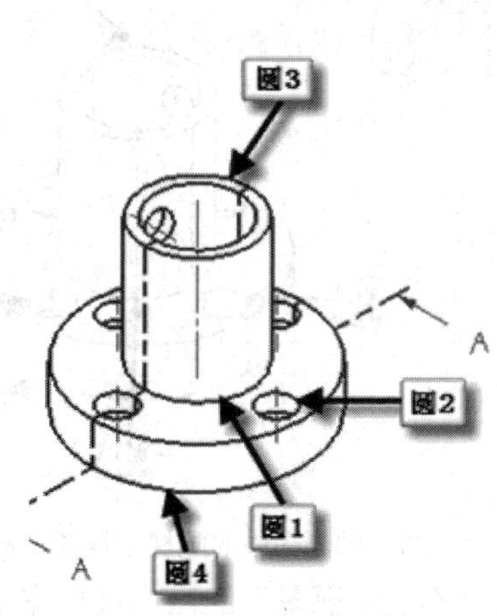

图 4-1-35　轴测图

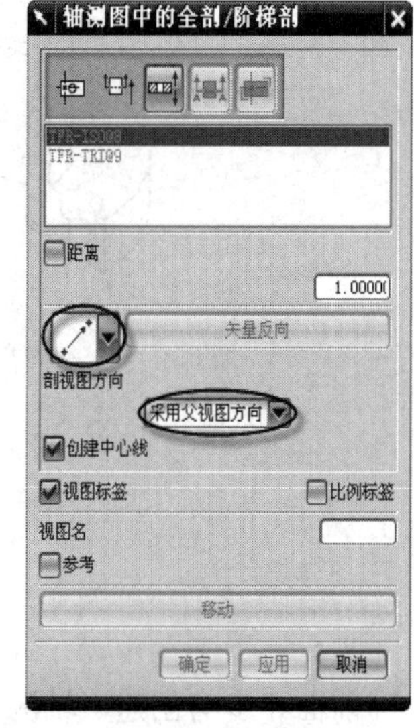

图 4-1-36　定义剖切方向界面设置

(4) 定义剖切方向。在图 4-1-34 所示对话框中选择“两点”方式，分别捕捉圆 3 的圆心和圆 4 的圆心。再将“剖视图方向”改为“采用父视图方向”，如图 4-1-36 所示，单击“应用”按钮，弹出如图 4-1-37 所示“剖切线创建”对话框。

(5) 定义剖切位置。捕捉圆 3 的圆心。

(6) 放置剖视图。单击“应用”按钮，移动鼠标将图形放在绘图区适当的位置，完成图 4-1-38 所示的轴测全剖视图的创建。

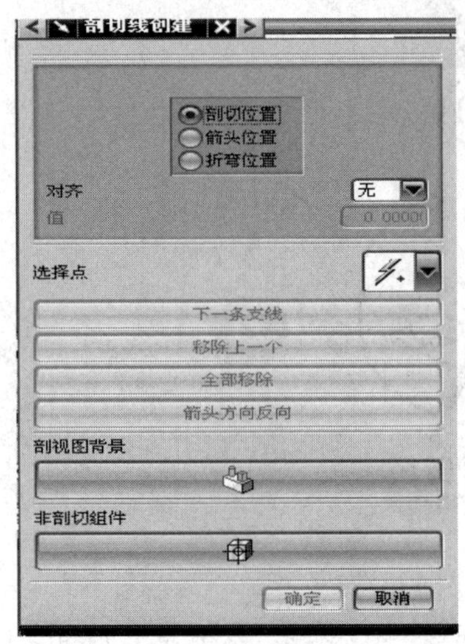

图 4-1-37 “剖切线创建”对话框

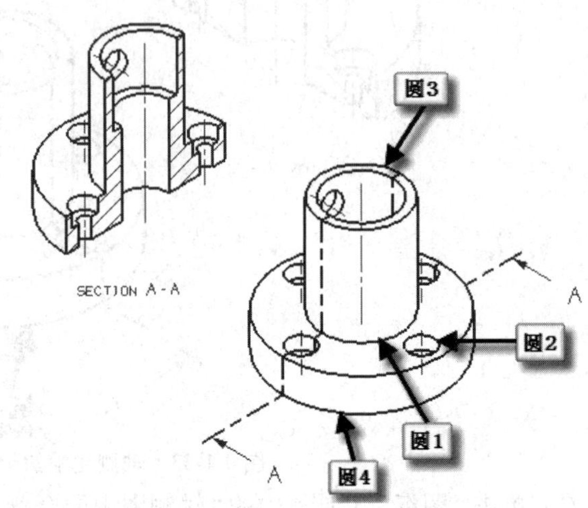

图 4-1-38 轴测全剖视图

2) 轴测图中的阶梯剖视图

以创建如图 4-1-39 所示实例来讲述创建“轴测图中的阶梯剖视图”的操作过程。

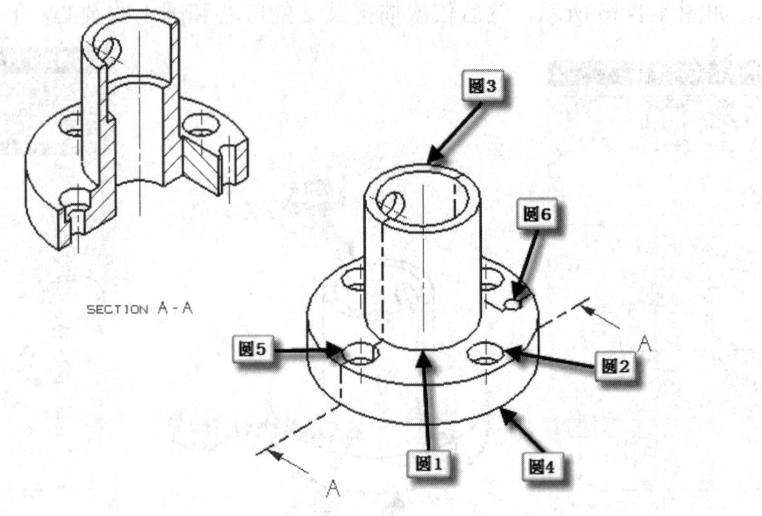

图 4-1-39 轴测图中的阶梯剖视图实例

前面 4 步与创建“轴测图中的全剖视图”的操作过程完全相同，此处不再重述。

(5) 定义剖切位置。依次捕捉圆 5 的圆心、圆 3 的圆心、圆 6 的圆心作为剖切位置，如图 4-1-39 所示。

(6) 定义折弯位置。勾选 折弯位置，捕捉点的方式改为“面上的点”，如图 4-1-40 所示。然后捕捉如图 4-1-41 所示的大概位置上的一点确定折弯位置。

(7) 放置剖视图：单击“确定”按钮，移动鼠标将图形放在绘图区适当的位置，完成如图 4-1-41 所示轴测图中的阶梯剖视图的创建。

图 4-1-40　定义折弯位置界面设置

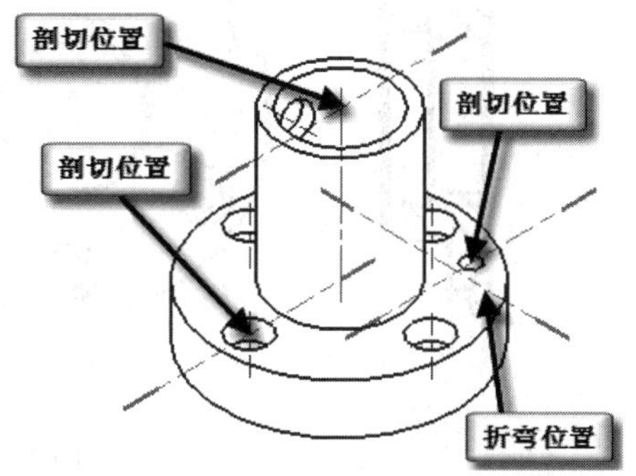

图 4-1-41　轴测图中的阶梯剖视图

10. 显示与更新视图

(1) 视图的显示。

单击“图纸”工具栏中的“显示图纸页”图标，系统会在模型的三维图形和二维工程图之间进行切换。

(2) 视图的更新。

当三维图形做了更改，之前添加的二维工程图系统不会自动更新，单击“更新视图”才可更新图形区中的视图。

调用命令：单击”图纸”工具栏中的“更新视图”图标，系统弹出如图 4-1-42 所示“更新视图”对话框。系统自动选择当前图样页面上的所有视图，如果想选择其中某一个视图进行更新，可以在”视图列表”中选择，也可以在图形区直接选择要更新的视图，然后单击按钮“确定”即可更新图形。

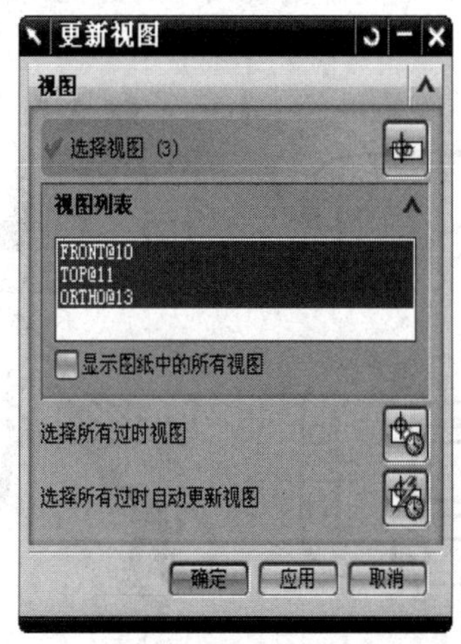

图 4-1-42　“更新视图”对话框

五、相关练习

1. 根据图 4-1-43 所示图形，进行全剖视图练习。

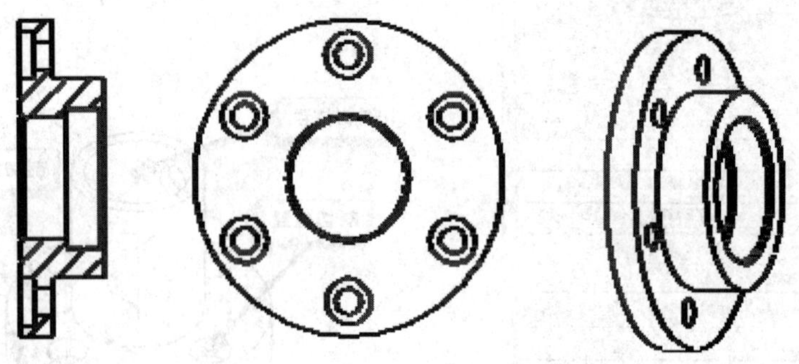

图 4-1-43　练习 1

2. 根据图 4-1-44 所示图形，进行半视图练习。.

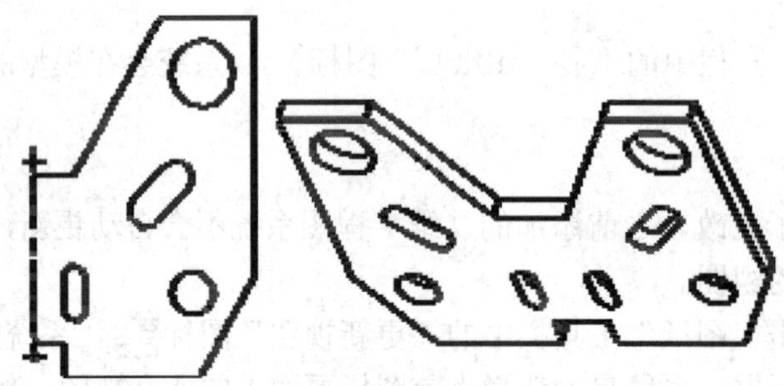

图 4-1-44　练习 2

3. 根据图 4-1-45 所示图形，进行半剖视图、局部视图和局部放大图练习。

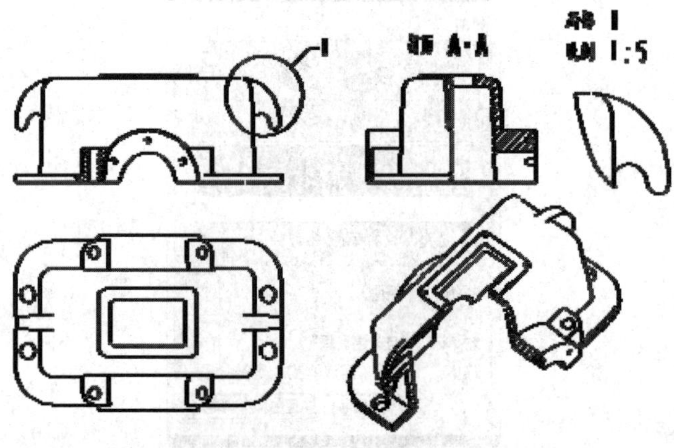

图 4-1-45　练习 3

4. 根据图 4-1-46 所示图形，进行旋转视图练习。

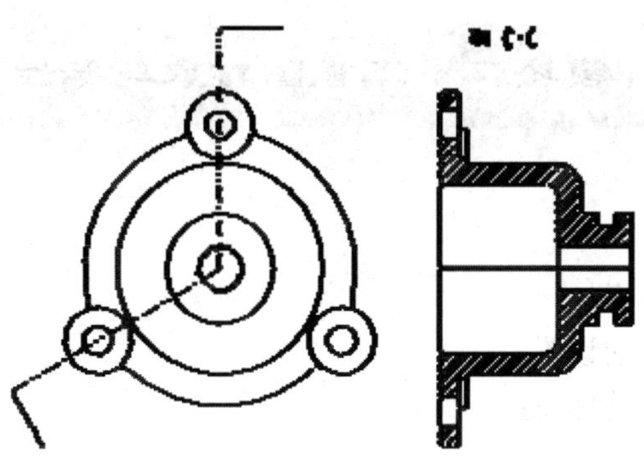

图 4-1-46 练习 4

5. 根据图 4-1-47 所示图形，进行阶梯剖练习

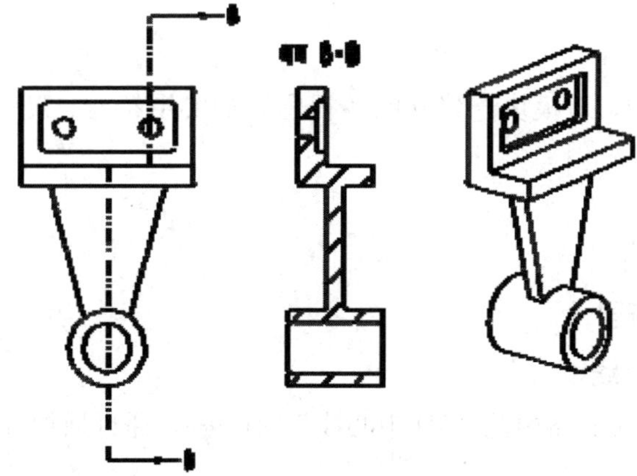

图 4-1-47 练习 5

6. 根据图 4-1-48 所示图形，进行向视图练习。

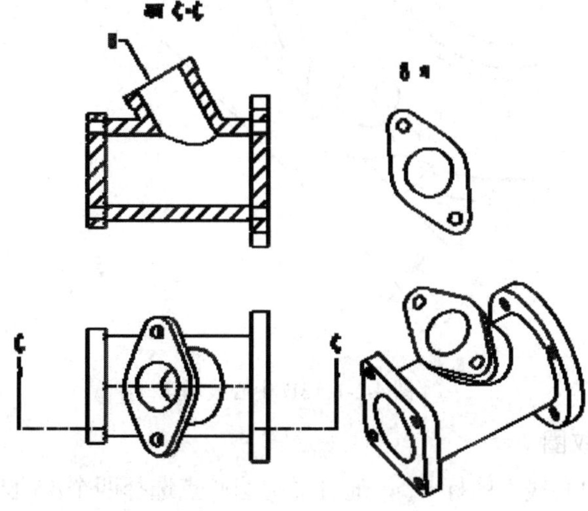

图 4-1-48 练习 6

模块二　工程图对象与标注

一、学习目标

1. 掌握实用符号的添加；
2. 掌握注释首选项的设置；
3. 掌握工程图尺寸的标注；
4. 掌握基准的标注；
5. 掌握文本注释的标注；
6. 掌握表面结构符号的标注。

二、工作任务

在工程图模块中，对模块一建立的各视图添加实用符号、尺寸及文本注释等工程图对象。

三、相关实践知识

(一) 添加实用符号

1. 添加圆柱中心线

单击“中心线”工具条中的“3D 中心线”图标，通过捕捉圆心点完成图 4-2-1 所示中心线的添加。

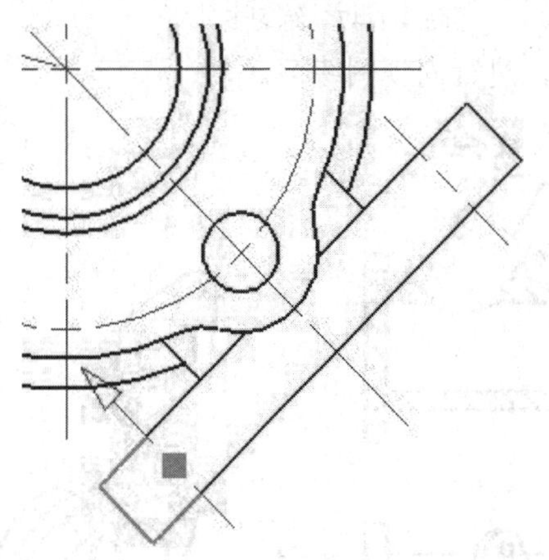

图 4-2-1　3D 中心线示意

2. 添加完整螺纹圈

单击“螺栓圆中心线”图标，通过捕捉圆心点选择四个$\phi 6$ 圆柱孔的圆心，完成图 4-2-2 中所示的螺栓圆中心线的添加。

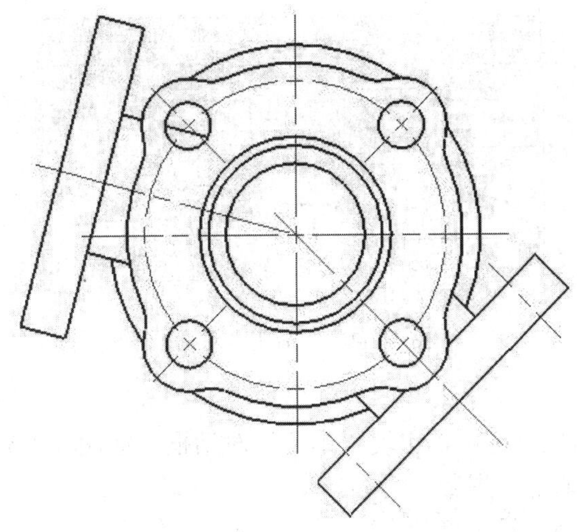

图 4-2-2　螺栓圆中心线

注意：如果四个ϕ6 圆柱孔是通过特征环形阵列完成的，则软件自动添加螺栓圆中心线。如果是分别通过圆柱布尔求差操作完成，则自动添加的中心线需要删除后再重新建立。

(二) 设置注释首选项

在进行尺寸标注前可以对尺寸大小及形式预先作统一设置。单击“制图首选项”工具条中“注释首选项”图标，在对话框中作相关设置，使标注尽量符合国家标准。

1. 文字

单击对话框中“文字”选项，出现“文字”对话框，如图 4-2-3 所示。

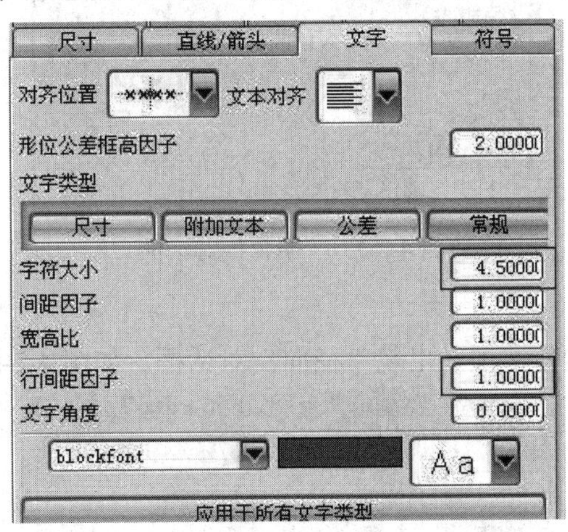

图 4-2-3　“文字”对话框

(1) 设置四项文字类型的字符大小全部为 4.5。

(2) 设置“附加文本”、“公差”选项的文本间距因子为 1 。

2. 直线/箭头

单击对话框中“直线/箭头”选项，出现“箭头”对话框，如图 4-2-4 所示。

(1) 设置箭头形式为“填充的箭头”。

(2) 设置箭头大小 A 为 4.5。

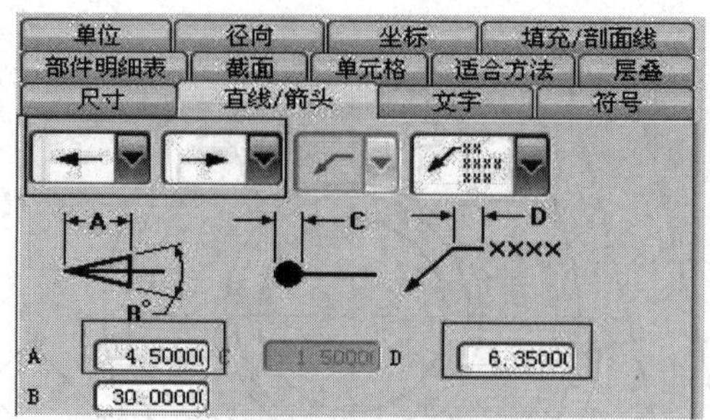

图 4-2-4 “箭头”对话框

3. 单位

单击对话框中“单位”选项，出现“单位”对话框，如图 4-2-5 所示。

(1) 设置小数点为原点，尾数不为零。

(2) 设置角度格式为只显示度数。

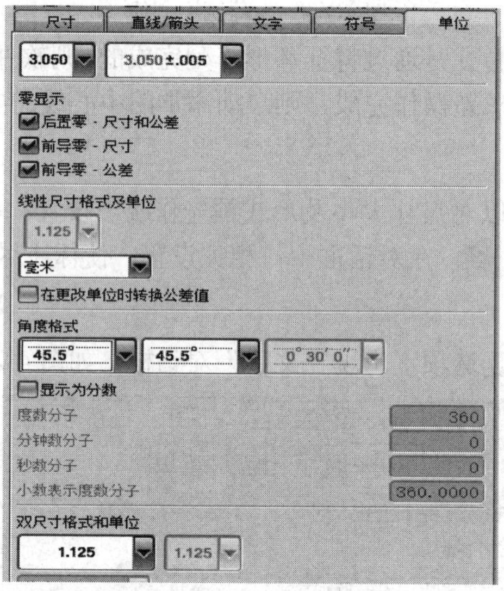

图 4-2-5 “单位”对话框

4. 径向

单击对话框中“径向”选项，出现“径向”对话框，如图 4-2-6 所示。

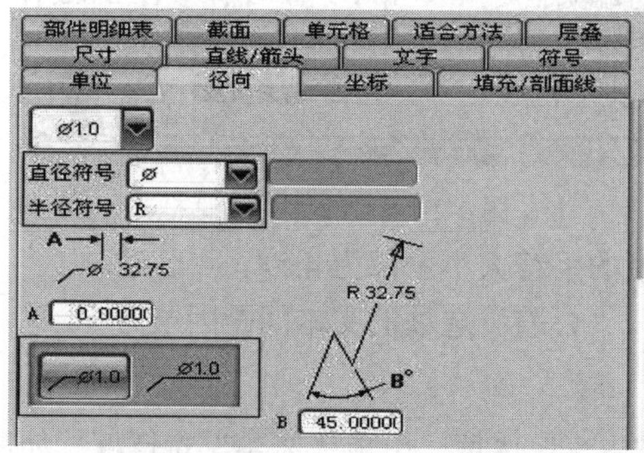

图 4-2-6 “径向”对话框

(1) 设置直径与半径符号分别为ϕ与 R。

(2) 设置直径符号与数值间距离 A 为 0。

5. 尺寸

单击对话框中“尺寸”选项，出现“倒斜角”对话框，如图 4-2-7 所示。设置倒斜角项 C 与数值间距离为“0”。

其他项设置按默认数值及形式，根据需要作单独的编辑调整。

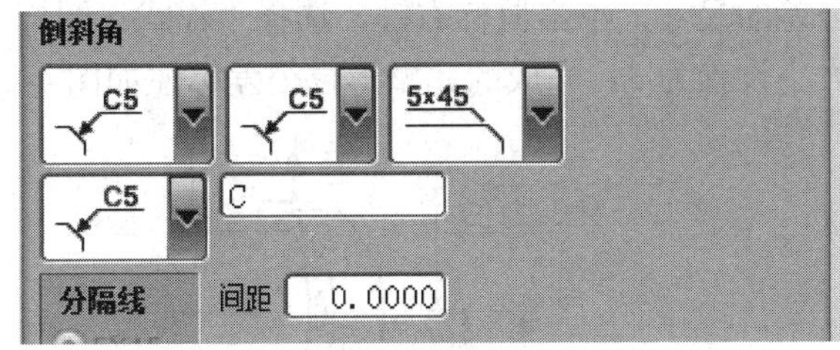

图 4-2-7 “倒斜角”对话框

(三) 尺寸标注

1. 常规尺寸标注

常规尺寸标注可以通过图 4-2-8 所示的各项命令完成，操作方法与草图尺寸标注类似。

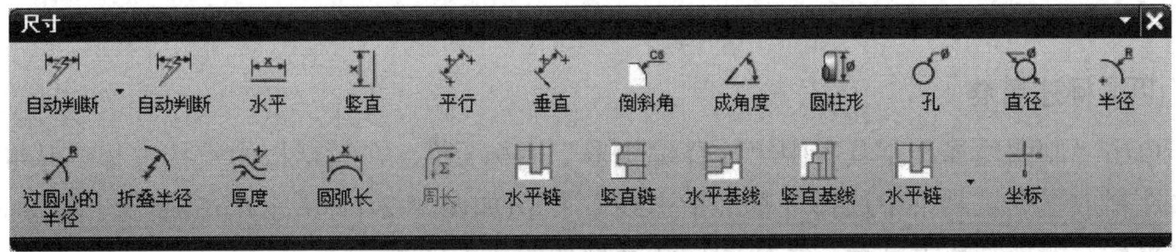

图 4-2-8 “尺寸”标注命令项

2. 尺寸公差

在标注尺寸的同时可以设置尺寸公差，也可以在标注完成后对带公差的尺寸进行单独编辑。选择要标注公差的尺寸(例如图中的长度 30)，单击鼠标右键，选择“样式”图标，在对话框中选择公差形式并输入公差数值，如图 4-2-9 所示。

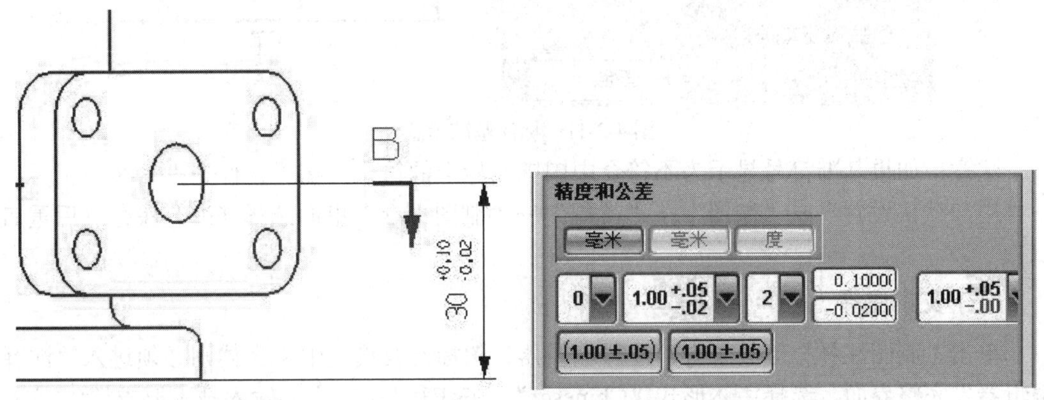

图 4-2-9 尺寸公差示意图

3. 形位公差

选择要标注公差的尺寸(例如图中长度 54)，单击鼠标右键，选择“编辑附加文本”图标，图中形位公差框位于尺寸下方，单击设置附加文本位置。在“文本编辑器”对话框中选择“形位公差符号”选项。

首先选择“开始单框”图标，然后单击“平行度”图标，输入数值 0.05，再单击“竖直分割”图标，输入基准“A”，确定后完成形位公差的输入。

选择已输入形位公差的尺寸，单击鼠标右键，选择“样式”图标，添加尺寸公差，并将附加文本的字符大小设置为 3，完成的完整形位公差标注如图 4-2-10 所示。

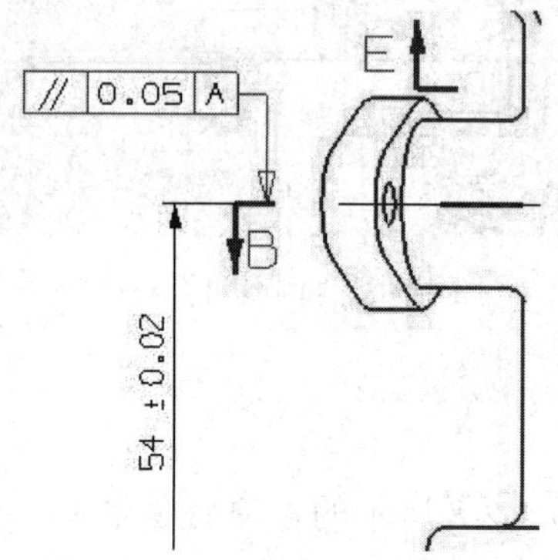

图 4-2-10 形位公差标注

(四) 标注基准

单击“制图注释”工具条中“注释编辑器”图标，在对话框中直接选择“基准”，在“注释放置”工具条中选择“基准指引线”类型(如图 4-2-11 所示)，鼠标置于放置面，按住鼠标左键拖动放置基准，完成的标注基准如图 4-2-11 所示。

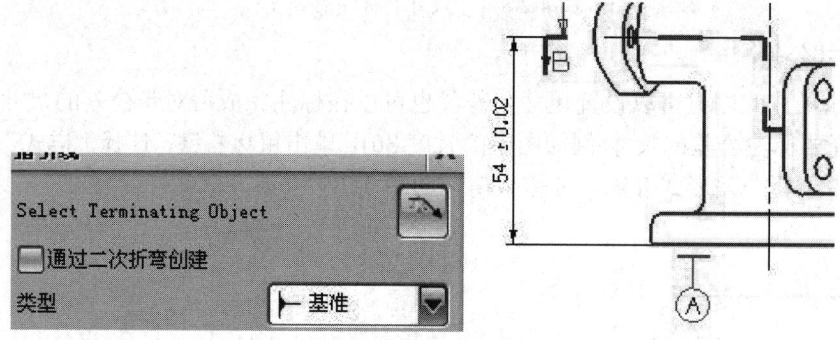

图 4-2-11 标注基准示意

注意：如果基准符号显示为不符合中国国家标准的符号，在“文件”→“实用工具”→“用户默认设置”→“制图”→“常规”→“制图标准”里面选择 GB。保存然后重启 UG。

(五) 文本注释

单击“制图注释”工具条中“注释编辑器”图标，要设置中文字体则必须进入“注释编辑器”完整界面。选择字体形式“Chinesef”，在<F3>与<F>之间输入技术要求等(中文)，用鼠标在图纸中对应位置放置文本。

(六) 标注表面粗糙度符号

1. 调用表面粗糙度符号命令

通常情况下该命令项不会打开，通过更改 UG 安装文件来调用表面粗糙度符号，依次打开安装目录 C：\Program File\UGS\NX4.0\UGII，以记事本打开 ugii_env.dat 文件，通过查找“Finish”单词可以快速查找到表面粗糙度符号命令行：UGII_SURFACE_FINISH=OFF，将其更改为 UGII_SURFACE_FINISH=ON，保存并关闭文件，重新启动 UG。

2. 标注表面粗糙度符号

在制图模块中选择主菜单“插入”→“符号”→“表面粗糙度符号”，在对话框中选择“基本符号”，输入表面粗糙度数值，定义放置形式为“在边上创建”，选择放置边，用鼠标单击确切的放置位置。

至此完成工程图的创建，单击，保存文件。

四、相关理论知识

尺寸标注是工程中一个重要的环节，主要包括下列几项标注：

(1) 尺寸标注。

(2) 形位公差标注。

(3) 表面结构标注。

(4) ID 符号标注。

(一) 尺寸标注

在如图 4-2-12 所示“尺寸标注”工具条中选择任一尺寸标注类型后，系统将弹出如图 4-2-13 所示的“尺寸设置”工具条。

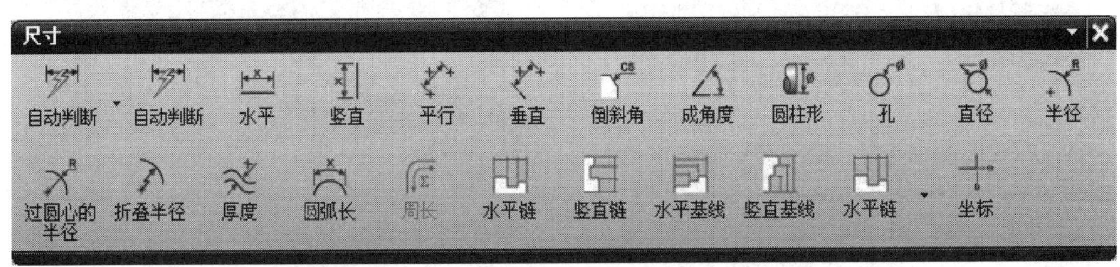

图 4-2-12 “尺寸标注”工具条

图 4-2-13 “尺寸设置”工具条

：用于设置尺寸标注公差形式。

：用于设置尺寸精度。

：用于添加注释文本。单击该图标，系统弹出如图 4-2-14 所示”文本编辑器”对话框。

[图标]：单击该图标，系统弹出如图 4-2-15 所示“尺寸样式”对话框，用于设置尺寸显示和放置等参数。此对话框与前面的“注释首选项”一样，此处就不再重述。

“文本编辑器”对话框中各选项的含义：

“附加文本”[图标]选项组：用来指定目前所添加的文本是放在已标注尺寸的哪个位置。

“在前面”图标[图标]：表示当前所添加的文本放在已标注尺寸的前面。

“在后面”图标[图标]：表示当前所添加的文本放在已标注尺寸的后面。

“上面”图标[图标]：表示当前所添加的文本放在已标注尺寸的上面。

“下面”图标[图标]：表示当前所添加的文本放在已标注尺寸的下面。这 4 个选项随时都可以启用。

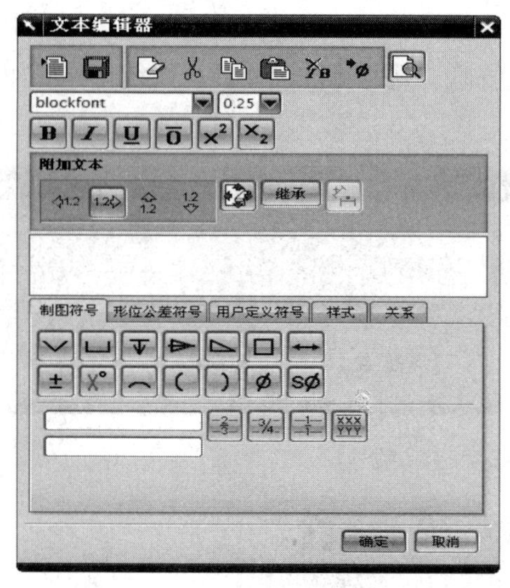

图 4-2-14 “文本编辑器”对话框

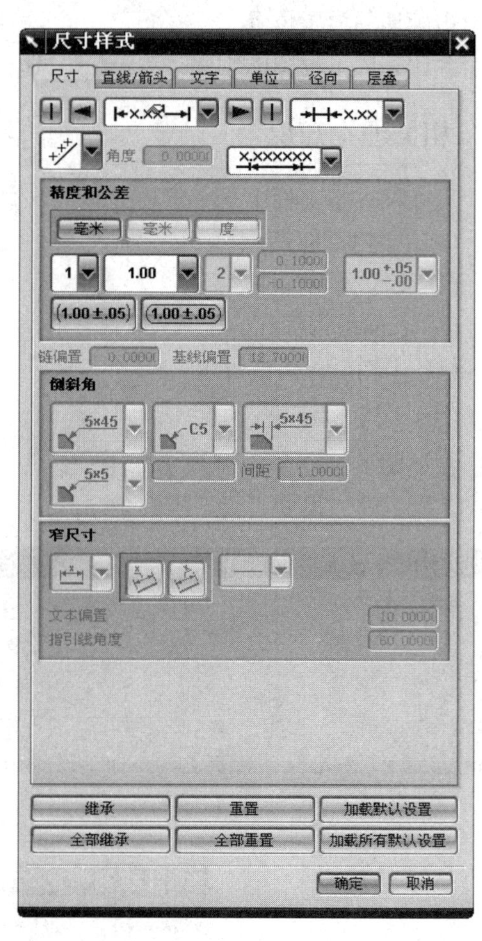

图 4-2-15 “尺寸样式”对话框

[图标]：用于清除所有附加文本。

制图符号：单击该选项卡出现如图 4-2-16 所示界面，用户可以在此选用所需要的制图符号，系统自动将其写入附加文本框中。

形位公差符号：单击该选项卡出现如图 4-2-17 所示界面，用户可以在此选用所需要的形位公差符号，系统也会自动将其写入附加文本框中。

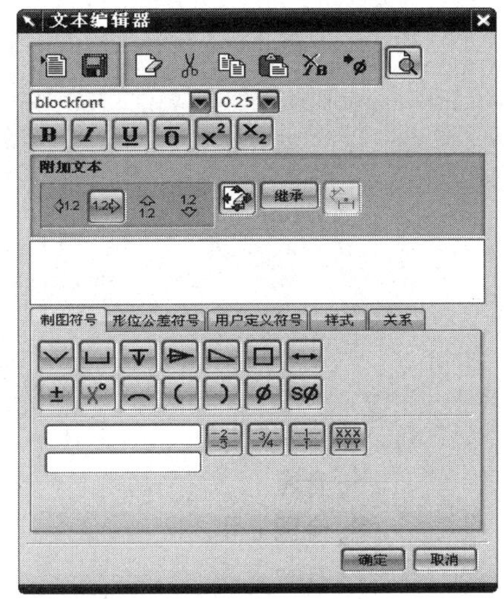

图 4-2-16　“制图符号”选项卡界面

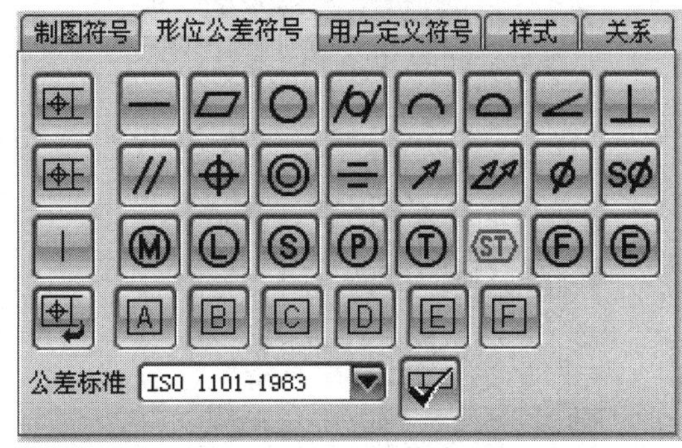

图 4-2-17　“形位公差符号”选项卡界面

例在图 4-2-18(a)所示尺寸上增加文本。其步骤如下：

(1) 选中尺寸，将光标放在ϕ16 尺寸上双击。

(2) 单击“注释编辑器”图标，弹出”注释编辑器”对话框。

(3) 单击“在前面”图标，然后选择，输入 8，再选择。

(4) 单击“在后面”图标，然后选择，输入 8。

(5) 单击“确定”按钮，即可得到图 4-2-18(b)所示标注。

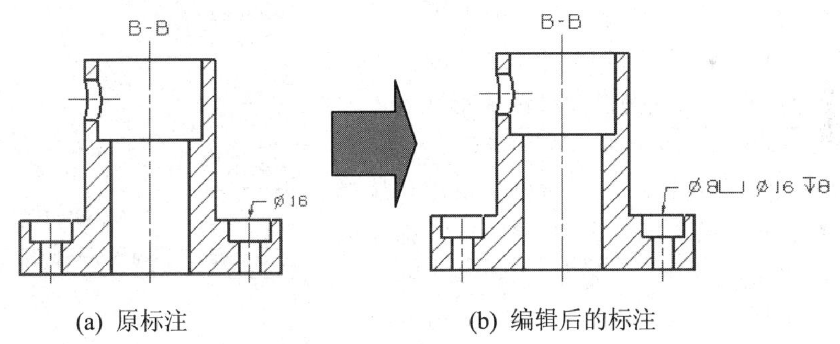

(a) 原标注　　(b) 编辑后的标注

图 4-2-18　增加标注

(二) 形位公差标注

1. 创建基准

下面以图 4-2-19 为例，来介绍创建基准标识符的一般操作过程。

(1) 单击“注释”工具条中的”基准特征符号”图标，参数设置如图 4-2-20 所示。

(2) 指定基准面/边：单击，选择如图 4-2-19 所示直线。

(3) 放置基准标识符：移动鼠标，待符号放到适当位

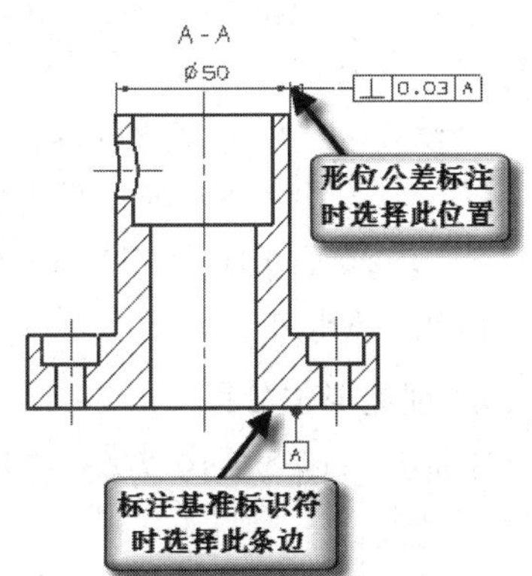

图 4-2-19　创建基准标识符实例

置后单击左键，如图 4-2-19 所示。

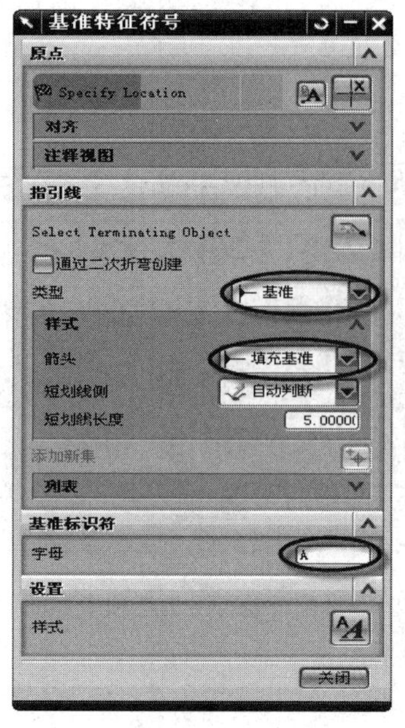

图 4-2-20 “基准特征符号”对话框参数设置

普通
全圆符号
标志
基准
以圆点终止
显示快捷键

图 4-2-21 “指引线的类型”下拉框

“基准特征符号”对话框中各选项含义：

“指引线的类型”下拉框：该下拉框有 5 种指引线的类型供用户选择，如图 4-2-21 所示。

“指引线的样式”选项组：该选项组用于设置箭头的形式、短划线的样式及短划线的长度。

“箭头”下拉框：系统提供两种箭头形式给用户选择，即填充 基准 和未填充 基准 。

“短划线侧”下拉框：该下拉框是供用户选择指引线朝向哪一侧，系统提供了 3 种形式，即左侧 左 、右侧 右视图 和 自动判断 。

“短划线长度”文本框：在此输入短划线的长度。

“基准标识符”：在”字母”文本框中输入基准符号，如 A/B/C。

“设置”选项：在此可以设置直线/箭头的样式、文字的样式、形位公差符号的线型和线宽以及符号的放置情况。单击“样式”图标，进入图 4-2-22 所示“样式”对话框。

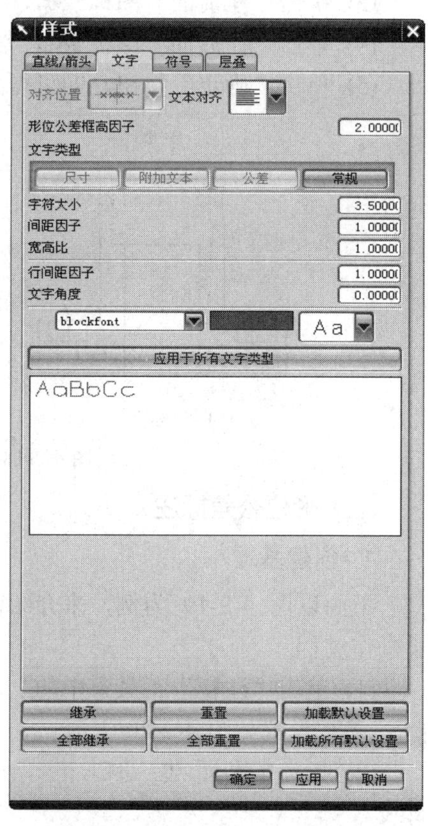

图 4-2-22 “样式”对话框

2. 创建形位公差

下面仍以图 4-2-19 为例，介绍创建形位公差的一般操作过程。

(1) 选择“注释”工具条中的“特征控制框”图

标，弹出“特征控制框”对话框。

(2) 指定要标注形位公差的指引位置。 单击图标，选择尺寸线的端点。

(3) 放置标准形位公差。移动鼠标，待符号放到适当位置后单击左键，如图 4-2-19 所示。

(三) 表面结构(表面粗糙度)标注

UG NX 8.5 的工程图模块中“注释”功能非常方便。在 UG NX 8.5 程序安装后默认的设置中，表面结构符号选项命令是已经被激活的，这是不同于以往版本的。点击主菜单“首选项”→“注释”，选择“符号”选项卡，点开“表面粗糙度”伸展条，可以对表面粗糙度样式进行修改。常用设置是在”制图标准”下拉选项中，选择“GB 131-93”国家标准样式，其他设置如图 4-2-23 所示。

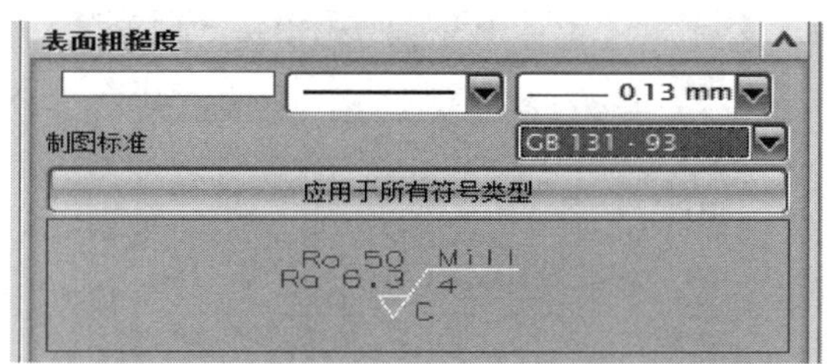

图 4-2-23　表面粗糙度“制图标准”设置

表面结构标注的操作过程：

(1) 点击“注释”工具条，表面粗糙度图标，系统弹出“表面粗糙度符号”对话框。设置如图 4-2-24 所示。

(2) 标注表面粗糙度符号。选择要标注表面粗糙度的边，选择放置位置，结果如图 4-2-25 所示。

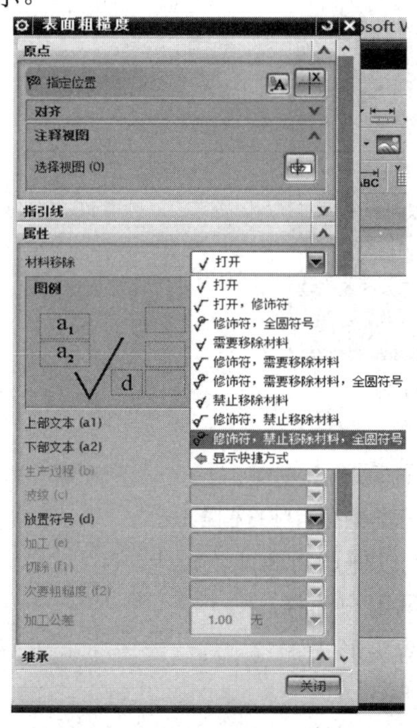

图 4-2-24　“表面粗糙度符号”对话框

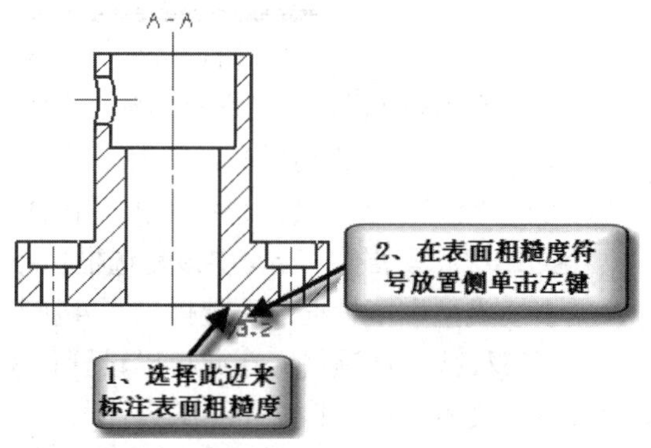

图 4-2-25　表面粗糙度符号

符号图标：UG NX 8.5 提供了 9 种类型的表面粗糙度符号。要创建表面粗糙度，首先要选择相应的符号类型。如图 4-2-24 所示，在“材料移除”下拉选项中，选择需要的符号样式，同时，“上部文本”“下部文本”“生产过程”等选项会相应被点亮，填写合适内容。

(四) ID 符号标注

ID 符号是一种由规则图形和文本组成的符号，在创建装配图中使用。ID 符号标注操作过程如下：

(1) 选择“注释”工具条中的“标识符号”图标，弹出“标识符号”对话框，设置参数如图 4-2-26 所示。

图 4-2-26 “标识符号”对话框

(2) 指定指引线位置。单击图标，选择目标对象。

(3) 放置 ID 符号。移动鼠标，待符号放到适当位置后单击左键。

“ID 符号类型”下拉框：系统提供了各种 ID 符号类型供用户选择。

通过二次折弯创建：若勾中该复选框，指引线可以任意折弯两次以上。

“指引线类型”下拉框：系统提供了 4 种指引线供用户选择。

“指引线样式”选项组：在此可以设置指引线的箭头形式。

“文本”文本框：在该文本框输入序号。

“大小”文本框：用来设置符号的大小。

五、相关练习

1. 根据图 4-2-27 所示图形建立模型，并用制图模块生成工程图。

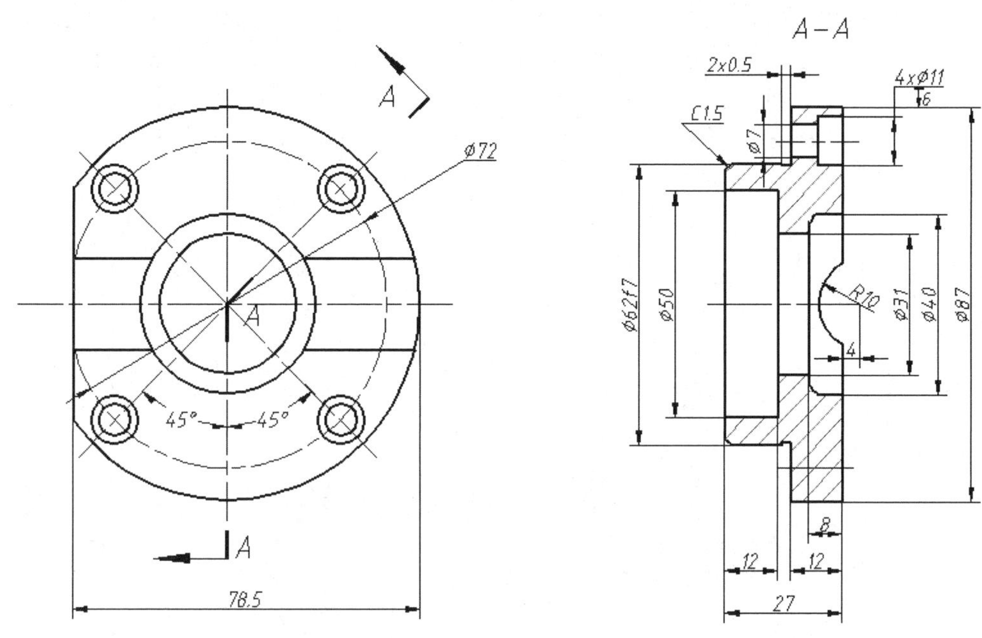

图 4-2-27　练习 1

2. 根据图 4-2-28 所示图形建立模型，并用制图模块生成工程图。

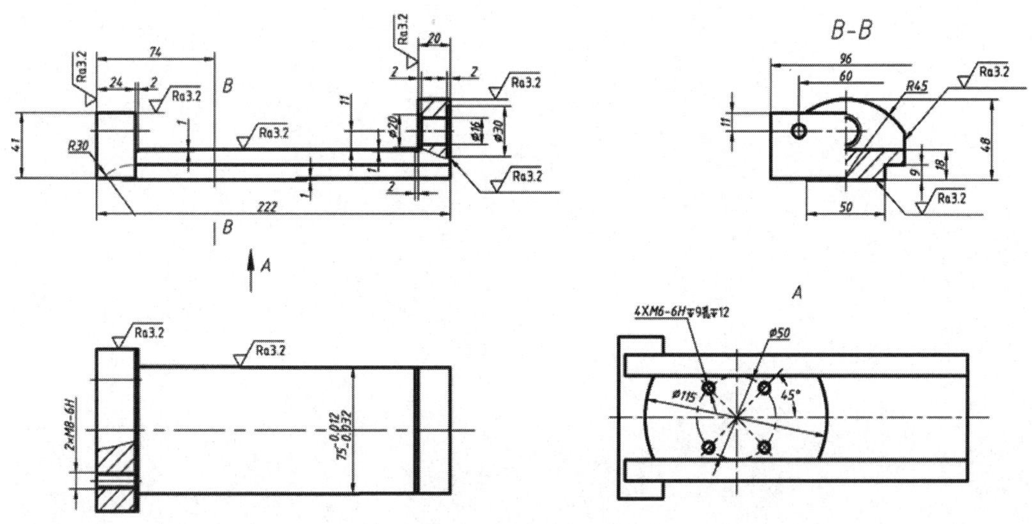

图 4-2-28　练习 2

3. 根据图 4-2-29 所示图形建立模型，并用制图模块生成工程图。

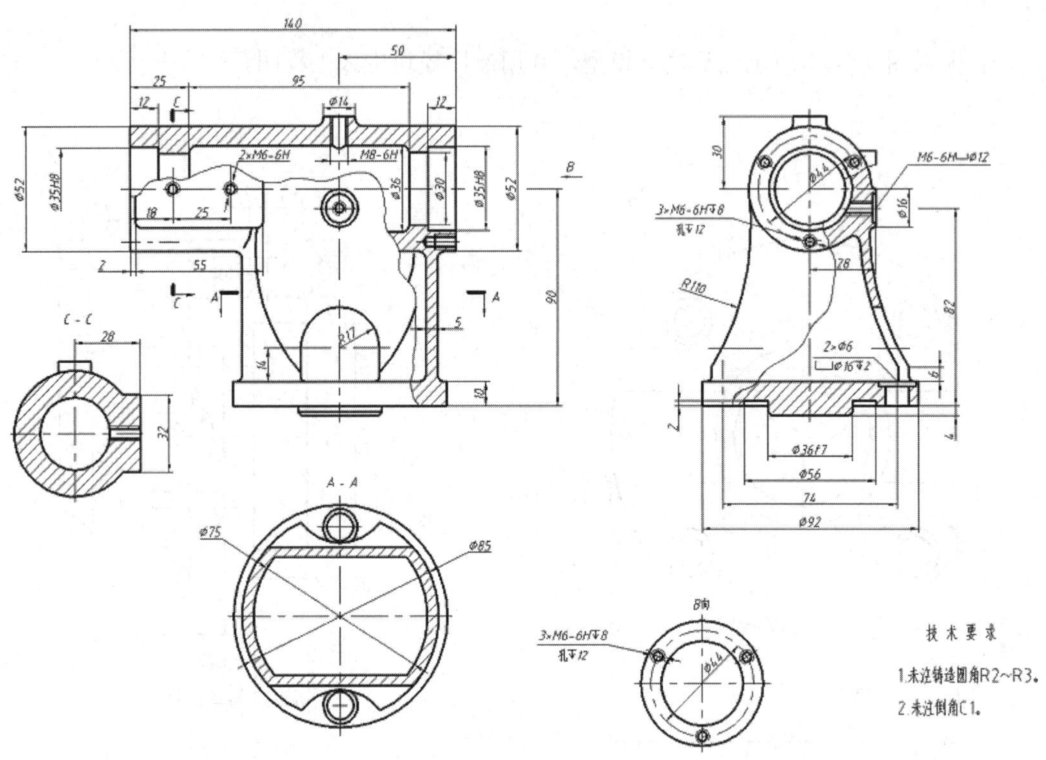

图 4-2-29　练习 3

项目五　UG 模具设计

工作任务：

在 UG 模具设计模块中完成注塑模具型腔、型芯的设计，并设计模架、浇注系统、顶出系统、冷却系统等。

模块一　风扇叶片模具设计

一、学习目标

1. 掌握注塑模具设计的详细流程；
2. 掌握分型面设计的步骤；
3. 掌握标准模架的选用；
4. 掌握浇注系统、顶出系统与冷却系统的设计过程。

二、工作任务

完成如图 5-1-1 所示风扇叶片的注塑模具设计。产品规格：350 mm × 335 mm × 51 mm；产品壁厚：最大 3 mm，最小 2 mm；材料：ABS+PC；产品收缩率：0.0045；单腔模布局；产量：15 000 个/年；产品外部表面光滑，无明显制件缺陷，如翘曲、缩痕、凹坑等。

注塑模具设计的整个流程包括产品设计任务、项目初始化、分模设计、模架加载、浇注系统设计、顶出系统设计和冷却系统设计等。

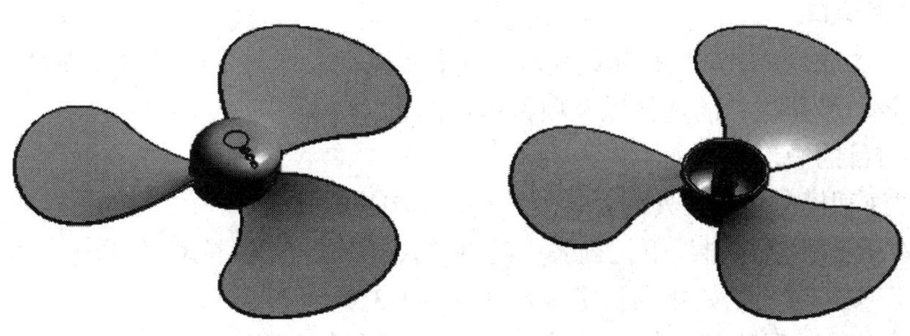

图 5-1-1　风扇叶片

三、相关实践知识

(一) 初始化项目

1. 加载产品

在产品模型进行初始化项目时，NX8.5 与旧版本的区别是，必须在打开的模型文件中显示实体模型。因此，产品的加载是初始化项目过程中不可缺少的重要步骤。加载产品的操作步骤如下：

(1) 启动 UG NX8.5，进入基本环境界面。

(2) 在“标准”工具条上执行“开始”→“所有应用模块”→“建模”命令，载入建模模块，接着调入“特征”工具条、“曲面”工具条、“曲线”工具条等。

(3) 在“标准”工具条上执行“开始”→“所有应用模块”→“注塑模向导”命令，载入 MoldWizard 模块。

(4) 单击“标准”工具条上的“开放的”按钮，弹出“开放的”对话框，进入随书光盘中打开 part\5\5-1 产品模型文件，如图 5-1-2 所示。

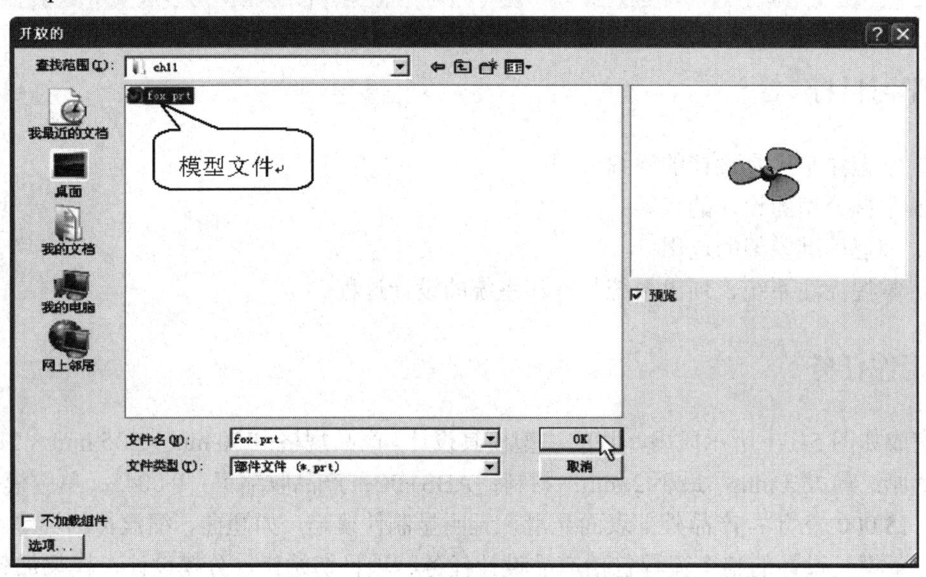

图 5-1-2 加载产品模型文件

2. 初始化项目

产品模型加载后，即可执行初始化项目进程操作，在此进程中可进行项目路径的更改、项目的重命名、产品材料的选择以及项目单位的设置等操作。

初始化项目的操作步骤如下：

(1) 在“注塑模向导”工具条上单击“初始化项目”按钮，弹出“初始化项目”对话框。

(2) 在对话框的“材料”下拉列表中选择“ABS+PC”，保留对话框中其他默认设置，单击“确定”按钮进入初始化项目进程，如图 5-1-3 所示。

(3) 经过一段时间的初始化项目过程后，完成了模具总装配体的克隆装配。在装配导航器中可看见模具总装配体结构，如图 5-1-4 所示。

图 5-1-3　选择产品材料

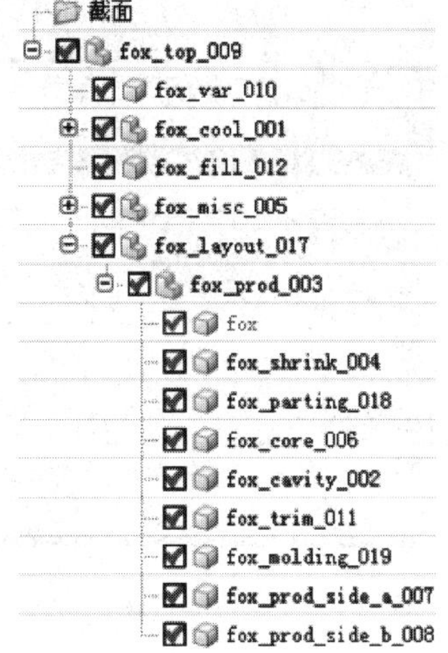

图 5-1-4　模具总装配体结构

(二) 分模设计

产品的分模设计过程包括模具设计准备过程、MPV 模型验证，主分型面设计、抽取区域面及自动补孔、创建型腔和型芯等。

1. 模具设计准备过程

模具设计准备过程是完成模具设计的前期阶段，同时也是极为重要的设计阶段。模具设计准备过程包括模具坐标系的设置、创建自动工件和模腔布局。

由于风扇叶片模具为单模腔设计，不再进行模腔布局设计。

(1) 设置模具坐标系(见图 5-1-5)。

选择“当前 WCS”，点击“确定”按钮，移动到塑件产品的主分型面上，以当前坐标系作为模具坐标系(Mold CSYS)，并锁定 Z 值，即塑件的脱模方向为 Z 轴正方向。收缩率已在上一步“零件材料”选定后自动设置为 1.006，根据需要也可以更改。

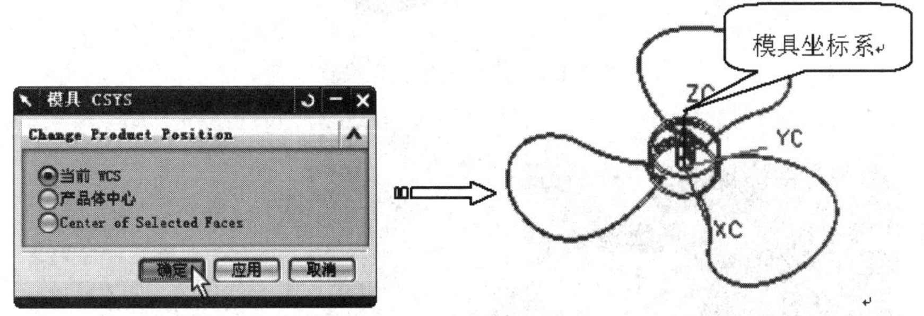

图 5-1-5　设计模具坐标系

(2) 创建自动工件(见图 5-1-6)。

在工具栏中单击“工件”按钮弹出对话框，此时系统会自动根据零件计算毛坯尺寸。本例输入如图 5-1-6(a)所示的值，按“确定”按钮，完成毛坯模型如图 5-1-6(b)所示。

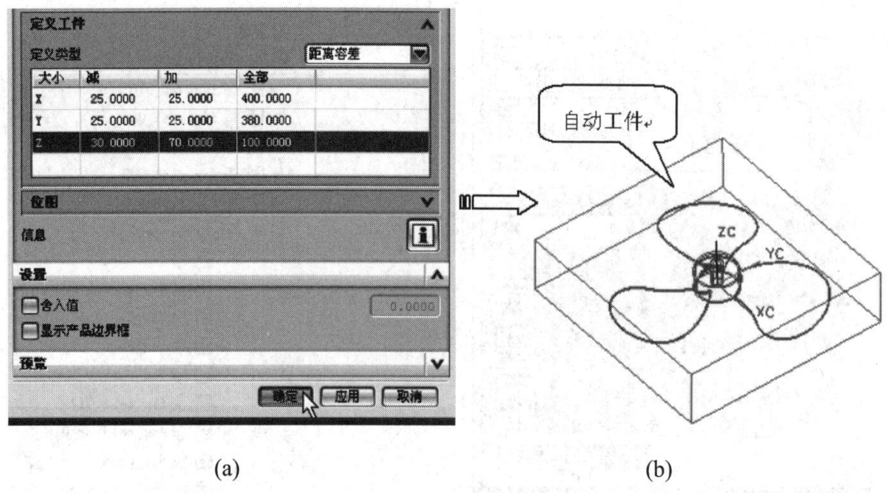

图 5-1-6　创建自动工件

2. MPV 模型验证

MPV 模型验证是 MW 自动分模设计必须经过的一个过程，否则，后续的分模设计将无法进行。直接在“分型管理器”对话框中单击“抽取区域和分型线”按钮，则会弹出“定义区域”对话框，按“确定”按钮。如图 5-1-7 所示，首先执行“产品区域颜色设置”，然后指派未定义区域面，指派型腔区域和型芯区域，分别如图 5-1-8、5-1-9 所示。

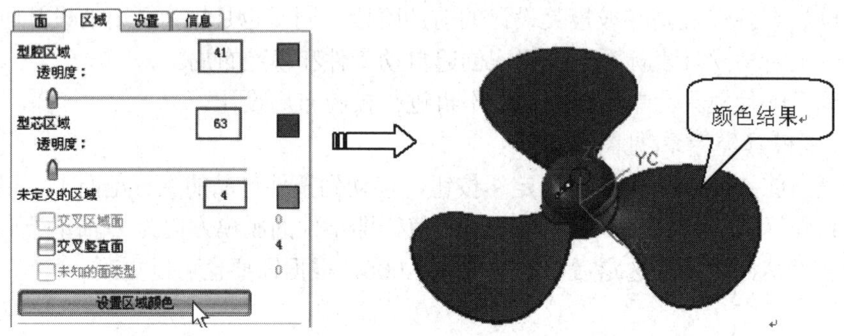

图 5-1-7　执行模型验证设置

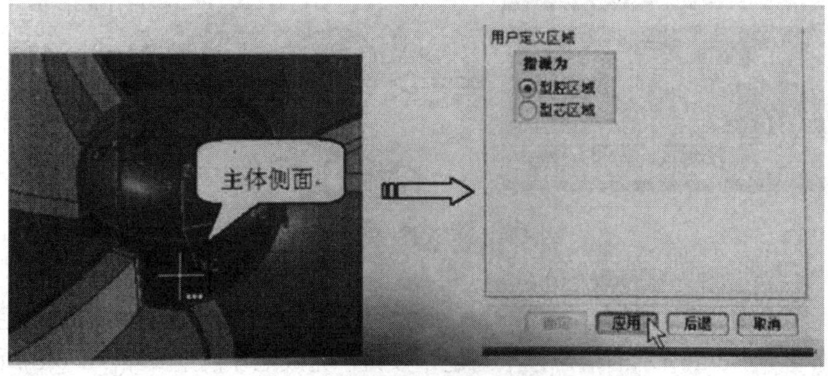

图 5-1-8　指派型腔区域

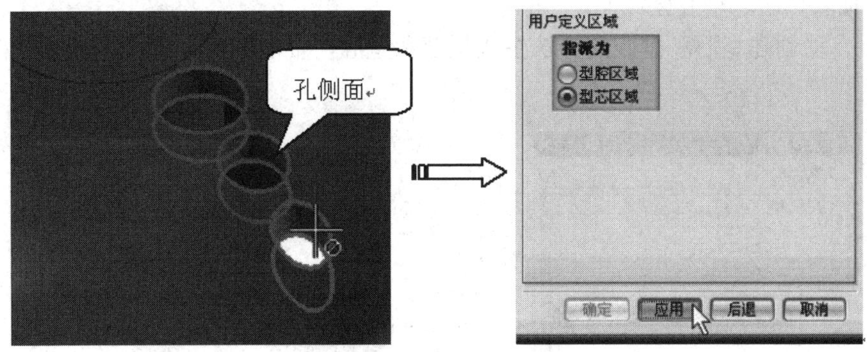

图 5-1-9　指派型芯区域

3. 主分型面设计

风扇叶的主分型面最好做成碰穿形式，可进行模具精确定位，并有助于减少开模动作部件之间的摩擦。主分型面设计步骤如下：

(1) 创建分型线。

产品模型的分型线是指模型的内、外表面的相交线，分型线向成型镶件外延伸，就形成了产品模型的分型面。模具分型时，首先搜索分型线，进而创建分型面，然后用型芯修剪片体和型腔修剪片体来分割成型镶件从而获得两个独立的型芯和型腔镶件。选择“分型线”菜单中的“自动搜索分型线”选项，对零件进行分型线的自动搜索，免去人工寻找分型线的麻烦。

(2) 创建拉伸曲面。

塑料在模具型腔凝固形成塑件，为了将塑件取出来，必须将模具型腔打开，也就是将模具分成两部分，即定模和动模两大部分。分型面是模具动模和定模的接触面，模具分开后由此可取出塑件或浇注系统。

(3) 创建另外两片风扇叶的碰穿面，如图 5-1-10 所示。

(4) 完成主分型面的创建。

(5) 完成 MPV 模型验证。

图 5-1-10

4. 抽取区域面及自动补孔

产品的 MPV 模型验证完成后，接着就可以抽取型芯、型腔区域面和自动修补模型的破孔了。

(1) 抽取型芯、型腔区域面。

通过自动创建型芯和型腔的方法生成型芯和型腔，抽取型芯、型腔区域面如图 5-1-11 所示。

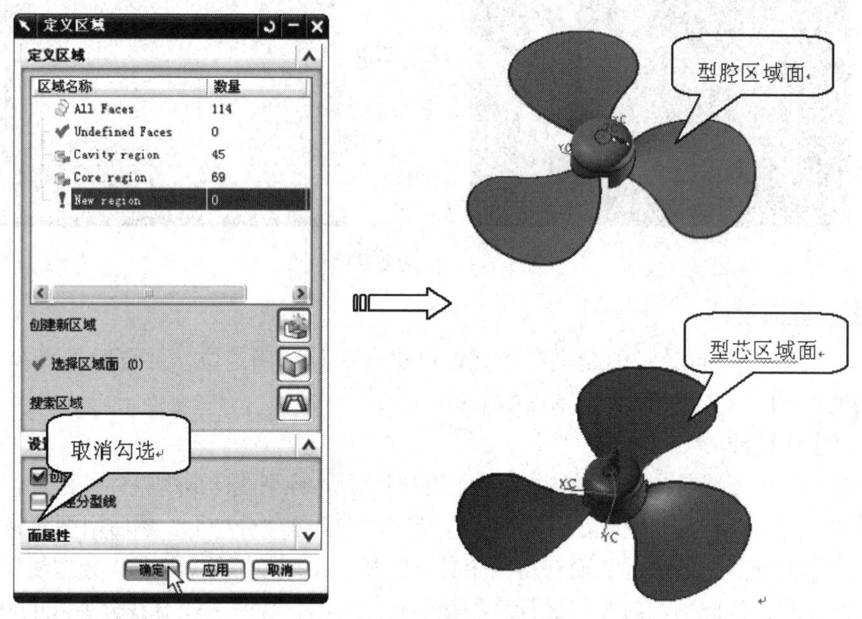

图 5-1-11　抽取型腔、型芯区域面

(2) 自动修补破孔。

点击 UG 8.5 模具工具命令出现模具工具条，选择“自动孔修补”命令，选择“自动修补”选项，如图 5-1-12(a)所示，系统自动选择边和面，按“确定”按钮，自动修补的效果如图 5-1-12(b)所示。

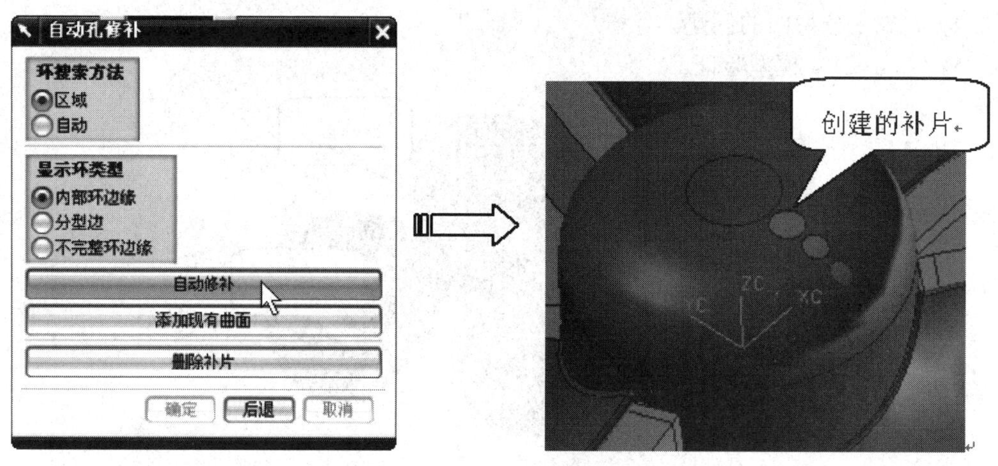

图 5-1-12　自动修补产品破孔

5. 创建型腔和型芯

虽然前面创建了主分型面，但它并不是 MW 默认的分型面，因此还要进行 MW 分型面的创建，然后才能自动分割出型腔和型芯。

(1) 创建 MW 默认的分型面。

虽然前面创建了主分型面，但它并不是 MW 默认的分型面，因此还要进行 MW 分型面的创建，然后才能自动分割出型腔和型芯，如图 5-1-13 所示。

图 5-1-13　创建 MV 默认分型面

(2) 创建型腔和型芯

在“分型管理器”中单击“创建型腔和型芯”按钮，打开“型腔和型芯”对话框。在对话框中不勾选“检查几何体”和“检查重叠”选项，然后单击“创建型芯”按钮，打开“定义型腔和型芯”对话框，如图 5-1-14(a)所示，选择图中指示选项，点击“确定”按钮，结果如图 5-1-14(b)所示。

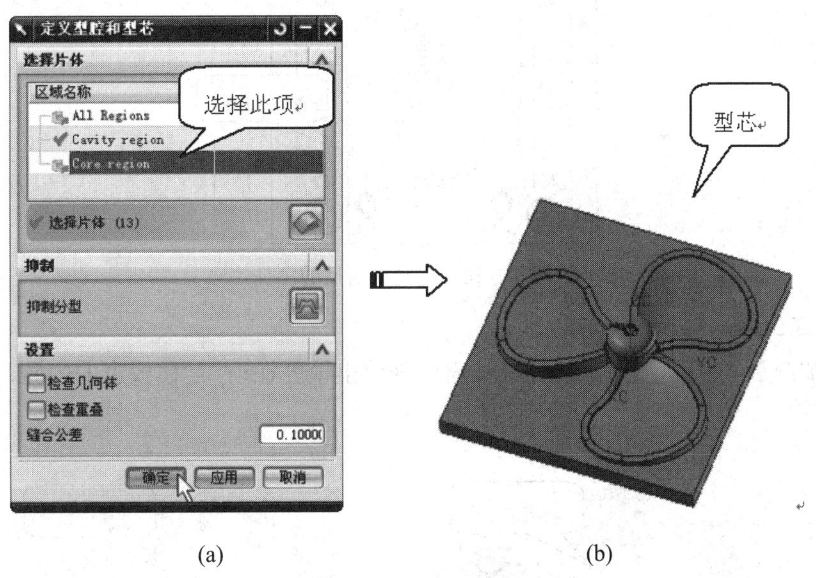

(a)　(b)

图 5-1-14　创建型芯

(三) 加载模架

由于产品并无侧凹、侧孔、倒扣等复杂特征，因此，模架结构可采用简单的二板模，即不要支承板、卸料板。

1. 选用模架

通常，模架的选用是根据具有国家标准的龙记模架系列来确定的。鉴于本产品模型较大，所以选用的是龙记大水口模架，如图 5-1-15 所示。

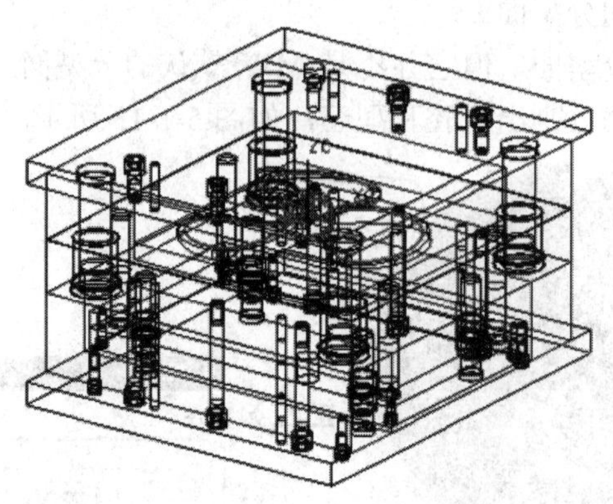

图 5-1-15 加载的龙记大水口模架

2. 调整模腔

由于“模架管理”对话框无模架的平移变换功能，所以只能调整模腔。调整模腔过程包括模具坐标系的重定义和工件的参数编辑。点击“模架”，在“模架管理”对话框中点击“旋转模架”按钮，系统自动完成模架方位的调整，结果如图 5-1-16 所示。

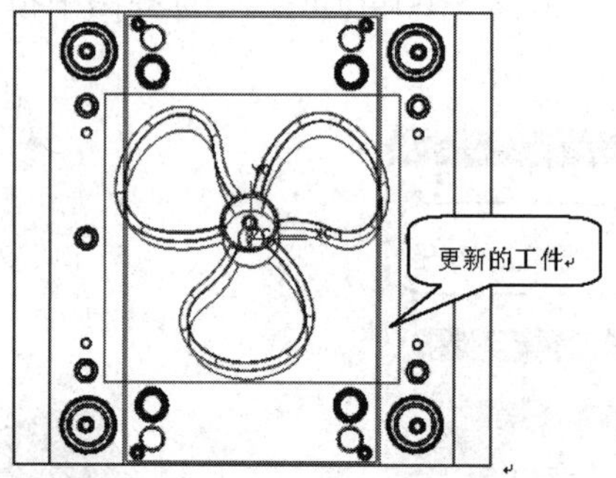

图 5-1-16 自动更新后的工件

3. 创建空腔

模架加载后，为了便于后续的设计，需先创建出模腔在动、定模板上的空腔，如图 5-1-17 所示。

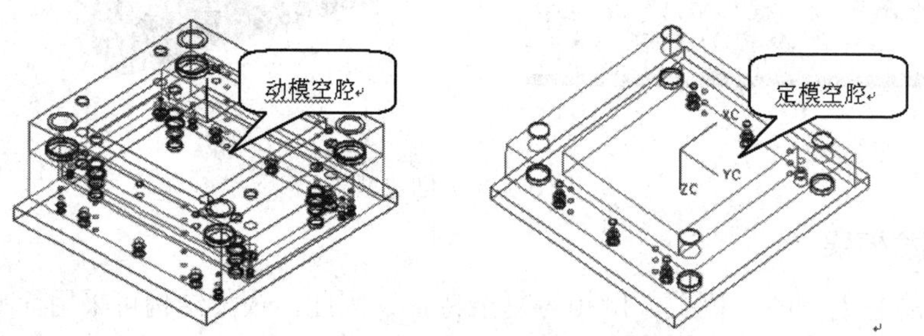

图 5-1-17 在动、定模板上创建的空腔

(四) 创建浇注系统

风扇叶片模具的浇注系统组件包括主流道、分流道和浇口。由于模具采用的是单点浇

口进料，因此不设分流道。

1. 创建主流道

模具的主流道主要为标准件浇口衬套，同时加载用于定位注射机机嘴的定位环标准件。

(1) 加载定位环。

在 UG8.5“标准件管理”对话框的目录里，选择厂商 DME_MM，在部件列表框中选择带螺纹的定位环 Locating Ring(With Screws)，选择“两者皆是”，其他参数默认，结果如图 5-1-18 所示。

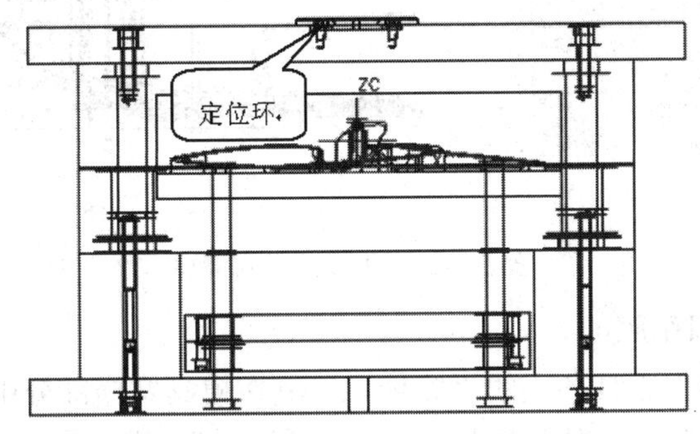

图 5-1-18　加载的定位环

(2) 加载浇口衬套。

在 UG8.5“标准件管理”对话框的目录里，选择厂商 DME_MM，在部件列表框中选择浇口套 Sprue Bushing，选择“两者皆是”，选择 CATALOG_LENGTH(浇口套直身长度)为 46，其他参数默认，点击“确定”按钮后结果如图 5-1-19 所示。

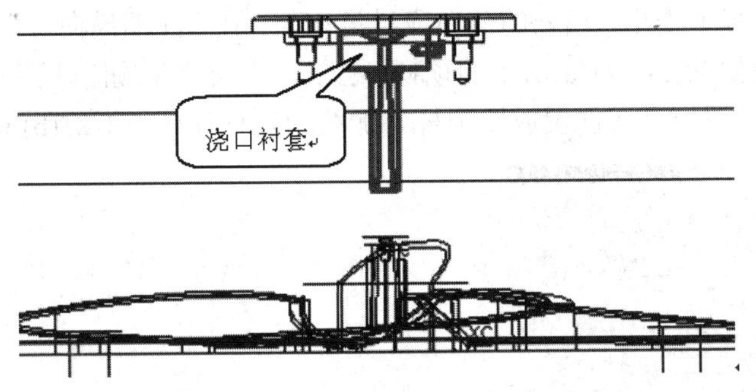

图 5-1-19　加载的浇口衬套标准件

2. 创建浇口

单腔模的浇口多数情况下采用单点浇口或潜浇口，本例模具采用单点浇口形式。单击“浇口”按钮，弹出“浇口设计”对话框，设置参数如图 5-1-20(a)所示，点击“浇口点表示”，在弹出的“浇口点”对话框中选择“点子功能”，弹出“点”对话框，输入点的参数为(18，29，0)，单击“确定”按钮后又弹出“点”对话框，以便我们对浇口点的位置重新确认并编辑，此时单击“取消”按钮回到“浇口设计”对话框；修改 L = 10 后单击“应用”，在弹出的“点”对话框中单击“确定”按钮，在弹出的“矢量”对话框中选择 Y 轴，再单击“确定”按钮，完成浇口设计，结果如图 5-1-20(b)所示。

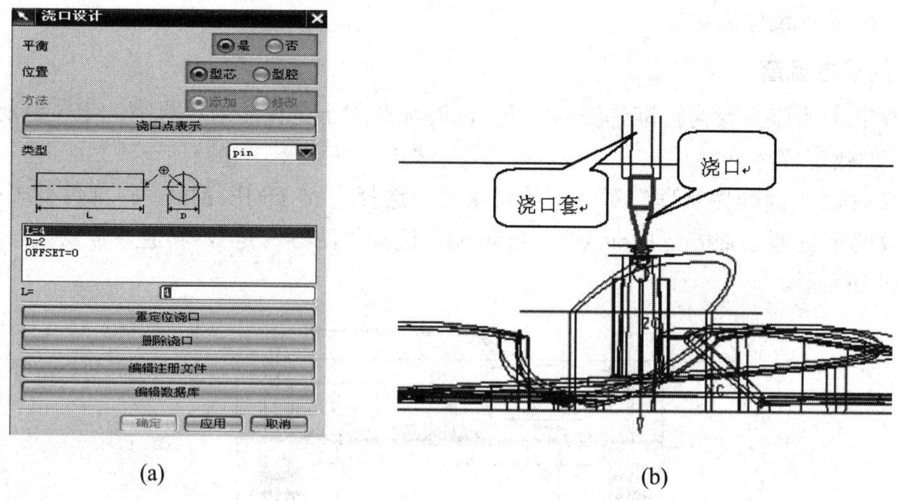

(a)　　　　(b)

图 5-1-20　生成的点式浇口

3. 创建流道与浇口空腔

使用“注塑模向导”工具条上的“腔体”工具在模具定模部分中创建出浇注系统组件的空腔。在“流道设计”对话框中单击“创建流道通道”，修改 A 值为 6，其余默认，单击“确定”按钮，完成流道设计。

(五) 创建顶出系统

本例产品无内、外侧凹或侧孔特征，所以顶出系统的创建仅仅是加载并修剪顶杆。

1. 加载顶杆

为使制件能平稳地推出，顶杆的分布应尽量均匀。在“注塑模向导”工具条中单击“标准件”按钮，选择如图 5-1-21(a)所示的顶杆。点击“确定”按钮，然后调整模型显示方式为“静态线框”，在图中合适位置放置顶杆。加载的顶杆如图 5-1-21(b)所示。

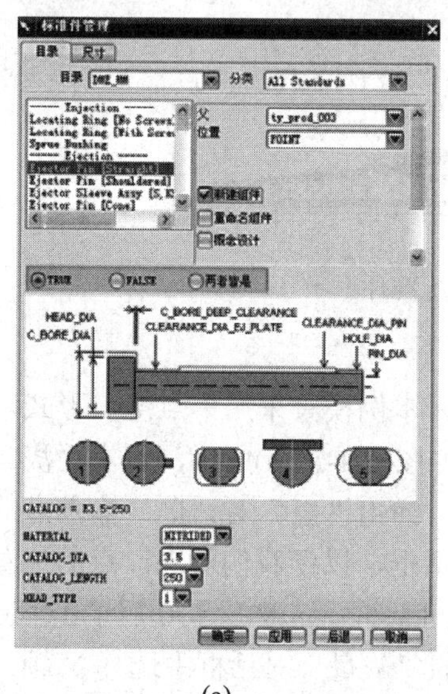

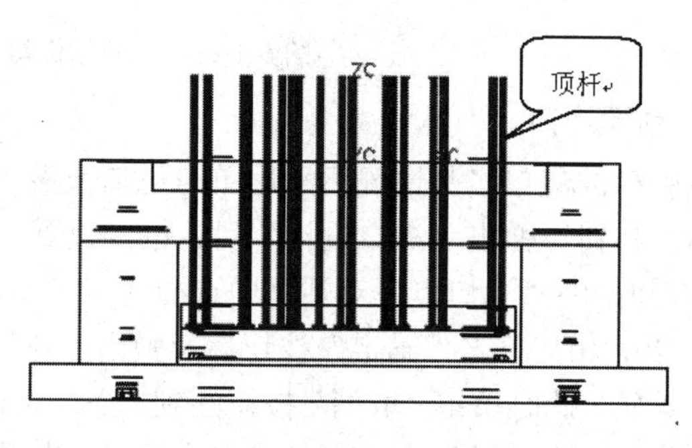

(a)　　　　(b)

图 5-1-21　在型芯上加载的顶杆

2. 修剪顶杆

顶杆标准件加载以后，需要将其修剪成型芯部件上的一部分形状，使产品内部保持原有形状。首先将模型的显示方式“静态线框”调整为“带边着色”，然后隐藏动模、定模以及型腔型芯；点击“修剪模具组件”，选择顶杆，重复点击“确定”按钮即可，此时系统默认将型芯面以上的顶杆部分修剪掉，结果如图 5-1-22 所示。

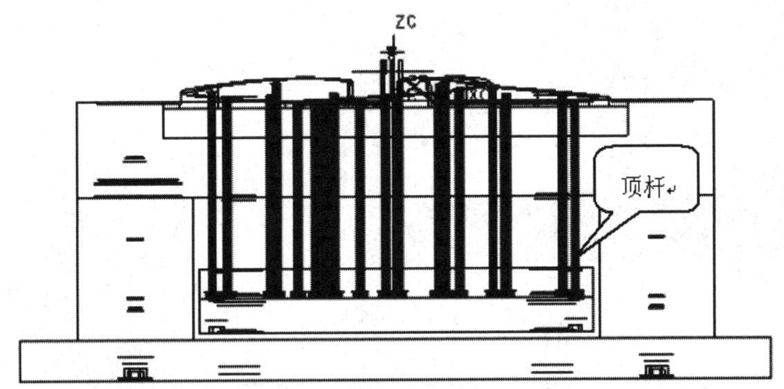

图 5-1-22 完成修剪的所有顶杆

(六) 创建冷却系统

本例注塑模具的冷却系统分别创建在模具的定模部分和动模部分。

1. 创建定模部分冷却系统

定模部分冷却管道主要由型腔冷却管道和定模板冷却管道构成。

(1) 型腔冷却管道设计。指定冷却通道引导线，结果如图 5-1-23 所示。

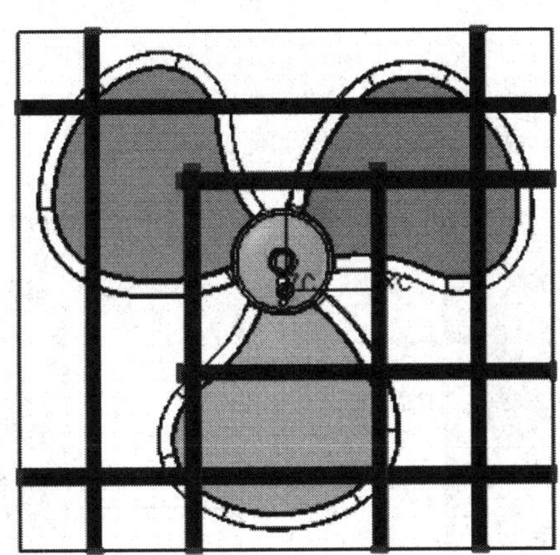

图 5-1-23 生成冷却管道

(2) 定模板冷却管道设计。

首先将动模隐藏，在装配导航器中隐藏 ty_molebase_mm_038 下的 ty_movehalf_026 文件；为了方便水道的创建，选择模型的显示方式为“静态线框”。在“注塑模向导”工具条中点击“冷却”按钮，弹出如图 5-1-24(a)所示的“冷却组件设计”对话框，点击“应用”按钮后，提示选择水道的放置平面，选择定模板的一个侧面，结果如图 5-1-24(b)所示。

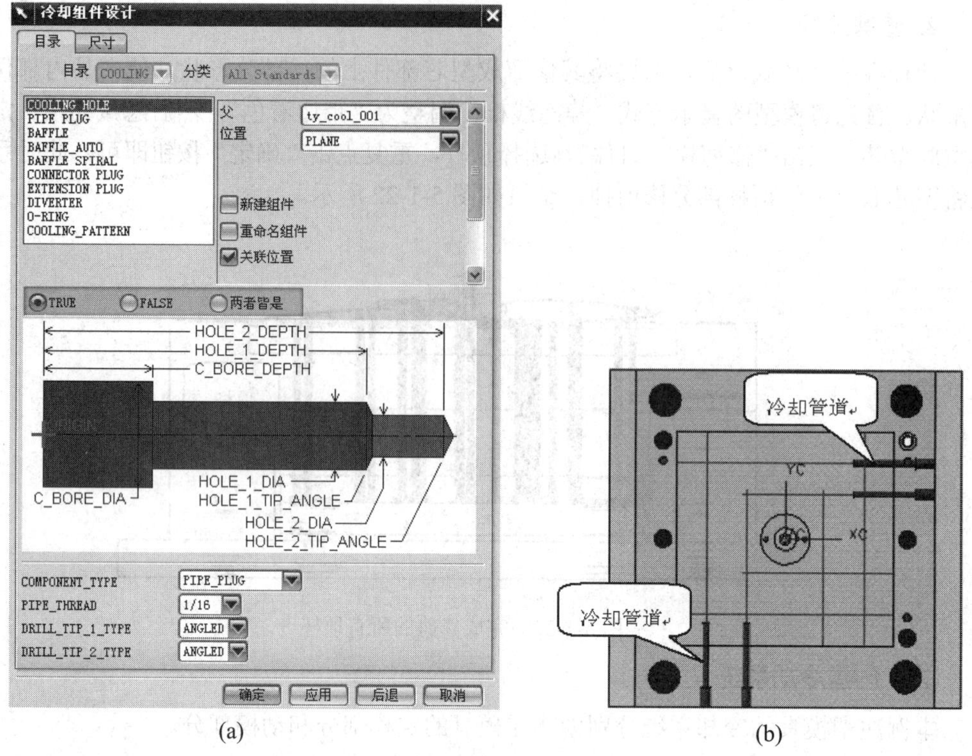

图 5-1-24　生成的冷却管道

2. 创建动模部分冷却管道

动模部分冷却管道由型芯冷却管道、动模板冷却管道构成。其创建方法与定模部分一致，这里不再赘述。

(1) 型芯冷却管道设计结果如图 5-1-25 所示。

(2) 创建动模板上的冷却管道，结果如图 5-1-26 所示。

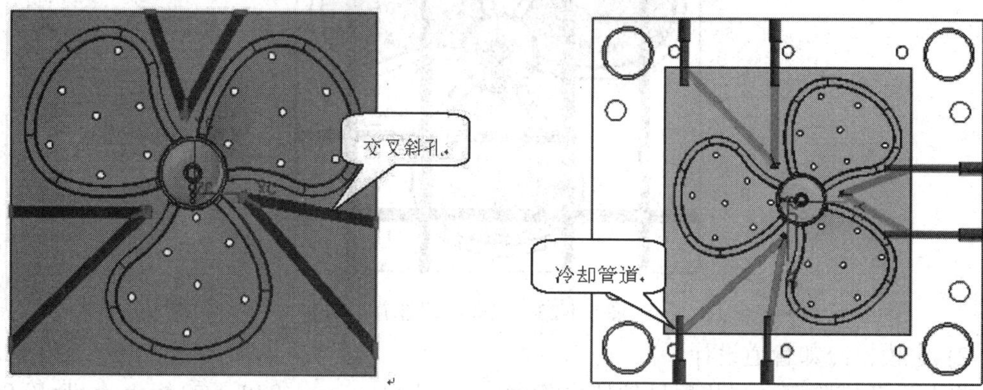

图 5-1-25　型芯上创建完成的交叉斜孔　　图 5-1-26　动模板上创建完成的冷却管道

3. 创建冷却管道空腔

在创建冷却管道空腔时，应先创建出型腔和型芯(已创建)上的空腔，然后才能创建动、定模板上的冷却管道空腔。

使用“注塑模向导”工具条上的“腔体”工具在模具定模部分创建的空腔如图 5-1-27 所示，在模具动模部分创建的空腔如图 5-1-28 所示。

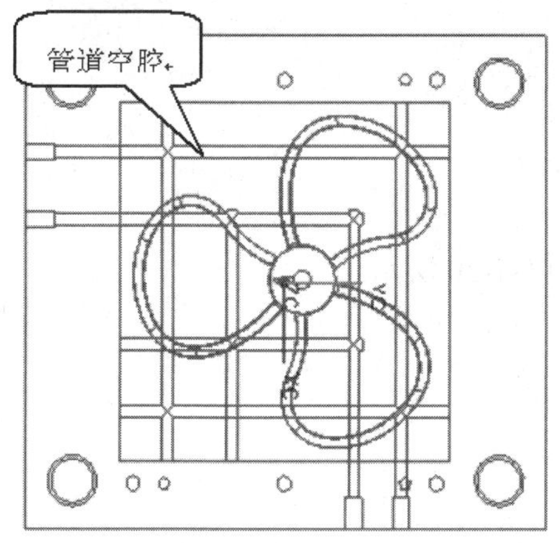

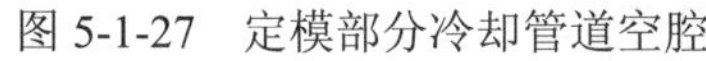
图 5-1-27　定模部分冷却管道空腔

图 5-1-28　动模部分冷却管道空腔

最终设计完成的风扇叶片注塑模具如图 5-1-29 所示。

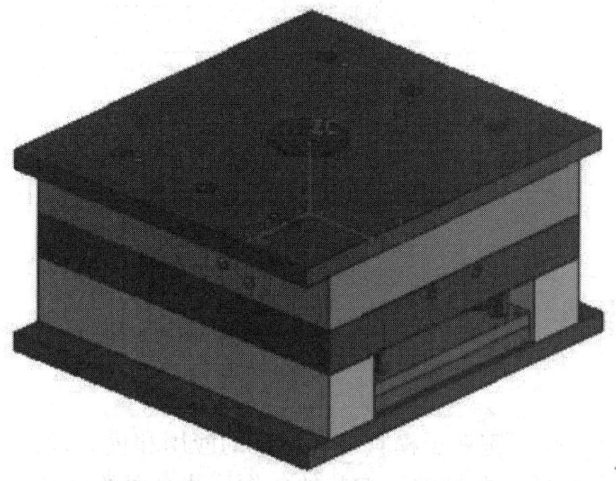

图 5-1-29　风扇叶片注塑模具

四、相关理论知识

(一) 注塑模具概述

模具设计的一般流程如下：

(1) 制品图和实样的分析(制品的几何形状、尺寸、公差及设计标准等)；

(2) 型腔数量的确定及型腔的排列；

(3) 模具钢材的选用；

(4) 分型面的确定；

(5) 侧向分型与抽芯机构的确定；

(6) 模架的确定与标准件的选用；

(7) 浇注系统的设计；

(8) 排气系统的设计；

(9) 冷却系统的设计；

(10) 顶出系统的设计；

(11) 导向装置的设计；

(12) 模具主要零件图的绘制；

(13) 设计图纸的校对；

(14) 设计图纸的会签。

使用 UG 软件的模具 CAD 系统设计流程如图 5-1-30 所示。

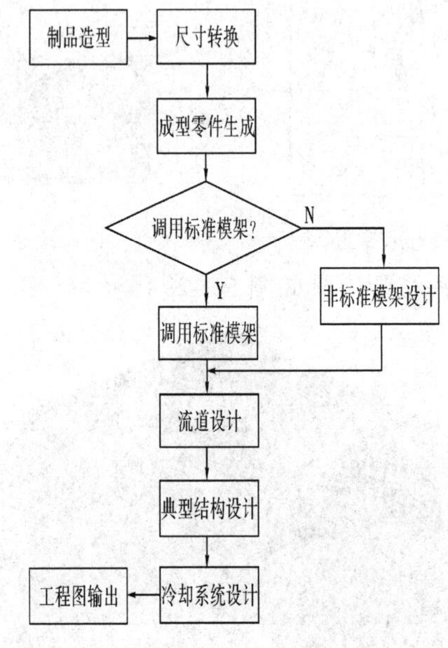

图 5-1-30　模具 CAD 系统设计流程图

(二) 注意事项

一副模具的成功与否，关键在于模具设计标准的应用和模具设计细节的处理是否正确。下面对模具设计中所应用的一些标准和细节处理作一些必要的讲解。

(1) 分型面注意事项：分型面设计时所需要注意的是做锁模需有 R 角间隙以及分型面中若有斜面与平面相接时要做 R 圆角处理，如图 5-1-31 及图 5-1-32 所示。

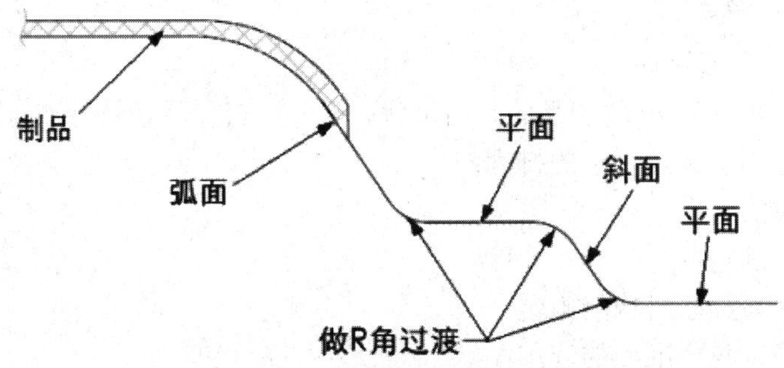

图 5-1-31　做 R 圆角过渡

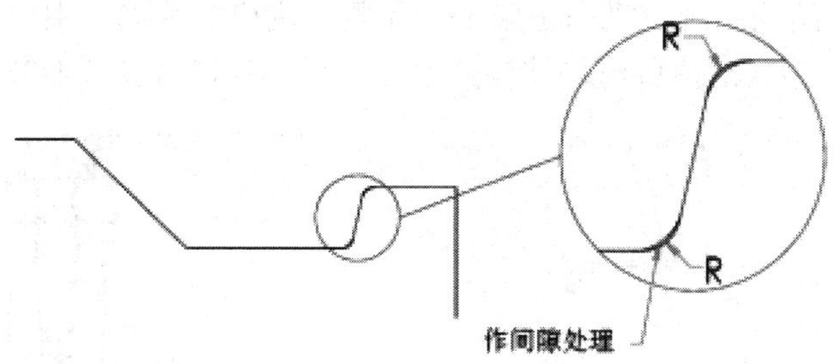

图 5-1-32　做 R 圆角间隙

(2) 符合工艺要求的细节设计：在设计模具的细节部位时还应符合工艺要求，如排气槽的设计、开模槽的设计、模板间的间隙、倒角处理及滑块与斜导柱的抽芯距等，如图 5-1-33 至图 5-1-36 所示。

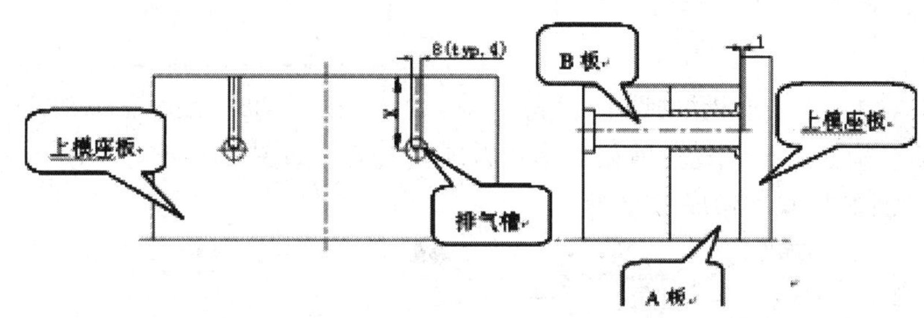

图 5-1-33　在上模座板开排气槽

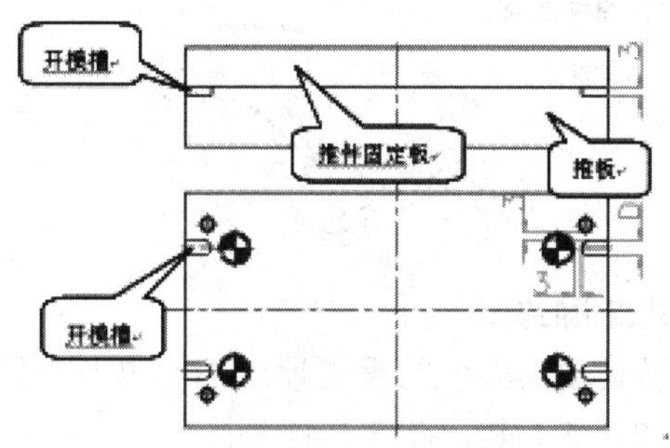

图 5-1-34　在推板、推杆固定板之间做开模槽

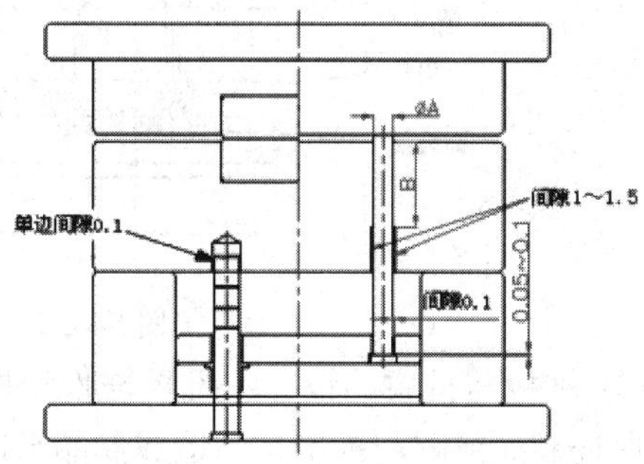

图 5-1-35　模板之间取值与倒角处理

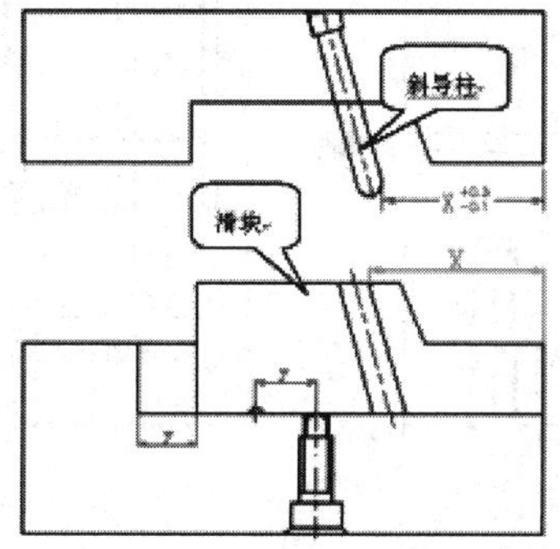

图 5-1-36　抽芯滑块和斜边参数需一致

(3) 滑块的主要结构：滑块机构是用于产品侧向脱模的装置，主要有斜导柱滑块和拖拉式滑块两种结构类型。这两种滑块结构的设计如图 5-1-37 及图 5-1-38 所示。

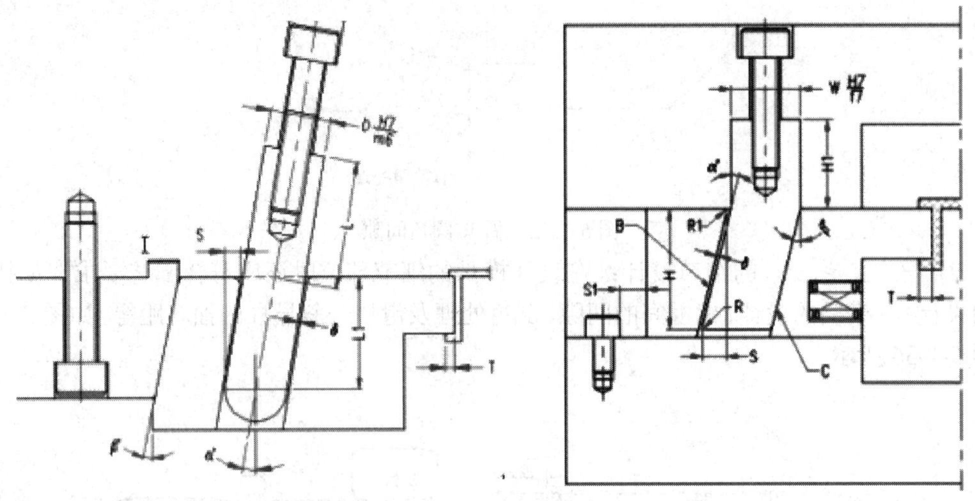

图 5-1-37　斜导柱滑块的设计　　　　图 5-1-38　拖拉式滑块的设计

(4) 斜顶结构分为分体式斜顶和整体式斜顶两大类。如图 5-1-39 所示是一种斜顶头做成镶块形式，且斜顶底部做成 T 形槽。

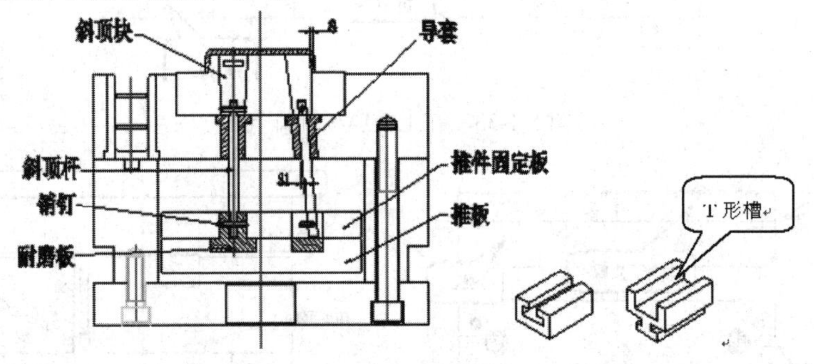

图 5-1-39　镶拼式斜顶的设计

(5) 推板与推块的设计：推板与推块同为模具顶出系统的重要顶出部件类型，作用是为了保证制品能顺利推出且不造成制品缺陷，如图 5-1-40、图 5-1-41 所示。

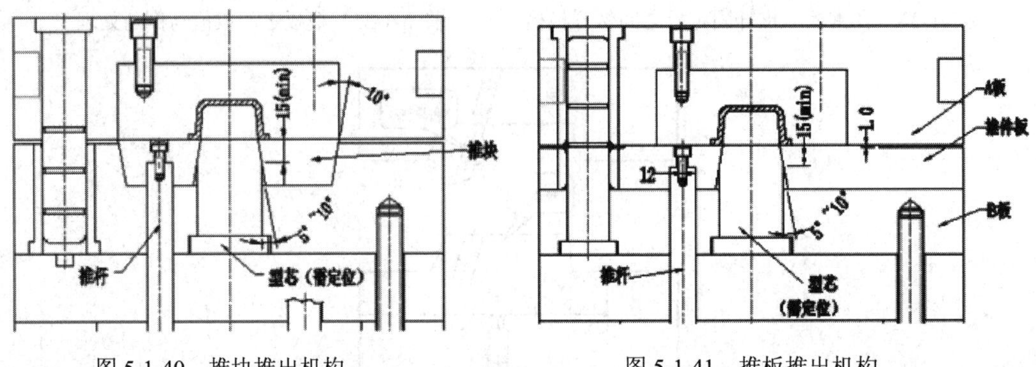

图 5-1-40　推块推出机构　　　　图 5-1-41　推板推出机构

(6) 镶块爆炸图：当模具镶块较多且外形相似时，需做出“镶块爆炸图”，以避免配模时出现混淆，如图 5-1-42 所示。

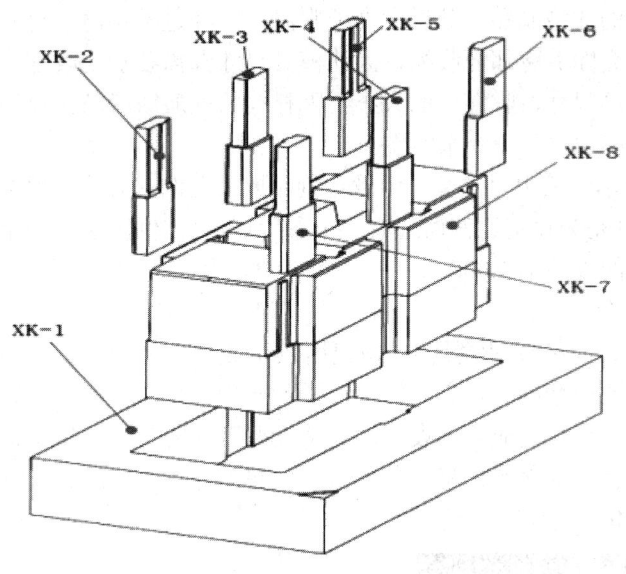

图 5-1-42　镶块爆炸效果图

(三) 塑料模具设计过程

1. 建立制品的三维模型

如今在模具设计的流程中，客户通常提供的是制品的三维模型，但有时仅提供了二维图，这就要求根据二维图来建立三维模型，并根据注塑工艺和模具设计的有关原则进行适当的产品修改，使之适合于注塑成型。由于不同的 CAD 系统之间很容易进行文件转换，因此可将客户提供的制品三维模型导入到 UG 系统中，进行适当修改后形成将要设计模具的制品模型，如图 5-1-43 所示的手机外壳模型。

2. 定义模具坐标系

UG 采用工作坐标系统(WCS，Work Coordinate System)。为了后续模具结构设计的方便，通常将坐标原点定义在模架动、定模板接触面的中心，坐标主平面(XY 平面)定义在分型面上，Z 的正方向指向定模侧，即模具开模方向。模具开模方向如图 5-1-44 所示。

图 5-1-43　手机外壳制品模型

图 5-1-44　模具开模方向

3. 制品收缩率

从模具中取出的成型制品，其温度高于常温，需经过数小时甚至几十小时才能冷却至常温，制品的尺寸会随着冷却而收缩，因此模具尺寸都需要加上收缩率的尺寸，才能使成型制品达到所要求的尺寸，收缩率的大小会因材料的性质或者填充料等的配合而改变。制品的收缩可通过“缩放体”命令来实现。

如图 5-1-45 所示，其中“类型”为设定制品放大比例的方式，要缩放的“体”则指定制品，“缩放点”则是为设定比例而选取一个参考点，“比例因子”规定制品放大的比例系数，本例采用统一的收缩率 1.006。

4. 定义成型工件

成型工件(Work Piece)就是模具中的成型部分，是一个包括型芯和型腔的材料块。在这里成型工件并不需要很精确的定义，只是为了下一步分型的方便。精确的工件结构与尺寸可在模架与典型结构设计完成后再设计。定义成型工件的具体操作是首先定义一个长方体实体，然后通过平移等变换操作将制品模型定位在工件实体中的适当位置。本例定义好的成型工件如图 5-1-46 所示。

图 5-1-45 通过“缩放体”对话框设定收缩率

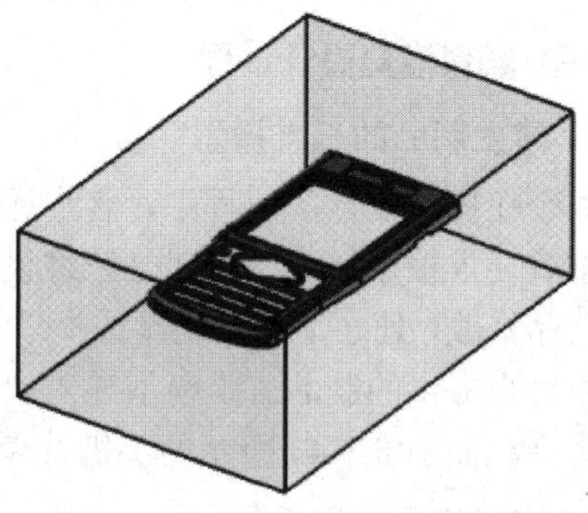

图 5-1-46 成型工件

5. 成型零件的设计过程

模具成型零部件是注塑模具设计中最关键、最复杂的一步。在定义好成型镶件的基础上，首先通过布尔运算挖出镶件内的型腔(用成型镶件减去制品模型)。为使成型后的制品能从模具空腔中取出，模具必须要分模。模具分成动模侧和定模侧两部分，此分界面称为分模面。

在通用的 CAD 系统中，由于没有分模面定义的辅助工具，因此必须利用系统的曲面造型功能，根据制品的特点自行构造分模所需的复杂曲面。经过造型创建的分模曲面如图 5-1-47 所示。

图 5-1-47 通过造型创建的分模曲面

6. 型腔布局

型腔布局就是确定模具中型腔的数目及排列情况。通过 UG 中的“变换”对话框，如

图 5-1-48 所示里的“绕点旋转”“用直线做镜像”“圆形阵列”“绕直线旋转”“用平面做镜像”等功能对成型镶件进行操作就可以实现型腔的布局。本例为一模两腔布局形式，布置完成的结果如图 5-1-49 所示。

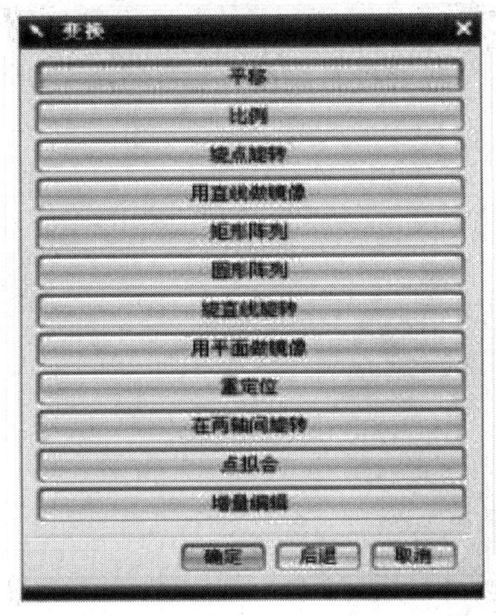

图 5-1-48　“变换”对话框

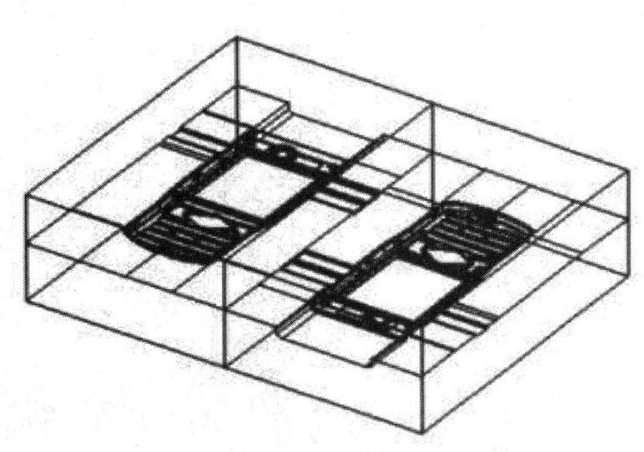

图 5-1-49　型腔布局

7. 模架设计

通过查阅手册可以选择合理的模架类型和参数系列，根据所选的系列数据为模架中的所有零件和组件一一造型(包括定模板、动模板、动模垫板、动模座板、顶出板、顶出固定板、导柱及导套等)。在所有的零件模型均建立好以后，需要进行装配设计。装配设计利用 CAD 系统的配合、对齐、角度、插入等命令来实现。如果装配较复杂，可以先进行部分零件的装配，完成后再进行部件间的装配，这样就可以减少装配的难度。

显而易见，上述操作过程非常繁琐，设计效率十分低下，因此，现在很多企业都在 CAD 系统上开发适用于自己公司的标准模架库，可以直接调用。本例是从 UG 系统 Mold Wizard 模架库中调用的标准模架，如图 5-1-50 所示。

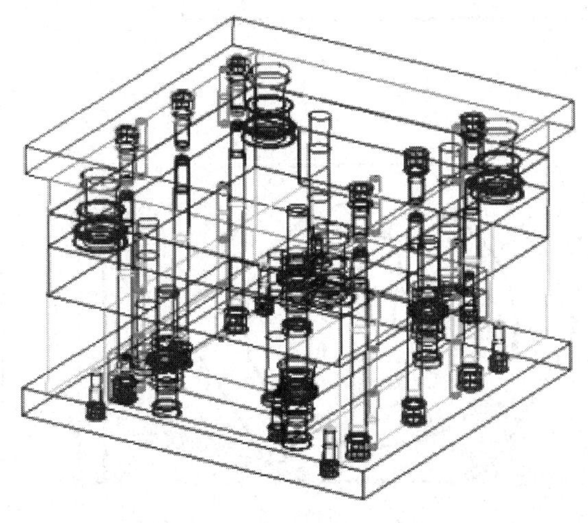

图 5-1-50　模架的结构线框图

8. 典型零件与结构设计

在注塑模中，典型零件与结构设计包括定位圈、主流道衬套、浇口、顶杆、斜抽芯机构和冷却水道等。与模架中各零件的设计类似，首先要通过查阅手册选择合理的零件类型和参数系列，然后根据所选的系列数据为零件造型，完成造型的零件通过装配设计来与模架配合，修剪长度，创建装配所需要的孔等。通过上述步骤，最终形成的模具装配体如图 5-1-51 所示。

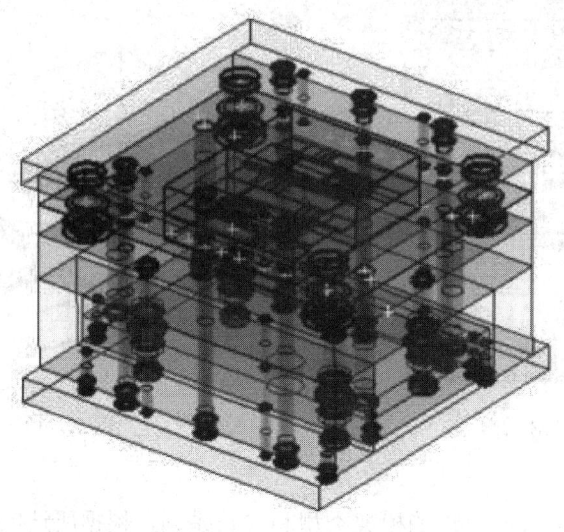

图 5-1-51 模具装配体

五、相关练习

完成如图 5-1-52 所示塑件的模具设计。

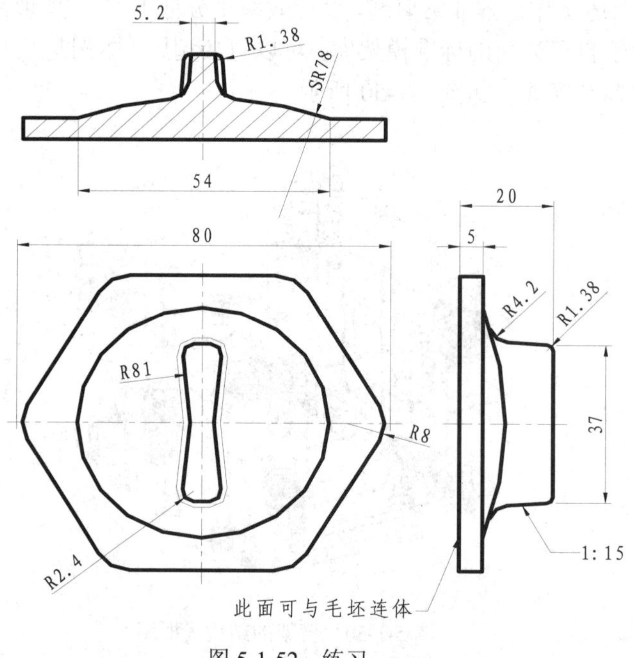

图 5-1-52 练习

模块二　电器面壳模具设计

一、学习目标

1. 掌握注塑模具设计的详细流程；
2. 掌握分型面设计的步骤；
3. 掌握标准模架的选用；
4. 掌握浇注系统、顶出系统与冷却系统的设计过程；
5. 掌握破孔的修复方法。

二、工作任务

完成如图 5-2-1 所示电器面壳的注塑模具设计。产品规格：97 mm × 72 mm × 44.5 mm；产品壁厚：最大 3 mm，最小 2 mm；材料：PC；产品收缩率：0.0045；一模两腔布局；产量：20 000 个/年；表面光洁度无要求，无明显制件缺陷。

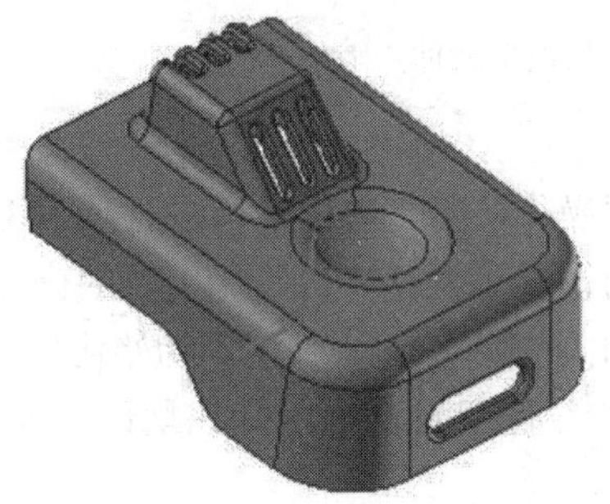
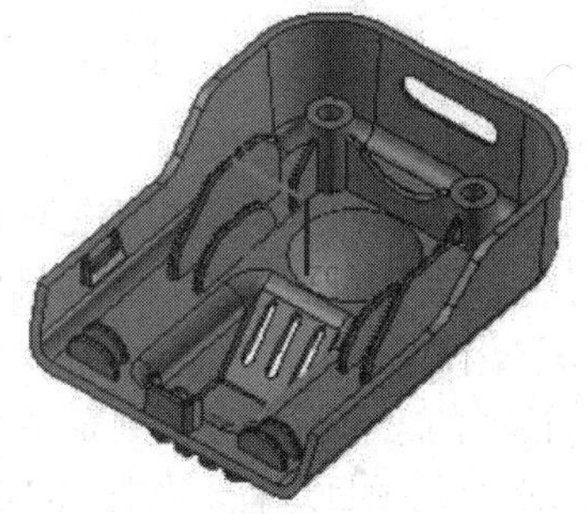

图 5-2-1　电器面壳

注塑模具设计的整个流程包括产品设计任务、项目初始化、分模设计、模架加载、浇注系统设计、顶出系统设计和冷却系统设计等。

三、相关实践知识

(一) 初始化项目

初始化项目过程是 MoldWizard 克隆模具装配体结构的复制过程。产品的初始化项目过程包括加载产品和初始化项目。

1. 加载产品模型文件

模具设计之初，在进行初始化项目前，必须先加载模型文件，否则不能进行后续设计。模型文件加载的操作步骤如下：

(1) 启动 UG NX8.5，进入基本环境界面中。

(2) 在“标准”工具条上执行“开始”→“所有应用模块”→“建模”命令，载入建模模块，接着调入“特征”工具条、“曲面”工具条、“曲线”工具条等。

(3) 在“标准”工具条上执行“开始”→“所有应用模块”→“注塑模向导”命令，载入 MoldWizard 模块。

(4) 单击“标准”工具条上的“开放的”按钮，弹出“开放的”对话框，打开随书光盘中 part\5\5-2 产品模型文件，如图 5-2-2 所示。

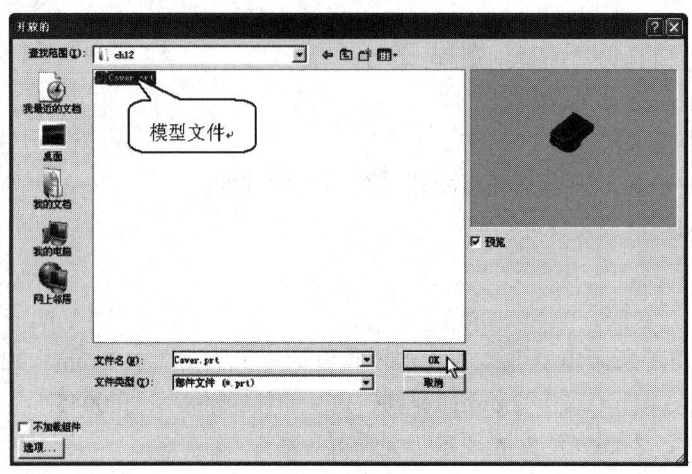

图 5-2-2　加载产品模型文件

2. 初始化项目

产品模型加载后，即可执行初始化项目进程操作，在此进程中可进行项目路径的更改、项目的重命名、产品材料的选择以及项目单位的设置等操作。初始化项目的操作步骤如下：

(1) 在“注塑模向导”工具条上单击“初始化项目”按钮，弹出“初始化项目”对话框。

(2) 在对话框的“材料”下拉列表中选择 PC，保留对话框中其他默认设置，单击“确定”按钮进入初始化项目进程，如图 5-2-3 所示。

(3) 经过一段时间的初始化项目过程后，完成了模具总装配体的克隆装配。初始化项目的模型如图 5-2-4 所示。

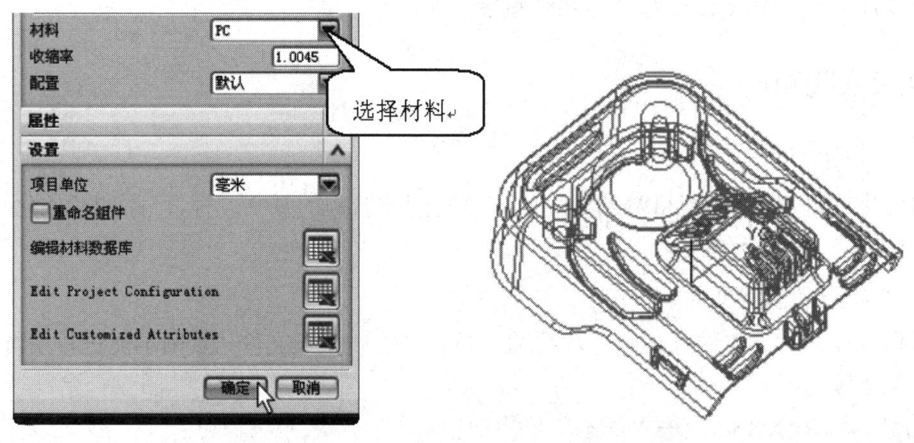

图 5-2-3　选择产品材料　　　　图 5-2-4　初始化项目的模型

(二) 分模设计

产品的分模设计过程包括模具设计准备过程、MPV 模型验证、主分型面设计、抽取区域、自动补孔、创建型芯与型腔 6 个设计过程。

1. 模具设计准备过程

模具设计准备过程是完成模具设计的前期阶段，同时也是极为重要的设计阶段。模具设计准备过程包括模具坐标系的设置、创建自动工件和模腔布局。

(1) 设置模具坐标系。

在注塑模向导工具栏中上单击“模具坐标系”按钮，选取当前 WCS 作为模具坐标系，如图 5-2-5 所示。

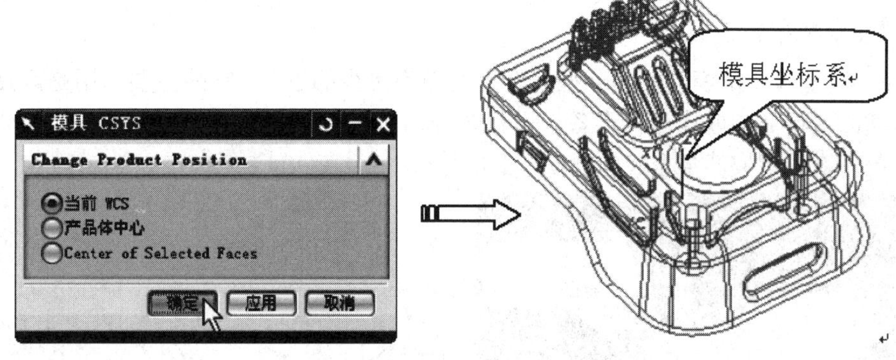

图 5-2-5　设置模具坐标系

(2) 自动创建工件。

根据产品尺寸，自动创建工件，在工具栏中单击“工件”按钮，弹出“尺寸”对话框，输入矩形工件(即毛坯)的尺寸大小，如图 5-2-6(a)所示，完成模型如图 5-2-6(b)所示。

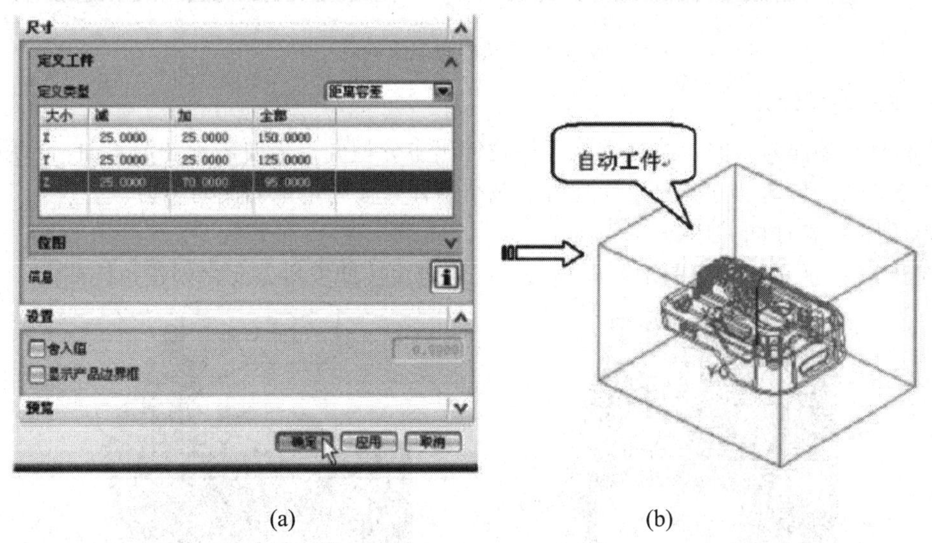

(a)　　(b)

图 5-2-6　创建自动工件

(3) 创建模腔布局。

根据产品尺寸设计与生产任务，设置型腔布局为一模两腔，并自动调整模具坐标系至型腔中心。此时要特别注意进浇位置，确保进浇位置相同，保证塑料熔体同时充满型腔，如图 5-2-7 所示。

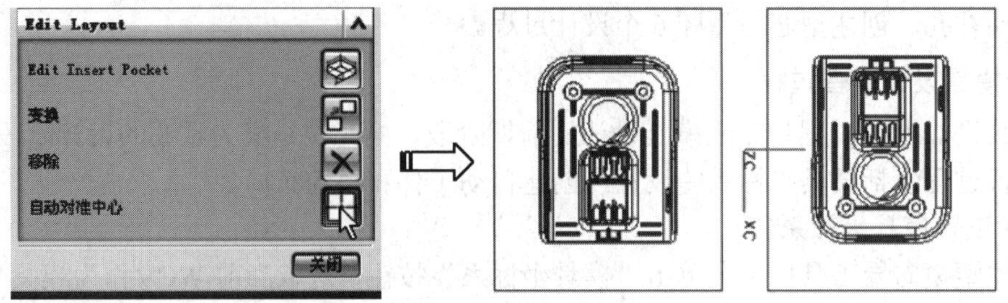

图 5-2-7　调整模具坐标系至模腔中心

2. MPV 模型验证

MPV 模型验证是模具自动分型一个重要而不可少的过程。它的主要作用是产品的修改和为后续的区域面抽取作分析准备。操作时分别对属于型芯区域或型腔区域的部分设置为不同颜色，以区别型芯与型腔，如图 5-2-8 所示。

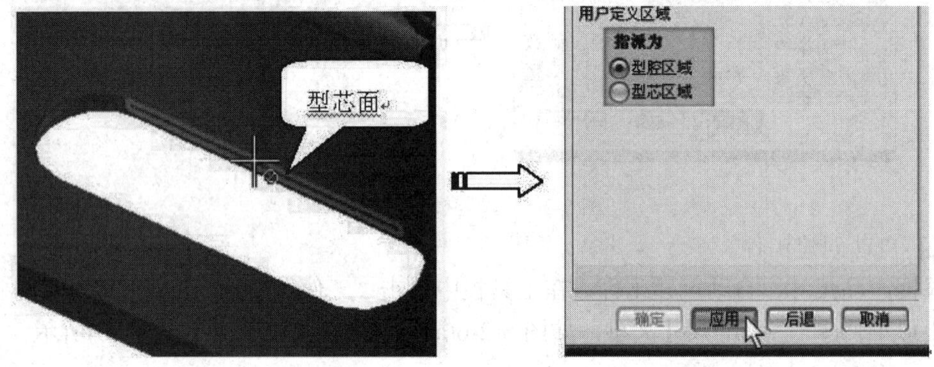

图 5-2-8　重新指派区域面

3. 主分型面设计

产品有一端面为斜面，此处不能直接拉伸出主分型面，需要先延伸该斜面，然后才拉伸出主分型面。这样的分型面设计是为了减小熔体给模腔带来的侧向压力。

(1) 创建拉伸曲面并修剪。

如图 5-2-9 所示，选取图中截面线条，以侧边为拉伸矢量方向，创建拉伸曲面。

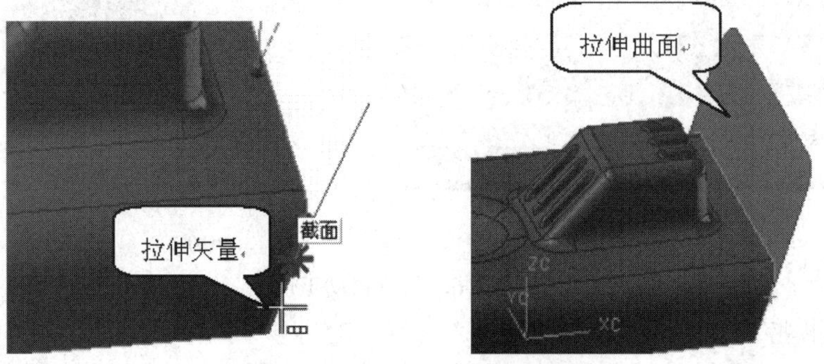

图 5-2-9　创建拉伸曲面并修剪

(2) 拉伸主分型曲面。

依次选取产品轮廓边缘，采用拉伸工具完成主分型曲面的创建。注意拉伸距离应足够大，拉伸曲面完成后，对各个面进行缝合，以创建主分型面，如图 5-2-10 所示。

图 5-2-10　创建完成的主分型拉伸曲面

4. 抽取区域面

产品的 MPV 模型验证完成后，接着就可以抽取型芯、型腔区域面，如图 5-2-11 所示。

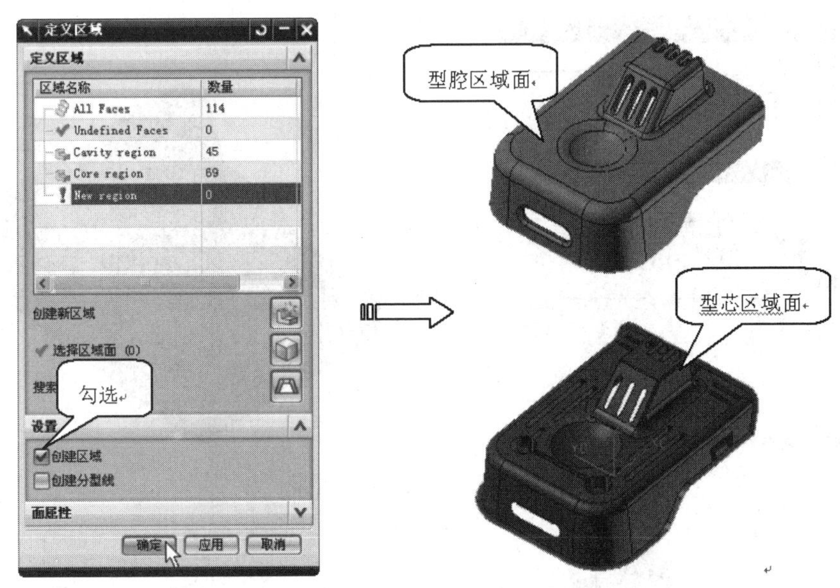

图 5-2-11　抽取型腔、型芯区域面

5. 自动补孔

产品中的补破孔较为简单，可直接通过“分型管理器”对话框中的“创建/删除曲面补片”工具来完成修补。操作步骤如下：

(1) 在“分型管理器”对话框中单击“创建/删除曲面补片”按钮，弹出“自动孔修补”对话框。

(2) 保留对话框的默认设置，单击“自动修补”按钮，程序自动修补产品中的破孔，如图 5-2-12 所示。

(3) 单击对话框的“后退”按钮，完成破孔的自动修补操作。

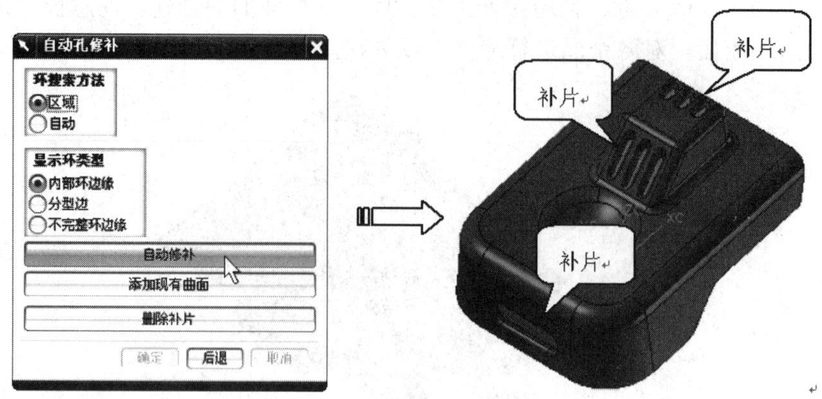

图 5-2-12 自动修补产品破孔

6. 创建型腔与型芯

模具的分模面设计完成后，接下来进行型腔和型芯的自动创建操作，如图 5-2-13 所示，创建型腔和型芯后，为了减小塑料熔体的流动阻力，还要进行倒圆角处理，分别如图 5-2-14、图 5-2-15 所示。

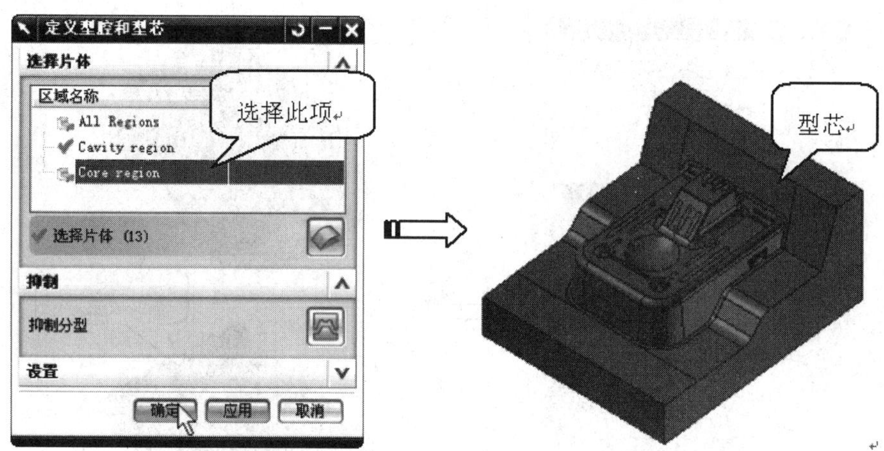

图 5-2-13 创建完成的型芯

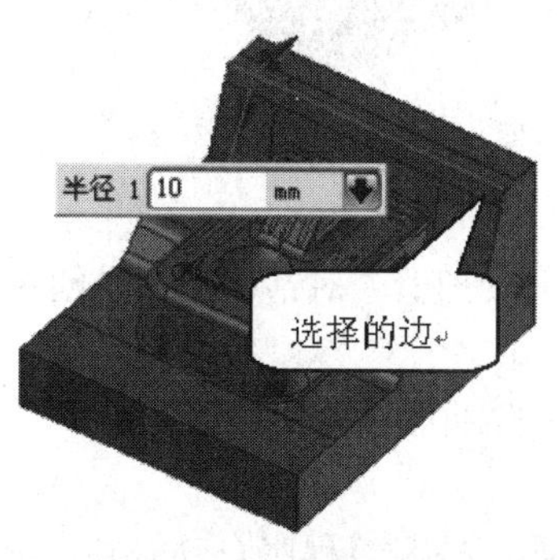

图 5-2-14 选择要倒圆角的边

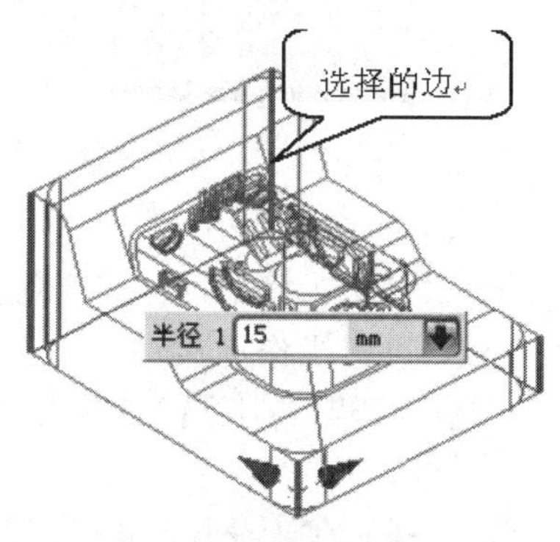

图 5-2-15 创建圆角特征

(三) 模架设计

一般来说，对于分型面不平直且为侧面进胶的模具，最好是选择无支承板的 C 型模架。由于主流道较深，因此本例模具将选用龙记大水口 CH 型无托直身模架。

1. 加载模架

通常，模架的选用是根据具有国家标准的龙记模架系列来确定的。本章选用的是龙记大水口模架，加载的模架如图 5-2-16 所示。

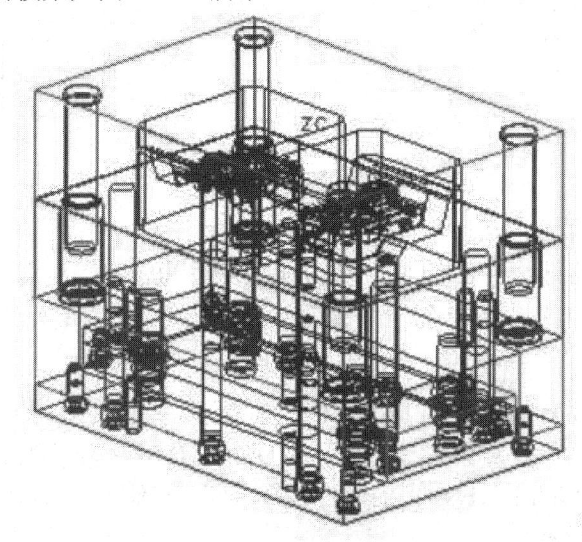

图 5-2-16　加载的龙记大水口模架

2. 创建空腔

模架加载后，要创建出模腔在动、定模板上的空腔，以便于后续的其他设计操作。

在注塑模向导工具栏中单击“型腔设计”按钮，然后选择需要修剪的模板，选择“刀具体”为型芯，然后按“确定”按钮。结果如图 5-2-17 所示。

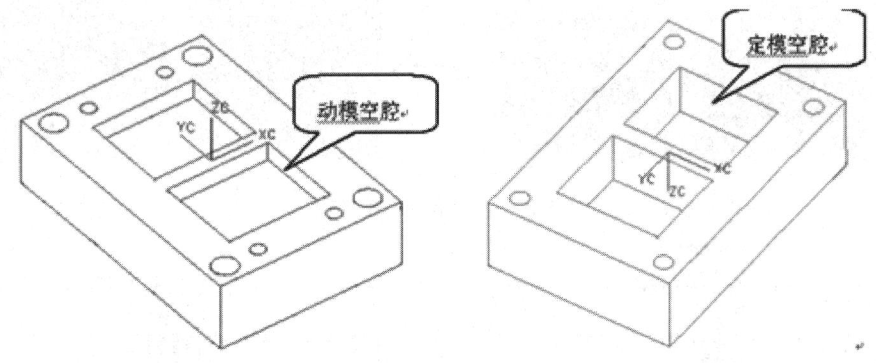

图 5-2-17　在动、定模板上创建的空腔

3. 创建模板间隙(避空)

在模腔和模板之间创建间隙(避空)，是为了便于加工制造和模具的装配、拆卸。绘制比模腔小的圆角，拉伸切除得到间隙。结果如图 5-2-18 所示。

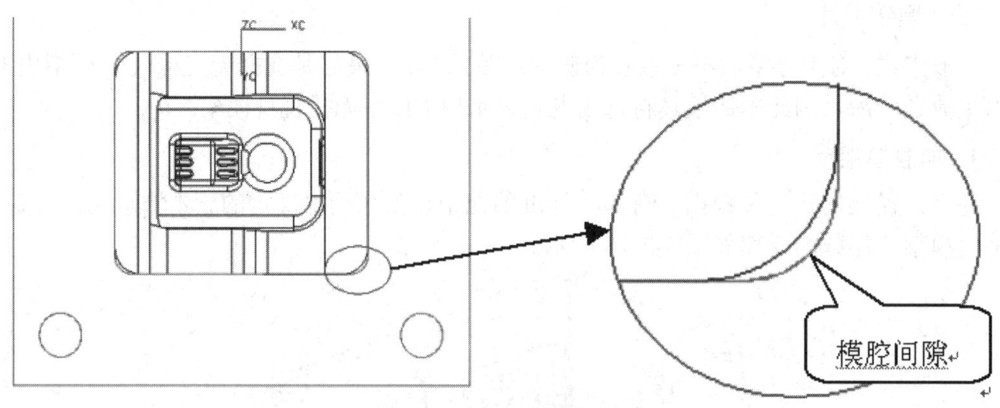

图 5-2-18　创建的模腔间隙

(四) 浇注系统设计

浇注系统是引导融熔体进入模腔的流道通道系统。电器面壳模具的浇注系统组件包括主流道、分流道和浇口。

1. 创建主流道

模具的主流道主要为标准件浇口衬套，同时加载用于定位注射机机嘴的定位环标准件。在“标准件管理”对话框的目录里，选择厂商 DME_MM，在部件列表框中选择带螺纹的定位环 Locating Ring(With Screws)，选择“两者皆是”，其他参数默认，过程如图 5-2-19、图 5-2-20、图 5-2-21 所示。

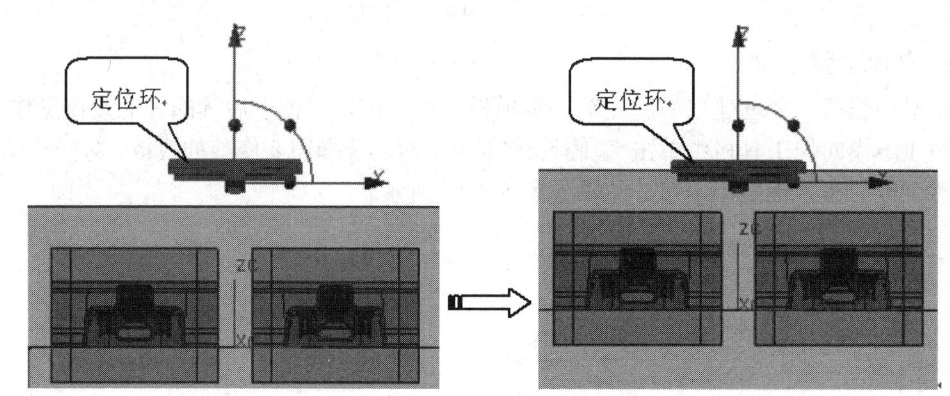

图 5-2-19　定位环平移结果

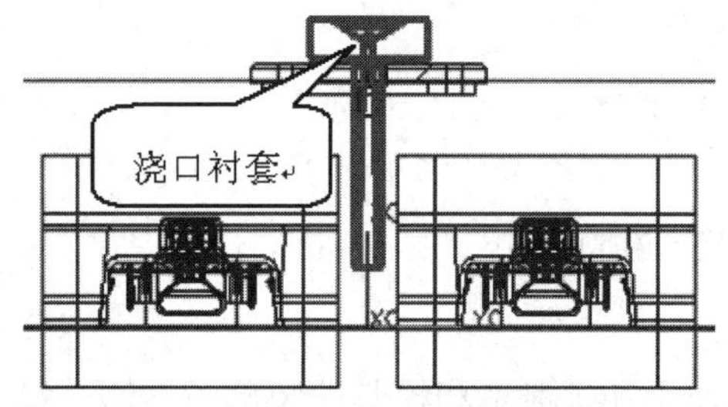

图 5-2-20　加载的浇口衬套

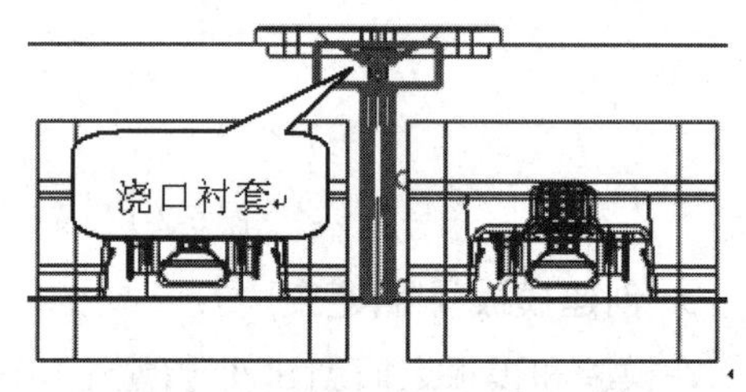

图 5-2-21　重定位的浇口衬套

2. 创建分流道

本模具的模腔布局为一模两腔，且设计为单浇口侧面进浇，所以分流道采用的是较为常见的 S 型。生成流道特征如图 5-2-22 所示。

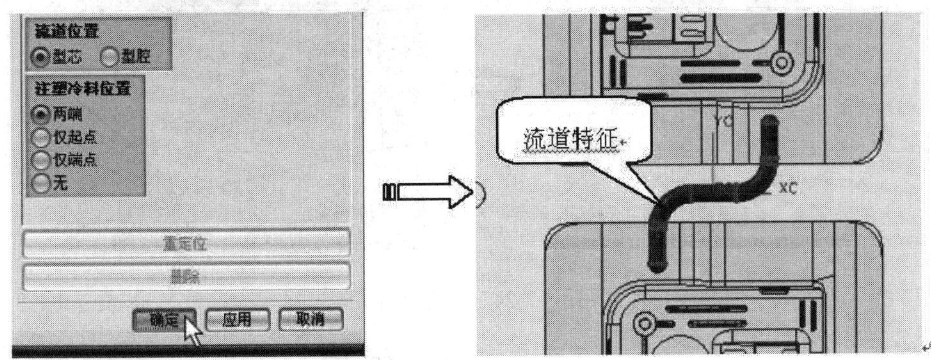

图 5-2-22　生成流道特征

3. 创建浇口

为配合分流道，本例模具采用点浇口类型。此类浇口具有流速快、浇注时间少等优点，适用于较小产品。单腔模的浇口多数情况下采用单点浇口或潜浇口，本例模具采用单点浇口形式。单击“浇口”按钮，弹出“浇口设计”对话框，设置参数如图 5-1-20(a)图所示，点击“浇口点表示”，在弹出的“浇口点”对话框中选择“点子功能”，弹出“点”对话框，输入点的参数，单击“确定”按钮后又弹出“点”对话框，以便对浇口点的位置重新确认并编辑，此时单击“取消”按钮回到“浇口设计”对话框；在弹出的“点”对话框中单击“确定”按钮，在弹出的矢量对话框中选择 Y 轴，再单击确定按钮完成浇口设计。结果如图 5-2-23 所示。

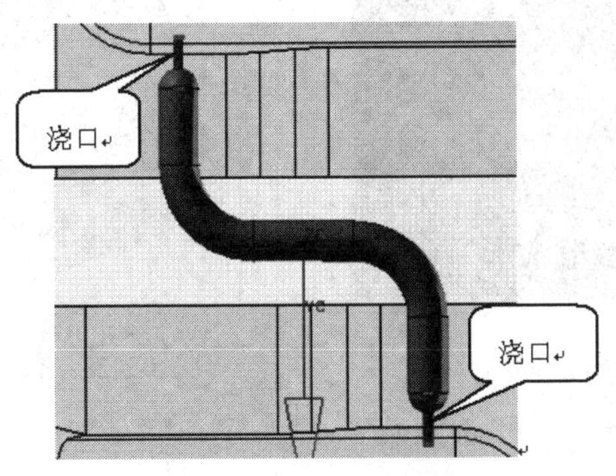

图 5-2-23　生成的点浇口

(五) 顶出系统设计

产品中有外侧孔和内部倒扣特征，这需要作侧向抽芯机构和斜顶脱模机构。

1. 侧抽芯机构设计

由于是一模两腔平衡设计，因此，创建一模腔的侧抽芯机构后，另一模腔也随之而创建。侧抽芯机构设计主要分为 3 个阶段：创建滑块头、加载滑块标准件、创建空腔。具体操作如图 5-2-24 至图 5-2-28 所示。

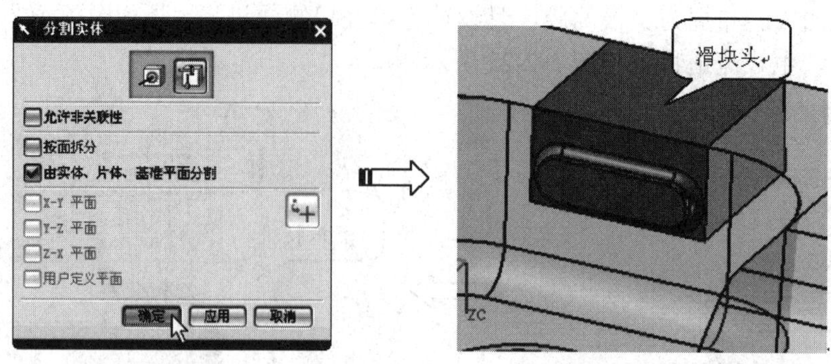

图 5-2-24　分割出滑头

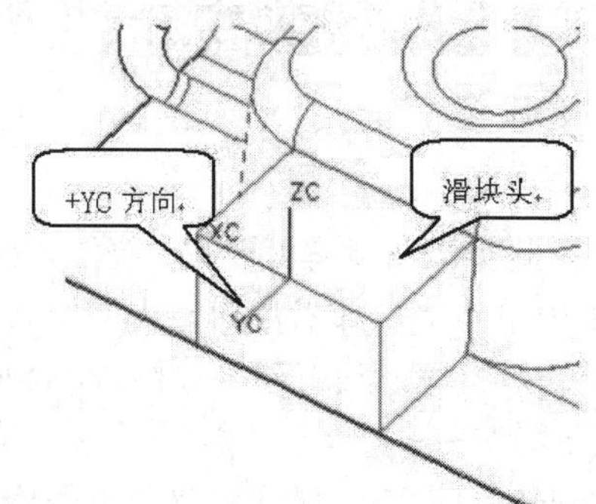

图 5-2-25　确定参照坐标系

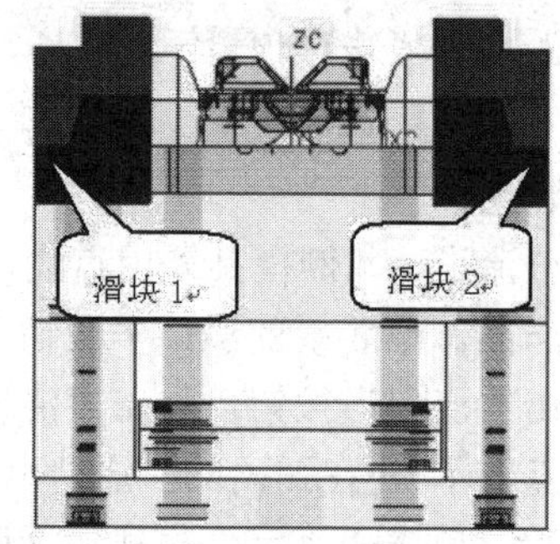

图 5-2-26　加载完成的滑块机构

图 5-2-27　选择链接复制对象

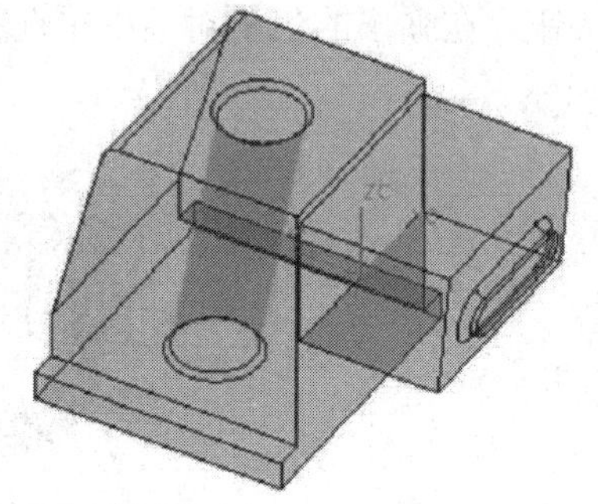

图 5-2-28　合并后的滑动块

2. 斜顶脱模机构设计

斜顶脱模机构设计也就是加载浮生销标准件、修剪浮生销标准件以及创建空腔。

(1) 设置只显示产品模型：在装配导航器中隐藏定模、动模及其他部分，仅显示产品模型。

(2) 点击“滑块和浮生销”，在组建列表中选择 Dowel Liter(滑槽式浮生销)，并在“尺寸”栏里设置如下尺寸：riser_angle = 12; cut_width = 0; riser_thk = 13; riser_top = 46; shut_angle = 85; start_level = 0; wide = 19.7483(倒扣特征的宽度)。

浮生销确定参照坐标系如图 5-2-29，浮生销加载后结果如图 5-2-30 所示。

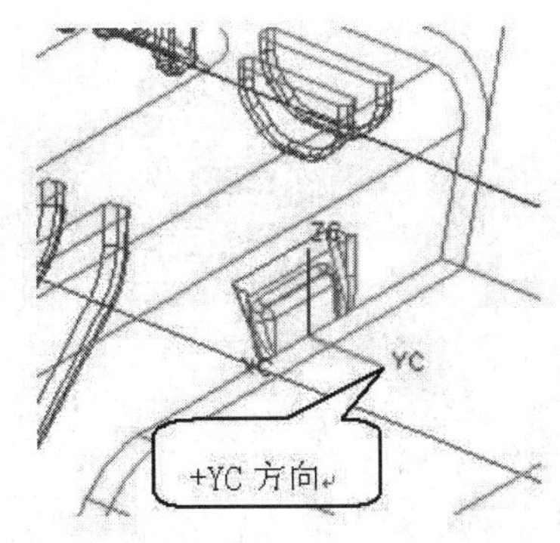

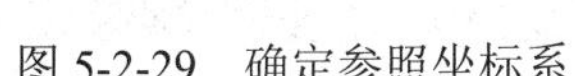

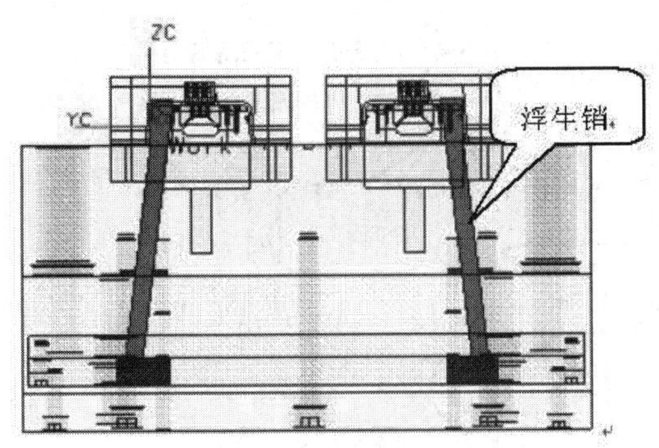

图 5-2-29　确定参照坐标系　　　　图 5-2-30　加载的浮生销

3. 加载顶杆

本例模具的顶杆包括有流道顶杆和顶出产品的顶杆，其类型均为直顶杆。为使制件能平稳地推出，顶杆的分布应尽量均匀。在“注塑模向导”工具条中单击“标准件”按钮，选择如图 5-1-21(a)图所示的顶杆。点击“确定”按钮，然后调整模型显示方式为“静态线框”，在图中合适位置放置顶杆。具体操作如图 5-2-31、图 5-2-32、图 5-2-33 所示。

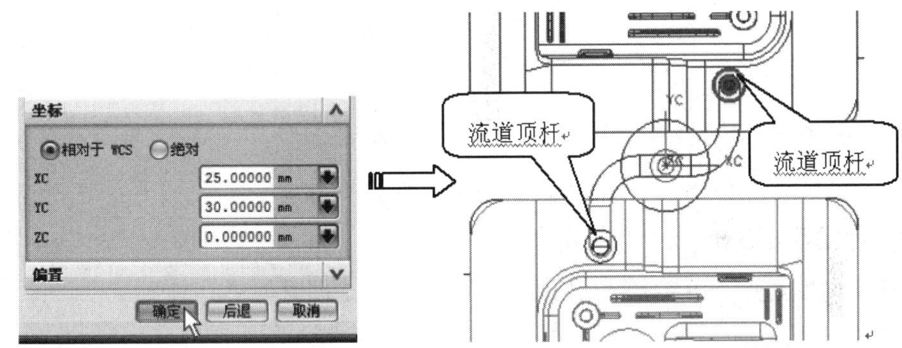

图 5-2-31　加载第 2、3 根流道顶杆

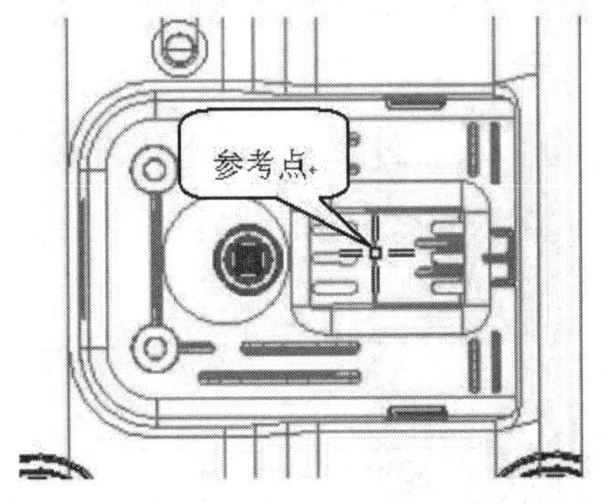

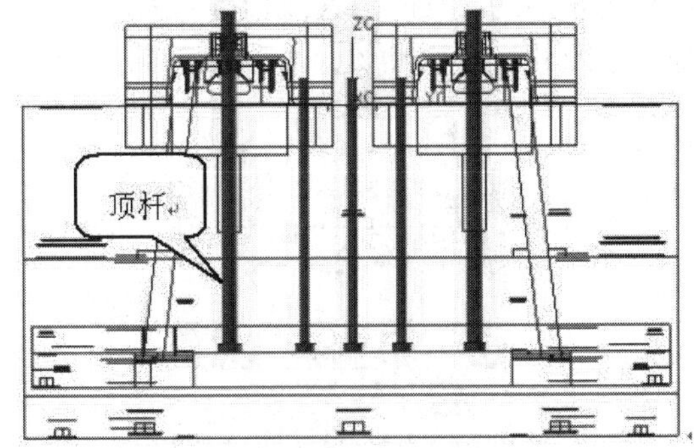

图 5-2-32　设置顶杆参考点　　　　图 5-2-33　加载完成的顶杆 1

4. 创建顶杆式镶块

对于 BOSS 柱特征来说，可以做成镶块进行拆分，同时此镶块又能作为顶出部件，并协助其他顶出部件将产品推出。具体操作如图 5-2-34、图 5-2-35、图 5-2-36 所示。

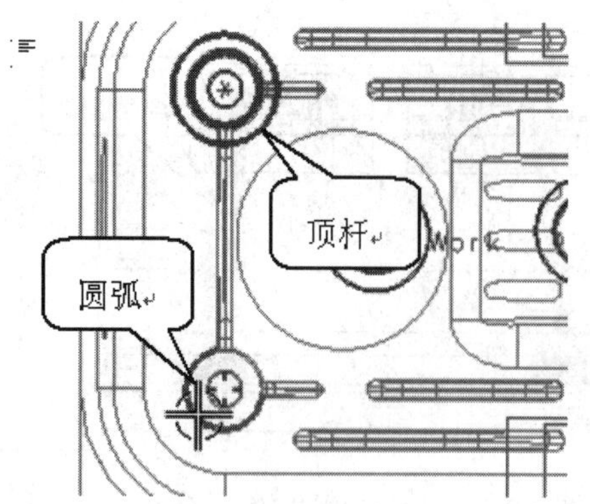

图 5-2-34　选择圆弧及中心点

图 5-2-35　加载完成的顶杆 2

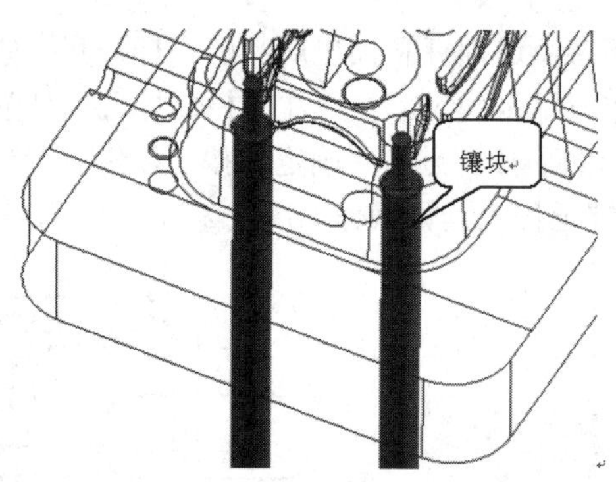

图 5-2-36　修剪完成的顶杆式镶块

(六) 冷却系统设计

本例注塑模具的冷却系统将在模具的模板和模腔上同时创建。

1. 创建冷却管道

总的说来，模具的冷却管道按模腔(型芯和型腔)的高度来分可分为 3 层。每层冷却管道结构是相同的，且间距大致相等。因此，在介绍完第 1 层冷却管道的创建后，第 2、3 层冷却管道照此进行。具体操作如图 5-2-37 至图 5-2-40 所示。

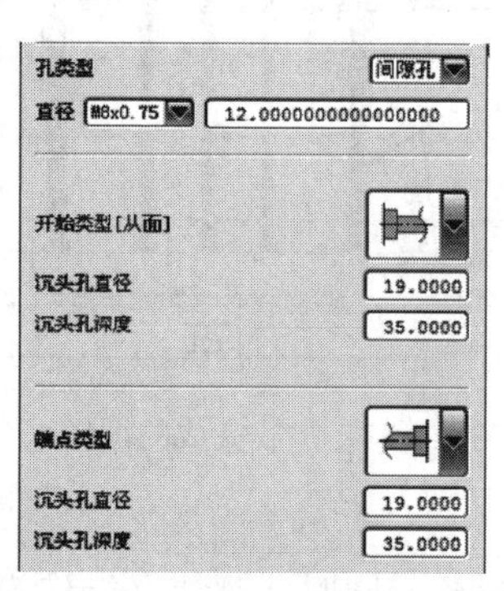

图 5-2-37　选择管道进出口类型

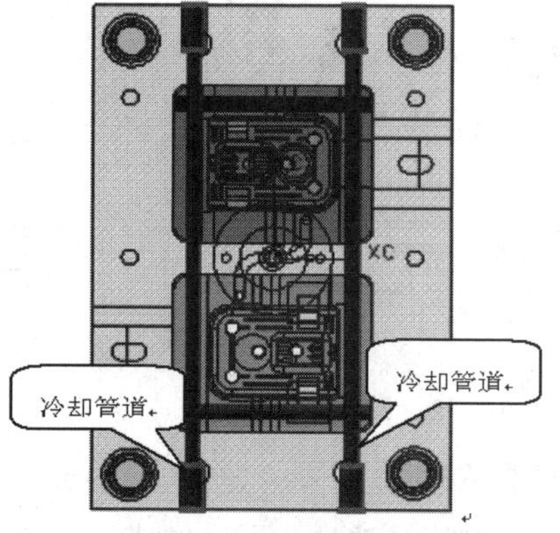

图 5-2-38　生成动模板冷却管道

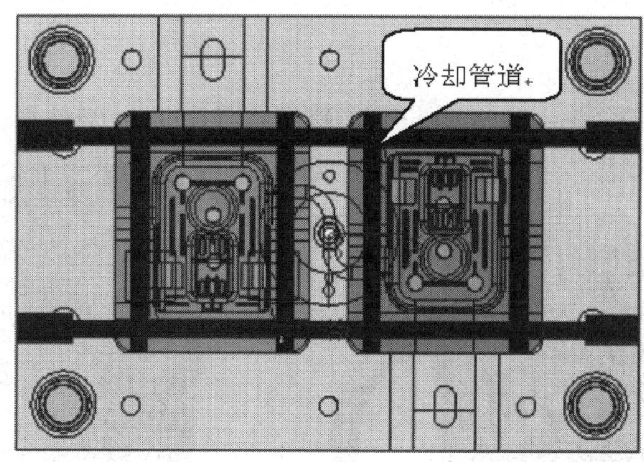

图 5-2-39　创建的第 2 层冷却管道

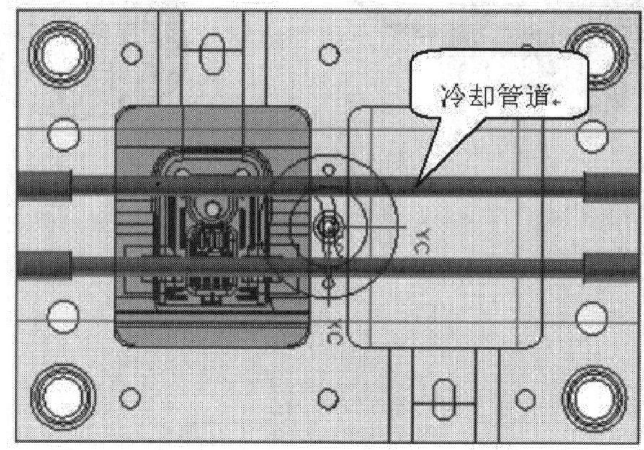

图 5-2-40　创建的第 3 层冷却管道

2. 创建冷却管道空腔

在创建冷却管道空腔时，应先创建出型腔和型芯(已创建)上的空腔，然后才能创建动、定模板上的冷却管道空腔。使用“注塑模向导”工具条上的“腔体”工具在模具动、定模板以及型芯、型腔上创建冷却管道空腔。

至此，电器面壳注塑模具已设计完成，结果如图 5-2-41 所示。

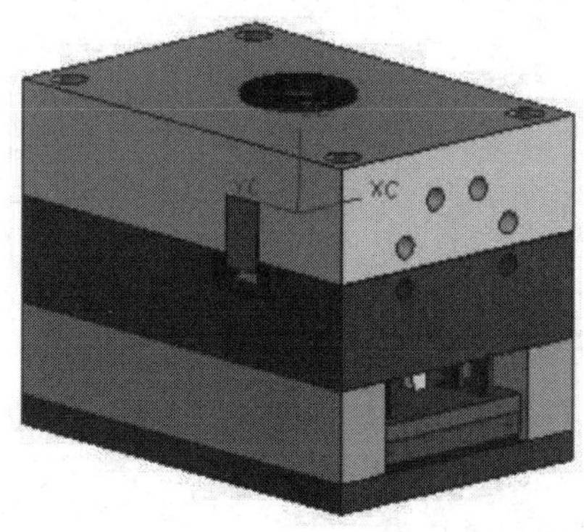

图 5-2-41　电器面壳注塑模具

在菜单栏上执行“文件→全部保存”命令，将电器面壳注塑模具的所有参数及信息保存。

五、相关练习

完成随书光盘源文件 part\5\5-2-1、5-2-2 塑件的模具设计，尺寸自定，如图 5-2-42 所示。

图 5-2-42 练习

项目六 UG CAM

学习目标：

1. 掌握 UG 表面铣操作；
2. 掌握 UG 平面铣操作；
3. 掌握 UG 型腔铣、曲面轮廓铣操作；
4. 掌握 UG 钻削加工、多轴铣加工；
5. 掌握零件车削加工、线切割加工；
6. 掌握 UG 仿真与后处理。

工作任务：

在 UGCAM 模块中完成各类零件加工，并进行零件仿真及后处理

模块一 支座零件加工

一、学习目标

1. 掌握创建型腔铣操作；
2. 掌握剩余铣加工操作；
3. 掌握平面铣加工、孔加工；
4. 掌握仿真及后处理输出。

二、工作任务

完成如图 6-1-1 所示零件的编程、仿真及后处理操作。

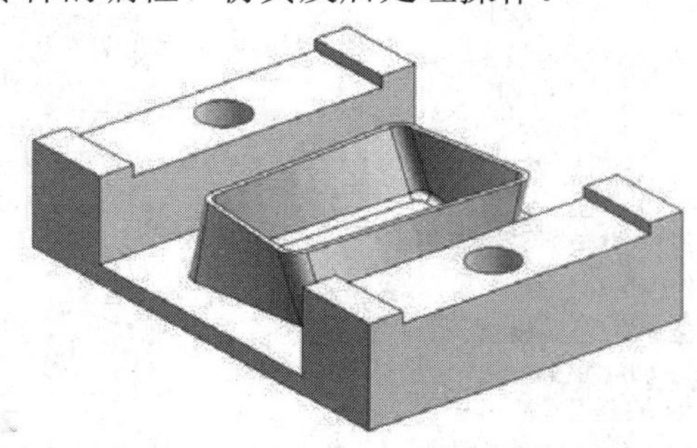

图 6-1-1 支座零件

三、相关实践知识

(一) 工艺流程分析

由图 6-1-1 可知，零件中间有内外扭曲的薄壁，其余各面均为平直面，两侧平台有两个盲孔。确定该零件的工步及刀具如表 6-1-1。

表 6-1-1　工步及其刀具

工步	刀具	加工方法	加工余量(mm)	步距(mm)	主轴速度(rpm)	进给率(mm/min)	加工范围
1	D12R2	型腔铣	1	2.5	1800	1500	开粗
2	D10R1.5	剩余铣	0.5	1.5	2500	1200	半精铣
3	D12	表面铣	0	1	3000	800	平面精铣
4	D10	等高轮廓铣	0	0.25	2500	500	孔精铣
5	R8 球头刀	外形轮廓铣	0		3000	1500	扭曲侧壁精铣
6	R1 球头刀	外形轮廓铣	0	0.1	5000	500	扭曲侧壁清角
注意：直径 10mm 以上的刀具，长度设置为“120”，8mm 和 1mm 的刀具长度设为“90”							

(二) 支座零件粗加工

操作步骤：

(1) 打开本例随书配套文件 part\6\6-1

(2) 在“标准”工具栏中选择“开始”→“加工”命令，程序将弹出“加工环境”对话框。在该对话框的“要创建的 CAM 设置”列表框中选择 mill_contour，然后单击“确定”按钮，程序自动进入加工环境。

(3) 单击“插入”工具栏中的 刀具(T)... 按钮，弹出“创建刀具”对话框，选择“刀具子类型”和输入刀具名称“D12R2”，如图 6-1-2 所示。

(4) 单击“确定”按钮，弹出“铣刀-5 参数”对话框，选择“尺寸”和“数字”参数如图 6-1-3 所示。

图 6-1-2　“创建刀具”对话框(支座)

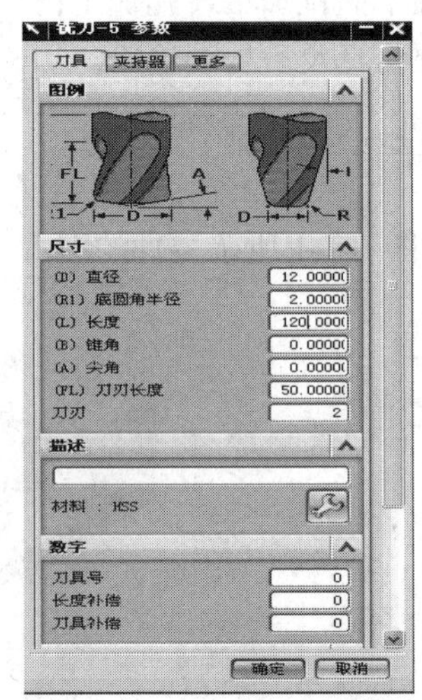

图 6-1-3　“铣刀-5 参数”对话框(支座)

(5) 以同样的方法依次创建 D10R1.5、R8 球头刀、R1 球头刀。

(6) 在操作导航器中单击右键选择“几何视图”，双击“MCS_MILL”，弹出“Mill Orient”对话框，如图 6-1-4 所示。该对话框给出了多种选择加工坐标系原点的方法，在此不再详述。

(7) 在“MCS_MILL”节点下双击“WORKPIECE”项目，弹出“铣削几何体”对话框。如图 6-1-5 所示。单击，弹出“部件几何体”对话框，选择“全选”后，单击“确定”按钮。

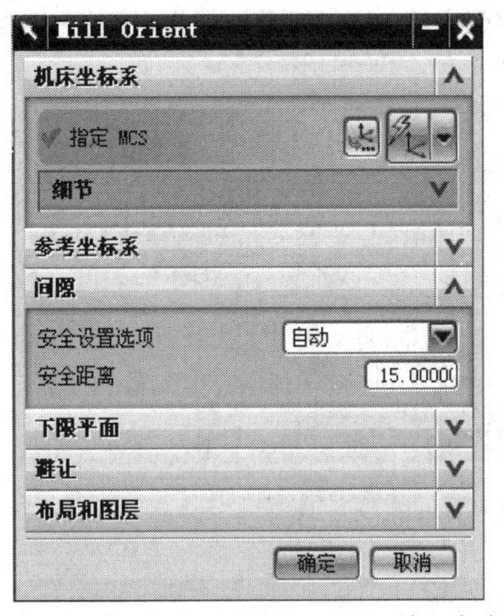

图 6-1-4　“Mill Orient”对话框(支座)

图 6-1-5　“铣削几何体”对话框(支座)

(8) 在“铣削几何体”对话框中单击，弹出“毛坯几何体”对话框，设定参数如图 6-1-6 所示后单击“确定”按钮关闭该对话框。

(9) 在“插入”工具栏中单击“创建操作”图标，弹出“创建操作”对话框。

(10) 在该对话框中选择 mill_comtour 模板类型，选择相关参数如图 6-1-7 所示后，单击“确定”按钮，随后弹出“型腔铣”对话框，在“几何体”选项区中单击“指定切削区域”图标，再弹出“切削区域”对话框。按信息提示选择除模型 4 上侧面和底面之外的所有面作为切削加工区域。选择完成后关闭该对话框。

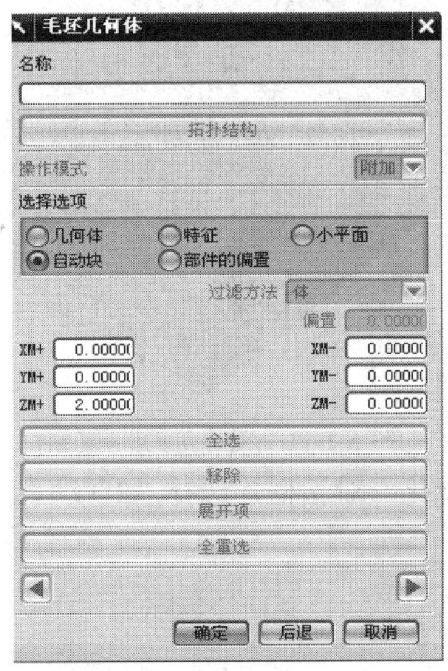

图 6-1-6　“毛坯几何体”对话框(支座)

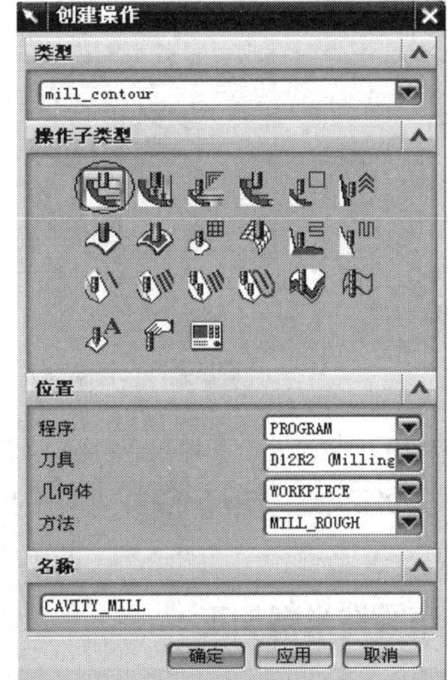

图 6-1-7　操作类型参数选择(支座)

(11) 在“刀轨设置”选项区中选择“切削模式”为“跟随周边”,“步距”为“恒定”,设置“距离”为 2.5 mm，设置“全局每刀深度”为 1，参数设置如图 6-1-8 所示。

(12) 单击“切削参数”图标，在“策略”选项卡中选择“切削顺序”为“深度优先”，并勾选“岛清理”复选框，结果如图 6-1-9 所示。在“余量”选项卡中设置余量为 1。在“空间范围”选项卡的“毛坯”选项区中选择处理中的工件为“使用 3D”。完成后单击“确定”按钮，完成切削参数设置。

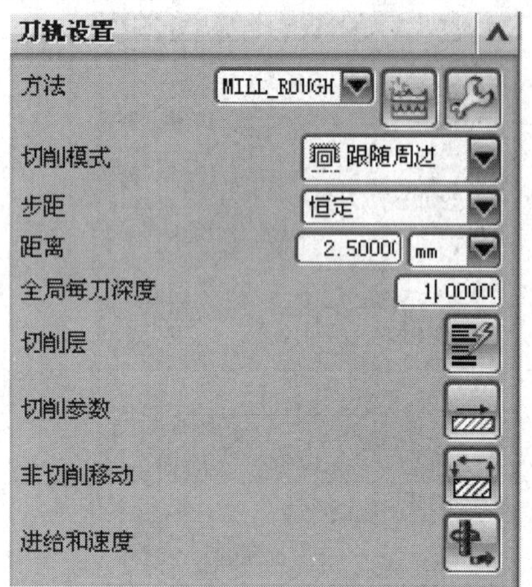

图 6-1-8 设置切削模式及步距(支座)

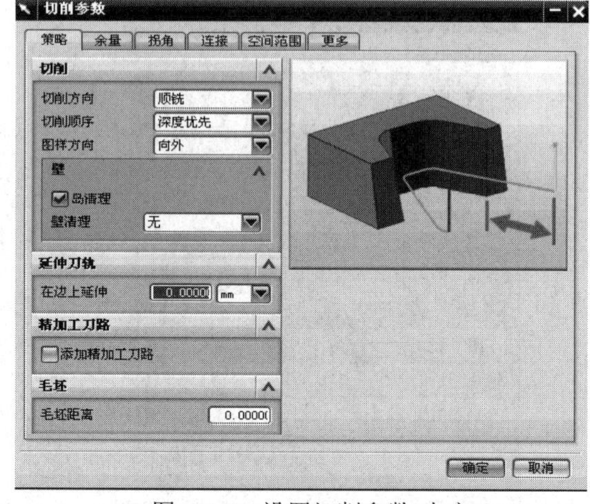

图 6-1-9 设置切削参数(支座)

(13) 单击“进给和速度”图标，弹出“进给和速度”对话框，设置“主轴速度”为 1800,“进给率”为 1500，然后单击“确定”按钮关闭对话框，如图 6-1-10 所示。

(14) 单击“生成”图标，程序自动生成型腔粗加工刀路，如图 6-1-11 所示

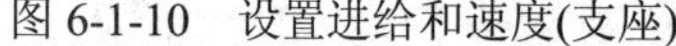

图 6-1-10 设置进给和速度(支座)

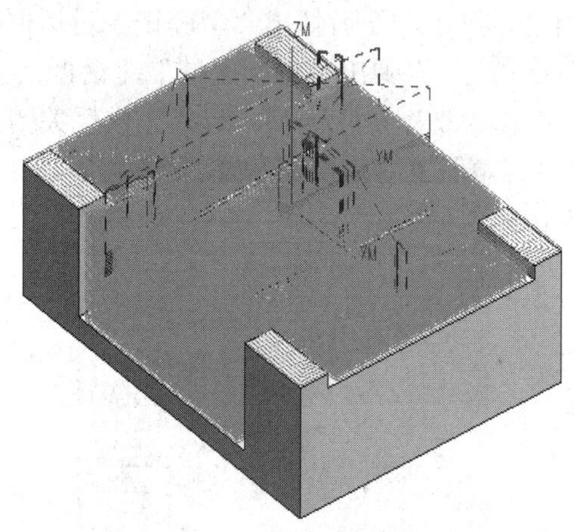

图 6-1-11 粗加工刀路(支座)

(15) 单击“确认”图标，弹出“刀轨可视化”对话框，选择“2D 动态”对刀路进行模拟仿真。

(三) 支座零件半精加工

操作步骤：

(1) 在“插入”工具栏中单击“创建操作”图标，弹出“创建操作”对话框。

(2) 在对话框中选择操作子类型为 REST_MILLING，其他参数设置如图 6-1-12 所示，单击“确定”按钮。

(3) 随后弹出“型腔铣”对话框，在“几何体”选项区中单击“指定切削区域”图标，再弹出“切削区域”对话框。按信息提示选择除模型 4 上侧面和底面之外的所有面作为切削加工区域。选择完成后关闭该对话框。

(4) 在 “刀轨设置” 选项区中选择切削方式为“跟随周边”，步距为“恒定”，距离输入值 1.5，设置全局每刀深度为“0.5”，参数设置如图 6-1-13 所示。

图 6-1-12 选择操作类型(支座)

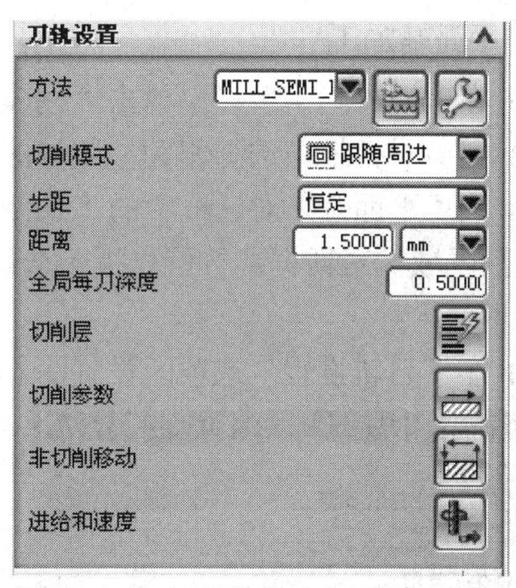

图 6-1-13 切削模式及步距设置(支座)

(5) 单击“切削参数”图标，在“策略”选项卡中选择切削顺序为“深度优先”， 并勾选“岛清理”复选框，输入“在边上延伸”值为 1，如图 6-1-14 所示。在“余量”选项卡中取消勾选“使用‘底部面与侧壁余量一致’”复选框，设置“部件侧面余量”为 0.5， “部件底部面余量”值为 0.1。完成后单击“确定”按钮，完成切削参数设置。

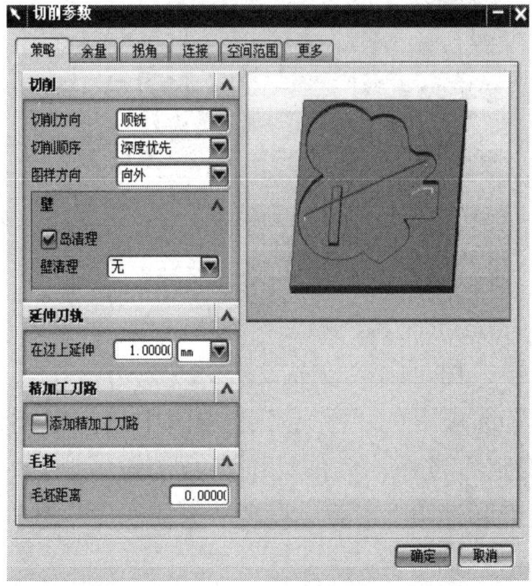

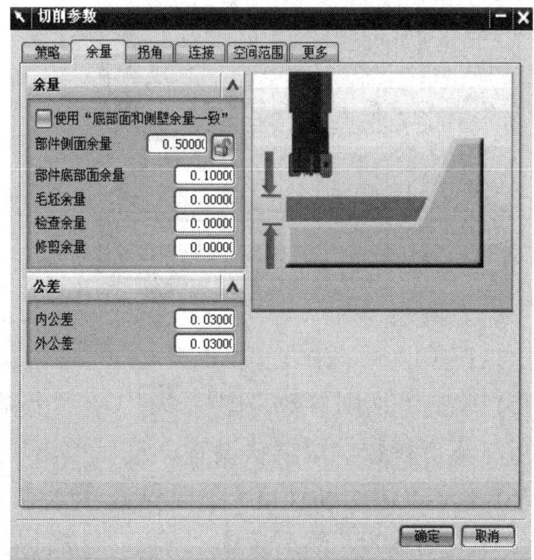

图 6-1-14 切削参数

(6) 单击“进给和速度”图标，弹出“进给和速度”对话，设置主轴速度为2500，进给率1200，然后单击“确定”按钮关闭对话框。

(7) 单击“生成”图标，程序自动生成等高轮廓铣半精加工刀路。

(8) 单击“确认”图标，弹出“刀轨可视化”对话框，选择“2D动态”对刀路进行模拟仿真。

(四) 支座零件精加工

根据零件表面形状的不同，加工分成几个部分来完成。平面可使用表面铣；两孔的侧壁用等高轮廓铣；中间扭曲的薄壁外侧使用可变轴外形轮廓铣来完成加工；内侧使用可变轴的顺序铣来进行加工；最后使用清根铣对内侧进行清角处理。

1. 平面精加工

(1) 在“插入”菜单栏中单击“创建操作”图标，弹出“创建操作”对话框。

(2) 在该对话框中选择相关参数如图6-1-15所示。并单击“确定”按钮。

(3) 在“平面铣”对话框中的“几何体”选项区中单击“指定面边界”图标，再弹出“切削区域”对话框。按信息提示选择所有水平平面作为切削加工区域。选择完成后关闭该对话框。

(4) 在“刀轨设置”选项区设置图6-1-16所示的参数。

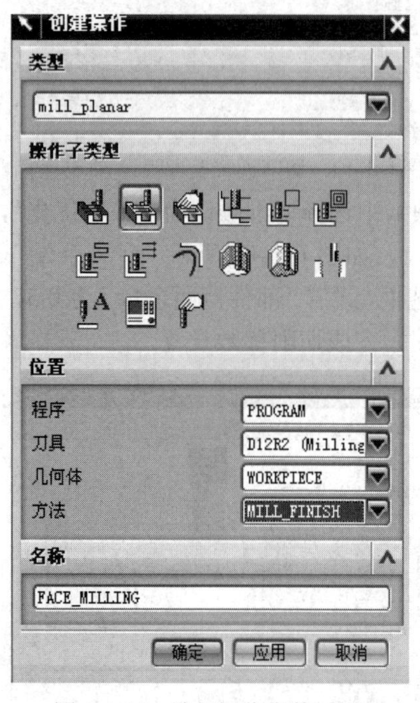

图6-1-15 选择操作参数(支座)

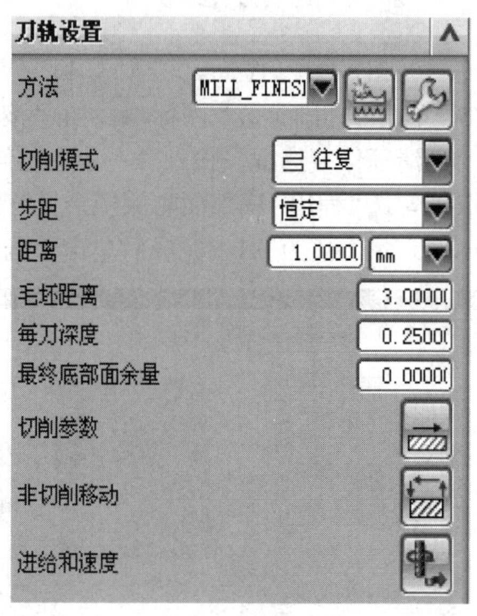

图6-1-16 刀轨设置参数(支座)

(5) 单击“切削参数”图标，在“策略”选项卡的“毛坯”选项区中设置毛坯延展值为5。其余参数保留默认设置，最后单击“确定”按钮，完成切削参数的设置。

(6) 单击“进给和速度”图标，弹出“进给和速度”对话，设置“主轴速度”为3000，“进给率”为800，然后单击“确定”按钮关闭对话框。

(7) 单击“生成”图标，程序自动生成刀路。

2. 孔精加工

(1) 在“插入”菜单栏中单击“创建操作”图标，弹出“创建操作”对话框。

(2) 在该对话框中选择相关参数如图 6-1-17 所示。并单击“确定”按钮。

(3) 程序将弹出“深度轮廓加工”对话框，在该对话框“几何体”选项区中单击“指定切削区域”图标，弹出“切削区域”对话框。按信息提示选择孔内部表面作为切削区域几何体，选择完成后关闭该对话框。

(4) 在“刀轨设置”选项区中设置全局每刀深度为 0.1。

(5) 单击“切削参数”图标，在“策略”选项卡中选择切削顺序为“深度优先”，并勾选“在边上延伸”和“在边缘滚动刀具”复选框。在“余量”选项卡中设置部件侧面和底面余量为 0。单击“确定”按钮，完成切削参数设置。

(6) 单击“进给和速度”图标，弹出“进给和速度”对话框，设置主轴速度为 2500，进给率为 500，如图 6-1-18 所示，然后单击“确定”按钮关闭对话框。

(7) 单击“生成”的图标，程序自动生成孔的精加工刀路。

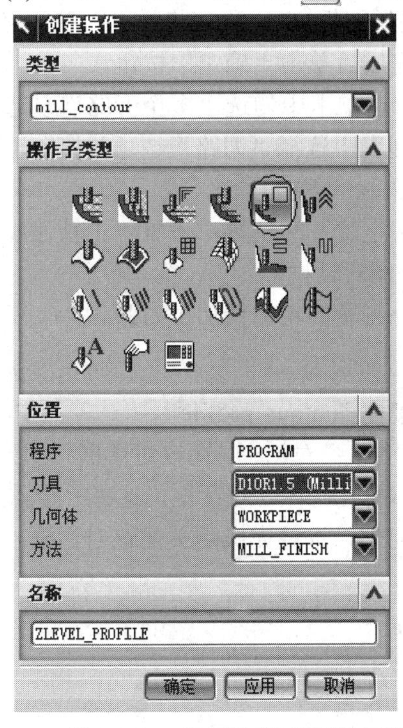

图 6-1-17　选择操作子类型(支座)

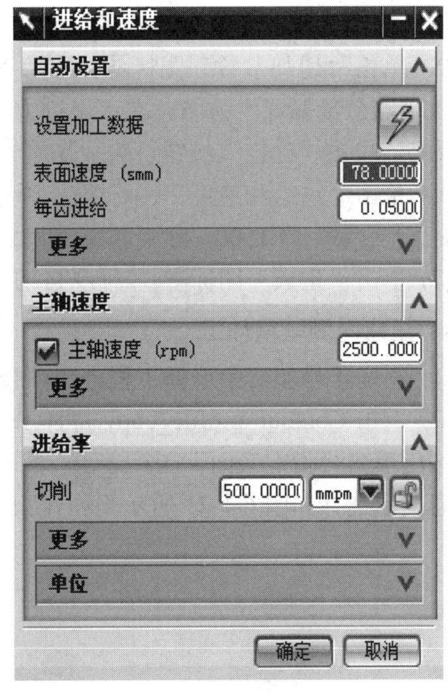

图 6-1-18　设置主轴速度和进给率(支座)

3. 扭曲外侧壁精加工

(1) 在“插入”菜单栏中单击“创建操作”图标，弹出“创建操作”对话框。

(2) 在对话框中选择 mill_multi-axis 模块类型，选择操作子类型为 Contour_profile，接着在“位置”选项区选择相关参数如图 6-1-19 所示。

(3) 程序将弹出“外形轮廓加工”对话框，在该对话框 “几何体”选项区中单击“指定底面”图标，再弹出“底部面几何体”对话框。按信息提示选择如图 6-1-20 所示平面作为底部面几何体，选择完成后关闭该对话框。

图 6-1-19 操作子类型选择(支座)

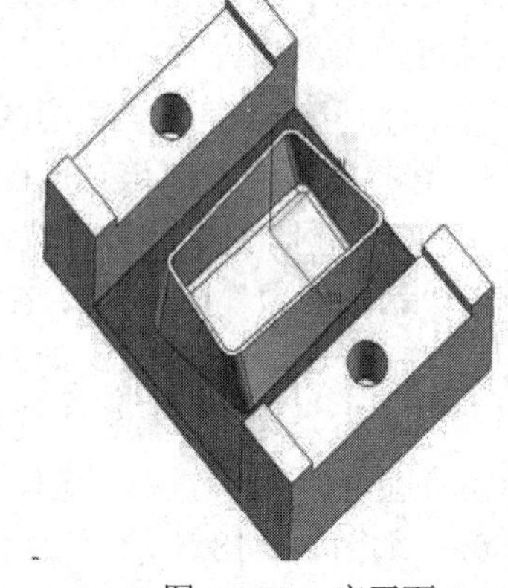

图 6-1-20 底平面 1

(4) 单击“外形轮廓加工”对话框中的“指定壁”图标，程序将弹出“壁几何体”对话框。依次选择扭曲内侧壁的面作为壁几何体，完成后单击“确定”按钮。

(5) 单击“切削参数”图标，在“多条刀路”选项卡中勾选“多个旁路”复选框，并输入“侧余量偏置”为 5。在“步进方法”下拉列表中选择“刀路”选项，接着输入刀路数为 5。单击“确定”按钮，完成切削参数设置。

(6) 单击“进给和速度”图标，弹出“进给和速度”对话框，设置“主轴速度”为 3000，“进给率”为 1500，然后单击“确定”按钮关闭对话框，

(7) 单击“生成”图标，程序自动生成扭曲外侧壁的轮廓精加工刀路。

4. 扭曲内侧壁精加工

(1) 在操作导航器中选择“程序顺序视图”，复制“Contour_profile”

(2) 双击 Contour_profile_copy 将弹出“外形轮廓加工”对话框，在该对话框 “几何体”选项区中单击“指定底面”图标，再弹出“底部面几何体”对话框，选择“全重选”。按信息提示选择如图 6-1-21 所示平面作为底部面几何体，选择完成后关闭该对话框。

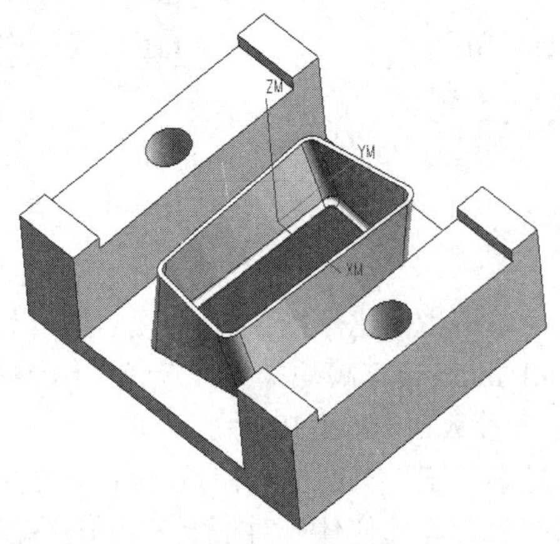

图 6-1-21 底平面 2

(3) 单击“指定壁”图标，程序将弹出“壁几何体”对话框。依次选择扭曲内侧壁的面作为壁几何体，完成后单击“确定”按钮。

(4) 单击“切削参数”图标，在“多条刀路”选项卡中勾选“多个旁路”复选框，并输入“侧余量偏置”为 5。在“步进方法”下拉列表中选择“刀路”选项，接着输入刀路数为 5。单击“确定”按钮，完成切削参数设置。

(5) 单击“进给和速度”图标，弹出“进给和速度”对话框，设置主轴速度为 3000，进给率为 1500，然后单击“确定”按钮关闭对话框，

(6) 单击“生成”图标，程序自动生成扭曲内侧壁的轮廓精加工刀路。

5. 扭曲外侧壁余角加工

刀具换成 D1 的球头刀，切削参数不设置多个旁路。其余操作方法同上。

(五) 后处理输出

在操作导航器中选择“程序顺序视图”，在“PROGRAM”上单击右键，在弹出的快捷菜单中选择“后处理”命令，程序将弹出“后处理”对话框。在对话框中选择 MILL_4_AXIS 在“设置”选项区选择“定义了后处理”作为单位，最后单击“确定”按钮，程序自动生成 4 轴数控加工程序单，如图 6-1-22 所示。

图 6-1-22　后处理

在菜单栏中选择“文件”→“另存为”命令，将本例数控加工文件保存。

四、相关理论知识

(一) 数控加工概述

数控加工(numerical control machining)，是指用数字信息控制零件和刀具位移在数控机床上进行零件加工的一种工艺方法，数控机床加工与传统机床加工的工艺规程从总体上说

是一致的，但也发生了明显的变化。它是解决零件品种多变、批量小、形状复杂、精度高等问题和实现高效化和自动化加工的有效途径。

(二) 发展背景

数控技术起源于航空工业的需要，20 世纪 40 年代后期，美国一家直升机公司提出了数控机床的初始设想，1952 年美国麻省理工学院研制出三坐标数控铣床。50 年代中期这种数控铣床已用于加工飞机零件。60 年代，数控系统和程序编制工作日益成熟和完善，数控机床已被用于各个工业部门，但航空航天工业始终是数控机床的最大用户。数控机床以其精度高、效率高、能适应小批量复杂零件的加工等特点，在机械加工中得到日益广泛的应用。概括起来，数控机床有以下几个方面的优点：

1. 提高加工精度

数控机床有较高的加工精度，且数控机床的加工精度不受零件形状复杂程度的影响。这对于一些普通机床难以保证精度甚至无法加工的复杂零件来说是非常重要的。另外，用数控机床加工，消除了操作者的人为误差，提高了同批零件加工的一致性，使产品质量稳定。

2. 提高生产效率

使用数控机床加工，因对工夹具的要求不高，又免去了画线工作，缩短了加工准备工作时间。因为加工精度高，在加工过程中省去了对工件多件测量，可以简化检验工作，节省检验时间。在加工零件改变时用改变程序的方法，可节省准备与调整的时间。这些都有效地提高了生产效率。如果使用能自动换刀的数控加工中心机床，则可进行多道工序的连续加工，避免了多次定位的操作，缩短了半成品的周转时间，生产效率的提高更为显著。

3. 减轻了劳动强度，改善了劳动条件

数控机床在输入程序并启动后，就自动地连续加工，直至工件加工完毕，自动停车。这样简化了工人的操作，也使操作时间的紧张程度大为减轻。

4. 有利于生产管理

用数控机床加工，能准确地计划零件的加工工时，简化检验工作，减轻工夹具、半成品的管理工作，减少因误操作而产生废品及损坏刀具的可能性。这些都有利于提高管理水平。当然，要相应地增加程序的准备与管理工作。

5. 有利于向高级计算机控制与管理方面发展

数控机床使用数字量信号与标准代码输入，宜于与数字计算机网连接。所以它是将来计算机控制与管理系统的基础。

数控机床毕竟是一种高度自动化的机床，技术复杂，成本较高。从经济效果出发，在我国目前阶段，仍然多用于高精度和形状复杂的中、小批量零件加工。发达国家目前拥有的数控机床占拥有机床总台数的 10%～20%。数控机床在汽车制造业中已广泛使用。随着数控技术的普及和电子器件成本的降低，特别是计算机数控系统与微型计算机的迅速发展，数控机床正在不断地扩展它的适用范围。

(三) 基本过程

数控加工，就是泛指在数控机床上进行零件加工的工艺过程。数控机床是一种用计算

机控制的机床。用来控制机床的计算机，不管是专用计算机还是通用计算机统称为数控系统。数控机床的运动和辅助动作均受控于数控系统发出的指令。而数控系统的指令是由程序员根据工件的材质、加工要求、机床的特性和系统所规定的指令格式(数控语言或符号)编制的。数控系统根据程序指令向伺服装置和其他功能部件发出运行或中断信息来控制机床的各种运动。当零件的加工程序结束时，机床便会自动停止。任何一种数控机床，在其数控系统中若没有输入程序指令就不能工作。

机床的受控动作大致包括机床的启动、停止；主轴的启停、旋转方向和转速的变换；进给运动的方向、速度、方式；刀具的选择、长度和半径的补偿；刀具的更换，冷却液的开启、关闭等。

(四) 加工工艺

数控加工程序编制方法有手工(人工)编程和自动编程两种。手工编程，程序的全部内容是由人工按数控系统所规定的指令格式编写的。自动编程即计算机编程，可分为以语言和绘画为基础的自动编程方法。但是，无论是采用何种自动编程方法，都需要有相应配套的硬件和软件。

可见，实现数控加工，编程是关键。但光有编程是不行的，数控加工还包括编程前必须要做的一系列准备工作及编程后的善后处理工作。一般来说数控加工工艺主要包括的内容如下：

(1) 选择并确定进行数控加工的零件及内容；

(2) 对零件图纸进行数控加工的工艺分析；

(3) 数控加工的工艺设计；

(4) 对零件图纸的数学处理；

(5) 编写加工程序单；

(6) 按程序单制作控制介质；

(7) 程序的校验与修改；

(8) 首件试加工与现场问题处理；

(9) 数控加工工艺文件的定型与归档。

(五) 工艺分析

被加工零件的数控加工工艺性问题涉及面很广，下面结合编程的可能性和方便性提出一些必须分析和审查的主要内容。

1. 尺寸标注应符合数控加工的特点

在数控编程中，所有点、线、面的尺寸和位置都是以编程原点为基准的。因此零件图上最好直接给出坐标尺寸，或尽量以同一基准引注尺寸。

2. 几何要素的条件应完整、准确

在程序编制中，编程人员必须充分掌握构成零件轮廓的几何要素参数及各几何要素间的关系。因为在自动编程时要对零件轮廓的所有几何元素进行定义，手工编程时要计算出每个节点的坐标，无论哪一点不明确或不确定，编程都无法进行。但由于零件设计人员在设计过程中考虑不周，常常出现参数不全或不清楚，如圆弧与直线、圆弧与圆弧是相切还是相交或相离。所以在审查与分析图纸时，一定要仔细，发现问题及时与设计人员联系。

3. 定位基准可靠

在数控加工中，加工工序往往较集中，以同一基准定位十分重要。因此需要设置一些辅助基准，或在毛坯上增加一些工艺凸台。

4. 统一几何类型或尺寸

零件的外形、内腔最好采用统一的几何类型或尺寸，这样可以减少换刀次数，还能应用控制程序或专用程序以缩短程序长度。零件的形状尽可能对称，便于利用数控机床的镜向加工功能来编程，以节省编程时间。

(六) 零件装夹

1. 定位安装的基本原则

在数控机床上加工零件时，定位安装的基本原则是合理选择定位基准和夹紧方案。在选择时应注意以下几点：

(1) 力求设计、工艺和编程计算的基准统一。

(2) 尽量减少装夹次数，尽可能在一次定位装夹后，加工出全部待加工表面。

(3) 避免采用占机人工调整式加工方案，以充分发挥数控机床的效能。

2. 选择夹具的基本原则

数控加工对夹具提出了两个基本要求：一是要保证夹具的坐标方向与机床的坐标方向相对固定；二是要协调零件和机床坐标系的尺寸关系。除此之外，还要考虑以下几点：

(1) 当零件加工批量不大时，应尽量采用组合夹具、可调式夹具及其他通用夹具，以缩短生产准备时间，节省生产费用。

(2) 在成批生产时才考虑采用专用夹具，并力求结构简单。

(3) 零件的装卸要快速、方便、可靠，以缩短机床的停顿时间。

(4) 夹具上各零部件应不妨碍机床对零件各表面的加工，即夹具要开敞，其定位、夹紧机构元件不能影响加工中的走刀(如产生碰撞等)。

(七) 加工误差

数控加工误差 $\Delta_{数加}$是由编程误差 $\Delta_{编}$、机床误差 $\Delta_{机}$、定位误差 $\Delta_{定}$、对刀误差 $\Delta_{刀}$等误差综合形成的，即

$$\Delta_{数加}=f(\Delta_{编}+\Delta_{机}+\Delta_{定}+\Delta_{刀})$$

其中：

(1) 编程误差 $\Delta_{编}$由逼近误差 δ、圆整误差组成。逼近误差 δ 是在用直线段或圆弧段去逼近非圆曲线的过程中产生的误差。圆整误差是在数据处理时，将坐标值四舍五入圆整成整数脉冲当量值而产生的误差。脉冲当量是指每个单位脉冲对应坐标轴的位移量。普通精度级的数控机床，一般脉冲当量值为 0.01 mm；较精密数控机床的脉冲当量值为 0.005 mm 或 0.001 mm 等。

(2) 机床误差 $\Delta_{机}$是由数控系统误差、进给系统误差等原因产生的。

(3) 定位误差 $\Delta_{定}$是当工件在夹具上定位、夹具在机床上定位时产生的。

(4) 对刀误差 $\Delta_{刀}$是在确定刀具与工件的相对位置时产生的。

(八) 刀具选择

1. 选择数控刀具的原则

刀具寿命与切削用量有密切关系。在制定切削用量时，应首先选择合理的刀具寿命，而合理的刀具寿命应根据优化的目标而定。一般分最高生产率刀具寿命和最低成本刀具寿命两种，前者根据单件工时最少的目标确定，后者根据工序成本最低的目标确定。

选择刀具寿命时可根据刀具复杂程度、制造和磨刀成本来选择。复杂和精度高的刀具寿命应选得比单刃刀具高些。对于机夹可转位刀具，由于换刀时间短，为了充分发挥其切削性能，提高生产效率，刀具寿命可选得低些，一般取 15～30 min。对于装刀、换刀和调刀比较复杂的多刀机床和组合机床及自动化加工，刀具寿命应选得高些，尤其应保证刀具可靠性。车间内某一工序的生产率限制了整个车间的生产率的提高时，该工序的刀具寿命要选得低些，当某工序单位时间内所分担到的全厂开支较大时，刀具寿命也应选得低些。大件精加工时，为保证至少完成一次走刀，避免切削时中途换刀，刀具寿命应按零件精度和表面粗糙度来确定。与普通机床加工方法相比，数控加工对刀具提出了更高的要求，不仅需要刚性好、精度高，而且要求尺寸稳定，耐用度高，断屑和排屑性能好，同时要求安装调整方便，以满足数控机床高效率的要求。数控机床上所选用的刀具常采用适应高速切削的刀具材料(如高速钢、超细粒度硬质合金)并使用可转位刀片。

2. 选择数控车削用刀具

数控车削车刀常用的一般分为成型车刀、尖形车刀、圆弧形车刀等三类。成型车刀也称样板车刀，其加工零件的轮廓形状完全由车刀刀刃的形状和尺寸决定。数控车削加工中，常见的成型车刀有小半径圆弧车刀、非矩形车槽刀和螺纹刀等。在数控加工中，应尽量少用或不用成型车刀。

尖形车刀是以直线形切削刃为特征的车刀。这类车刀的刀尖由直线形的主副切削刃构成，如 900 内外圆车刀、左右端面车刀、切槽(切断)车刀及刀尖倒棱很小的各种外圆和内孔车刀。尖形车刀几何参数(主要是几何角度)的选择方法与普通车削时基本相同，但应结合数控加工的特点(如加工路线、加工干涉等)进行全面的考虑，并应兼顾刀尖本身的强度。

圆弧形车刀是以一条圆度或线轮廓度误差很小的圆弧形切削刃为特征的车刀。该车刀圆弧刃的每一点都是圆弧形车刀的刀尖，因此，刀位点不在圆弧上，而在该圆弧的圆心上。圆弧形车刀可以用于车削内外表面，特别适合于车削各种光滑连接(凹形)的成型面。选择车刀圆弧半径时应考虑两点：一是车刀切削刃的圆弧半径应小于或等于零件凹形轮廓上的最小曲率半径，以免发生加工干涉；二是该半径不宜选择太小，否则不但制造困难，还会因刀尖强度太弱或刀体散热能力差而导致车刀损坏。

3. 选择数控铣削用刀具

在数控加工中，铣削平面零件内外轮廓及铣削平面常用平底立铣刀，该刀具有关参数的经验数据如下：一是铣刀半径 R_D 应小于零件内轮廓面的最小曲率半径 R_{min}，一般取 $R_D = (0.8～0.9)R_{min}$。二是零件的加工高度 $H < (1/4～1/6)R_D$，以保证刀具有足够的刚度。三是用平底立铣刀铣削内槽底部时，由于槽底两次走刀需要搭接，而刀具底刃起作用的半径 $R_e = R - r$，即直径为 $d = 2R_e = 2(R - r)$，编程时取刀具半径为 Re=0.95(Rr)。对于一些立体型面和变斜角轮廓外形的加工，常用球形铣刀、环形铣刀、鼓形铣刀、锥形铣刀和盘铣刀。

目前，数控机床上大多使用系列化、标准化刀具，对可转位机加外圆车刀、端面车刀等的刀柄和刀头都有国家标准及系列化型号，对于加工中心及有自动换刀装置的机床，刀具的刀柄都已有系列化和标准化的规定，如锥柄刀具系统的标准代号为 TSG-JT，直柄刀具系统的标准代号为 DSG-JZ。此外，对所选择的刀具，在使用前都需对刀具尺寸进行严格的测量以获得精确数据，并由操作者将这些数据输入数据系统，经程序调用而完成加工过程并加工出合格的工件。

(九) 设置对刀点和换刀点

刀具究竟从什么位置开始移动到指定的位置呢?在一开始执行程序时，必须确定刀具在工件坐标系下开始运动的位置，这一位置即为程序执行时刀具相对于工件运动的起点，所以称程序起始点或起刀点。此起始点一般通过对刀来确定，所以，该点又称对刀点。在编制程序时，要正确选择对刀点的位置。对刀点设置原则是：便于数值处理和简化程序编制，易于找正并在加工过程中便于检查，引起的加工误差小。对刀点可以设置在加工零件上，也可以设置在夹具上或机床上，为了提高零件的加工精度，对刀点应尽量设置在零件的设计基准或工艺基准上。实际操作机床时，可通过手工对刀操作把刀具的刀位点放到对刀点上，即刀位点与对刀点重合。所谓刀位点是指刀具的定位基准点，车刀的刀位点为刀尖或刀尖圆弧中心。平底立铣刀是刀具轴线与刀具底面的交点，球头铣刀是球头的球心，钻头是钻尖等。用手动对刀操作，对刀精度较低且效率低。有些工厂采用光学对刀镜、对刀仪、自动对刀装置等，以减少对刀时间，提高对刀精度。加工过程中需要换刀时，应规定换刀点。所谓换刀点是指刀架转动换刀时的位置，换刀点应设在工件或夹具的外部，以换刀时不碰工件及其他部件为准。

(十) 确定切削用量

数控编程时，编程人员必须确定每道工序的切削用量，并以指令的形式写入程序中。切削用量包括主轴转速、背吃刀量及进给速度等。对于不同的加工方法，需要选用不同的切削用量。切削用量的选择原则是：保证零件加工精度和表面粗糙度，充分发挥刀具切削性能，保证合理的刀具耐用度，并充分发挥机床的性能，最大限度提高生产率，降低成本。

1. 确定主轴转速

主轴转速应根据允许的切削速度和工件(或刀具)直径来选择。其计算公式为

$$n = \frac{1000v}{\pi D}$$

式中：v 为切削速度，单位为 m/min，由刀具的耐用度决定；n 为主轴转速，单位为 r/min，D 为工件直径或刀具直径，单位为 mm。如果机床本身不具有计算出的主轴转速值，就选择与计算值最接近的机床具有的转速。

2. 确定进给速度

进给速度是数控机床切削用量中的重要参数，主要根据零件的加工精度和表面粗糙度要求以及刀具、工件的材料性质选取。最大进给速度受机床刚度和进给系统的性能限制。确定进给速度的原则：当工件的质量要求能够得到保证时，为提高生产效率，可选择较高的进给速度，一般在 100～200 mm/min 范围内选取。在切断、加工深孔或用高速钢刀具加

工时，宜选择较低的进给速度，一般在 20～50 mm/min 范围内选取。当加工精度、表面粗糙度要求高时，进给速度应选小些，一般在 20～50 mm/min 范围内选取。刀具空行程时，特别是远距离“回零”时，可以设定该机床数控系统设定的最高进给速度。

3. 确定背吃刀量

背吃刀量根据机床、工件和刀具的刚度来决定，在刚度允许的条件下，应尽可能使背吃刀量等于工件的加工余量，这样可以减少走刀次数，提高生产效率。为了保证加工表面质量，可留少量精加工余量，一般在 0.2～0.5 mm。总之，切削用量的具体数值应根据机床性能、相关的手册并结合实际经验用类比方法确定。同时，使主轴转速、切削深度及进给速度三者能相互适应，以形成最佳切削用量。切削用量不仅是在机床调整前必须确定的重要参数，而且其数值合理与否对加工质量、加工效率、生产成本等有着非常重要的影响。所谓合理的切削用量是指充分利用刀具切削性能和机床动力性能(功率、扭矩)，在保证质量的前提下，获得高的生产率和低的加工成本的切削用量。

五、相关练习

1. 完成随书配套文件 part\6\6-1-1 零件的编程、仿真及后处理操作，见图 6-1-23。

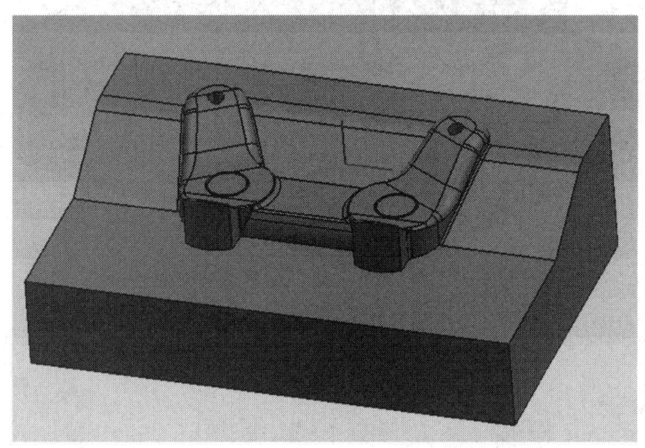

图 6-1-23　练习 1

2. 完成随书配套文件 part\6\6-1-2 零件的编程、仿真及后处理操作，见图 6-1-24。

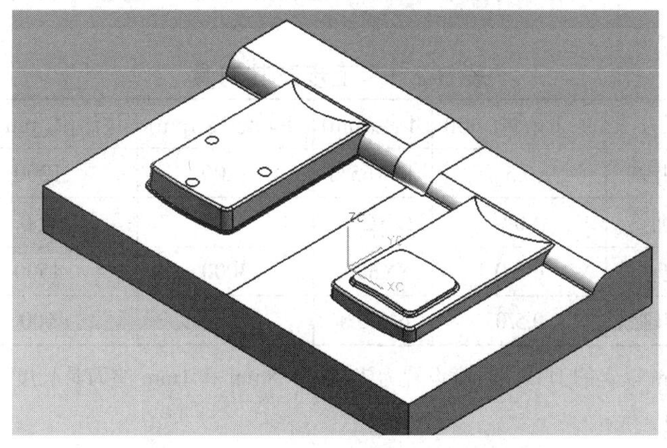

图 6-1-24　练习 2

模块二　机壳凹模加工

一、学习目标

1. 掌握创建型腔铣操作；
2. 掌握固定轴曲面轮廓铣加工操作；
3. 掌握平面铣加工操作；
4. 掌握 2D 动态仿真及后处理输出。

二、工作任务

完成图 6-2-1 所示机壳凹模的编程、仿真及后处理操作。

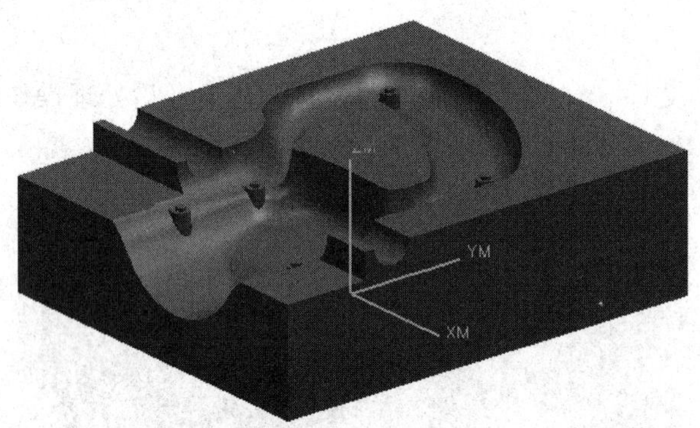

图 6-2-1　机壳凹模

三、相关实践知识

(一) 工艺流程分析

由图 6-2-1 可知，零件中间由小圆台、平直面、曲面等组成。确定该零件的工步及刀具如表 6-2-1。

表 6-2-1　工步及其刀具

工步	刀具	加工方法	加工余量(mm)	步距(mm)	主轴速度(rpm)	进给率(mm/min)	加工范围
1	D16R0.8	型腔铣	0.5	16X65%	1200	1200	开粗
2	D12	平面铣	0	12X25%	3500	450	平面精铣
3	D8R1	固定轴铣	0.5/0	8X65%	3000	4500	轮廓粗精铣
4	D6R3	固定轴铣	0.5/0	6X65%	2000	600	轮廓粗精铣

注意：直径 10 mm 以上的刀具，长度设置为“120”，8mm 和 1mm 的刀具长度设为“90”

(二) 工件开粗

(1) 打开本例随书配套文件 part\6\7-2。

(2) 在“标准”工具栏中选择“开始”→“加工”命令，程序弹出“加工环境”对话框。在该对话框的“要创建的 CAM 设置”列表框中选择 mill_contour，然后单击“确定”按钮，程序自动进入加工环境。

(3) 单击“插入”工具栏中的 刀具(T)... ，弹出“创建刀具”对话框，选择“刀具子类型”和输入刀具名称“D16R0.8”，如图 6-2-2 所示。

(4) 单击“确定”按钮，弹出“铣刀-5 参数”对话框，选择“尺寸”和“数字”参数，如图 6-2-3 所示。

图 6-2-2　“创建刀具”对话框(机壳凹模)

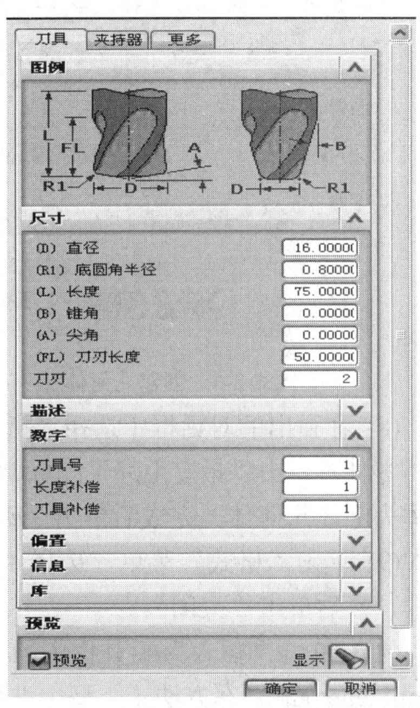

图 6-2-3　“铣刀-5 参数”对话框(机壳凹模)

(5) 以同样的方法依次创建 D12、D8R1、D6R3 刀具。

(6) 单击“插入”工具栏中的 创建几何体 ，弹出“创建几何体”对话框，如图 6-2-4 所示。单击“确定”按钮后弹出如图 6-2-5 所示“Mill Orient”对话框。指定 MCS 选择零件上表面中心为 MCS 中点，单击“确定”按钮。

图 6-2-4　创建几何体 1

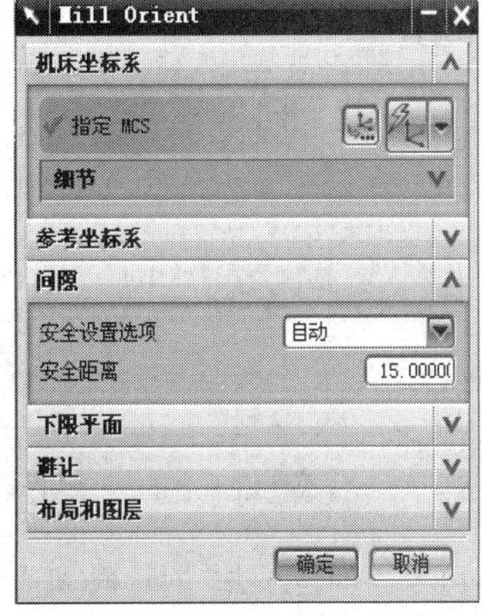

图 6-2-5　“Mill Orient”对话框(机壳凹模)

(7) 单击“插入”工具栏中的创建几何体，弹出“创建几何体”对话框，在“几何体子类型”选择 workpiece 选项，其余参数如图 6-2-6 所示。单击“确定”按钮后弹出“工件”对话框，如图 6-2-7 所示。

图 6-2-6　创建几何体 2

图 6-2-7　“工件”对话框

(8) 在弹出的对话框中选择“指定部件”图标，弹出“部件几何体”对话框，选择实体零件。点击“指定毛坯”图标，弹出“毛坯几何体”对话框，在绘图区选择外部几何体为毛坯几何体。完成后单击“确定”按钮两次。

(9) 单击“格式”菜单，选择“图层设置”，弹出“图层设置”对话框。取消“2”复选框，然后单击“关闭”。

(10) 单击“插入”工具栏中的创建方法，弹出“创建方法”对话框，在类型选项中选择“mill_contour”，在方法子类型中选择“MOLD_ROUGH_HSM”选项，并命名为“mill_r”，如图 6-2-8 所示。然后单击“确定”按钮，弹出“模具粗加工 HSM”对话框，设置部件余量为 0.5，如图 6-2-9 所示。

图 6-2-8　“创建方法”对话框(机壳凹模)

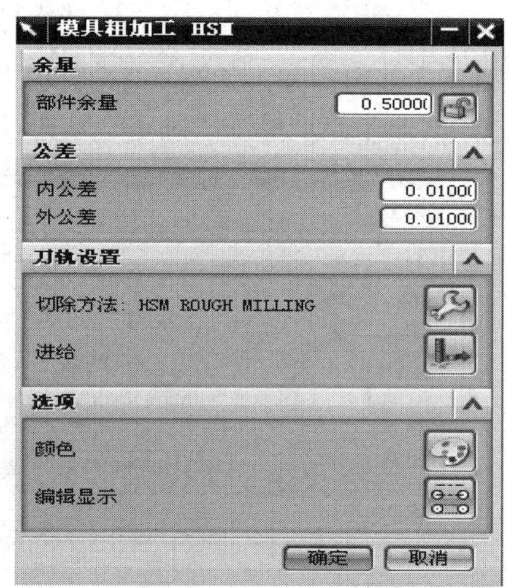

图 6-2-9　“模具粗加工 HSM”对话框

(11) 重复(10)的步骤在方法子类型中依次选择“MOLD_SEMI_FINISH_HSM”、

“MOLD_FINISH_HSM”选项，并依次命名为“mill_m”、“mill_f”，然后单击“确定”按钮，弹出“模具粗加工 HSM”对话框，设置部件余量为分别为 0.3、0。

(12) 在“插入”工具栏中单击“创建操作”图标，弹出“创建操作”对话框，如图 6-2-10 所示。

(13) 在该对话框中选择 mill_comtour 模板类型，选择相关参数如图 6-2-10 所示，单击“确定”按钮，随后弹出“型腔铣”对话框。

(14) 在“刀轨设置”选项区中选择“切削模式”为“跟随周边”，“步距”为“%刀具平直”，“平面直径百分比”输入值为 65，设置“全局每刀深度”为 1，参数设置如图 6-2-11 所示。

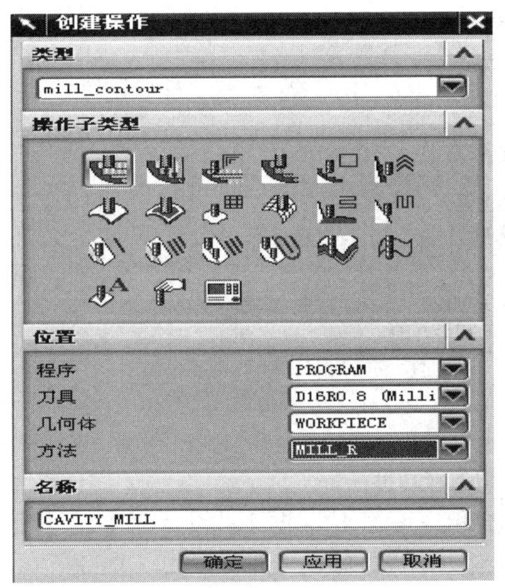

图 6-2-10　“创建操作”对话框 1

刀轨设置
方法 MILL_R
切削模式 跟随周边
步距 % 刀具平直
平面直径百分比 65.0000
全局每刀深度 1.0000
切削层
切削参数
非切削移动
进给和速度

图 6-2-11　刀轨参数设置(机壳凹模)

(15) 单击“切削参数”图标，在“策略”选项卡中选择“切削顺序”为“深度优先”，并勾选“岛清理”复选框，结果如图 6-2-12 所示。在“余量”选项卡中设置“部件侧面余量”为 0.5，“部件底部余量”为 0.3，“外公差”为 0.03。完成后单击“确定”按钮，完成切削参数设置。

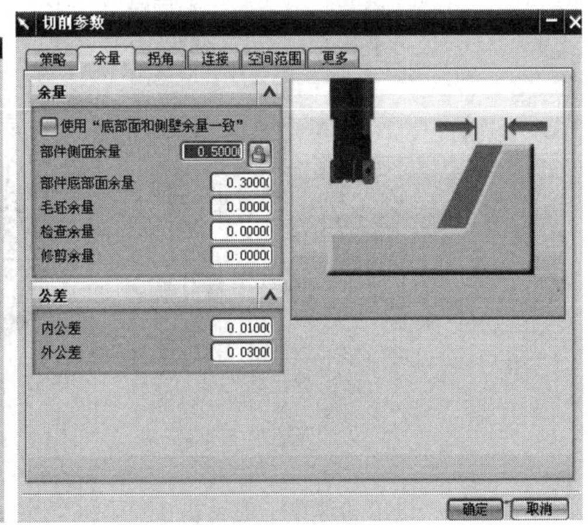

图 6-2-12　“切削参数”对话框(机壳凹模)

(16) 单击“非切削参数”按钮，在“进刀”选项卡中设置“封闭区域”“进刀类型”为“螺旋”，“高度”为 6，“最小安全距离”为 3 mm。设置“开放区域”“进刀类型”为“圆弧”，其余参数如图 6-2-13 所示

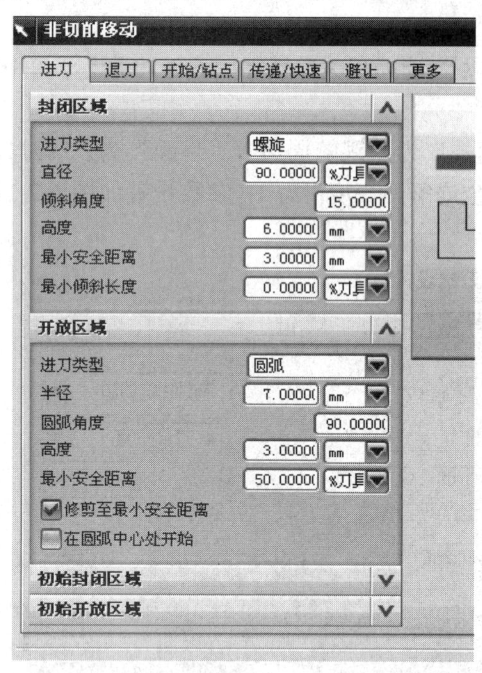

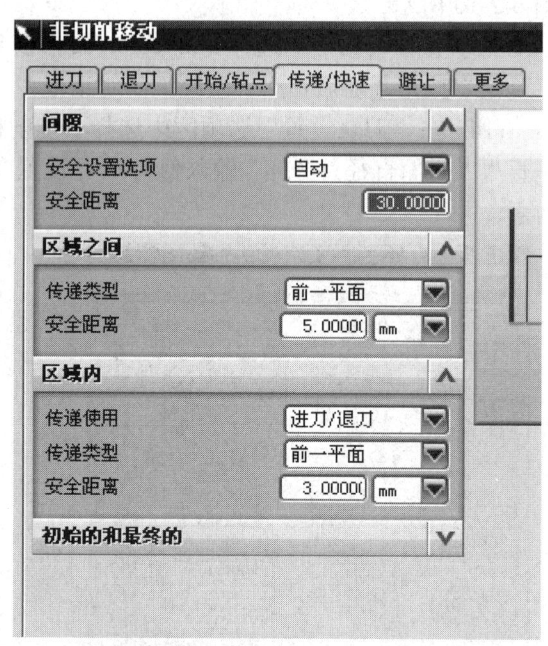

图 6-2-13 “非切削参数”对话框

(17) 单击“进给和速度”图标，弹出“进给和速度”对话框 1，设置“主轴速度”为 1200，“进给率”为 1200，然后单击“确定”按钮关闭对话框，如图 6-2-14 所示。

(18) 单击“生成”图标，程序自动生成型腔粗加工刀路，如图 6-2-15 所示。

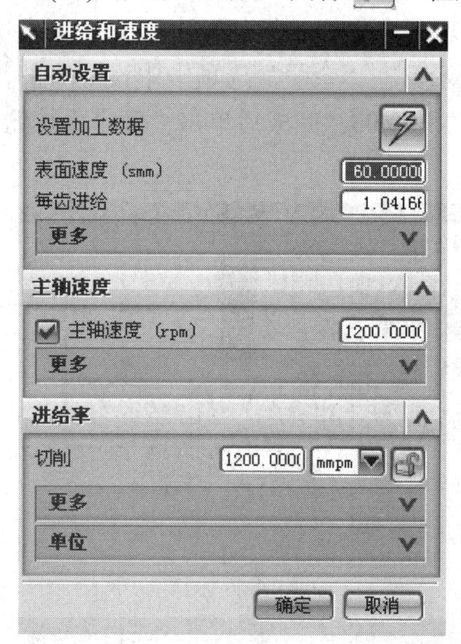

图 6-2-14 “进给和速度”对话框 1

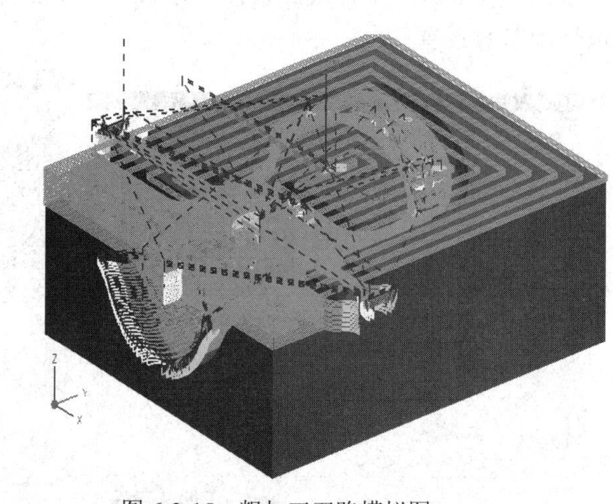

图 6-2-15 粗加工刀路模拟图

(19) 在操作导航器中选择“程序顺序视图”，复制“Cavity_Mill”。

(20) 双击 Cavity_Mill _copy 弹出“型腔铣”对话框，在该对话框的刀具选项区中选择“D6R3”球刀。

(21) 单击“切削参数”图标，在“空间范围”选项卡中选择“参考刀具”为“D16R0.8”，其余参数不变，然后单击“确定”按钮关闭对话框。

(22) 单击“进给和速度”图标，弹出“进给和速度”对话框，设置“主轴速度”为 2000，“进给率”为 600，然后单击“确定”按钮关闭对话框。

(23) 单击“生成”图标，程序自动生成型腔粗加工刀路。

(三) 工件半精加工

(1) 在“插入”工具栏中单击“创建操作”图标，弹出“创建操作”对话框 2，如图 6-2-16 所示。

(2) 在该对话框中选择 mill_comtour 模板类型，选择相关参数如图 6-2-16 所示，单击“确定”按钮，随后弹出“固定轮廓铣”对话框。

(3) 在“驱动方法”选项区中选择“区域铣削”，弹出“区域铣削驱动方法”对话框 1，设置“切削模式”为“往复”，“切削方向”为“顺铣”，“步距”为“恒定”，“距离”为 0.3 mm，“步距已应用”为“在平面上”，“切削角”为“用户定义”，“度”为 45，如图 6-2-17 所示。

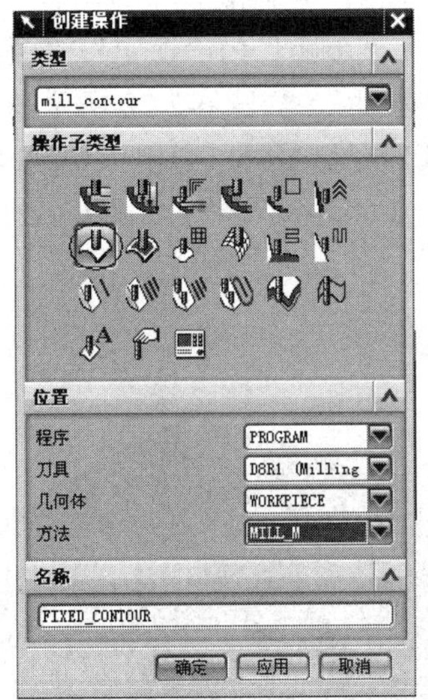

图 6-2-16　“创建操作”对话框 2

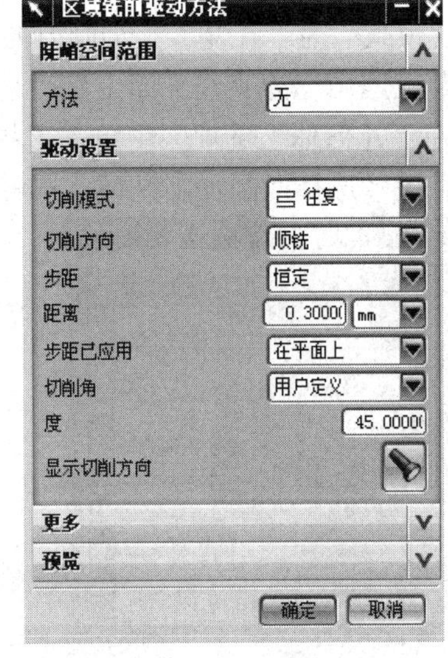

图 6-2-17　“区域铣削驱动方法”对话框 1

(4) 在“几何体”选项区中单击“指定切削区域”图标，再弹出“切削区域”对话框。按信息提示选择切削加工区域，选择完成后关闭该对话框。结果如图 6-2-18 所示。

(5) 其余参数保持默认值不变。

(6) 单击“进给和速度”图标，弹出“进给和速度”对话框，设置“主轴速度”为 3000，“进给率”为 400，然后单击“确定”按钮关闭对话框。

(7) 单击“生成”图标，程序自动生成固定轮廓铣半精加工刀路。

(8) 在“插入”工具栏中单击“创建操作”图标，弹出“创建操作”对话框 3，如图 6-2-19 所示。

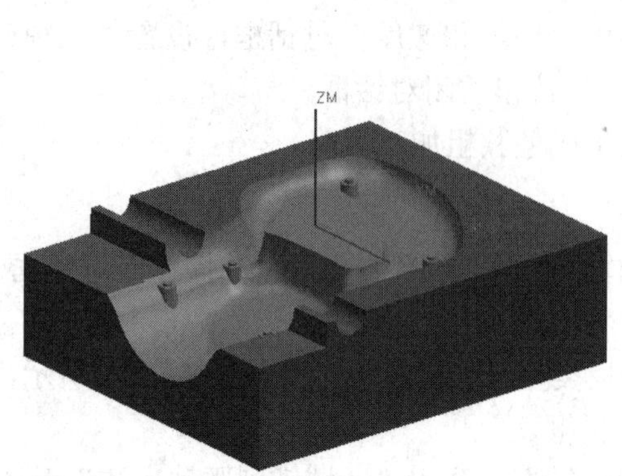

图 6-2-18　切削区域 1

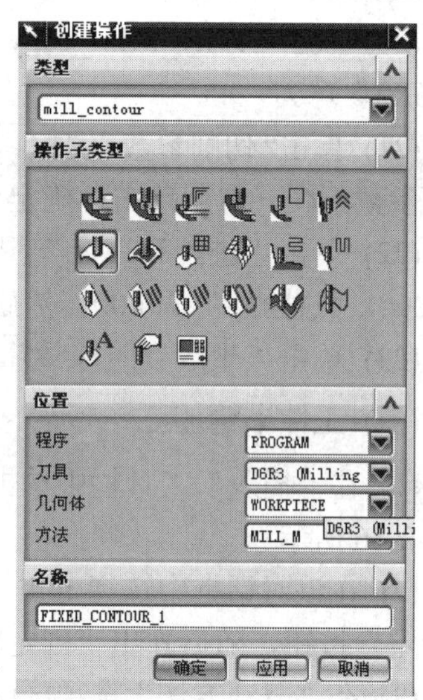

图 6-2-19　“创建操作”对话框 3

(9) 在该对话框中选择 mill_comtour 模板类型，选择相关参数如图 6-2-19 所示后，单击“确定”按钮，随后弹出“固定轮廓铣”对话框。

(10) 在“驱动方法”选项区中选择“区域铣削”，弹出“区域铣削驱动方法”对话框 2，设置“切削模式”为“往复”，“切削方向”为“顺铣”，“步距”为“恒定”，“距离”为 0.3 mm，“步距已应用”为“在平面上”，“切削角”为“自动”，如图 6-2-20 所示。

(11) 在“几何体”选项区中单击“指定切削区域”图标，弹出“切削区域”对话框。按信息提示选择切削加工区域，选择完成后关闭该对话框。结果如图 6-2-21 所示。

图 6-2-20 “区域铣削驱动方法”对话框 2

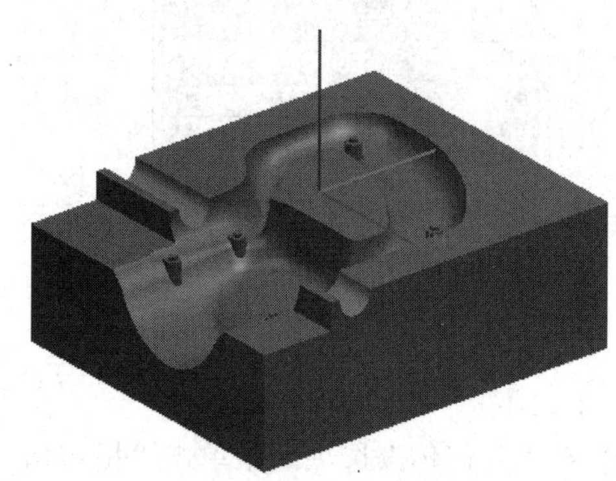

图 6-2-21 切削区域 2

(12) 单击“进给和速度”图标，弹出“进给和速度”对话框，设置“主轴速度”为 3500，“进给率”为 350，然后单击“确定”按钮关闭对话框。

(13) 单击“生成”图标，程序自动生成固定轮廓铣精加工刀路。

(四) 工件精加工

(1) 在操作导航器中选择“程序顺序视图”，复制“FIXED_CONTOUR”。

(2) 双击 Cavity_Mill _copy 将弹出“固定轮廓铣”对话框，在该对话框的刀具选项区中选择“D6R3”球刀。

(3) 在“驱动方法”选项区中选择“区域铣削”，弹出“区域铣削驱动方法”对话框，设置“切削模式”为“往复”，“切削方向”为“顺铣”，“步距”为“恒定”，距离为 0.3 mm，“步距已应用”为“在平面上”，“切削角”为“用户定义”，“度”为 –45，如图 6-2-22 所示。

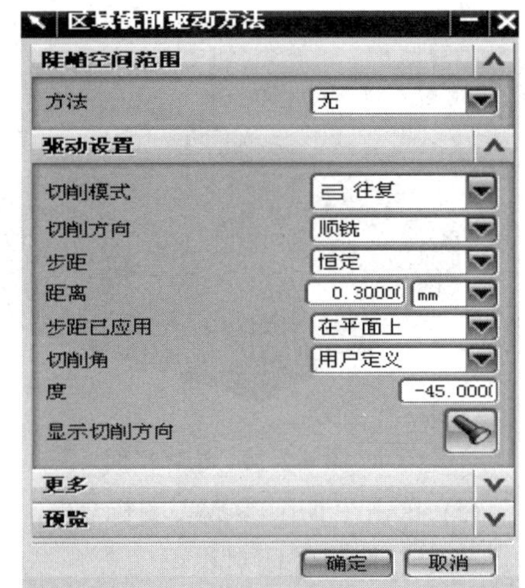

图 6-2-22　“区域铣削驱动方法”对话框 3

(4) 在“刀轨设置”选项区中方法设置为“MILL_F”，其余参数不变。

(5) 单击“进给和速度”图标，弹出“进给和速度”对话，设置“主轴速度”为 3500，“进给率”为 450，然后单击“确定”按钮关闭对话框。

(6) 单击“生成”图标，程序自动生成固定轮廓铣精加工刀路。

(7) 在操作导航器中选择“程序顺序视图”，复制“FIXED_CONTOUR_1”。

(8) 双击 FIXED_CONTOUR_1_copy 将弹出“固定轮廓铣”对话框，在该对话框的刀具选项区中选择“D6R3”球刀。

(9) 在“驱动方法”选项区中选择“区域铣削”，弹出“区域铣削驱动方法”对话框 3，如图 6-2-22 所示，设置“切削模式”为“往复”，“切削方向”为“顺铣”，“步距”为“恒定”，“距离”为 0.3 mm，“步距已应用”为“在平面上”，“切削角”为“用户定义”，“度”为 90。

(10) 单击“进给和速度”图标，弹出“进给和速度”对话框，设置主轴速度为 4000，进给率为 250，然后单击“确定”按钮关闭对话框。

(11) 在“刀轨设置”选项区中方法设置为“MILL_F”，其余参数不变。

(12) 单击“生成”图标，程序自动生成固定轮廓铣精加工刀路。

(五) 平面精加工

(1) 在“插入”工具栏中单击“创建操作”图标，弹出“创建操作”对话框 4，如图 6-2-23 所示。

(2) 在该对话框中选择 mill_planar 模板类型，选择相关参数如图 6-2-22 所示后，单击“确定”按钮，随后弹出“平面铣”对话框。

(3) 在“几何体”选项区中单击“指定面边界”图标，再弹出“指定面几何体”对话框。按信息提示选择面几何体，选择完成后关闭该对话框。结果如图 6-2-24 所示。

(4) 在“刀轨设置”选项区中选择“切削方式”为“跟

图 6-2-23　“创建操作”对话框 4

随周边”，“步距”为“%刀具平直”，“平面直径百分比”输入值为 25，如图 6-2-25 所示。

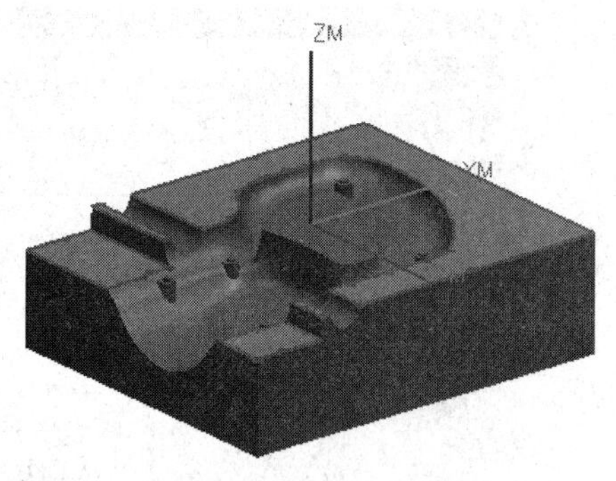

图 6-2-24　选择平面

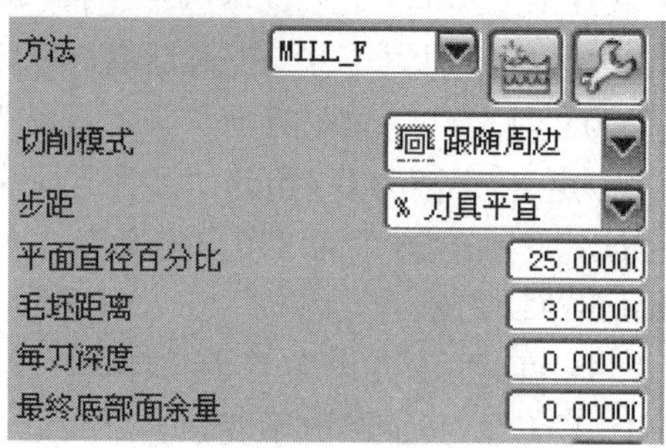

图 6-2-25　刀轨设置

(5) 单击“切削参数”图标，在“策略”选项卡中勾选“岛清理”复选框。然后单击“确定”按钮关闭对话框。

(6) 单击“非切削参数”图标，在“进刀”选项卡中设置封闭区域进刀类型“插削”，高度为 5。设置开放区域为“圆弧”、半径为 5 mm、高度为 3 mm、最小安全距离为 3 mm，其余参数如图 6-2-26 所示。

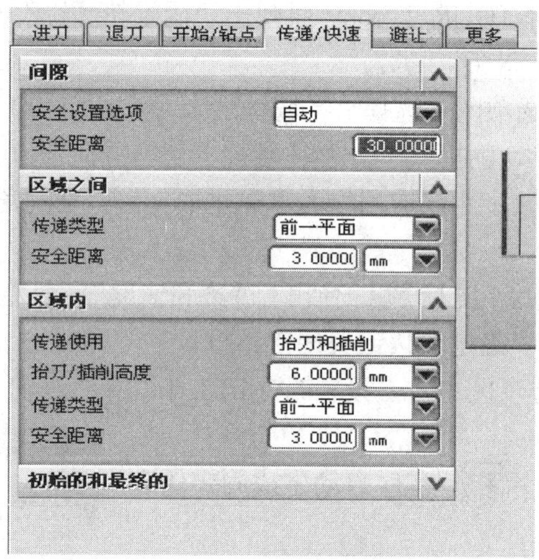

图 6-2-26　非切削参数设置

(7) 单击“进给和速度”图标，弹出“进给和速度”对话框，设置主轴速度为 3500，进给率为 450，然后单击“确定”按钮关闭对话框。

(8) 单击“生成”图标，程序自动生成平面轮廓精加工刀路。

(六) 2D 动态模拟及后处理输出

在操作导航器中选择“几何视图”，在“MCS”上单击右键→“刀轨”→确认刀轨，弹出“刀轨可视化”，选择“2D 动态”，单击 播放，结果如图 6-2-27 所示。在弹出的快捷菜单中选择“后处理”命令，程序将弹出“后处理”对话框，在对话框中选择 MILL_3_AXIS 在“设置”选项区选择“定义了后处理”作为单位，最后单击“确定”按钮，程序自动生成 3 轴数控加工程序单，如图 6-2-28 所示。

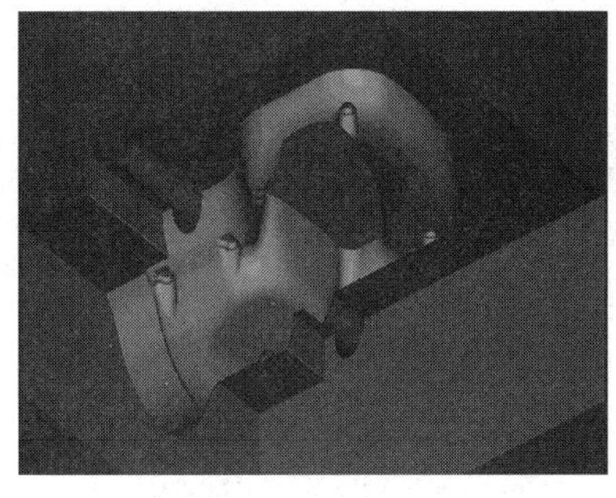

图 6-2-27 2D 动态模拟结果

信息

文件(F) 编辑(E)

```
%
N0010 G40 G17 G90 G70
N0020 G91 G28 Z0.0
:0030 T01 M06
N0040 G0 G90 X.4669 Y-.1194 S1200 M03
N0050 G43 Z1.1811 H01
N0060 Z.2362
N0070 G3 X-.0736 Y0.0 Z-.0354 I-.2571 J.1194 K.076 F49.2
N0080 G1 Y-.7626 F47.2 M08
```

图 6-2-28 后处理程序

在菜单栏中选择“文件”→“另存为”命令，将本例数控加工文件保存。

四、相关理论知识

(一) 型腔铣概述

型腔铣操作可移除平面层中的大量材料，由于在铣削后残留余料，因此型腔铣常用于在精加工操作之前对材料进行粗铣。型腔铣及其他去除残料的铣削方法如图 6-2-29 所示。

图 6-2-29 轮廓铣方法

模块中各铣削子类型的应用范围如表 6-2-1 所示。从表中得知型腔铣主要用于粗加工、插铣用于深壁粗加工或精加工、轮廓粗加工铣用于粗加工或半精加工，后 3 种铣削类型主要用于半精加工或精加工。

表 6-2-1 铣削子类型应用范围

图标	英文名称	中文名称	说 明
	CAVITY_MILL	型腔铣	该铣削类型为腔体类零件加工的基本操作，可使用所有切削模式来切除由毛坯几何体、IPW 和部件几何体所构成的材料量
	PLUNGE_MILLING	插铣	该切削类型适用于使用插铣模式机械粗加工
	CORNER_ROUGH	轮廓粗加工铣	该铣削类型适用于清除以前刀具在拐角或圆角过渡处无法加工的余量材料
	REST_MILLING	剩余铣	该铣削类型适用于加工以前刀具切削后残留的材料
	PROFILE	深度加工轮廓铣(等高轮廓)	该铣削类型适用于使用轮廓加工模式精加工工件的外形
	ZLEVEL_CORNER	深度加工拐角铣	该铣削类型适用于使用轮廓加工模式精加工或过渡圆角部位无法加工的区域

(二) 型腔铣的操作步骤

型腔铣的一般操作步骤如下：

(1) 模型准备。

(2) 初始化加工环境。

(3) 编辑和创建父级组。

(4) 创建穴型加工操作。

(5) 指定各种几何体。

(6) 设置切削层参数。

(7) 指定切削模式和切削步距。

(8) 设置切削移动参数。

(9) 设置非切削移动参数。

(10) 设置主轴速度和进给。

(11) 指定刀具号及补偿寄存器。

(12) 编辑刀轨的显示。

(13) 刀轨的生成与确认。

(三) 型腔铣参数设置

1. 指定几何体

在“几何体”选项区中，必须完成的操作是“指定部件”“指定毛坯”和“指定切削区域”。而“指定检查”和“指定修剪边界”为可选。

2. 全局每刀深度

“全局每刀深度”是指切削层的最大深度。实际深度将尽可能接近全局每刀深度值，并且不会超过它。

“全局每刀深度”值将影响自动生成或单个模式中所有切削范围的每刀最大深度。对于用户定义模式，如果所有范围都具有相同的初始值，那么“全局每刀深度”将应用在所有这些范围中。如果它们的初始值不完全相同，程序将询问用户是否要将新值应用到所有范围中。

3. 型腔铣的切削层

对于型腔铣，用户可以指定切削平面，这些切削平面确定了刀具在移除材料时的切削深度。型腔铣是水平切削操作(2D 操作)，其中切削操作在一个恒定的深度完成后才会移至下一深度。

仅当指定了几何体后，“刀轨设置”选项区的“切削层”选项才被激活。如图 6-2-30 所示。

单击“切削层”按钮 ，程序将弹出“切削层”对话框，如图 6-2-31 所示。“切削层”对话框包含 3 种范围类型：自动生成、用户定义和单个。

“切削层”对话框中的各选项含义如下。

自动生成：将切削层范围设置为与任何水平平面对齐。

用户定义：通过定义每个新的范围的底平面创建范围。

全局每刀深度：切削层的每刀最大深度。

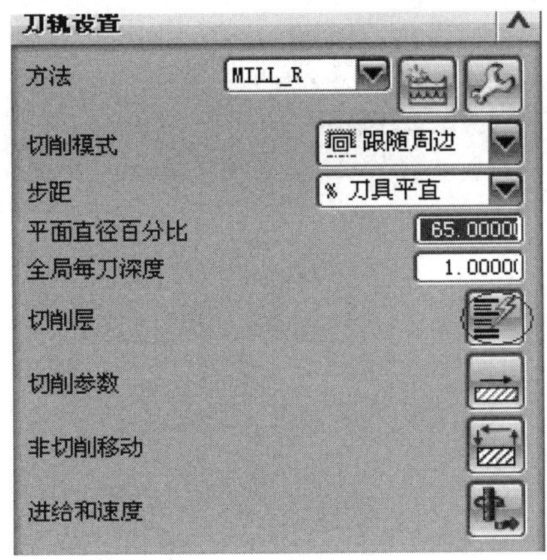

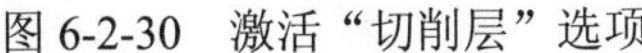
图 6-2-30　激活“切削层”选项

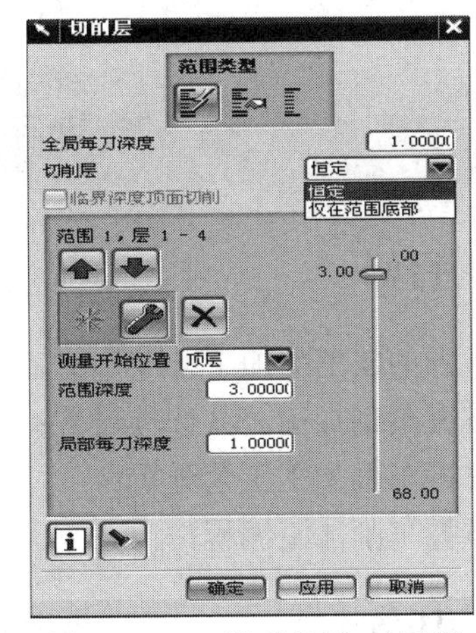

图 6-2-31　“切削层”对话框

切削层：设置切削深度的方式，包括“恒定”“最优化”和“仅在范围底部”。“恒定”表示将切削深度保持在全局每刀深度值；“最优化”表示调整切削深度，以便在部件间距和残余高度方面更加一致；“仅在范围底部”表示不细分切削范围。

临界深度顶面切削：该选项只在“单个”范围类型中可用。使用此选项在完成水平表面下的第一刀后直接对每个临界深度(水平表面)进行切削(顶面切削)。这与平面铣中的“岛顶面切削”选项类似。

测量开始位置：定义范围深度值的测量方式，包括 4 种方式，“顶层”方式是参考第一刀范围顶部的范围深度；“范围顶部”方式是参考当前高亮显示的范围顶部的范围深度；“范围底部”方式是参考当前高亮显示的范围底部的范围深度，也可使用滑尺来修改范围底部的位置；“WCS 原点”方式是参考 WCS 原点的范围深度。

范围深度：输入范围深度值来定义新范围的底部或编辑现有范围的底部。

局部每刀深度：键入“局部每刀深度”值，然后单击“应用”按钮或“向上”“向下”箭头按钮来创建切削深度。“范围 1”使用了较大的局部每刀深度 A 值，从而可以快速切削材料，“范围 2”使用了较小的局部每刀深度 B 值，以便逐渐移除靠近倒圆轮廓处的材料。

五、相关练习

完成随书配套文件 part\6\6-2-1 零件的编程、仿真及后处理操作。如图 6-2-32 所示。

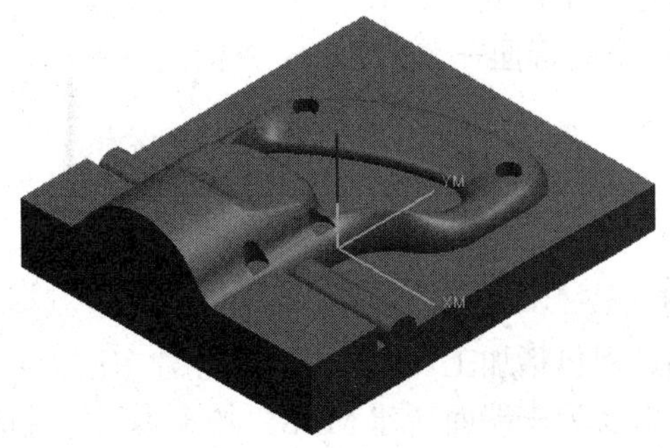

图 6-2-32　练习

模块三　车削加工编程

一、学习目标

1. 掌握 UG 车削加工；
2. 掌握车削加工公共选项设置；
3. 掌握车削加工工艺分析；
4. 掌握车削加工编程。

二、工作任务

完成图 6-3-1 所示零件的编程、仿真及后处理操作。

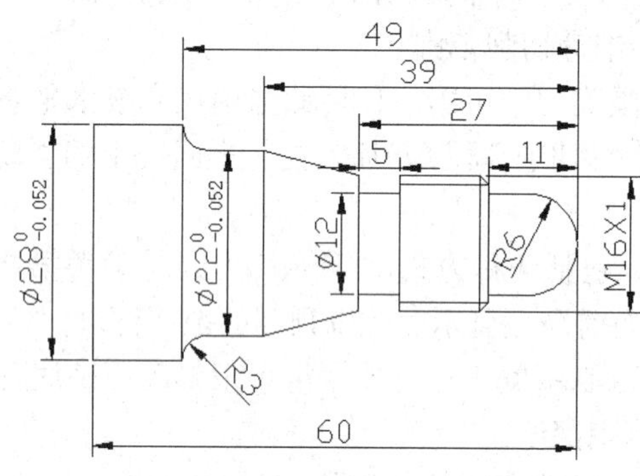

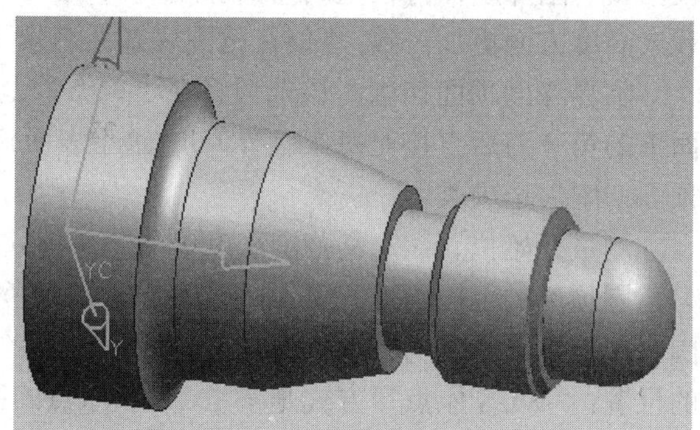

图 6-3-1　加工模型

三、相关实践知识

(一) 工艺流程分析

根据零件图样、毛坯情况，确定工艺方案及加工路线。对于本例的回转体轴类零件，轴中心线为工艺基准。粗车外圆，可采用阶梯切削路线，为编程时数值计算方便，前段半圆球部分用同心圆车圆弧法。工步顺序如下。

(1) 粗车外圆的顺序：车右端面→车ϕ12 mm 外圆段→车ϕ16 mm 外圆段→车ϕ22 mm 外圆段→车ϕ28 mm 外圆段。

(2) 车轴前端的圆弧。

(3) 切槽。

(二) 车加工前期准备

车削加工的前期准备过程包括加工环境初始化、创建车削刀具、设置 MCS、创建车加工横截面和编辑车削工件以及为车端面新建 MCS。加工本例零件的刀具及用途如下：

T1：左手外圆车刀，刀尖角 80 度，粗车台阶面、毛坯端面和圆弧面。

T2：左手外圆车刀，刀尖角 55 度，精车台阶面、毛坯端面和圆弧面。

T3：左手槽刀，刀片宽 4 mm，刀片长 10 mm，切槽。

1. 加工环境初始化

操作步骤：

(1) 从随书光盘中 part\6\7-3 打开本例模型文件。

(2) 在“标准”工具栏中选择“开始” →“加工”命令，弹出“加工环境”对话框。在该对话框的“要创建的 CAD 设置”列表框中选择 turning(车削)，并单击“确定”按钮，进入到车削加工环境中。

2. 创建刀具

操作步骤：

(1) 在“插入”工具栏中单击“创建刀具”图标，程序弹出“创建刀具”对话框。在对话框中选择“OD_80_L”，并命名为 T1，如图 6-3-2 所示。

(2) 单击“应用”按钮，随后将弹出“车刀-标准”对话框，设置刀片长度为 5，其余参数保留默认设置，最后关闭该对话框完成 T1 刀具的创建，如图 6-3-3 所示。

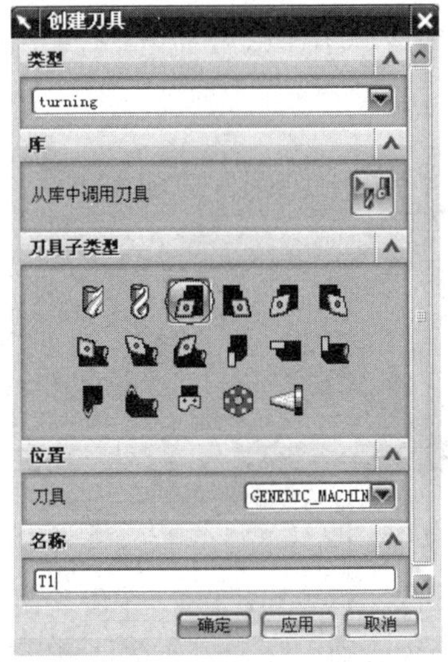

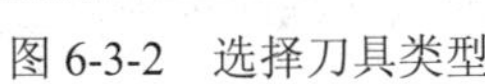
图 6-3-2 选择刀具类型

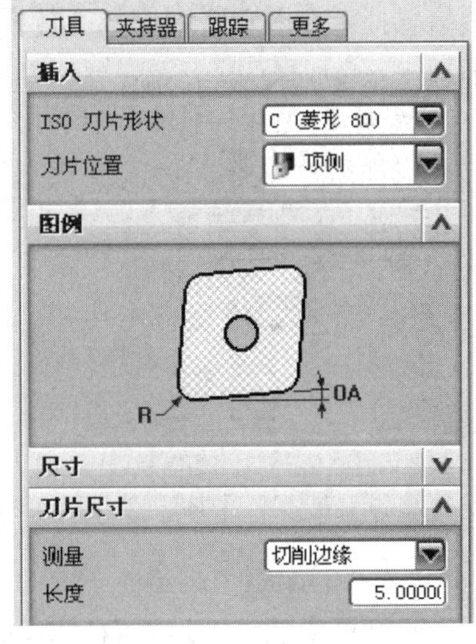

图 6-3-3 设置刀具参数

(3) 以同样的方法创建出 T2(OD_55_L)、T3(OD_GROOVE_L)及 T4(OD_THREAD_L)刀具。

3. 编辑 MCS

操作步骤：

(1) 在操作导航器中切换视图为“几何视图”，然后双击 MCS_SPINDLE 项目，程序弹出“Turn Orient”对话框。单击“CSYS”对话框图标，接着通过打开的“CSYS”对话框将 MCS 向 CSYS 坐标系的 ZC 正方向移动 60mm，如图 6-3-4 所示。

(2) 在“Turn Orient”对话框中选择车床工作平面为 ZM-XM，然后关闭该对话框，如图 6-3-5 所示。

(3) 创建车削加工横截面。在车削加工中，一般采用车削加工横截面作为加工零件的部件边界。以 WCS 坐标系的某一平面剖开零件，得到车削加工横截面。

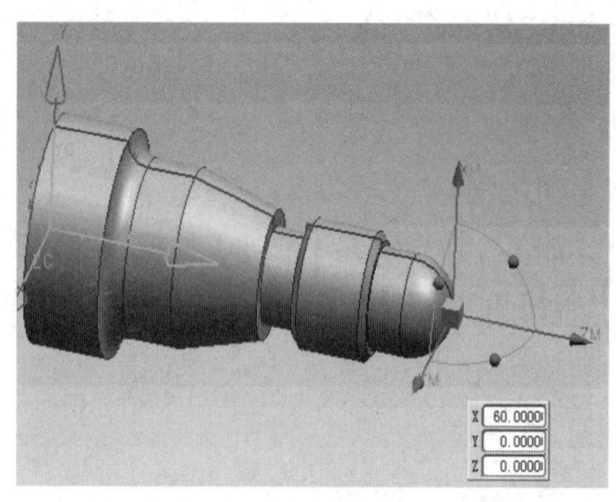

图 6-3-4　创建 MCS

图 6-3-5　设置车床工作平面

操作步骤：

① 在菜单栏中选择“工具”→“车加工横截面”命令或者 Ctrl + Alt + X，程序弹出“车加工横截面”对话框，如图 6-3-6 所示。

② 按信息提示在图形区中选择工件模型作为截面参照主体，如图 6-3-7 所示。

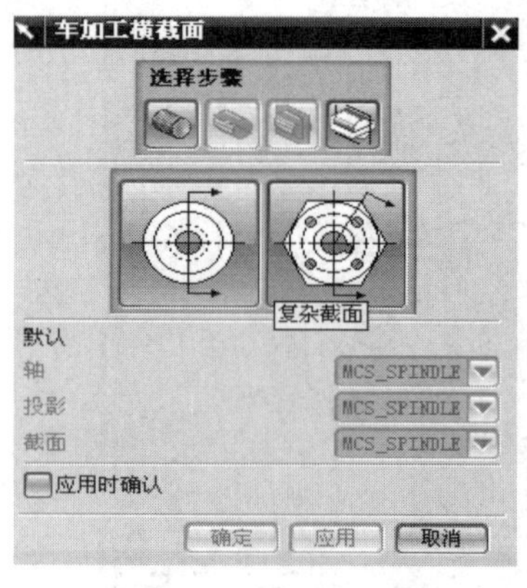

图 6-3-6　“车加工横截面”对话框

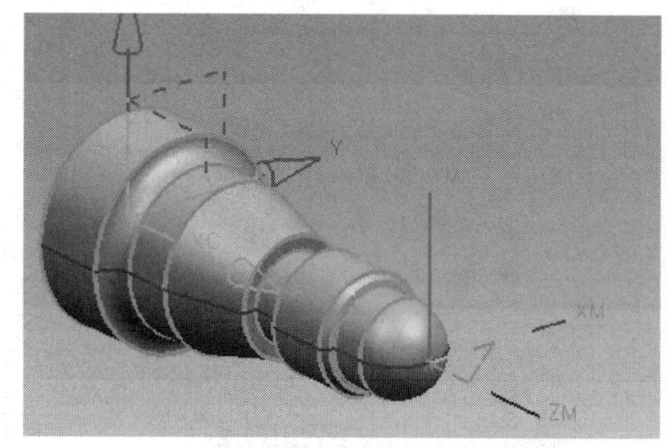

图 6-3-7　选择截面参照主体

③ 单击对话框中的“剖切平面”图标，保留程序默认的截面选项设置，单击“确定”按钮，完成车加工截面的创建，如图 6-3-8 所示。

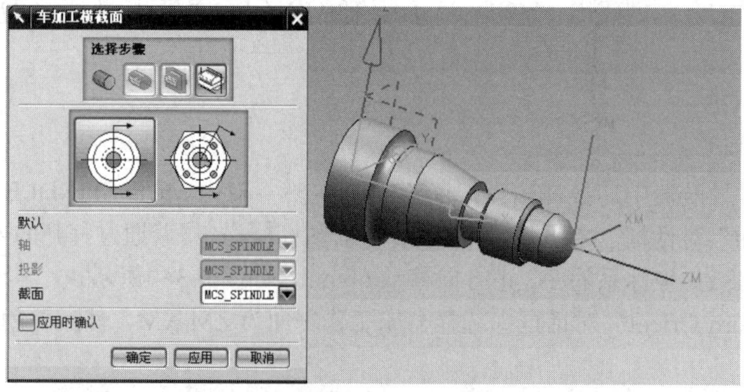

图 6-3-8　创建车加工横截面

4. 编辑车削工件

操作步骤：

(1) 在操作导航器中双击 TURNING_WORKPIECE 项目，弹出“Turn Bnd”对话框，如图 6-3-9 所示。

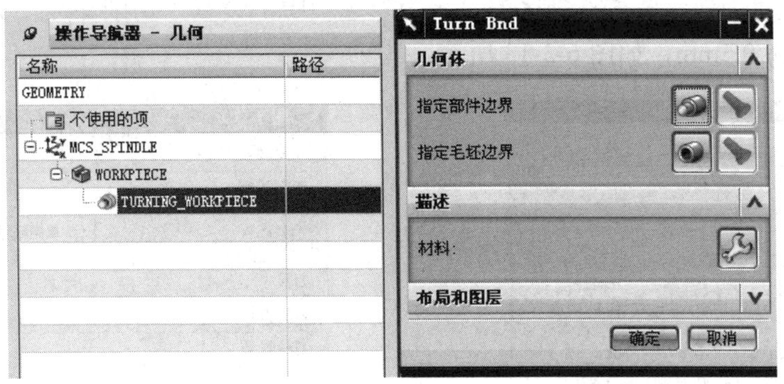

图 6-3-9 编辑车削工件

(2) 单击“指定部件边界”图标，弹出“部件边界”对话框。按信息提示在图形区中选择先前创建的车加工横截面作为部件边界，然后关闭对话框。

(3) 单击“指定毛坯边界”图标，弹出“选择毛坯”对话框。单击左侧第一个图标“棒料”按钮，并输入毛坯长度为 80，直径为 30，再单击“选择”按钮，如图 6-3-10 所示。

(4) 在弹出的“点”对话框中输入毛坯安装位置点坐标(–15，0，0)，并单击“确定”按钮完成创建，如图 6-3-11 所示。

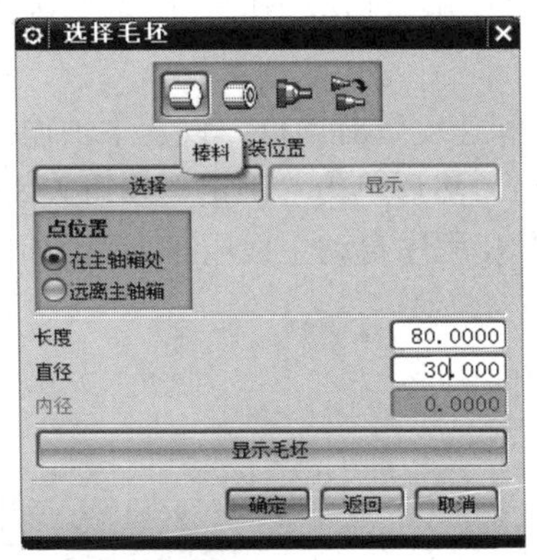

图 6-3-10 “选择毛坯”对话框

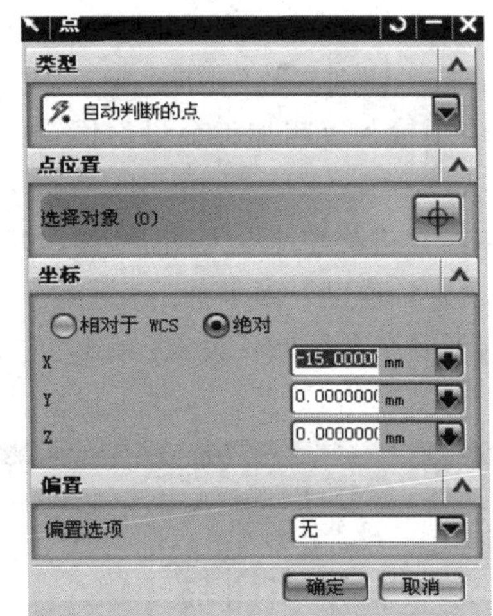

图 6-3-11 “点”对话框

(5) 最后单击“Turn Bnd”对话框中的“确定”按钮，完成车削工件的编辑。

(三) 粗车外圆

在粗车中，由于切削量大，可以采用分层处理法进行切削，粗加工余量设置为 0.5。

操作步骤：

(1) 在“插入”工具栏中单击“创建操作”图标，程序弹出“创建操作”对话框。

在对话框中选择 ROUGH_TURN_OD，在“位置”选项区中选择程序为 PROGRAM、刀具为 T1、几何体为 TURNING_WORKPIECE、方法为 LATHE_ROUGH，单击“确定”按钮，如图 6-3-12 所示。

(2) 在随后弹出的“粗车 OD”对话框的“策略”选项区，选择“切削策略”为“单向线性切削”，在“刀轨设置”选项区的“步距”选项中，设置“切削深度”为“恒定”，设置“深度”值为 0.5mm，如图 6-3-13 所示。

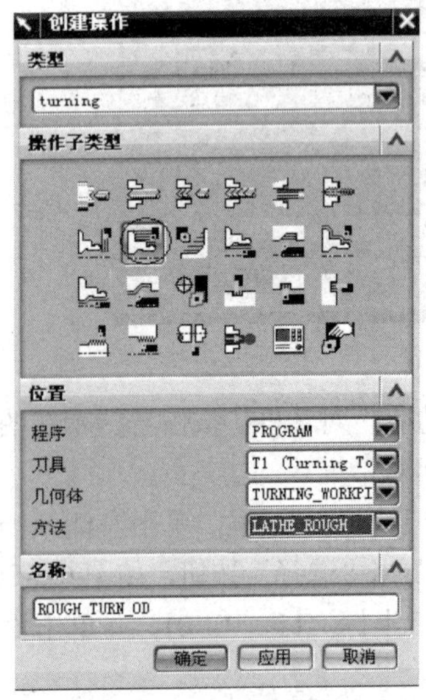

图 6-3-12　创建操作 1

图 6-3-13　设置切削方式与步距

(3) 单击“切削参数”图标，程序弹出“切削参数”对话框。在该对话框的“余量”选项卡中输入“粗加工余量”恒定为 0.5 mm，单击对话框中的“确定”按钮，如图 6-3-14 所示。

(4) 单击“进给和速度”图标，弹出“进给和速度”对话框，设置主轴输出模式为“RPM”，“主轴速度”为 1000，“进给率”0.7 mmpr，然后单击“确定”按钮关闭对话框。

(5) 保留其余参数默认设置，单击“生成”图标，程序自动生成粗车刀路，如图 6-3-15 所示。

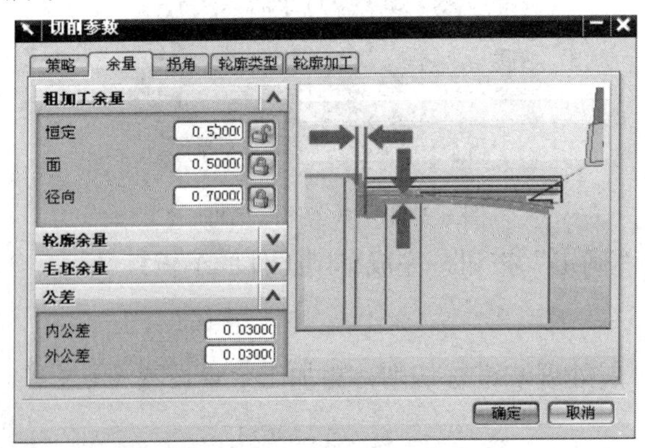

图 6-3-14　设置切削方式参数

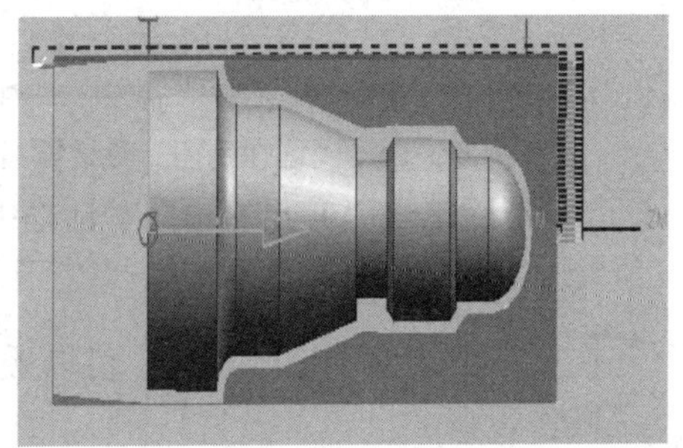

图 6-3-15　粗车刀路

(四) 精车外圆

精加工的操作与粗加工操作类似，只是刀具和切削参数不同，因此操作步骤：

(1) 在操作导航器中切换视图为“几何视图”，复制、粘贴粗加工操作，如图 6-3-16 所示。

(2) 双击“ROUGH_TURN_OD_COPY”，打开“粗车 OD”对话框。在“几何体”选项区中单击切削区域的“编辑”图标，程序将弹出“切削区域”对话框。在该对话框的“轴向修剪平面 1”选项区中选择“点”选项，并单击下面的“点构造器”按钮，如图 6-3-17 所示。

图 6-3-16　复制操作

图 6-3-17　“切削区域”对话框

(3) 在图形区中选择圆弧中心点作为修剪平面参照点，如图 6-3-18 所示。

(4) 在“轴向修剪平面 2”选项区中选择“点”选项，并单击下面的“点构造器”按钮，然后选择图 6-3-19 所示的边界点作为修剪平面参照点。

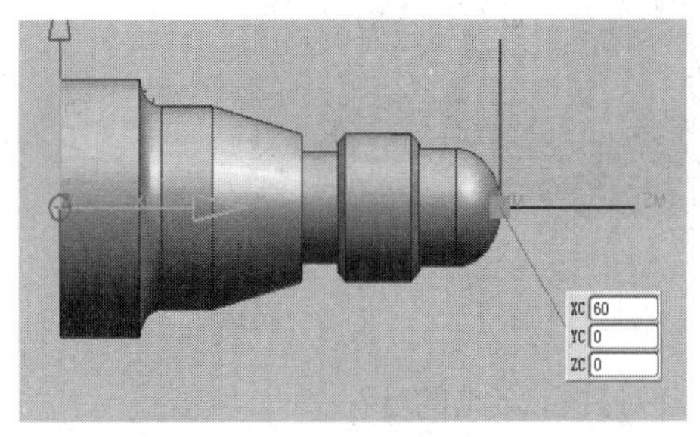

图 6-3-18　参照点 1

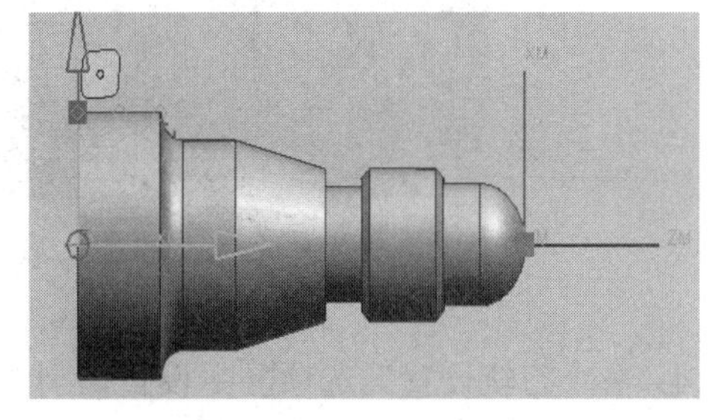

图 6-3-19　参照点 2

(5) 在“刀具”选项区中选择刀具为“T2”，在“刀轨设置”对话框中将“切削深度”设置为 0.1。

(6) 单击“切削参数”图标，程序弹出“切削参数”对话框，在该对话框的“余量”选项卡中输入“粗加工余量”恒定为 0，单击对话框中的“确定”按钮完成切削参数的设置。

(7) 保留其余参数默认设置，单击“生成”图标，程序自动生成精车刀路。

(五) 切槽

操作步骤：

(1) 在在“插入”工具栏中单击“创建操作”图标，程序弹出“创建操作”对话框。在对话框中选择 GROOVE_OD(外部切槽)，在“位置”选项区中选择程序为 PROGRAM、刀具为 T3、几何体为 TURNING_WORKPIECE、方法为 LATHE_ROUGH，并单击“确定”

按钮，如图 6-3-20 所示。

(2) 在“几何体”选项区中单击切削区域的“编辑”图标，程序弹出“切削区域”对话框。在该对话框的“修剪点 1”选项区中选择“点”选项，并单击下面的“点构造器”按钮，随后弹出“点”对话框。按信息提示选择图 6-3-21 示的点作为修剪点 1。

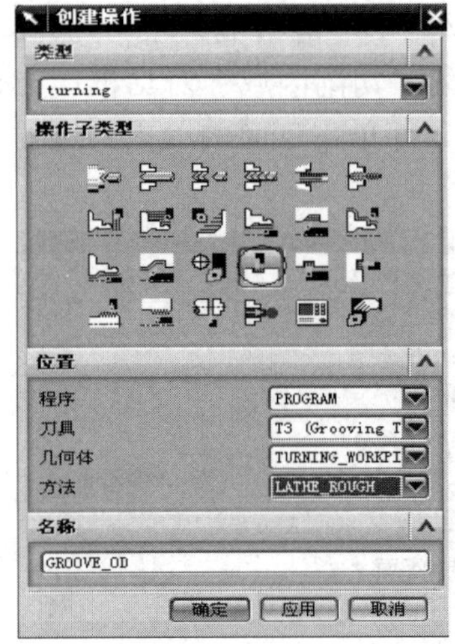

图 6-3-20　创建操作 2

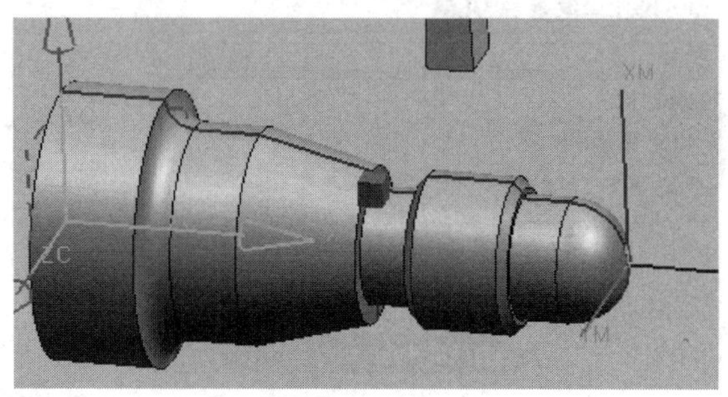

图 6-3-21　修剪点 1

(3) 以同样的方法指定“修剪点 2”，如图 6-3-22 所示。

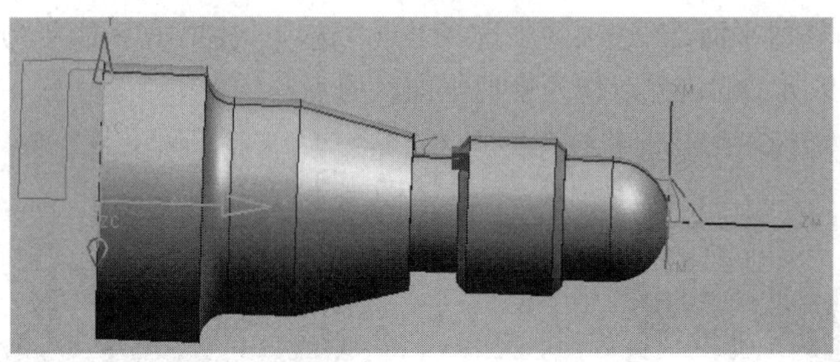

图 6-3-22　修剪点 2

(4) 在“刀轨设置”选项区中设置切削深度为刀具百分比的 5。

(5) 单击“切削参数”图标，程序弹出“切削参数”对话框。在该对话框的“余量”选项卡中将粗加工余量设置为 0，单击对话框中的“确定”按钮完成切削参数的设置。

(6) 保留其余参数默认设置，单击“生成”图标，程序自动生成切槽刀路。

四、相关理论知识

在“插入”工具栏中单击“创建操作”按钮，弹出“创建操作”对话框，如图 6-3-23 所示。按照加工对象的不同车削加工类型可分为以下四大类型。

循环固定加工：从中心孔到攻螺纹。

表面加工：从车端面到精镗内孔。

螺纹加工：车削内、外螺纹。

其他类型加工：从模式到用户定义。

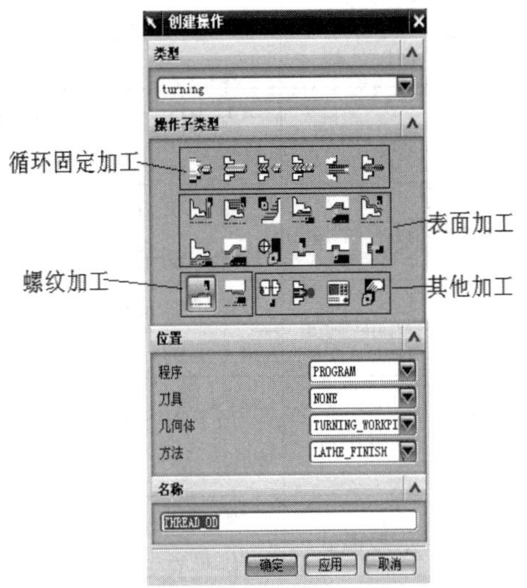

图 6-3-23 “创建操作”对话框

车削加工的各操作子类型的图标、名称及说明如表 6-3 所示。

表 6-3-1 车削加工操作子类型

图标	英 文 名	中文名	说 明
	CENTERLINE_SPOTDRILL	中心钻点钻	带有驻留的钻循环
	CENTERLINE_DRILLING	中心线钻孔	带有驻留的钻循环
	CENTERLINE_PECKDRILL	中心线啄钻	每次啄钻后完全退刀的钻循环
	CENTERLINE_BREAKCHIP	中心钻断屑	每次啄钻后短退刀或驻留的钻循环
	CENTERLINE_REAMING	中心钻铰刀	送入和送出的镗孔循环
	CENTERLINE_TAPPING	中心钻出屑	送入、反向主轴和送出的拔锥循环
	FACING	面加工	粗加工切削，用于面削朝向主轴中心线的部件
	ROUGH_TURN_OD	粗车外侧面	粗加工切削，用于车削与主轴中心平行的部件的外侧
	ROUGH_BACK_TURN	退刀粗车	与 ROUGH_TURN_OD 相同，只不过移动是远离主轴面
	ROUGH_BORE_ID	粗镗内侧面	粗加工切削，用于镗削与高轴中心平行的部件的内侧

续表

图标	英 文 名	中文名	说　　明
	ROUGH_BACK_BORE	退刀粗镗	与 ROUGH_BORE_ID 相同，只不过移动是远离主轴面
	FINISH_TURN_OD	精车外侧面	使用各种切削策略，为部件的外部(OD)自动生成精加工切削
	FINISH_BORE_ID	精车内侧面	使用各种切削策略，为部件的内部(ID)自动生成精加工切削
	FINISH_BACK_BORE	退刀精镗	与 FINISH_BORE_ID 相同，只不过移动是远离主轴面
	TEACH_MODE	示教模式	生成由用户密切控制的精加工切削。对于精细加工格外有效
	GROOVE_OD	车外部槽	粗加工切削，用于在部件的外侧加工槽。
	GROOVE_ID	车内部槽	粗加工切削，用于在部件的内侧加工槽。
	GROOVE_FACE	车外表面槽	粗加工切削，用于在部件的外表面加工槽。
	THREAD_OD	车外螺纹	在部件的外侧切削螺纹
	THREAD_ID	车内螺纹	在部件的内侧切削螺纹

五、相关练习

1. 完成随书配套文件 part\6\6-3-1 零件的编程、仿真及后处理操作。如图 6-3-24 所示。

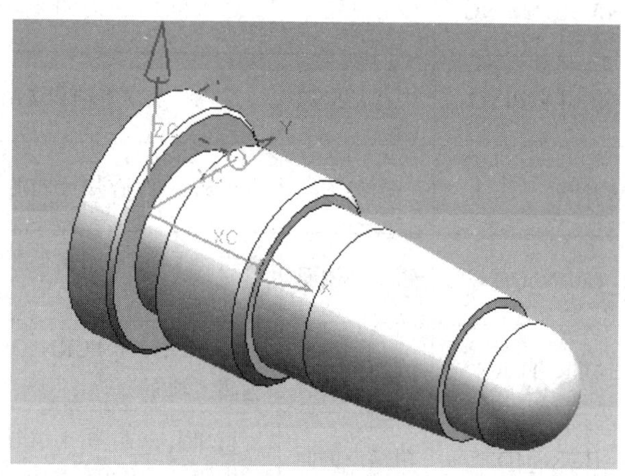

图 6-3-24　练习 1

2. 完成随书配套文件 part\6\6-3-2 零件的编程、仿真及后处理操作。如图 6-3-25 所示。

图 6-3-25　练习 2

3. 完成随书配套文件 part\6\6-3-3 零件的编程、仿真及后处理操作。如图 6-3-26 所示。

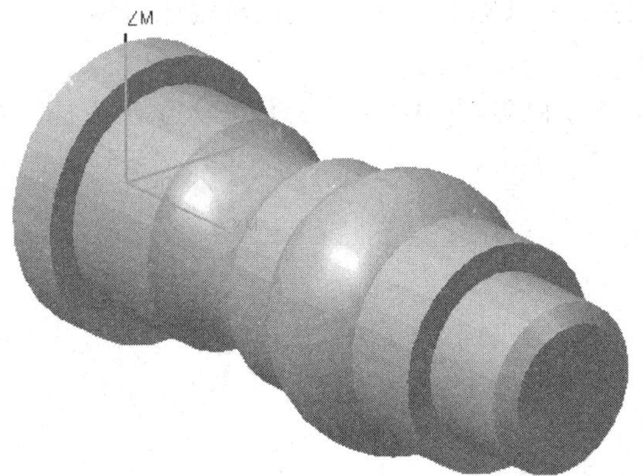

图 6-3-26　练习 3

参 考 文 献

[1] 莫蓉. Unigraphics NX 基础与应用[M]. 北京：机械工业出版社，2005.

[2] 高等职业技术教育研究会. UGNX5.0 应用与实例教程[M]. 北京：人民邮电出版社，2009.

[3] 云杰漫步多媒体科技 CAX 设计教研室. UG NX 8.5 中文版基础教程[M]. 北京：清华大学出版社，2009.

[4] 姜海军，陶波. CAD/CAM[M]. 北京：高等教育出版社，2007.

[5] 王尚林. UG NX8.5 三维建模实例教程[M]. 北京：中国电力出版社，2010.

[6] 王卫兵，田秀红. UG NX6 数控编程实用教程[M]. 北京：清华大学出版社，2010.

[7] 李志国，邵立新，孙江宏. UG NX6 中文版机械设计与装配案例教程[M]. 北京：清华大学出版社，2009

[8] 梁玲，张浩. UG NX6 基础教程[M]. 北京：清华大学出版社，2009.